微机原理与接口技术

——基于 8086 和 Proteus 仿真

马宏锋　主编

西安电子科技大学出版社

内 容 简 介

本书以 Intel 8086 为背景，基于 Proteus 仿真，介绍了微型计算机结构、典型微处理器、存储器技术、汇编语言程序设计、输入/输出接口技术、微机总线技术等内容，其中以微型计算机的关键技术(如 Cache、存储管理、中断、DMA、系统总线、异步接口等)为本书的重点内容。此外，书中简单介绍了微型计算机应用系统的设计，以扩充读者的知识面。

本书可作为应用型本科电气电子、通信和计算机等学科相关专业的"微机原理与接口技术"课程教材，也可作为从事微型计算机硬件和软件开发的工程技术人员学习和应用的参考书。

图书在版编目(CIP)数据

微机原理与接口技术：基于 8086 和 Proteus 仿真/马宏锋主编. —西安：西安电子科技大学出版社，2016.12

ISBN 978-7-5606-4071-6

Ⅰ.① 微… Ⅱ.① 马… Ⅲ.① 微型计算机—理论 ② 微型计算机—接口技术 Ⅳ.① TP36

中国版本图书馆 CIP 数据核字(2016)第 299877 号

策　　划	刘玉芳
责任编辑	曹　超　毛红兵
出版发行	西安电子科技大学出版社(西安市太白南路 2 号)
电　　话	(029)88242885　88201467　　　邮　编　710071
网　　址	www.xduph.com　　　　　电子邮箱　xdupfxb001@163.com
经　　销	新华书店
印刷单位	陕西华沐印刷科技有限责任公司
版　　次	2016 年 12 月第 1 版　2016 年 12 月第 1 次印刷
开　　本	787 毫米×1092 毫米　1/16　　　印张 21.5
字　　数	511 千字
印　　数	1～3000 册
定　　价	38.00 元

ISBN 978-7-5606-4071-6/TP

XDUP 4363001-1

如有印装问题可调换

前 言

"微机原理与接口技术"是工科院校电气电子、通信和计算机等学科相关专业的重要基础课程，具有很强的应用性和实践性。随着微型计算机软、硬件技术的不断升级换代，其教学内容也要求不断更新。鉴于此，编者编写了本书。本书的编写适应高等教育的快速发展，满足教学改革和课程建设的需求，体现了应用型本科的特点，且注重应用型人才专业技能和实用技术的培养。

本书内容以基本概念为基础，以技术发展为主线，以关键技术为重点，特别加强对关键部件的逻辑与时序的分析，强调系统扩展和设计案例分析，紧密结合实验教学，且给出基于 Proteus 平台的仿真实例，以逐步培养微型计算机应用和研发人员所必需的资料阅读能力、时序分析和接口设计能力，以及系统设计、软件编程和硬件调试的能力。

本书的特点具体如下：

(1) 结合应用型本科计算机类和电子信息类的课程体系改革，在兼顾基础知识的同时，强调实用性和可操作性。

(2) 突出计算机硬件系统和 I/O 处理技术的主要概念，通过应用系统开发实例，培养学生应用系统硬件开发和驱动程序设计的能力，体现以能力为本位的教学思想。

(3) 增加微机系统的新技术、实用内容和知识点，采用由浅入深、循序渐进、层次清楚的编写方式，突出实践技能和动手能力。

(4) 提供配套的多媒体课件(教师用)和网络课件(学生用)，并将陆续建设习题指导和实验实训等辅助教学资源。

本书的编写工作得到广州风标电子技术公司的支持，在此向他们表示诚挚的谢意！

本书内容较丰富，建议学时为 64～80 学时(含实验)，各校可按照实际情况进行调整。由于作者水平有限，书中难免存在错误与不妥之处，请广大读者批评指证。

作者

2016 年 10 月

目 录

第1章 微型计算机概论 1
1.1 微型计算机概述 1
1.2 计算机中数据信息的表示 3
1.2.1 数据格式及机器数 3
1.2.2 数字信息编码 4
1.3 逻辑单元与逻辑部件 6
1.3.1 二进制数的逻辑运算与逻辑电路 6
1.3.2 常用逻辑部件 7
1.4 微型计算机的基本结构 12
1.4.1 微型计算机的硬件结构 12
1.4.2 微型计算机的软件系统 13
1.4.3 微型计算机的工作过程 14
本章小结 15
习题 15

第2章 典型微处理器 17
2.1 8086微处理器简介 17
2.1.1 8086 CPU 的内部功能结构 17
2.1.2 8086/8088 CPU 的引脚功能 20
2.2 8086系统的存储器组织及 I/O 组织 23
2.2.1 8086系统的存储器组织 23
2.2.2 8086系统的 I/O 组织 25
2.3 8086系统的工作模式 25
2.3.1 最小模式和最大模式 25
2.3.2 最小模式系统 26
2.3.3 最大模式系统 30
2.4 8086总线的操作时序 33
2.4.1 系统的复位和启动操作 33
2.4.2 最小与最大模式下的总线操作 34
2.5 80x86 / Pentium 系列微处理器 38
2.5.1 80286微处理器 38
2.5.2 80386微处理器 40
2.5.3 80486微处理器 41
2.5.4 Pentium 微处理器 42
2.5.5 Itanium(安腾)微处理器 43
2.5.6 嵌入式处理器 43
本章小结 44
习题 45

第3章 指令系统与汇编语言 46
3.1 指令格式与寻址方式 46
3.1.1 指令格式 46
3.1.2 寻址方式 47
3.2 8086/8088 CPU 指令系统 49
3.2.1 数据传送类指令 50
3.2.2 算术运算类指令 53
3.2.3 位操作类指令 58
3.2.4 串操作类指令 62
3.2.5 控制转移类指令 68
3.2.6 处理器控制类指令 73
3.3 汇编语言的程序与语句 74
3.3.1 汇编语言源程序的格式 74
3.3.2 汇编语言的语句 75
3.4 汇编语言的伪指令 81
3.4.1 符号定义伪指令 81
3.4.2 数据定义伪指令 82
3.4.3 段定义伪指令 84
3.4.4 过程定义伪指令 86
3.5 汇编语言程序设计基础 87
3.5.1 程序设计的一般步骤 87
3.5.2 程序设计的基本方法 88

I

3.5.3 子程序设计与调用技术 92
3.6 DOS 功能子程序的调用 96
　3.6.1 概述 96
　3.6.2 基本 DOS 功能子程序 97
本章小结 102
习题 102

第 4 章　Proteus 仿真平台的使用 105
4.1 Proteus 简介 105
4.2 Proteus ISIS 的基本使用 106
　4.2.1 Proteus ISIS 操作界面及工具 106
　4.2.2 基本操作 109
　4.2.3 元件的使用 110
　4.2.4 连线 112
　4.2.5 器件标注 114
　4.2.6 编辑窗口的操作 115
4.3 Proteus ISIS 下 8086 的仿真 117
　4.3.1 Proteus ISIS 电路原理图设计 117
　4.3.2 Proteus 中配置 8086 编译工具 118
　4.3.3 Proteus 中编译 8086 汇编文件 120
　4.3.4 仿真调试 122
4.4 Proteus ISIS 下 8086 汇编语言程序
　　设计示例 124
　4.4.1 顺序结构程序设计 124
　4.4.2 循环结构程序设计 126
　4.4.3 分支结构程序设计 127
本章小结 128
习题 128

第 5 章　存储器技术 129
5.1 存储器简介 129
　5.1.1 存储器分类 129
　5.1.2 存储器的主要性能参数 130
　5.1.3 存储系统的层次结构 131
5.2 读写存储器 131
　5.2.1 静态读写存储器 SRAM 131
　5.2.2 动态读写存储器 DRAM 133
　5.2.3 EPROM 137
　5.2.4 EEPROM(E^{2}PROM) 138
　5.2.5 闪速 EEPROM 140
　5.2.6 存储器的连接 142

5.3 存储器管理 146
　5.3.1 IBM PC/XT 中的存储
　　　　空间分配 146
　5.3.2 扩展存储器及其管理 147
5.4 内部存储器技术的发展 150
5.5 外部存储器 151
　5.5.1 硬盘及硬盘驱动器 152
　5.5.2 光盘存储器 154
5.6 新型存储器 155
　5.6.1 Flash 存储器 155
　5.6.2 蓝光光盘 157
　5.6.3 固态硬盘 158
本章小结 159
习题 159

第 6 章　输入/输出接口技术 161
6.1 输入/输出接口概述 161
　6.1.1 输入/输出接口电路 161
　6.1.2 CPU 与外设数据传送的方式 164
　6.1.3 I/O 端口的编址方式 167
6.2 中断系统 169
　6.2.1 中断系统基本概念 169
　6.2.2 可编程中断控制芯片 8259A 176
　6.2.3 8259A 的应用举例 183
6.3 并行接口 186
　6.3.1 并行通信与并行接口 186
　6.3.2 可编程并行通信接口
　　　　芯片 8255A 188
　6.3.3 8255A 的编程及应用 193
6.4 串行接口 196
　6.4.1 串行通信及串行接口 196
　6.4.2 可编程串行通信接口
　　　　芯片 8251A 199
　6.4.3 8251A 的编程及应用 205
6.5 DMA 控制技术 208
　6.5.1 可编程 DMA 控制器 8237A 208
　6.5.2 8237A 的编程及应用 213
6.6 定时器/计数器 215
　6.6.1 可编程定时器/计数器 8253 215
　6.6.2 8253A 的编程及应用 218

6.7 显示接口 221
　6.7.1 CRT 显示系统 221
　6.7.2 LCD 显示及其接口 226
　6.7.3 LED 显示器及其接口 228
6.8 键盘、鼠标接口 230
　6.8.1 键盘接口 230
　6.8.2 鼠标接口 234
6.9 并行打印机接口 236
　6.9.1 常用打印机及工作原理 236
　6.9.2 主机与打印机接口 236
　6.9.3 打印机编程应用 239
6.10 A/D 及 D/A 接口 244
　6.10.1 D/A 转换器及其与
　　　　CPU 的接口 245
　6.10.2 A/D 转换器及其与
　　　　CPU 的接口 248
6.11 Proteus ISIS 下输入/输出接口技术
　　应用示例 251
　6.11.1 8255 并行接口应用举例 251
　6.11.2 8253 定时/计数器应用举例 253
　6.11.3 8259 应用编程举例 254
　6.11.4 8251 串行接口应用举例 258
　6.11.5 8237 应用举例 261
　6.11.6 A/D 转换举例 265
　6.11.7 D/A 转换举例 267
　6.11.8 七段数码管显示应用举例 268
　6.11.9 4×4 矩阵键盘应用举例 271
　6.11.10 16×16 点阵显示举例 274
本章小结 279
习题 280

第 7 章 微型计算机总线技术 282
7.1 总线基本知识 282
　7.1.1 微型计算机总线概述 282
　7.1.2 微型计算机总线技术的现状 283
　7.1.3 计算机总线技术的未来
　　　　发展趋势 285
　7.1.4 总线分类和总线标准 286
7.2 系统总线 288
　7.2.1 PCI 总线 288

7.2.2 AGP 总线 290
7.2.3 新型总线 PCI Express 293
7.3 外总线 295
　7.3.1 RS232C 总线 295
　7.3.2 IEEE-488 总线 297
　7.3.3 SCSI 总线 297
　7.3.4 USB 总线 297
　7.3.5 IEEE 1394 总线 303
7.4 现场总线 306
　7.4.1 现场总线的产生 306
　7.4.2 现场总线控制系统的
　　　　技术特点 306
　7.4.3 现场总线技术的现状及
　　　　发展前景 307
　7.4.4 现场总线 308
本章小结 314
习题 314

第 8 章 微型计算机应用系统设计
案例 315
8.1 微型计算机应用系统设计 315
　8.1.1 概述 315
　8.1.2 微型计算机应用系统
　　　　设计举例 317
8.2 PCI 总线、USB 总线接口设计 322
　8.2.1 PCI 总线与 DSP 通信接口电路
　　　　设计 322
　8.2.2 USB 总线与 DSP 通信接口电路
　　　　设计 325
8.3 Windows 驱动程序设计 329
　8.3.1 驱动程序概述 330
　8.3.2 USB 设备 WDM 驱动
　　　　程序设计 333
本章小结 334
习题 335

参考文献 336

第 1 章　微型计算机概论

学习目标

　　本章重点介绍微型计算机的发展历程和系统组成，计算机中数据信息的表示及常用的逻辑单元和逻辑部件等内容。要求读者熟悉和掌握微型计算机的发展历程、工作特点、组成分类、应用领域等相关知识，为后续章节的学习打下良好的基础。

学习重点

(1) 微型计算机的发展历程及各代微处理器的特点。
(2) 微型计算机系统的组成及性能评价指标。
(3) 计算机中的数据格式及机器数、带符号数和无符号数的表示方法。
(4) BCD 码、ASCII 码的概念和应用。
(5) 基本的逻辑运算的规律和常用的逻辑部件的特点。

1.1　微型计算机概述

　　计算机的发明标志着人类文明进入了一个新的历史阶段。20 世纪 70 年代初期，微电子技术和超大规模集成电路技术的发展，促成了以微处理器为核心的微型计算机的诞生。微型计算机现已渗透到国民经济的各个领域，极大地改善了人类的工作、学习以及生活方式，成为信息时代的主要标志。

1. 微型计算机的发展

　　自 1946 年第一台电子计算机问世以来，计算机的发展已经历了电子管、晶体管、中小规模集成电路、大规模和超大规模集成电路等 4 个阶段。进入 21 世纪后，随着生物科学、神经网络技术、纳米技术的飞速发展，生物芯片、神经网络技术也开始进入计算机领域——计算机的发展进入第 5 个发展阶段。

　　按体积、性能和价格的不同，计算机可分为巨型计算机、大型计算机、中型计算机、小型计算机和微型计算机。微型计算机是指以微处理器为核心，并配以存储器、输入/输出接口电路及其设备的计算机。微型计算机采用超大规模集成电路技术，将运算器和控制器——微处理器(Microprocessor)集成在一片硅片上。

　　随着微电子与超大规模集成电路技术的发展，微型计算机技术的发展基本遵循摩尔定律，即微处理器集成度每隔 18 个月翻一番，芯片性能随之提高一倍左右。通常，微型计算机的发展是以微处理器的发展为表征的。以其字长和功能来分，微处理器的发展经历了如下几个阶段：

　　(1) 1971—1973 年为 4/8 位低档微处理器时代，代表芯片是 Intel 4004 和 Intel 8008，采

用 PMOS 工艺，集成度为 2300 元件/片，基本指令执行时间为 20 μs～50 μs，主频在 500 kHz 以下，基本指令有 48 条。第一代微处理器主要用于家电和简单控制场合。

(2) 1973—1977 年为 8 位中档微处理器时代，代表芯片是 MC6800、Z80、Intel 8080/8085 等，采用 NMOS 工艺，集成度较第一代提高 4 倍，基本指令执行时间为 2 μs～10 μs，主频高于 1 MHz，基本指令包括 70 多条。第二代微处理器主要用于电子仪器等。

(3) 1978—1984 年为 16 位微处理器时代，代表芯片是 Intel 8086/8088、MC6800、Z8000，采用 HMOS 工艺，集成度为 2～7 万元件/片，基本指令执行时间为 0.5 μs，主频为 4 MHz～8 MHz。第三代微处理器的计算机指令系统完善，采用流水线技术、多级中断、多种寻址方式、段寄存器等结构，能够与协处理器相配合进行浮点运算。

(4) 1985—1992 年为 32 位微处理器时代，它标志着微处理器跨入了第四代，代表芯片是 Intel 80386、Intel 80486、MC68040 等，采用 HOMS/CMOS 工艺，集成度为 100 万元件/片，基本指令执行速度为 25 MIPS，主频为 16 MHz～25 MHz。第四代微处理器引入了高速缓存和采用精简指令集，其体系结构较 16 位机发生了概念性变化。

(5) 1993 年推出的 32 位 Pentium 微处理器 P5，采用 0.6 μm 的静态 CMOS 工艺，集成度为 350 万元件/片，基本指令执行时间为 0.5 μs，主频在 60 MHz 以上，采用扩展总线，设置高速程序缓存、数据缓存、超流水线结构。两年后推出的 Pentium Pro 系列微处理器 P6，主频为 133 MHz，设有两级缓存，采用动态执行技术，性能大大提高。而后又推出了具有 MMX 技术，附加多媒体声像处理指令的 Pentium II，可用于多媒体应用领域。

截至目前，Intel 系列的微处理器中，最高主频已达 3.8 GHz。表 1-1 给出了 Intel 80x86/Pentium 系列部分 CPU 的主要性能参数。

表 1-1　Intel 80x86/Pentium 系列部分 CPU 的主要性能参数

微处理器	推出时间	生产工艺(μm)	首批时钟频率(MHz)	集成度(百万个)	寄存器位数	数据总线位数	最大寻址空间	高速缓存大小
8086	1978 年	10	8	0.040	16	16	1 MB	无
80286	1982 年	2.7	12.5	0.125	16	16	16 MB	无
80386DX	1985 年	2	20	0.275	32	32	4 GB	无
80486DX	1989 年	1，0.8	25	1.200	32	32	4 GB	8KB L1
Pentium	1993 年	0.8，0.6	60	3.100	32	64	4 GB	16KB L1
Pentium Pro	1995 年	0.6	200	5.500	32	64	64 GB	16KB L1/256KB L2
Pentium II	1997 年	0.35	300	7.500	32	64	64 GB	32KB L1/ 256KB L2
Pentium III	1999 年	0.18	500	9.500	32	64	64 GB	32KB L1/512KB L2
Pentium IV	2000 年	0.13	1300	42.00	32	64	64 GB	128KB L1/512KB L2

2. 微型计算机的特点

微型计算机运算速度快，计算精度高，高集成度使得微处理器非常稳定。由于微型计算机硬件平台开放，易于扩展，适应性强，因此微处理器的配套应用芯片和软件丰富，更新也很快。此外，微型计算机还具有体积小、重量轻、耗电省、维护方便及造价低廉等特点。

3. 微型计算机的应用

科学计算是微型计算机应用的主要领域，其应用包括卫星发射控制、航天飞机制造、高层建筑设计、机械产品设计、生物信息学研究、基因测序、医学病理分析与处理等。

过程控制是微型计算机在工业应用中的重要领域，其应用包括大型工业锅炉控制、铁路调度控制、数控机床控制，以及由上、下位微型计算机构成的分布式工业生产自动控制系统等。嵌入式系统的发展和应用使工业控制的应用领域更加广泛，市场应用前景更加广阔。

低档的微型计算机在仪器仪表和家电的智能控制方面的应用，取代了过去的硬件逻辑电路对仪器仪表和家电的控制，用程序的重复执行以及循环控制，可以做到电路最省、控制更佳，并可通过修改程序来修改控制方案，因而灵活多变，可靠性高。

计算机辅助设计与制造(CAD/CAM)借助微型计算机调整、修改产品设计，CAM 围绕中心数控机床及其自动化设备，用以完成部件的加工、运输、组装、测量、检查等功能，CAD 与 CAM 的集成——CAD/CAM 一体化，是今后工业自动化发展的重要方向。

人工智能的主要目标是利用计算机模拟人的大脑，实现计算机对于知识学习、理解与推理、信息处理的思维过程的研究学科。人工智能理论的新突破，特别是人工神经网络和DNA 芯片技术的研究，急需大型并行计算机的模拟计算和新型计算机的研究。

利用微型计算机可以构成计算机网络，实现微机系统的软硬件资源和数据资源的共享。

1.2　计算机中数据信息的表示

计算机最主要的功能之一是信息处理，这些信息包括数值、文字、声音、图形和图像等，各种信息以数字化形式传输、存储和处理。因此，各种数制与信息编码是至关重要的。

1.2.1　数据格式及机器数

1. 数据格式

在微处理器中要进行整数和小数运算，如何处理小数点的位置是十分重要的，通常，在计算机中经常采用定点格式或浮点格式来表明小数点的位置。

(1) 定点格式。在定点格式中，小数点在数据中的位置固定不变。通常，小数点的位置确定后，在运算中不再考虑小数点的问题，因而，小数点不占用存储空间。定点数表示简单，但数的取值范围小，精度低。

(2) 浮点格式。采用浮点格式的机器中的数据的小数点位置可变。浮点数的一般格式为

$$N = R^e \cdot m$$

其中：N 为浮点数或实数；m 为浮点数的尾数，是纯小数；e 为浮点数的指数，是整数；R 为基数，是常数。

机器中的浮点数用尾数和阶码及其符号位表示。尾数用定点小数表示，用于给定有效数字的位数并决定浮点数的表示精度；阶码用定点整数表示，用于指明小数点在数据中的位置并决定浮点数的表示范围。

(3) 带符号数和无符号数。对于整数而言，如果其最高有效位为符号位，则该数为带

符号数;反之,如果其最高有效位为数值位,则该数为无符号数。无符号数不一定是正数。当进行数据处理时,若不需要考虑数的正负,则可以使用无符号数。带符号数和无符号数的取值范围不同,对于字长为 8 位的定点整数,无符号数的取值范围是 $0 \leq X \leq 255$,带符号数的取值范围是 $-128 \leq X \leq 127$。

2. 机器数的表示方法

在计算机中,带符号数常用的表示方法有原码、反码和补码 3 种。这些表示方法都将数的符号数码化。通常"+"用"0"表示,"-"用"1"表示。为了区分书写时表示的数和机器中编码表示的数,我们称前者为真值,后者为机器数,即数值连同符号数码"0"或"1"在机器中的一组二进制数表示形式称为机器数,而它所表示的数值连同符号"+"或"-"称为机器数的真值。把机器数的符号位也当作数值的数,就是无符号数。

为了表示方便,常把 8 位二进制数称为字节,16 位二进制数称为字,32 位二进制数称为双字。对于机器数,应将其用字节、字或双字表示,所以只有 8 位、16 位或 32 位机器数的最高位才是符号位。

正数的原码、反码、补码相同,即 $[x]_{原} = [x]_{反} = [x]_{补}$。

负数的机器数求解方法如下:

(1) 反码:将其原码符号位保持不变,数值位按位取反。

(2) 补码:将反码末位加 1。

当计算机采用不同的码制时,运算器和控制器的结构将不同。由于补码具有唯一性,因此小型计算机和微型计算机大都为补码机。

(1) 计算机中引入补码可以使符号位和数值位成为一体,共同参与运算,运算结果的符号位由运算得出。

(2) 减法可以转换成加法运算来完成,乘法和除法可以通过加法和移位运算来完成。这样,二进制数的四则运算只须加减法和移位运算即可完成。

由此可见,计算机中引入补码的目的是简化运算方法,从而简化运算器的结构和设计。

【例 1-1】 用 8 位字长表示 –109、54、0.625 和 –0.25 的原码、反码、补码。

解

十进制数	二进制数	原码	反码	补码
–109	–1101101	11101101	10010010	10010011
54	110110	00110110	00110110	00110110
0.625	0.101	0.1010000	0.1010000	0.1010000
–0.25	–0.01	1.0100000	1.1011111	1.1100000

1.2.2 数字信息编码

所谓编码,就是用少量的基本符号,按照一定的排列组合原则表示大量复杂多样信息的一种操作。基本符号的种类和排列组合规则是信息编码的两大要素,下面分别简单介绍计算机中信息编码和常用数据表示的几种方法。

1. 二进制编码的十进制数

由于计算机内部采用二进制数,而外部数据的输入/输出使用十进制数,因此采用编码方式来完成二—十进制数的转换。8421BCD 码就是用 4 位二进制数的编码来表示十进制数,见表 1-2。采用 8421BCD 码可以直接使用二进制数部件完成十进制数的存储和运算。

表 1-2 常用编码形式十进制数的对应关系

十进制数	十六进制数	8421BCD	十进制数	十六进制数	8421BCD
0	0	0000 0000	8	8	0000 1000
1	1	0000 0001	9	9	0000 1001
2	2	0000 0010	10	A	0001 0000
3	3	0000 0011	11	B	0001 0001
4	4	0000 0100	12	C	0001 0010
5	5	0000 0101	13	D	0001 0011
6	6	0000 0110	14	E	0001 0100
7	7	0000 0111	15	F	0001 0101

2. 字符编码

ASCII 码(American Standard Code for Information Interchange)是国际通用的字符编码标准。ASCII 码采用 7 位二进制数编码表示 128 个字符，见表 1-3，其中 34 个起控制作用的编码称为功能码，其余的 94 个符号称为信息码，供书写程序和描述命令之用。在确定某个字符的 ASCII 码时，先确定该字符在表中所对应的行与列，列对应高位码 $d_6d_5d_4$，行对应低位码 $d_3d_2d_1d_0$，高位码与低位码的组合就是该字符的 ASCII 码。

表 1-3 ASCII 码字符表

$d_3d_2d_1d_0$	$d_6d_5d_4$							
	000	001	010	011	100	101	110	111
0000	NUL	DLE	SPACE	0	@	P	`	p
0001	SOH	DC1	!	1	A	Q	a	q
0010	STX	DC2	"	2	B	R	b	r
0011	ETX	DC3	#	3	C	S	c	s
0100	EOT	DC4	$	4	D	T	d	t
0101	ENQ	NAK	%	5	E	U	e	u
0110	ACK	SYN	&	6	F	V	f	v
0111	BEL	ETB	,	7	G	W	g	w
1000	BSB	CAN	(	8	H	X	h	x
1001	TAB	EM	)	9	I	Y	i	y
1010	LF	SUB	*	:	J	Z	j	z
1011	VT	ESC	+	;	K	【	k	{
1100	FF	FS	,	<	L	\	l	|
1101	CR	GS	-	=	M	】	m	}
1110	SO	RS	.	>	N	^	n	~
1111	SI	US	/	?	O	_	o	DEL

注："SPACE"表示空格；"LF"表示换行；"FF"表示换页；"CR"表示回车；"DEL"表示删除；"BEL"表示振铃。

3. 汉字编码

当计算机用于汉字处理时，可用若干位二进制编码来表示一个汉字。通常，一个汉字的编码可用内码、字模码和外码来描述。内码是用于汉字的存储、交换等操作的计算机内部代码。一个汉字内码通常用两个字节表示，且这两个字节的最高位均为 1，以区别英文字符的 7 位 ASCII 码。字模码是汉字的输出编码，字库中存放的就是字模码。外码是汉字的输入码，用来输入汉字的编码。

1.3 逻辑单元与逻辑部件

1.3.1 二进制数的逻辑运算与逻辑电路

计算机除了可进行基本的算术运算外，还可对两个或一个无符号二进制数进行逻辑运算。计算机中的逻辑运算主要包括"逻辑非"、"逻辑与"、"逻辑或"和"逻辑异或"4 种基本运算。下面介绍这 4 种基本逻辑运算及实现这些运算的逻辑电路。

1. 逻辑非

逻辑非运算也称"求反"。对二进制数进行逻辑非运算，就是按位求它的"反"，常在逻辑变量上方加一横线来表示。

例如，A = 01100001B，B = 11001011B，对 A 和 B 求逻辑非，则有

$$\overline{A} = 10011110B$$

$$\overline{B} = 00110100B$$

实现逻辑非运算的电路称为非门，又称反相器。它只有一个输入和一个输出。它的国标符号如图 1-1 所示。

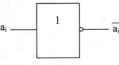

图 1-1　非门的国标符号

2. 逻辑与

对两个二进制数进行逻辑与运算，就是按位求它们的"与"，又称"逻辑乘"，常用符号"∧"或"·"来表示。二进制数逻辑与的规则为 0∧0 = 0，0∧1 = 0，1∧0 = 0，1∧1 = 1。

例如，01100001B 和 11001001B 逻辑与的算式如下：

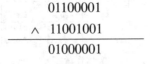

即 01100001B ∧ 11001001B = 01000001B。

实现逻辑与运算的电路称为与门。2 输入与门的国标符号如图 1-2 所示。

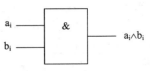

图 1-2　与门的国标符号

3. 逻辑或

对两个二进制数进行逻辑或运算，就是按位求它们的"或"，又称"逻辑加"，常用符号"∨"或"+"来表示。二进制数逻辑加的规则为 0∨0 = 0，0∨1 = 1，1∨0 = 1，1∨1 = 1。

例如，01100001B 和 11001001B 逻辑加的算式如下：

```
    01100001
∨  11001001
───────────
   11101001
```

即 01100001B ∨ 11001001B = 11101001B。

实现逻辑加运算的电路称为或门。2 输入或门的国标符号如图 1-3 所示。

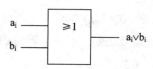

图 1-3　或门的国标符号

4. 逻辑异或

对两个二进制数进行逻辑异或运算，就是按位求它们的模 2 和，所以逻辑异或又称"按位加"，常用符号"⊕"来表示。二进制数的逻辑异或运算规则为 $0⊕0=0$，$0⊕1=1$，$1⊕0=1$，$1⊕1=0$。

例如，01100001B 和 11001001B 逻辑异或的算式如下：

```
    01100001
⊕  11001001
───────────
   10101000
```

即 01100001B ⊕ 11001001B = 10101000B。

注意：按位加与普通整数加法的区别是它仅按位相加，不产生进位。

实现逻辑异或运算的电路称为异或门。2 输入异或门的国标符号如图 1-4 所示。

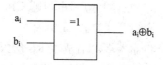

图 1-4　异或门的国标符号

异或门的特点是，只有当输入的两个变量相异时，输出为高(1)，否则输出为低(0)。

1.3.2　常用逻辑部件

逻辑部件是用来对二进制数进行寄存、传送和变换的数字部件，其种类繁多，本书简单地介绍微型计算机中常用的几种逻辑部件。构成逻辑部件的基本单元电路是触发器。

1. 触发器

触发器是具有记忆功能的基本逻辑单元电路。它能接收、保存和输出逻辑信号 0 和 1。各类触发器都可以由逻辑门电路组成。

1) 基本 RS 触发器

基本 RS 触发器是最简单的触发器，它是将两个与非门的输入与输出交叉连接构成的，如图 1-5 所示。触发器的两个输入端分别是 $\overline{R}$ 和 $\overline{S}$，其中 $\overline{S}$ 端称为置 1 或置位(Set)端，$\overline{R}$ 端称为置 0 或复位(Reset)端。触发器有两个输出端 Q 和 $\overline{Q}$，在正常工作时，它们总是处于互补的状态。用 Q 端的状态来表示触发器的状态。由与非门的逻辑功能决定，要使触发器为 1 状态。可使 $\overline{S}=0$，$\overline{R}=1$。同样，要使触发器为 0 状态，需令 $\overline{R}=0$，$\overline{S}=1$。触发器一旦为 1 状态(或 0 状态)，$\overline{S}$ (或 $\overline{R}$)端从 0 变成 1，触发器将保持 1 状态(或

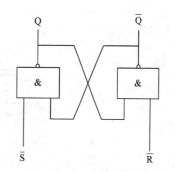

图 1-5　基本 RS 触发器的结构图

0 状态)不变。即 $\overline{R}=1$，$\overline{S}=1$ 时，触发器的状态不变。$\overline{R}$ 和 $\overline{S}$ 不能同时为 0，因为同时为 0 时，Q 和 $\overline{Q}$ 都为 1。当这种输入状态消失时，触发器的 Q 端可能为 0，也可能为 1，但到底是 0 还是 1，是不确定的。

2) 同步 RS 触发器

基本 RS 触发器中，输入端的触发信号直接控制触发器的状态。但在实际应用中，还希望触发器能够受一个时钟信号控制，做到按时钟信号的节拍翻转。这个控制信号称为时钟脉冲 CP(Clock Pulse)。引入 CP 后，触发器的状态不是在输入信号(R、S 端)变化时立即转换，而是等待时钟信号到达时才转换。在多个这种触发器组成的电路中，各触发器受同一个时钟控制，触发器都在同一个时刻翻转，因此称为同步 RS 触发器，而基本 RS 触发器称为异步 RS 触发器。

同步 RS 触发器的电路结构如图 1-6 所示。该电路由基本 RS 触发器和控制电路两部分组成。在时钟脉冲未到来时(即 CP = 0 时)，由于控制电路的两个与非门均被封锁，它们的输出都为 1，因此基本 RS 触发器维持原状态不变。在时钟脉冲作用期间(即 CP = 1 时)，控制电路的两个与非门均被开启，R 和 S 端的输入被反相后送到基本 RS 触发器的输入端。由基本 RS 触发器的逻辑功能可知，RS = 01 时，触发器被置位；RS = 10 时，触发器被复位；RS = 00 时，触发器的状态不变；RS = 11 的输入状态，同步 RS 触发器是不允许出现的。

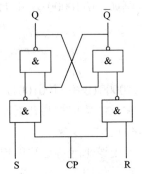

图 1-6 同步 RS 触发器的结构

3) D 触发器

同步 RS 触发器工作时，不允许 R 和 S 端的输入信号同时为 1。如果将 R 端改接到控制电路另一个与非门的输出端，只在 S 端加入输入信号，S 端改称为 D 端，同步 RS 触发器就转换成了 D 触发器。D 触发器的电路结构与逻辑符号如图 1-7 所示。由于总是将 D 端的输入反相后作为另一个与非门的输入信号，故无论 D 端的状态如何，都满足 RS 触发器的约束条件，不会出现不允许的输入状态。由 RS 触发器的特性可直接求出 D 触发器的特性。不管 D 触发器 Q 端的原状态 Q^n 如何，次态 Q^{n+1} 总是与时钟脉冲来到时 D 端的输入状态相同。

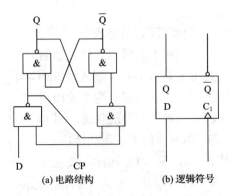

(a) 电路结构   (b) 逻辑符号

图 1-7 D 触发器的电路结构与逻辑符号

有些 D 触发器还有异步复位端 $\overline{R}_D$ 和异步置位端 $\overline{S}_D$，利用它们也能实现置数的功能。

4) JK 触发器

在同步 RS 触发器的基础上，增加 J 和 K 输入端及两条反馈线，即可组成 JK 触发器。JK 触发器的电路结构与逻辑符号如图 1-8 所示。由于 Q 和 $\overline{Q}$ 的互补关系，控制电路的两个与非门不会同时开启，因而 JK 的任一种输入状态都是允许的，不再需要满足 RS 触发器的约束条件。

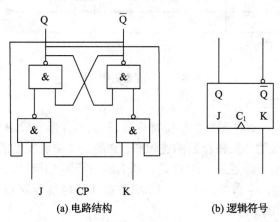

(a) 电路结构　　　　　　(b) 逻辑符号

图 1-8　JK 触发器的电路结构与逻辑符号

5) T 触发器

将 JK 触发器的 J、K 两端连在一起作为 T 输入端，即可得到 T 触发器。T 触发器的电路结构与逻辑符号如图 1-9 所示。

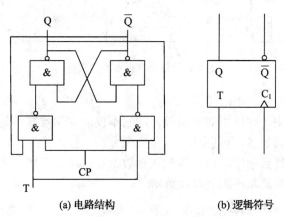

(a) 电路结构　　　　　　(b) 逻辑符号

图 1-9　T 触发器的电路结构与逻辑符号

2. 寄存器

寄存器是计算机中用得最多的逻辑部件之一，用来存放二进制信息，具有接收二进制数码和寄存二进制数码的功能。寄存器一般由触发器组成。触发器具有两个稳定状态，每一个触发器可以存放 1 位二进制数，N 个触发器可以构成存放 N 位二进制数的寄存器。图 1-10 为由 4 个具有异步复位端的 D 触发器构成的寄存器的逻辑图。当 $\overline{CR}$ = 1 时（$\overline{CR}$ 为置零端。当 $\overline{CR}$ = 0 时，寄存器的四个 Q 端都为 0），时钟脉冲将待送的数码 $D_4D_3D_2D_1$ 送到寄

存器的 $Q_4Q_3Q_2Q_1$ 保存起来。

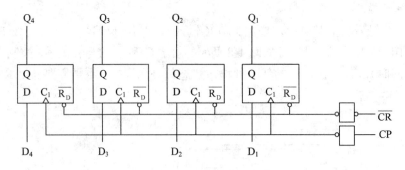

图 1-10 寄存器的逻辑图

3. 移位寄存器

具有移位逻辑功能的寄存器称为移位寄存器。移位寄存器一般由 D 触发器构成。图 1-11 为由 4 个 D 触发器构成的移位寄存器的逻辑图。它的第 4 级触发器的 D 端接输入信号，其余各触发器的 D 端接前一级触发器的 Q 端，所有触发器的 CP 端连在一起接收时钟脉冲信号。每来一个时钟脉冲，来自外部的输入数码(即第 4 级触发器的 D 端的输入信号)便输入一位，已被寄存的数码依次右移一位。

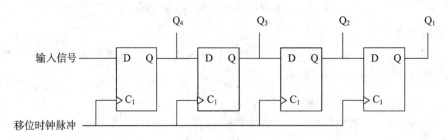

图 1-11 移位寄存器的逻辑图

4. 计数器

计数器是计算机中一种常用的逻辑部件，它不仅能存储数据，而且还能记录输入脉冲的个数。计数器的种类繁多，可以从不同角度来分类：按工作方式，可分为同步计数器和异步计数器；按加减计数顺序，可分为加法计数器和减法计数器；按进位制，可分为二进制计数器、十进制计数器和任意进制计数器等。

1) 异步二进制加法计数器

由 JK 触发器构成的 3 位异步二进制加法计数器的逻辑图如图 1-12 所示。其工作过程如下：初始时，将计数器置为全 0 状态(即 $Q_3Q_2Q_1$ 为 000)。第 1 个计数脉冲来到后，第 1 级触发器翻转，Q_1 由 0 变为 1，第 2、3 级触发器因时钟端无触发脉冲，它们维持原状态不变，故计数器的状态 $Q_3Q_2Q_1$ 为 001。第 2 级计数脉冲来到后，第 1 级触发器又翻转，Q_1 由 1 变为 0，第 2 级触发器因其时钟输入端有脉冲下降沿的作用，也进行翻转，Q_2 由 0 变为 1，Q_3 仍保持原状态，计数器的状态 $Q_3Q_2Q_1$ 为 010。按照这样的顺序工作下去，直至第 7 个计数脉冲来到后，计数器的状态 $Q_3Q_2Q_1$ 为 111。此时再来一个计数脉冲，计数器又回到初始时的全 0 状态。

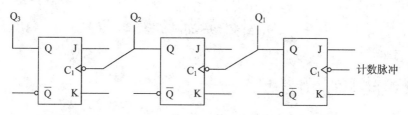

图 1-12 异步二进制加法计数器的逻辑图

2) 同步二进制加法计数器

由 JK 触发器构成的 3 位同步二进制加法计数器的逻辑图如图 1-13 所示。其工作过程如下：初始时，将计数器置为全 0 状态(即 $Q_3Q_2Q_1$ 为 000)。第 1 个 CP 脉冲来到后，由于第 1 级 JK 端为 1，第 2 级和第 3 级的 JK 端为 0，所以第 1 级触发器翻转，Q1 由 0 变为 1，第 2 级和第 3 级触发器维持原状态不变，计数器的状态 $Q_3Q_2Q_1$ 为 001。第 2 个 CP 脉冲来到后，第 1 级和第 2 级的 JK 端为 1，第 3 级的 JK 端为 0，故第 1 级和第 2 级触发器翻转，第 3 级触发器维持原状态不变，计数器的状态 $Q_3Q_2Q_1$ 为 010。第 3 个 CP 脉冲来到后，第 1 级触发器翻转，第 2 级和第 3 级触发器维持原状态不变，计数器的状态 $Q_3Q_2Q_1$ 为 011。第 4 个 CP 脉冲来到后，3 级触发器的 JK 端为 1，故 3 个触发器均翻转，计数器的状态 $Q_3Q_2Q_1$ 为 100。按照这样的顺序工作下去，直至第 7 个 CP 脉冲来到后，计数器的状态 $Q_3Q_2Q_1$ 为 111。此时再来一个 CP 脉冲，由于 3 个触发器的 JK 都为 1，故 3 级触发器均翻转，计数器又回到初始时的全 0 状态。

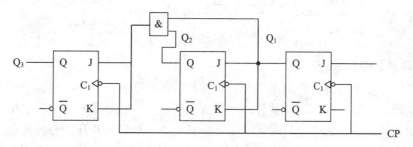

图 1-13 同步二进制加法计数器的逻辑图

5. 译码器

在计算机中常常需要将代码翻译成控制信号，或在一组信息中取出所需要的一部分信息，能完成这种功能的逻辑部件称为译码器。2-4 译码器如图 1-14 所示。当 E = 0 时，$\overline{Y}_0 \sim \overline{Y}_3$ 均为 1，即译码器没有工作。当 E = 1 时，译码器进行译码输出。$A_1A_0 = 00$ 时，$\overline{Y}_0 = 0$，其余为 1；同样，$A_1A_0 = 01$ 时，只有 $\overline{Y}_1 = 0$；$A_1A_0 = 10$ 时，只有 $\overline{Y}_2 = 0$；$A_1A_0 = 11$ 时，只有 $\overline{Y}_3 = 0$。由此可见，输入的代码不同，译码器的输出状态也就不同，从而实现把输入代码翻译成对应输出线上控制信号的功能。

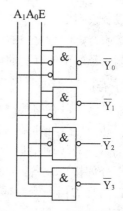

图 1-14 2-4 译码器逻辑图

1.4 微型计算机的基本结构

1.4.1 微型计算机的硬件结构

微型计算机系统由硬件和软件组成。冯·诺依曼在 1946 年首次提出计算机的组成和工作方式：计算机分为运算器、控制器、存储器、输入和输出设备五大部分并通过总线(BUS)连接起来，计算机内部采用二进制，采用程序存储的工作方式。微型计算机的一般结构如图 1-15 所示。微处理器，即中央处理单元(Central Processing Uni，CPU)，由运算器和控制器构成，将控制器、运算器、存储器合称微型计算机的主机。主机、输入/输出设备以及软件就构成了微型计算机系统。

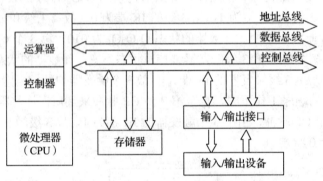

图 1-15 微型计算机的一般结构

1. 运算器、控制器

运算器实现算术运算、逻辑运算和其他操作。运算器的硬件结构决定了它所能实现的功能。控制器是指挥计算机工作的控制中心，它通过执行指令来控制全机工作。指令是规定计算机执行特定操作的命令。通常一条指令对应着一种基本操作，一台计算机能执行什么样的操作由其指令系统决定。在使用计算机时，必须把要解决的问题编成一条条指令，这些指令的有序集合就是程序。指令通常以机器码(Machine Code)的形式存放在存储器中。为完成一条指令所规定的操作，计算机的各个部件需要完成一系列的基本动作，这些基本动作按照特定的时序完成。控制器的作用就是根据指令的规定，在不同的节拍电位将相应的控制信号送至计算机的相关部件。

2. 存储器

存储器用以存储数据和指令。在计算机内部，通常使用的半导体存储器，称为内部存储器(简称内存)。内部存储器的工作速度较高，与 CPU 的速度基本匹配，但内存容量是有限的。另外，断电后，内存信息将全部丢失，这就引入了外部存储器(简称外存)。外存属于外部接口设备，一般不能直接与 CPU 交换信息。通常，在内存中存放常用的程序或正在运行的指令或数据，而其他大量的信息则存放在外存(如磁盘、磁带、光盘等存储介质)中。

3. 输入/输出设备及其接口电路

输入/输出设备(Input/Output Peripheral)是计算机与外界进行信息交换的接口设备，简称 I/O 设备。

输入设备能够将各种形式的信息转换为计算机所能接受的数据形式。常用的输入设备有键盘、模/数或数/模转换器、扫描仪等。输出设备能够将计算机处理的结果转换为人或其他设备所能识别的形式。常用的输出设备有显示器、打印机、绘图仪、投影仪等。

计算机的各种输入/输出设备种类繁多，速度各异，需要通过输入/输出接口电路与主机相连，完成数据格式转换、速度匹配，才能实现信息的正确传输。

4. 总线

总线是计算机各个部件进行信息传输的公共通道。为保证信息能正确传递，在任意时刻，总线上只允许传递一组信息。

若按总线上传输信息的性质划分，总线可分为以下几种：

(1) 地址总线(Address Bus)：用来传输 CPU 输出的地址信号，确定被访问存储单元、输入/输出端口地址。

(2) 数据总线(Data Bus)：用来传输数据，即数据总线是在 CPU 与存储器或 I/O 接口之间，内存储器与 I/O 设备之间，以及外存储器之间进行数据传输的双向公共通道。

(3) 控制总线(Control Bus)：配合数据的传输需用控制总线来传送各种控制信号、时序信号和状态信息。

总线若按其连接功能划分，可大致分为以下几种：

(4) 内部总线：又称板内总线，是指把 CPU、随机读写存储器、只读存储器、基本 I/O 接口、定时器以及总线控制器等连成一个系统的总线。

(5) 系统总线：又称板间总线，是指计算机内部系统板与插件板之间的通信总线。在该总线上装有通用输入/输出扩展插槽，用以不同设备的接口电路与 CPU 之间的连接。系统总线有 8 位 PC 总线、16 位 ISA 总线、32 位 VESA 总线和 32 位或 64 位 PCI 总线。

(6) 外部总线：用以设备与设备之间的连接。常用的外部总线有 RS-232 和 IEEE-488。

1.4.2 微型计算机的软件系统

计算机要能够进行计算，还须有软件配合。计算机软件系统包括计算机运行时所需的各种程序、数据、文件等。通常将各类程序的集合称为软件。软件分为系统软件和应用软件两大类。

1. 系统软件

通常把包括了下列程序及软件的集合统称为系统软件。

(1) 操作系统(Operating System)。操作系统是能够管理和协调计算机软硬件资源的合理分配与使用，方便用户使用计算机的系统程序的集合。常用的单用户操作系统有 MS-DOS，分时/多用户操作系统有 UNIX 和 Windows 2000 等。

(2) 各种语言及其汇编或解释、编译程序。计算机语言是人机通信的工具。计算机仅能读懂机器语言，但机器语言的编制烦琐。为此，产生了汇编语言，即将指令的操作码和地址码用易于记忆的助记符来表示。用汇编语言写的源程序须经汇编程序(Assembler)翻译成用机器码表示的目标程序(Object Program)后,机器才能识别和执行。

汇编语句与机器指令一一对应,易于实现对硬件的控制,便于理解硬件工作的过程,但用汇编语言编写的程序的可读性较差,程序语句数较多,编写汇编程序是一件繁琐、困难的工作,而且汇编程序不能在不同的机器上通用。

为了提高编程的效率,产生了接近人的思维习惯的语言——高级语言。高级语言便于理解和掌握,方便用户编程,提高了效率。并且高级语言程序的通用性强,适用于各种不同的机型。计算机执行高级语言时,仍须将高级语言源程序用解释程序或编译程序翻译成目标程序。常用的语言有 BASIC、FORTRAN、C、JAVA 等十几种。

(3) 计算机的监控管理程序、调试程序、故障检查和诊断程序。

(4) 程序库。为了扩大计算机的功能,便于用户使用,机器中设置各种标准子程序,这些子程序的总和就形成了程序库。

2. 应用软件

用户利用计算机及各种系统软件,编制解决各种实际问题的程序,这些程序的集合通称应用软件。应用软件在逐步标准化、模块化,以形成解决各种典型问题的应用程序的组合,即软件包。常用的应用软件有文字处理软件 Word、电子表格 Excel、图形图像处理软件 Photoshop 等。

1.4.3 微型计算机的工作过程

微型计算机在硬件和软件相互配合之下才能工作。微型计算机为完成某种任务,总是将任务分解成一系列的基本动作,而后再一个一个地去完成每一个基本动作。当这一任务所有的基本动作都完成时,整个任务也就完成了。这是计算机工作的基本思路。

CPU 进行简单的算术运算或逻辑运算,或从存储器取数,将数据存放于存储器,或由接口取数或向接口送数,这些都是一些基本动作,也称为 CPU 的操作。

通知微处理器进行某种操作的代码称为指令。微处理器只认识由 0 和 1 电平组成的二进制编码,因此,指令就是一组由 0 和 1 构成的数字编码。微处理器在任何一个时刻只能进行一种操作。为了完成某种任务,就需把任务分解成若干基本操作,明确完成任务的基本操作的先后顺序,而后用计算机可以识别的指令来编排完成任务的操作顺序。计算机按照事先编好的操作步骤,每一步操作都由特定的指令来指定,一步接一步地进行工作,从而达到预期的目的。这种完成某种任务的一组指令就称为程序,计算机的工作就是执行程序。

下面通过一个简单程序的执行过程,对微型计算机的工作过程做简要介绍。用微型计算机求解"5+8=?"这样一个极为简单的问题,必须利用指令告诉计算机该做的每一个步骤,先做什么,后做什么。具体步骤如下:

    5→AL

    AL+8→AL

其含义就是把 5 这个数送到 AL 里面,然后将 AL 中的 5 和 8 相加,把要获得的结果存放在 AL 里。把它们变成计算机能够直接识别并执行的程序如下:

10110000 ⎫
00000101 ⎭ 第一条指令

00000100 ⎫
00001000 ⎭ 第二条指令

11110100　第三条指令

也就是说，上面的问题用三条指令即可解决。这些指令均用二进制编码来表示，微型计算机可以直接识别和执行。因此，人们常将这种用二进制编码表示的、CPU能直接识别并执行的指令称为机器代码或机器语言。但直接用这种二进制代码编程序会给程序设计人员带来很大的不便，因为它们不好记忆，不直观，容易出错，而且出了错也不易修改。

为了克服机器代码带来的不便，人们用缩写的英文字母来表示指令，它们既易理解又好记忆。我们把这种缩写的英文字母称为助记符。利用助记符加上操作数来表示指令就方便得多了。例如，上面的程序可写成：

MOV AL，5
ADD AL，8
HLT

程序中第一条指令将5放在AL中；第二条指令将AL中的5加上8并将相加之和放在AL中；第三条指令是停机指令。当顺序执行完上述指令时，AL中就存放着要求的结果。

微型计算机在工作之前，必须将用机器代码表示的程序存放在内存的某一区域里。微型计算机执行程序时，通过总线首先将第一条指令取进微处理器并执行它，然后取第二条指令，执行第二条指令，依次类推。计算机就是这样按照事先编排的顺序，依次执行指令的。这里要再次强调，计算机只能识别机器代码，它不认识助记符，因此用助记符编写的程序必须转换为机器代码才能被计算机所直接识别。相关知识将在后面的章节中说明。

本 章 小 结

本章从微型计算机的基本结构和工作原理出发，对微处理器的产生及发展、微型计算机的分类及应用作了概述；介绍了计算机中的数据格式及机器数、带符号数的表示、字符编码的基本知识和常用的逻辑部件的特点，以及微型计算机系统的软硬件组成等。

通过学习，要求熟悉和掌握微型计算机的发展历程，关注当今微型计算机的发展方向，尤其是微处理器芯片的换代趋向，以及计算机的工作特点、组成分类、应用领域等相关应用；掌握计算机中的数制及不同进位计数制之间的转换，掌握编码(原码、反码、补码、BCD码、ASCII码等)运算方法以及数的定点及浮点表示法，掌握逻辑运算规律及常用逻辑部件的特点，为后续章节的学习打下基础。

习 题

1-1 微型计算机系统由哪几个部分组成？简述各部分的功能。

1-2 微型计算机的主要性能指标有哪些？

1-3 分析微型计算机的硬件组成结构，并说明各部分的特点。

1-4 什么是微型计算机的系统总线？说明微处理器三大总线的作用。

1-5 简述冯•诺依曼计算机的组成思想。

1-6 计算机中常用的数制和码制有哪些？

1-7 填空：

(1) A_{ASCII} = (　　　)　　　　(2) 105.65_D = (　　　)$_2$

(3) a_{ASCII} = (　　　)　　　　(4) 325.75_D = (　　　)$_8$

(5) 0_{ASCII} = (　　　)　　　　(6) 123.125_D = (　　　)$_{16}$

(7) 78.025_D = (　　　)$_{8421BCD}$　(8) 456.25_D = (　　　)$_{8421BCD}$

1-8 写出下列十进制数的原码和补码，用二位或四位或八位十六进制数填入表中。

十进制数	原码	补码	十进制数	原码	补码
16			928		
−16			−928		
34			8795		
−34			−8795		
347			65 531		
−347			−65 531		

1-9 用补码写出下列减法的步骤：

(1) $1111_2 - 1010_2$ = (　　　)$_2$

(2) $1100_2 - 0011_2$ = (　　　)$_2$ = (　　　)$_{10}$

1-10 按下列式子所要求的运算计算结果：

(1) 0DAH ∧ 98H　　　　(2) 0ABH ∧ 56H

(3) 0DAH ∨ 98H　　　　(4) 0ABH ∨ 56H

(5) 0DAH ⊕ 98H　　　　(6) 0ABH ⊕ 56H

第2章 典型微处理器

学习目标

微处理器是微型计算机的核心部件，它的有关概念是微型计算机系统的基础。近年来，微处理器发展迅速，新品种和新技术层出不穷。本章以 8086 为基础，着重讲解了微处理器的基本知识，引导读者熟悉微处理器的基本结构、各部件的功能及其相互关系；在了解微处理器引脚信号定义的基础上，深入理解系统的配置方法和微处理器的总线操作；掌握存储器的分段管理，物理地址和逻辑地址的转换方法。

要求读者了解 80x86/Pentium 系列高档微处理器的结构特点，体会微处理器技术的进步和关键技术的作用，为进一步学习微型计算机系统打下基础。

学习重点

(1) 8086 微处理器 EU 和 BIU 的基本结构、寄存器组织，以及指令执行的工作流程。
(2) 8086 引脚信号定义、作用，总线周期的定义、类型，总线周期中各信号的关系以及总线操作时序。
(3) 8086 最小、最大基本系统的配置方法，地址锁存器和总线驱动器的作用和连接方法。
(4) 存储器组织和 I/O 组织。
(5) 80x86/Pentium 高档微处理器的功能结构。

2.1 8086 微处理器简介

IBM PC 微型计算机中的 CPU 采用 Intel 8086/8088。8086 的内部与外部总线均是 16 位，在一个总线周期内读写一个字。Intel 8088 是准 16 位微处理器，其内部结构是 16 位，外部数据总线是 8 位，在一个总线周期内读写一个字节。Intel 8086/8088 CPU 二者的体系结构类似，其指令系统、指令编码格式、寻址方式都完全相同，软件上完全兼容。

2.1.1 8086 CPU 的内部功能结构

1. Intel 8086 CPU 的组成结构

要掌握一个 CPU 的工作性能和使用方法，首先要熟知其内部逻辑结构，也就是要从程序员和使用者的角度理解其结构。

Intel 8086 CPU 从功能上分为总线接口单元 BIU(Bus Interface Unit)和执行单元 EU(Execute Unit)两部分，见图 2-1。Intel 8086 CPU 采用指令流水线结构，访问存储器与执行指令的操作分别由 BIU 和 EU 分别承担，EU 和 BIU 分工合作、并行操作。

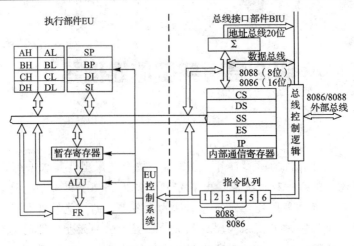

图 2-1　8086 CPU 内部结构

总线接口单元 BIU 完成 CPU 与存储器、I/O 端口之间的信息传送。具体功能是根据段寄存器 CS 和指令指针 IP 形成 20 位的物理地址,从存储器中取出指令,并暂存在指令队列中,等待 EU 取走并执行。如 EU 发出访问存储器或 I/O 端口的命令,BIU 则根据 EU 提供的数据和地址,进入外部总线周期,存取数据。执行单元 EU 的功能是从 BIU 的指令队列中取出指令代码,然后执行指令所规定的全部功能。如果在执行指令的过程中,需要向存储器或 I/O 端口传送数据,则 EU 向 BIU 发出访问存储器或 I/O 端口的命令,并提供访问的数据和地址。

2. 寄存器结构

CPU 中各寄存器、存储器和 I/O 端口是编程的基本场所,其中大部分指令通过内部寄存器来实现对操作数的操作,其结构如图 2-2 所示。

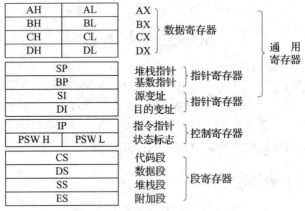

图 2-2　8086 CPU 的内部寄存器

1) 通用寄存器(General Register)

数据寄存器共有 AX、BX、CX、DX 4 个,均可作为 16 位寄存器使用,每个数据寄存器也可作为独立的两个 8 位寄存器使用(这时 AH、AL、BH、BL、CH、CL、DH、DL),具有良好的通用特性。

堆栈指针 SP 和基址指针 BP 是 16 位地址指针。BP 和 SP 作地址指针时,存放偏移量,

SP 是指向堆栈段内的某一存储单元字数据的偏移量。当进行堆栈操作时,隐含使用堆栈指针 SP。如果在指令中不另加说明,用 BP 作地址指针时,它指向堆栈段内某一存储单元。

16 位变址寄存器 SI 和 DI 用作地址指针。在变址寻址中,SI、DI 的内容作为段内偏移量。在串操作指令中,源串操作数须用 SI 提供偏移量,目的串操作数须用 DI 提供偏移量。

2) 段寄存器(Segment Register)

8086 CPU 将存储器分段管理,把将要运行的程序各模块分别放在不同的存储段中。每个存储段用一个段寄存器来指示它的首地址(即段首址),同时给出访问存储单元的偏移量。通用寄存器的特定、隐含使用见表 2-1。

表 2-1 通用寄存器的特定、隐含使用

寄存器	隐含/特定使用	隐含/特定使用
AL 或 AH	在输入/输出指令中作数据寄存器	特定使用
	在乘法指令中,存放乘数和乘积;在除法指令中,存放被除数和商	隐含
	未组合 BCD 码运算校正指令;某些串操作指令中(LODS,STOS,SCAS)	隐含
AH	在 LAHF 指令中作目的寄存器	隐含
AL	组合式 BCD 码的加减法校正指令;在 XLAT 指令中,作目的寄存器	隐含
BX	在 XLAT 指令中,作基址寄存器	隐含
CX	在循环指令中,作循环次数计数器	隐含
CL	在移位指令中,作移位次数计数器(指令执行后,CL 中内容不变)	特定使用
DX	在字数据乘/除法指令中作辅助累加器(存放乘积和被除数的高 16 位)	隐含
SP	在堆栈操作(PUSH,POP,PUSHF,POPF)中作堆栈指针	隐含
SI	串操作指令中用如源变址寄存器(MOVSB/W,LODS/W,CMPS)	隐含
DI	串操作指令中用如目的变址寄存器(MOVSB,STOSB,SCAS,CMPS)	隐含

一个程序分成多少个存储段可以任选,在程序运行的任何时刻,最多只能有 4 个当前段分别用 CS、DS、ES、SS 段寄存器来指明。并且这四个当前段寄存器的作用是绝不允许随便调换的。通常 CS 一定是指向存放有指令代码的各个代码段,SS 是指向被开辟为堆栈区的各个堆栈段,DS 和 ES 通常是指向存放数据的数据段。

3) 指令指针寄存器 IP(Instruction Pointer)

IP 是指令的地址指针寄存器。在程序运行期间,CPU 自动修改 IP 的值,使它始终保持正在执行指令的下一条指令代码的起始地址的偏移量。

4) 标志寄存器(Flags Register)

16 位标志寄存器的作用反映 CPU 在程序运行时的某些状态,该寄存器又称为程序状态字(Program Status Word,PSW)寄存器,该寄存器中有 9 个标志位,其中 6 个标志位(CF,PF,AF,ZF,SF,OF)作为状态标志,记载了刚刚执行完算术运算或逻辑运算指令后的某些特征。另外 3 个标志位(TF,IF,DF)作为控制标志,在执行指令时起控制作用。图 2-3 中除指明控制标志位外,其余均为状态标志位。

(1) 进位标志位 CF。在运算数的最高位产生进位或借位时,则 CF 置 1,否则置 0。CF 也可使用移位类指令,用它保存从最高位(左移时)或最低位(右移时)移出的代码(0 或 1)。

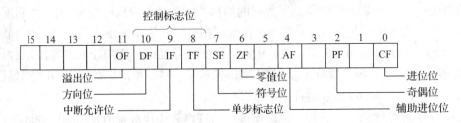

图 2-3 标志寄存器

(2) 奇偶标志位 PF。当操作结果低 8 位中含有 1 的个数为偶数时，则 PF 置 1，否则置 0。PF 只检查操作结果的低 8 位，与该指令操作数的长度无关。

(3) 辅助进位标志 AF。当进行运算时，如低字节中低 4 位产生进位或借位时，则 AF 置 1，否则置 0。AF 只影响运算结果的低 4 位，与操作数长度无关，用于十进制运算的调整。

(4) 零值标志 ZF。如运算结果各位为全 0 时，则 ZF 置 1；否则置 0。

(5) 符号位 SF。将运算结果视为带符号数，如运算结果为负数，则 SF 置 1，否则置 0。由于第 7/15 位是字节操作数/字操作数的符号位，SF 与运算结果的最高位一致。

(6) 溢出位 OF。当运算结果超过机器用补码所能表示数的范围时，则 OF 置 1，否则置 0。产生溢出只可能在同号数相加或异号数相减的情况下发生。溢出与进位概念不同。表 2-2 以字节运算为例说明这两个不同性质的标志位。

(7) 单步标志位 TF。当 TF = 1 时，在执行完一条指令后，产生单步中断，由单步中断处理程序把 TF 置 0。TF 供调试程序使用。

(8) 中断允许位 IF。当 IF = 1 时，允许响应可屏蔽中断，否则不允许响应可屏蔽中断。

(9) 方向位 DF。DF 为串操作指令规定增减方向。当 DF = 0 时，串操作指令自动使变址寄存器(SI 或 DI)递增(即串操作是由低地址到高地址)，否则串操作指令自动使变址寄存器递减。

表 2-2 进位位与溢出位

加法举例			进位位 CF	溢出位 OF	结果
十进制	十六进制	二进制			
100D +) 100D 200D	64H +) 64H C8H	01100100B +) 01100100B 11001000B	0	1	出错
−85D +) −1D −86D	ABH +) FFH ①.AAH	10101011B +) 11111111B ①.10101010B	1	0	正确
−86D +) −117D −203D	ABH +) 8BH ①.36H	10101011B +) 10001011B ①.00110110B	1	1	出错

2.1.2 8086/8088 CPU 的引脚功能

8086 CPU 是 IBM PC 微型计算机系统主板的核心，这里只介绍 8086 CPU 芯片在最小/最大工作模式下的通用引脚，与工作模式有关的引脚在相应的工作模式中介绍。

8086和8088的引脚信号图如图2-4所示。

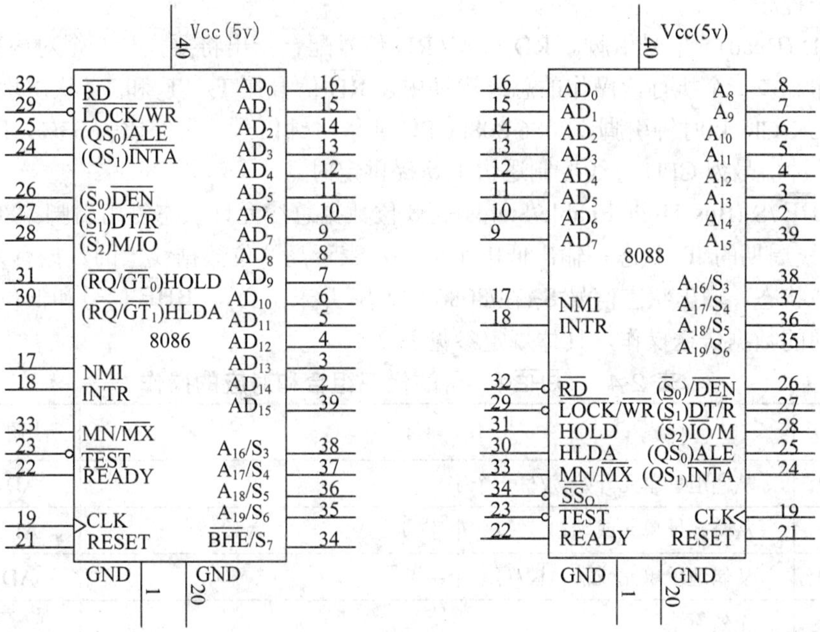

图2-4 8086/8088引脚信号图

8086/8088各引脚信号的功能如下：

(1) $AD_{15} \sim AD_0$(Address Data Bus)地址/数据复用引脚。在8086中作为地址和数据的复用引脚，在总线周期的 T_1 状态用来输出要访问的存储器或I/O端口地址。$T_2 \sim T_3$ 状态，则是传输数据。在8088中，$A_8 \sim A_{15}$ 是单纯的地址输出引脚。

(2) $A_{19}/S_6 \sim A_{16}/S_3$(Address/Status)地址状态复用引脚。$A_9/S_6 \sim A_{16}/S_3$ 在总线周期的 T_1 状态，用来输出地址的最高4位，在总线周期的 T_2、T_3、T_w 和 T_4 状态时，用来输出状态信息。其中 S_6 为0，用来指示8086/8088当前与总线相连，S_5 表明中断允许标志的当前设置，若为1，表示当前允许可屏蔽中断请求；若为0，则禁止一切可屏蔽中断请求。S_4、S_3 合起来指出当前正在使用哪个段寄存器，见表2-3。

表2-3 S4、S3 的代码组合和对应的含义

S4	S3	含 义
0	0	当前正在使用 ES
0	1	当前正在使用 SS
1	0	当前正在使用 CS，或者未用任何段寄存器
1	1	当前正在使用 DS

(3) NMI(Non-Maskable Interrupt)非屏蔽中断引脚。非屏蔽中断不受中断标志 IF 影响，不用软件屏蔽。每当 NMI 引脚端输入一个上升沿触发跳变信号时，CPU 就会在结束当前指令后，进入对应于中断类型号为2的非屏蔽中断处理程序。

(4) INTR(Interrupt Request)可屏蔽中断请求信号引脚。CPU 在执行每条指令的最后一个时钟周期会对 INTR 信号进行采样，如果 CPU 中的中断允许标志 IF 为1，且又接收到

INTR 引脚为高电平信号输入,则 CPU 就在结束当前指令后,响应中断请求,进入相应的中断处理子程序。

(5) $\overline{RD}$ (Read)读信号引脚。$\overline{RD}$ 与 M/$\overline{RD}$ 信号配合指出将要执行一个对内存或 I/O 端口的读操作。在一个执行读操作的总线周期中,$\overline{RD}$ 信号在 T_2、T_3 和 T_W 状态均为低电平。

(6) CLK(Clock)时钟引脚。8086/8088CPU 要求时钟信号的占空比为 33%,时钟频率为 5 MHz,时钟信号为 CPU 总线控制逻辑电路提供定时。

(7) $\overline{BHE}$/S_7(Bus High Enable/Status)高 8 位数据总线允许状态复用引脚。8086 的引脚 $\overline{BHE}$ 在总线周期的 T_1 状态,输出低电平信号,表示高 8 位数据线上的数据有效;在总线周期的其他状态,输出状态信号 S_7(在 8086 中,S_7 并未定义)。$\overline{BHE}$ 信号和低位地址 A_0 配合表示不同的数据传送操作,具体规定参见表 2-4。

表 2-4 $\overline{BHE}$ 和 A_0 的代码组合和对应的操作

$\overline{BHE}$	A_0	操 作	所用的数据引脚
0	0	从偶地址单元开始读/写一个字	$AD_{15} \sim AD_0$
0	1	从奇地址单元或端口读/写一个字节	$AD_{15} \sim AD_8$
1	0	从偶地址单元或端口读/写一个字节	$AD_7 \sim AD_0$
1	1	无效	—
0 1	1 0	从奇地址开始读/写一个字(在第一个总线周期,将低 8 位数字送到 $AD_{15} \sim AD_8$ 在第二个总线周期,将高 8 位数字送到 $AD_7 \sim AD_0$)	$AD_{15} \sim AD_0$

在 8086 系统中,若要读/写从奇地址单元开始的一个字,需要两个总线周期。在 8088 系统中,第 34 脚不是 $\overline{BHE}$/S_7,而是被赋予另外的信号。在最大模式时,此引脚恒为高电平;在最小模式中,则为 $\overline{SS_0}$。它和 DT/$\overline{R}$、$\overline{M}$/IO 一起决定了 8088 芯片当前总线周期的读/写动作。

(8) RESET 复位信号引脚。8086/8088 CPU 要求来到其复位引脚 RESET 的复位信号至少维持 4 个时钟周期的高电平才有效,此时 CPU 将结束当前操作,并对处理器的标志寄存器及指令队列清零,同时将代码段寄存器 CS 设置为 0FFFFH,IP 设置为 0000H。当复位信号变为低电平时,CPU 从 0FFFFH:0000H 处开始执行程序。

(9) READY "准备好"信号引脚。READY 引脚的"准备好"信号是专为慢速存储器或外设与 CPU 的速度配合而设置,是来自存储器或 I/O 设备的一个输入信号。在每个总线周期 T_3 状态开始对 READY 信号进行检测,如果为低电平,则在 T_3 状态之后插入等待周期 T_W,CPU 继续对 READY 进行检测,若仍为低电平,则会继续插入 T_W,所以,可插入一个或多个 T_W。直到 READY 变为高电平,表示内存或 I/O 设备准备就绪,才可进入 T_4 状态,完成数据传送,结束当前总线周期。

(10) $\overline{TEST}$ 测试信号引脚。$\overline{TEST}$ 信号用于指令 WAIT 结合使用,在 CPU 执行该指令时,处于空转状态进行等待;当 8086 的 $\overline{TEST}$ 引脚输入低电平有效信号时,等待状态结束,CPU 继续往下执行被暂停的指令。

(11) MN/$\overline{MX}$ (Minimum /Maximum Mode Control)最小/最大模式控制信号引脚(输入)。最大模式及最小模式的选择控制端。此引脚接 +5 V 时,8086 CPU 处于最小模式;如接地,则 CPU 处于最大模式。

(12) GND 地和 V_{CC} 电源引脚。8086/8088 均使用单一 +5 V 电源。

此外，8086/8088 CPU 的第 24～31 脚在最大模式和最小模式下有不同定义。

2.2 8086 系统的存储器组织及 I/O 组织

2.2.1 8086 系统的存储器组织

1. 存储器的组成

存储器是由若干存储单元组成的。每个存储单元的唯一地址编号称为物理地址(Physical Address)。8086 CPU 共有 20 根地址线，可直接寻址 2^{20} = 1 MB 内存空间，地址范围是 00000H～0FFFFFH。

8086/8088 存储器相邻字节地址单元数据构成一个字数据，用低地址值的字节单元地址作为该字单元地址，一个字数据的高/低 8 位分别存储在高/低地址字节单元中。

1 MB 存储空间划分成若干段，每个段限长 64 KB，都是可独立寻址逻辑单元。每个段在物理存储器中的段基址是 16 的整数倍。各个逻辑段在物理存储器中可以是邻接、间隔、部分重叠和完全重叠的。一个物理存储单元可映像到一个或多个逻辑段。

2. 逻辑地址与物理地址

8086/8088 系列微型计算机的存储单元都有物理地址和逻辑地址(Logical Address)两个地址。

CPU 与存储器之间的数据交换使用物理地址，程序设计使用逻辑地址，不直接使用物理地址，这有利于存储器的动态管理。一个逻辑地址由段基址和偏移量(OFFSET)两部分组成，偏移量表示某存储单元与它所在段的段基址之间的字节距离，通常将根据寻址方式计算出的偏移量称为有效地址 EA(Effective Address)。

CPU 访问存储器时，BIU 将逻辑地址转换成物理地址。如图 2-5 所示，转换方法为：

(1) 将逻辑地址中的段基址左移 4 位，形成 20 位的段首址；

(2) 段首址加 16 位的偏移量，产生 20 位的物理地址。

即

物理地址 = 段寄存器的内容 × 16 + 偏移地址

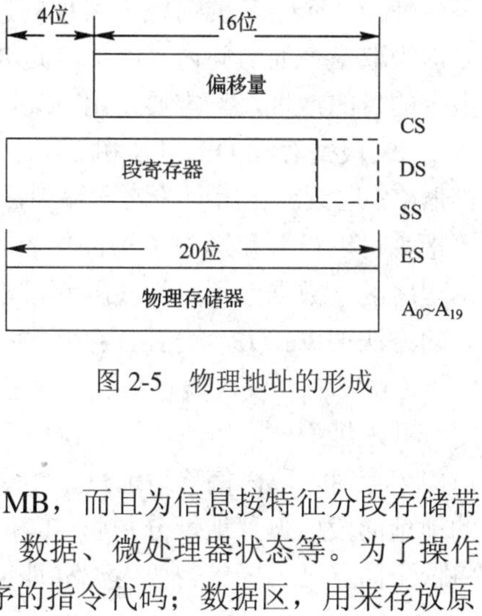

图 2-5 物理地址的形成

3. 段寄存器的使用

段寄存器的设立不仅使 8086 的存储空间扩大到 1 MB，而且为信息按特征分段存储带来了方便。在存储器中，信息按特征可分为程序代码、数据、微处理器状态等。为了操作方便，存储器可以相应地分为：程序区，用来存放程序的指令代码；数据区，用来存放原始数据，中间结果和最后运算结果；堆栈区，用来存放压入堆栈的数据和状态信息。只要修改段寄存器的内容，就可将相应的存放区设置在存储器的任何位置上。这些区域可以通过段寄存器的设置使之相互独立，也可将它们部分或完全重叠。需要注意的是，改变这些区域的地址时，是以 16 个字节为单位进行的。图 2-6 表示了各段寄存器的使用情况。

在 8086 CPU 中，对不同类型存储器的访问所使用的段寄存器和相应的偏移地址的来源做了一些具体的规定。它们的基本约定如表 2-5 所示。

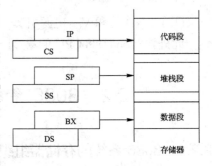

图 2-6　各段寄存器的使用情况

表 2-5　段寄存器使用时的一些基本约定

序号	访问存储器类型	默认段寄存器	可指定段寄存器	段内偏移地址来源
1	取指令	CS	无	IP
2	堆栈操作	SS	无	SP
3	取源串	DS	CS，SS，ES	SI
4	存目的串	ES	无	DI
5	以 BP 作基址	SS	CS，DS，ES	有效地址 EA
6	存取一般变量（除上述 3，4，5 项外）	DS	CS，SS，ES	有效地址 EA

下面对表 2-5 中的内容做简要说明如下：

(1) 在各种类型的存储器访问中，其段地址要么由"默认"的段寄存器提供，要么由"指定"的段寄存器提供。所谓默认段寄存器是指在指令中不用专门的信息来指定使用某一个段寄存器的情况，这时就由默认段寄存器来提供访问内存的段地址。在实际进行程序设计时，绝大部分都属于这一种情况。在某几种访问存储器的类型中，允许由指令来指定使用另外的段寄存器，这样可为访问不同的存储器段提供方便。这种指定通常是靠在指令码中增加一个字节的前缀来实现的。有些类型存储器访问不允许指定另一个段寄存器，例如，为取指令而访问内存时，一定要使用 CS；堆栈操作时，一定要使用 SS；字符串操作指令的目的地址，一定要使用 ES。

(2) 段寄存器 DS、ES 和 SS 的内容是用传送指令送入的，但任何传送指令不能向段寄存器 CS 送数。在后面的宏汇编中，伪指令 ASSUME 及 JMP、CALL、RET、INT 和 IRET 等指令可以设置和影响 CS 的内容。更改段寄存器的内容意味着存储区的移动，这说明无论程序区、数据区还是堆栈区都可以超过 64 KB 的容量，都可以利用重新设置段寄存器内容的方法加以扩大，而且各存储区可以在整个存储空间中浮动。

(3) 表中"段内偏移地址"一栏指明，除了有两种类型访问存储器是"依寻址方式求得有效地址"外，其他都指明使用一个 16 位的指针寄存器或变址寄存器。例如，在取指令访问内存时，段内偏移地址只由指令指针寄存器 IP 来提供；在字符串操作时，源地址和目的地址的段内偏移地址分别由 SI 和 DI 提供。除上述以外，为存取操作数而访问内存时，将依不同寻址方式求得段内偏移地址。

2.2.2 8086 系统的 I/O 组织

8086 系统有专用的输入(IN)、输出(OUT)指令，用于外设端口(即外设接口中的内部寄存器)的寻址。I/O 端口与内存分别独立编址。I/O 端口使用 16 位地址 $A_{15} \sim A_0$，I/O 端口的地址范围为 0000H～FFFFH，寻址空间为 64 KB。在以 8086 为 CPU 的 PC/XT 微机中，只使用了 10 位有效端口地址 $A_9 \sim A_0$，共 1 KB 空间，其中 A_9 用于指明外设端口是否在系统板上，$A_9 = 0$ 为系统板上 512 个端口，$A_9 = 1$ 为 I/O 通道上的 512 个端口。

PC/XT 微机系统已占用的端口地址见表 2-6，用户可以使用其余的端口地址。

表 2-6 PC/XT 微机系统占用的端口地址表

地 址 号		用　途
系统板	000H～00FH	DMA 控制器 8237A 占用
	020H～02FH	中断控制器 8259A 占用
	040H～043H	定时器/计数器 8253A 占用
	060H～063H	并行外围接口芯片 8255A 占用
	0A0H～0AFH	NMI 屏蔽寄存器
	0C0H～1FFH	保留
I/O 通道	2F8H～2FFH	异步通信端口(第二个)
	300H～31FH	试验板
	378H～37FH	并行打印机接口
	3B0H～3BFH	单色显示器/打印机适配器
	3D0H～3DFH	彩色显示器/图形打印机适配器
	3F0H～3F7H	软盘适配器
	3F8H～3FFH	异步通信端口

2.3 8086 系统的工作模式

2.3.1 最小模式和最大模式

为了适用各种应用场合的要求，8086/8088 CPU 在设计中提供了两种工作模式，即最小模式和最大模式。实际机器中究竟处于哪一种模式，根据需要由硬件连接决定。

1. 最小模式

最小模式系统中只有 8086 一个微处理器，总线控制信号由 8086 产生，系统中的总线控制逻辑电路最小。

2. 最大模式

最大模式是指系统包含两个或多个微处理器，其中主处理器是 8086，其他为协处理器。与 8086/8088 配合的协处理器有数值运算协处理器 8087 和输入/输出协处理器 8089。

数值运算协处理器 8087 专门用于数值运算，能实现多种类型的数值操作，例如高精度的整数和浮点运算,也可以进行超越函数计算。通常情况下,这些运算通过软件方法来实现,而 8087 是用硬件方法来实现的,因此在系统中加入 8087 之后,将提高系统的数值运算速度。输入输出处理器 8089 的主要工作是数据的输入输出和数据格式的转换,它用于输入/输出操作的指令系统,能够为指令输入/输出设备工作,8086 不再承担 I/O 任务,提高了主处理器的效率。

2.3.2 最小模式系统

1. 最小工作模式系统的典型配置

图 2-7 是 8086 在最小模式下的典型配置。在 8086 的最小模式中,硬件包括:一片 8284A 时钟发生器;三片 8282 或 74LS373 地址锁存器;两片 8286/8287 作为总线收发器,用以增加数据总线的驱动能力。

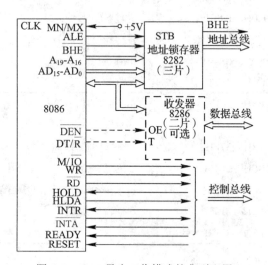

图 2-7　8086 最小工作模式的典型配置

2. 8284A 时钟发生器与 8086 的连接

8284A 时钟发生器与 CPU 的连接如图 2-8 所示。

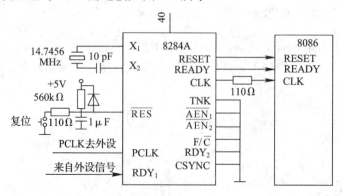

图 2-8　8284A 和 8086 的连接

8284A 的功能有三个:产生恒定的时钟信号、对准备信号(READY)进行同步及对复位信号(RESET)进行同步。由图 2-8 可见，外界控制信号 RDY_1 及 $\overline{RES}$ 信号可以在任何时候到来，8284A 能把它们同步在时钟后沿(下降沿)时输出 READY 及 RESET 信号到 8086 CPU。8284A 的振荡源一般采用晶体振荡器，也可以用外接脉冲发生器作为振荡源，此时，8284A 的 $F/\overline{C}$ 端应接高电平。8284A 输出的时钟频率为振荡源频率的 1/3。

3. 8282 地址锁存器与 8086 的连接

在总线周期的前半部分，CPU 送出地址信号，为配合存储器、I/O 接口电路读写时序的要求，地址必须锁存，CPU 送出高电平允许地址锁存信号 ALE。

除了地址信号外，$\overline{BHE}$ 信号也需要锁存。在后面的时序图上，将会看到地址/数据总线是复用的，而 $\overline{BHE}$ 和 S_7(在当前芯片设计中，S_7 未被赋予意义)也是复用的，所以在总线周期前半部分中输出地址信号和 $\overline{BHE}$ 信号。在总线周期的后半部分中改变含义，因为有了锁存器对地址和 $\overline{BHE}$ 进行锁存，所以在总线周期的后半部分，地址和数据同时出现在系统的地址总线和数据总线上；同样，此时 $\overline{BHE}$ 也在锁存器输出端呈现有效电平，于是确保了 CPU 对锁存器和 I/O 设备的正常读/写操作。

8086 地址总线与数据总线是分时复用的，高 8 位数据有效信号也是复用信号。8282 是 8 位典型锁存器芯片，而 8086 系统采用 20 位地址，加上 $\overline{BHE}$ 信号，需要三片 8282 作为地址锁存器。8282 与 CPU 的连接如图 2-9 所示。

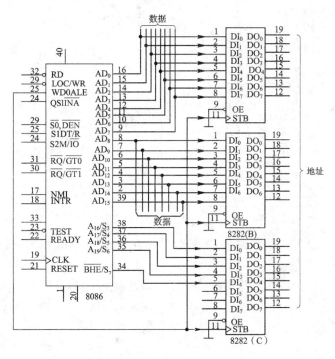

图 2-9　8282 锁存器与 8086 的连接

8282 的选通信号输入端 STB 和 CPU 的 ALE 端相连。以第一个锁存器为例，8282 的 $DI_7 \sim DI_0$ 接 CPU 的 $AD_7 \sim AD_0$，8282 的输出 $DO_7 \sim DO_0$ 就是系统地址总线的低 8 位。$\overline{OE}$ 为输出允许信号，当 $\overline{OE}$ 为低电平时，8282 的输出信号 $DO_7 \sim DO_0$ 有效；而当 $\overline{OE}$ 为高电平时，$DO_7 \sim DO_0$ 变为高阻抗。在带 DMA 控制器的 8086 单处理器系统中，将 $\overline{OE}$ 接地即可。

4. 8286 总线控制器与 8086 的连接

当一个系统中所含的外设接口较多时，数据总线上需要有发送器和接收器来增加驱动能力。发送器和接收器合称为收发器，也称为总线驱动器。

Intel 系列的典型收发器为 8 位的 8286 芯片，可用双向驱动门 74LS245 来替换，显然 8088 系统，只用一片 8286 就可构成数据总线收发器，而 8086 系统中，则要用两片 8286。8088 与 8286 连接如图 2-10 所示，可以看到 8286 具有两组对称的数据引线，$A_7 \sim A_0$ 为输入数据线，$B_7 \sim B_0$ 为输出数据线，当然，由于收发器中数据是双向传输的，所以，实际上输入线和输出线也可以交换。用 T 表示的引脚信号就是用来控制数据传输方向的。当 T = 1 时，就使 $A_7 \sim A_0$ 为输入线，$B_7 \sim B_0$ 为输出线；当 T = 0 时，则使 $B_7 \sim B_0$ 为输入线。在系统中，T 端和 CPU 的 DT/$\overline{R}$ 端相连，DT/$\overline{R}$ 为数据收发控制信号。

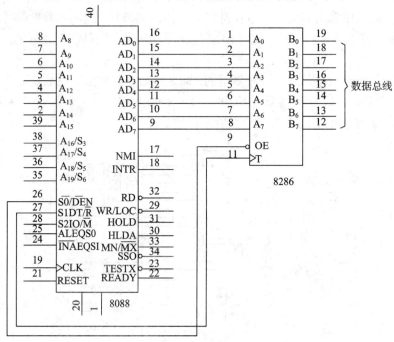

图 2-10 8286 收发器和 8088 的连接

$\overline{OE}$ 是输出允许信号，此信号决定了是否允许数据通过 8286。在 8086/8088 系统中，$\overline{OE}$ 端和 CPU 的 $\overline{DEN}$ 端相连。

需要提到的一点是，当系统中 CPU 以外的总线主控部件对总线有请求，并且得到 CPU 允许时，CPU 的 $\overline{DEN}$ 和 DT/$\overline{R}$ 端呈现高阻状态，从而使 8286 各输出端也成为高阻状态。

在设计系统总线时，有时希望提供给各部件数据信号的相位正好和 CPU 的原始数据信号相反；反过来也一样，也就需要将外部数据信号反一个相位再提供给 CPU。为了满足这种要求，Intel 公司又提供了另一种功能和 8286 相仿的芯片 8287。在这样的系统中，一般对地址信号也要求反一个相位。这时，地址锁存器就不用 8282，而是采用 Intel 公司的另一种芯片 8283，其功能和 8282 相仿，但提供的输出信号相位相反。

5. 其他控制信号

当 8086/8088 的第 33 脚 MN/$\overline{MX}$ 接 +5 V 时，就处于最小工作模式下，此时第 24～31

脚的信号功能和作用为：

(1) $\overline{INTA}$ (Interrupt Acknowledge)中断响应信号。中断响应信号输出引脚，反映 8086/8088 CPU 是否接受外设送到 INTR 引脚的中断请求信号。$\overline{INTA}$ 信号实际上是位于连续周期中的两个负脉冲，在每个总线周期的 T_2、T_3 和 T_W 状态，$\overline{INTA}$ 端为低电平。第一个负脉冲通知外设的接口，它发出的中断请求已允许，外设接口收到第二个负脉冲后，往数据总线上放中断类型码，从而 CPU 便得到了有关此中断请求的详尽信息。

(2) ALE(Address Latch Enable)地址锁存允许信号。地址锁存允许信号输出引脚，在任何一个总线周期的 T_1 状态，ALE 输出高电平有效信号，表示当前在地址/数据复用总线上输出的是地址信息，地址锁存器 8282/8283 用 ALE 作锁存信号进行地址锁存。特别要注意的是在构成最小系统时，ALE 端不能被浮空。

(3) $\overline{DEN}$ (Data Enable)数据允许信号。数据允许信号输出引脚，低电平有效，8286/8287 总线收发器将 $\overline{DEN}$ 作为输出允许信号。打开或者关闭总线收发器。

(4) DT/$\overline{R}$ (Data Transmit/Receive)数据收发。数据发送或者接受信号输出引脚，为总线收发器 8286/8287 提供数据传送方向控制信息。如 DT/$\overline{R}$ 为高电平，则进行数据发送；如 DT/$\overline{R}$ 为低电平，则进行数据接收。

(5) M/$\overline{IO}$ (Memory/Input and Output)存储器/输入或输出控制信号。存储器或输入输出控制信号输出引脚，高电平时，表示 CPU 和存储器之间进行数据传输；低电平时，表示 CPU 和输入/输出设备之间进行数据传输。

(6) $\overline{WR}$ (Write)写信号。此信号与 M/$\overline{IO}$ 信号配合指出将要执行一个对内存或 I/O 端口的写操作。在一个执行写操作的总线周期中，$\overline{WR}$ 信号在 T_2、T_3 和 T_W 状态均为低电平。此信号为低电平有效。

最小模式系统中，信号 M/$\overline{IO}$、$\overline{WR}$ 和 $\overline{RD}$ 组合起来决定了系统中数据传输的方式。其组合方式和对应功能如表 2-7 所示。

表 2-7　8086 最小模式数据传输方式

数据传输方式	M/$\overline{IO}$	$\overline{RD}$	$\overline{WR}$
I/O 读	0	0	1
I/O 写	0	1	0
存储器读	1	0	1
存储器写	1	1	0

(7) HOLD(Hold Request)总线保持请求信号。当系统中 CPU 之外的另一个主模块要求占用系统总线，例如 DMA 控制器要占用系统总线而直接访问内存时，就向 CPU 发出总线请求，当 CPU 识别出 HOLD 信号后，在当前总线周期完成时，于 T_4 状态从 CPU 的 HLDA 引脚发出一个回答信号，对 HOLD 请求做出响应。同时，CPU 使地址/数据总线和控制状态线处于浮空状态。总线请求部件收到 HLDA 信号后，获得总线控制权，在此后一段时间，HOLD 和 HLDA 都保持高电平。在总线占有部件用完总线之后，才把 HOLD 信号变为低电平，CPU 再次获得地址/数据总线和控制状态线的占有权。

(8) HLDA(Hold Acknowledge)总线保持响应信号。该信号与 HOLD 信号配合使用。当 HLDA 有效时，表示 CPU 对其他主部件的总线请求做出响应，与此同时，所有与三态门相接的 CPU 的引脚呈现高阻抗，从而让出了系统总线。

最后要说明的是在最小模式下，8088 第 34 脚不再是 $\overline{BHE}$，而叫 $\overline{SS_0}$。$\overline{SS_0}$、$\overline{M}$/IO(在 8088 中，第 28 脚上不是 M/$\overline{IO}$，而是 $\overline{M}$/IO)和 DT/$\overline{R}$ 组合起来，决定当前总线周期的操作。

具体对应关系如表 2-8 所示。

表 2-8 8088 的 $\overline{M}/IO$、$DT/\overline{R}$、$\overline{SS_0}$ 代码组合及对应的操作

$M/\overline{IO}$	$DT/\overline{R}$	$\overline{SS_0}$	操　作
1	0	0	发中断响应信号
1	0	1	读 I/O 端口
1	1	0	写 I/O 端口
1	1	1	暂停
0	0	0	取指令
0	0	1	读内存
0	1	0	写内存
0	1	1	无源状态

2.3.3 最大模式系统

由前述可知，8086 CPU 在最大工作模式下有多个处理器在工作，此时就必须增设总线控制器 8288 和总线仲裁器 8289，实现总线使用权的交接和总线优先权的仲裁。

1. 最大工作模式的状态信号

最大工作模式的典型配置见图 2-11。这时，8086/8088 的 $MN/\overline{MX}$ 引脚接地。

最大工作模式时，8086/8088 的第 24～31 引脚的信号含义如下：

1) QS_1 和 QS_0(Instruction Queue Status)指令队列状态信号

在最大工作模式时，第 24 及 25 引脚作为 QS_1 及 QS_0 信号输出端，这两个信号提供总线周期的前一个状态中指令队列的状态。QS_1 及 QS_0 的组合功能见表 2-9。

表 2-9 指令队列状态信号

指令队列状态信号的含义	QS_1	QS_0
无操作	0	0
从指令队列的第一个字节中取走代码	0	1
队列为空	1	0
从指令队列的第一个字节及后续字节中取走代码	1	1

2) $\overline{S_2}$、$\overline{S_1}$ 及 $\overline{S_0}$ (Bus Cycle Status)总线周期状态信号

在最大工作模式时，第 26～28 引脚作为 $\overline{S_2}$、$\overline{S_1}$ 及 $\overline{S_0}$ 信号输出端。它们提供当前总线周期中所进行的数据传输过程类型。由总线控制器 8288 根据这些信号对存储器及 I/O 进行控制。其对应的操作见表 2-10。总线周期状态 $\overline{S_2}$、$\overline{S_1}$ 及 $\overline{S_0}$ 中至少应有一个状态为低电平，便可进行一种总线操作。当 $\overline{S_2}$、$\overline{S_1}$ 及 $\overline{S_0}$ 都为高电平时表明操作过程即将结束，而另一个新的总线周期尚未开始，这时称为"无源状态"。而在总线周期的最后一个状态(即 T_4 状态)，$\overline{S_2}$、$\overline{S_1}$ 及 $\overline{S_0}$ 中只要有一个信号改变，就表明是下一个新总线周期的开始。

表 2-10 总线周期状态对应的操作

操作过程	$\overline{S_2}$	$\overline{S_1}$	$\overline{S_0}$
发中断响应信号	0	0	0
读 I/O 端口	0	0	1
写 I/O 端口	0	1	0
暂停	0	1	1
取指令	1	0	0
读指令	1	0	1
写内存	1	1	0
无源状态	1	1	1

3) $\overline{\text{LOCK}}$ (Lock)总线封锁信号

在最大工作模式时，第 29 引脚为总线封锁信号输出端。当 $\overline{\text{LOCK}}$ 为低电平时，其他总线主控部件都不能占用总线。在 DMA 期间，$\overline{\text{LOCK}}$ 端被浮空而处于高阻状态。

$\overline{\text{LOCK}}$ 信号由指令前缀 LOCK 产生，在 LOCK 前缀后的一条指令执行完后，便撤销 $\overline{\text{LOCK}}$ 信号。为防止 8086/8088 中断时总线被其他主控部件所占用，因此在中断过程中，$\overline{\text{LOCK}}$ 信号也自动变为低电平。

4) $\overline{\text{RQ}}/\text{GT}_1$、$\overline{\text{RQ}}/\text{GT}_0$ (Request/Grant)总线请求信号(输入)/总线请求允许信号

在最大工作模式时，第 30 及 31 引脚分别为总线请求信号输入端/总线请求允许信号输出端，可供 CPU 以外两个协处理器用来发出使用总线请求和接收 CPU 对总线请求信号的回答信号。这两个应答信号都是双向的。$\overline{\text{RQ}}/\text{GT}_0$ 的优先级比 $\overline{\text{RQ}}/\text{GT}_1$ 的高。

2. 最大模式下系统的典型配置

8086/8088 最大工作模式的配置如图 2-11 所示。

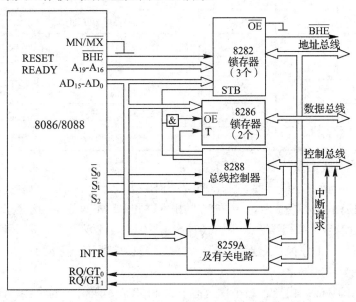

图 2-11　086/8088 最大工作模式的配置

3. 总线控制器 8288

8288 总线控制器的内部结构及引脚排列见图 2-12。

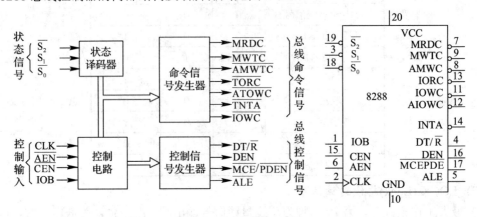

图 2-12　8288 总线控制器的内部结构及引脚

8288 由状态译码器、命令信号发生器,控制信号发生器及控制电路四部分组成。由 8086 CPU 来的总线状态信号 $\overline{S_2}$、$\overline{S_1}$ 及 $\overline{S_0}$ 经 8288 的状态译码器译码后,与输入控制信号 $\overline{AEN}$、CEN 和 IOB 相配合,产生总线命令和控制信号。8288 产生的 ALE、DT/$\overline{R}$ 及 DEN 信号与最小工作模式时相同,但 DEN 信号的极性相反。8288 产生的总线命令是由 8086 的总线状态信号 $\overline{S_2}$、$\overline{S_1}$ 及 $\overline{S_0}$ 所决定的。这些信号所产生的总线命令见表 2-11。

表 2-11　8086 总线状态信号经 8288 所产生的总线命令

总线状态信号			CPU 状态	8288 命令
$\overline{S_2}$	$\overline{S_1}$	$\overline{S_0}$		
0	0	0	中断状态	$\overline{INTA}$
0	0	1	读 I/O 端口	$\overline{IORC}$
0	1	0	写 I/O 端口,超前写 I/O 端口	$\overline{IOWC}$,$\overline{AIOWC}$
0	1	1	暂停	无
1	0	0	取指令	$\overline{MRDC}$
1	0	1	读存储器	$\overline{MRDC}$
1	1	0	写存储器,超前写存储器	$\overline{MRTC}$,$\overline{AMWC}$
1	1	1	无作用	无

8288 发出的总线命令信号具有以下功能:

$\overline{MRDC}$:相当于最小模式时,由 8086 发出 $\overline{RD}$ 和 IO/$\overline{M}$ 两信号的组合,IO/$\overline{M}$ = 0。

$\overline{IORC}$:相当于最小模式时,由 8086 发出 $\overline{RD}$ 和 IO/$\overline{M}$ 两信号的组合,IO/$\overline{M}$ = 1。

$\overline{MWTC}$ 和 $\overline{AMWC}$:相当于最小模式时,由 8086 发出 $\overline{WR}$ 和 IO/$\overline{M}$ 两信号的组合,IO/$\overline{M}$ = 0。但在最大工作模式时增加了一个"超前写存储器信号" $\overline{AMWC}$,它比 $\overline{MWTC}$ 提前一个时钟周期。

$\overline{IOWC}$ 和 $\overline{AIOWC}$:相当于最小模式时 $\overline{WR}$ 和 IO/$\overline{M}$ 两信号的组合,IO/$\overline{M}$ = 1。由于增加一个"超前写 I/O 端口信号" $\overline{AIOWC}$,它比 $\overline{IOWC}$ 提前一个时钟周期。

$\overline{INTA}$：中断响应信号 $\overline{INTA}$ 在最小模式时由 CPU 直接发出。

CEN：当有多片 8288 协同工作时起片选作用。当命令允许信号 CEN 为高电平时，允许该 8288 发出全部控制信号；当 CEN 为低电平时，禁止该 8288 发出总线控制信号，同时使 DEN 和 $\overline{PDEN}$ 呈高阻状态。任何时候只有一片 8288 的 CEN 信号为高电平。

$\overline{AEN}$：由总线仲裁器 8289 输入，低电平有效。地址允许信号 $\overline{AEN}$ 是支持多总线结构的同步控制信号。

MCE/$\overline{PDEN}$：双功能输出控制线。当 8288 工作于系统总线方式时，用作主控级联允许信号 MCE 使用，在中断响应周期的 T_1 状态时 MCE 有效，控制主 8259A 向从 8259A 输出级联地址。当 8288 工作于 I/O 总线方式时，作外设数据允许信号 $\overline{PDEN}$ 用，控制外部设备通过 I/O 总线传送数据。

IOB：总线方式控制信号。当 IOB = 1 时，8288 只用来控制 I/O 总线；当 IOB = 0 时，8288 工作于系统总线方式。

4. 总线仲裁控制器 8289

多处理器系统必须采用总线仲裁器 8289 来确定总线使用权，并将总线使用权赋给优先级别较高的处理器使用。在解决总线争用的问题上，8289 采用并行优先权仲裁、串行优先权仲裁和循环优先权仲裁三种优先权处理方法。

2.4 8086 总线的操作时序

2.4.1 系统的复位和启动操作

8086 的复位和启动操作通过在 RESET 引脚施加触发信号来执行，见图 2-13。

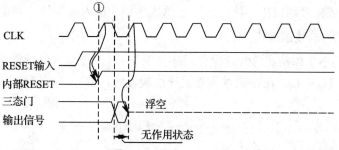

图 2-13 8086/8088 的启动和复位时序

当 RESET 引脚接收到高电平后的第一个时钟周期的上升沿，即图 2-13 的①时，8086/8088 进入内部 RESET 阶段。再过一个时钟周期，所有三态输出线就被设置成高阻状态，并且一直维持高阻状态，直到 RESET 信号回到低电平。但在进入高阻状态的前半个时钟周期，即在前一个时钟周期的低电平期间，见图 2-13，这些三态输出线被设置成无作用状态。等到时钟信号又成为高电平时，三态输出线才进入高阻状态。

三态输出线包括 $AD_{15} \sim AD_0$、$A_{19}/S_6 \sim A_{16}/S_3$、$\overline{BHE}/S_7$、M/$\overline{IO}$、DT/$\overline{R}$、$\overline{DEN}$、$\overline{WR}$、$\overline{RD}$ 和 $\overline{INTA}$。ALE、HLDA、$\overline{RQ}/\overline{GT_0}$、$\overline{RQ}/\overline{GT_1}$、$QS_0$、$QS_1$ 等非三态输出线，均在复位

之后处于无效状态,但不浮空。8086/8088 要求复位信号至少保持 4 个时钟周期的高电平,如果是初次加电启动,则要求有大于 50 μs 的高电平。

当 8086/8088 进入内部 RESET 时,CPU 结束现行操作,维持在复位状态,这时 CPU 各内部寄存器都被设为初值,见表 2-12。复位状态的代码段寄存器 CS 和指令指针寄存器 IP 分别被初始化为 FFFFH 和 0000H。所以,8086/8088 在复位之后再重新启动时,便从内存的 FFFF0H 处开始执行指令,使系统在启动时,能自动进入系统程序。

表 2-12 CPU 复位内部寄存器状态

标志寄存器	清零
指令指针	0000H
CS 寄存器	FFFFH
DS 寄存器	0000H
SS 寄存器	0000H
ES 寄存器	0000H
指令队列	空
其他寄存器	0000H

在复位时,标志寄存器被清零,系统程序处于启动状态,需要通过指令设置有关标志。

复位信号 RESET 从高电平到低电平的跳变将触发 CPU 内部的复位逻辑电路,经过 7 个时钟周期之后,CPU 就启动而恢复正常工作,即从 FFFF0H 处开始执行程序。

2.4.2 最小与最大模式下的总线操作

8086 对存储器或 I/O 端口的读写是通过系统总线来进行的,基本时序用总线周期描述,总线周期一般至少由 1~4 个时钟周期(T_1~T_4)组成;时钟周期由时钟频率来确定。若 8086 与慢速的存储器或外设端口相连接,还要在总线周期中插入若干等待周期 T_w。

1. 最小模式的总线读操作

8086/8088 最小工作模式总线读操作时序见图 2-14。一个基本的读操作周期包含 4 个状态,即 T_1、T_2、T_3 和 T_4。在存储器和外设速度较慢时,要在 T_3 之后插入一个或数个等待状态 T_w。

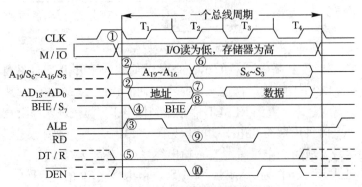

图 2-14 8086 最小工作模式总线读操作时序

(1) T_1 状态。为从存储器或 I/O 端口读出数据，首先要用 M/$\overline{\text{IO}}$ 信号指出 CPU 是从内存还是 I/O 端口读取数据，M/$\overline{\text{IO}}$ 信号在 T_1 状态成为有效(见图 2-14①)。M/$\overline{\text{IO}}$ 信号的有效电平要保持到整个总线周期结束，即 T_4 状态。此外，CPU 要指出所读取的存储单元或 I/O 端口的地址。8086 的 20 位地址信号通过多路复用总线输出，高 4 位地址通过地址/状态线 $A_{19}/S_6 \sim A_{16}/S_3$ 送出，低 16 位地址通过地址/数据线 $AD_{15} \sim AD_0$ 送出。在 T_1 状态的开始，20 位地址信息通过这些引脚送到存储器或 I/O 端口(见图 2-14②)。

地址信号必须锁存，据此在总线周期的其他状态中通过相关引脚传输数据和状态信息。为了实现对地址的锁存，CPU 要在 T_1 状态从 ALE 引脚上输出一个正脉冲作为地址锁存信号(见图 2-14③)。在 ALE 的下降沿到来之前，M/$\overline{\text{IO}}$ 信号、地址信号均已有效。锁存器 8282 正是用 ALE 的下降沿对地址进行锁存。

$\overline{\text{BHE}}$ 信号在 T_1 状态通过 $\overline{\text{BHE}}/S_7$ 引脚送出(见图 2-14④)，表示高 8 位数据总线的信息数据可用。$\overline{\text{BHE}}$ 信号常作为奇地址存储单元的片选信号，配合地址信号来实现存储单元寻址，奇地址存储体中的信息通过高 8 位数据线传输(低位地址 A_0 是偶地址存储单元的片选信号)。

此外，当系统中接有数据总线收发器时，需用 DT/$\overline{\text{R}}$ 和 $\overline{\text{DEN}}$ 作为控制信号。前者控制数据传输方向，后者实现数据通路的选通。为此，在 T_1 状态，DT/$\overline{\text{R}}$ 端输出低电平，表示本总线周期为读周期，需要数据总线收发器接收数据(见图 2-14⑤)。

(2) T_2 状态。在 T_2 状态，地址信号消失(见图 2-14⑦)。此时，$AD_{15} \sim AD_0$ 进入高阻状态，为读入数据做准备；$A_{19}/S_6 \sim A_{16}/S_3$ 及 $\overline{\text{BHE}}/S_7$ 引脚上输出状态信息 $S_7 \sim S_3$(见图 2-14 中的⑥、⑧)。但在 CPU 的设计中，S_7 未赋实际意义。$\overline{\text{DEN}}$ 信号在 T_2 状态变为低电平(见图 2-14⑩)，从而在系统中接有总线收发器时，获得数据允许信号。在 T_2 状态，CPU 在 $\overline{\text{RD}}$ 引脚上输出读信号，$\overline{\text{RD}}$ 信号送到系统中所有存储器或 I/O 接口，但只有被地址信号选中的存储单元或 I/O 端口，才被 $\overline{\text{RD}}$ 信号从中读出数据，从而将数据送到数据总线上。

(3) T_3 状态。在基本总线周期的 T_3 状态，内存单元或者 I/O 端口将数据送到数据总线上，CPU 通过 $AD_{15} \sim AD_0$ 接收数据。

(4) T_w 状态。当系统中的存储器或外设的工作速度较慢，从而不能用最基本的总线周期执行读操作时，系统就有一个电路来产生 READY 信号，READY 信号通过时钟发生器 8284A 传递给 CPU。CPU 在 T_3 状态的下降沿处对 READY 信号进行采样。如果 CPU 没有在 T_3 状态一开始采样到 READY 信号(当然，这种情况下，在 T_3 状态，数据总线上不会有数据)为低电平，那么，就会在 T_3 和 T_4 之间插入等待状态 T_w。T_w 可以是一个，也可以是多个。以后，CPU 在每个 T_w 的下降沿处对 READY 信号进行采样，等到 CPU 接收到高电平的 READY 信号后，再把当前 T_w 状态执行完，便脱离 T_w 而进入 T_4。在最后一个 T_w 状态，数据肯定已经出现在数据线上。所以，最后一个 T_w 状态中总线的动作和基本总线周期中 T_3 状态完全一样。而在其他的 T_w 状态，所有控制信号的电平和 T_3 状态的一样，但数据信号尚未出现在数据总线上。

(5) T_4 状态。在 T_4 状态和前一个状态交界的下降沿处，CPU 对数据总线进行采样，从而获得数据。

2. 最小工作模式下的总线写操作

当CPU要向内存或I/O端口输出数据时，进入总线写周期。该周期也具有$T_1 \sim T_4$基本状态，在内存或外设速度较慢的情况下，在T_3之后插入若干个T_w状态。各个T状态的具体操作如图2-15所示。

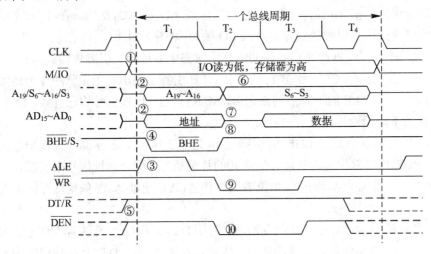

图2-15 8086最小工作模式总线写操作时序

(1) T_1状态。T_1状态的操作与总线读相同，即M/$\overline{\text{IO}}$应在T_1前沿之前有效。写内存时M/$\overline{\text{IO}}$为高电平，写I/O端口时M/$\overline{\text{IO}}$为低电平。$A_{19}/S_6 \sim A_{16}/S_3$及$AD_{15} \sim AD_0$输出地址信号。$\overline{\text{BHE}}$有效说明高8位数据线信息有效。ALE信号用于地址锁存。与总线读不同的是DT/$\overline{\text{R}}$上升为高电平，指示现在为总线写(数据发送)，如图2-15中①、②、③、④、⑤所示。

(2) T_2状态。$A_{19}/S_6 \sim A_{16}/S_3$引脚输出状态信息$S_6 \sim S_3$(如图2-15中⑥所示)，$AD_{15} \sim AD_0$复用总线上输出要写出的数据信息，并一直保持到$T_4$状态的中间(如图2-15中⑦所示)。$\overline{\text{BHE}}$信号失效。$\overline{\text{WR}}$信号降为低电平，并保持到$T_4$中部(如图2-15中⑨所示)，该信号用于将输出数据写入选中的存储器或I/O端口。$\overline{\text{DEN}}$信号有效，使总线驱动器信息收发使能，它与DT/$\overline{\text{R}}$信号配合，决定数据传输方向。

(3) T_3及T_w状态。在T_3状态中，T_2状态有效的信号继续保持有效，继续向外写数据。在T_3的下降沿查询READY，若内存或I/O端口在标准总线周期内来不及接收数据，则应通过逻辑电路在T_3前沿之前产生READY低电平信号。CPU查到READY信号为低，则在T_3之后插入一个T_w，并在T_w前沿继续查询READY，直到READY上升为高电平，则结束等待进入T_4状态。

(4) T_4状态。总线写状态结束，所有控制信号变为无效状态，所有三态总线变为高阻态。

3. 最大工作模式下的总线读操作

最大模式与最小模式的总线读周期操作在逻辑上基本相同，只是在最大模式下要同时考虑CPU发出的信号和总线控制器8288发出的信号。最大模式下，CPU仍发出$\overline{\text{RD}}$信号，而总线控制器由$\overline{S_2}$、$\overline{S_1}$、$\overline{S_0}$译码产生存储器读控制信号$\overline{\text{MRDC}}$和I/O读控制信号$\overline{\text{IORC}}$，如把它们看作是M/$\overline{\text{IO}}$与$\overline{\text{RD}}$的组合信号则最大模式与最小模式读周期没有区别。而

$\overline{MRDC}$ 和 $\overline{IORC}$ 信号除区分出存储器与 I/O 端口外，交流特性也比较好。所以本节讨论 $\overline{MRDC}$ 和 $\overline{IORC}$ 作读控制信号的情况。时序图由总线控制器产生的信号前标以 * 号。

最大模式下，每个总线周期开始前，$\overline{S}_2 \sim \overline{S}_0$ 被置为无源状态，总线控制器一旦检测到其中任一个为 0，则进入一个总线周期。最大模式下总线读周期时序如图 2-16 所示。

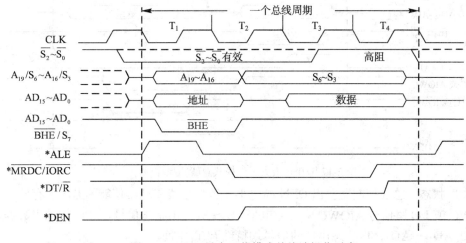

图 2-16　8086 最大工作模式总线读操作时序

(1) T_1 状态。CPU 经 $A_{19}/S_6 \sim A_{16}/S_3$、$AD_{15} \sim AD_0$ 送出 20 位地址信号及 $\overline{BHE}$ 信号。总线控制器送出地址锁存允许信号 ALE，用于地址锁存。总线控制器还使 $DT/\overline{R}$ 降为低电平，表示当前执行总线读操作。

(2) T_2 状态。CPU 送出状态信号 $S_7 \sim S_3$，并将地址数据/复用总线置为高阻状态，以准备数据读入。$\overline{DEN}$ 信号有效。总线控制器根据 $\overline{S}_2 \sim \overline{S}_0$ 的组合，产生 $\overline{MRDC}$ 信号或 $\overline{IORC}$ 信号送向存储器或 I/O 端口，用于数据读入操作，该信号持续到 T_4 中间。

(3) T_3 状态。如果存储器或 I/O 端口速度足够快，这时应将数据送上数据总线，否则同样要插入等待状态。T_3 状态中，$\overline{S}_2 \sim \overline{S}_0$ 全部上升为高电平，进入无源状态，并一直继续到 T_4。一旦进入无源状态，说明很快可以启动下一个总线周期。

(4) T_4 状态。一个总线周期结束。数据从总线上撤销，数据/地址总线进入高阻状态。$\overline{MRDC}$（或 $\overline{IORC}$）、$DT/\overline{R}$、$\overline{DEN}$ 等信号失效。$\overline{S}_2 \sim \overline{S}_0$ 信号按照下一个总线周期的操作内容变化，准备进入下一个总线周期。

4. 最大工作模式下的总线写操作

最大模式下 CPU 通过总线控制器为存储器和 I/O 端口提供两组写信号，一组为普通的存储器写信号 $\overline{MWTC}$ 和普通 I/O 写信号 $\overline{IOWC}$（这组信号相当于最小模式下 $M/\overline{IO}$ 和 $\overline{WR}$ 的组合信号），另一组为提前的存储器信号 $\overline{AMWC}$ 和提前的 I/O 写信号 $\overline{AIOWC}$。提前信号比普通信号提前一个时钟周期。最大模式下总线写周期的时序如图 2-17 所示。$\overline{S}_2 \sim \overline{S}_0$ 信号仍应在之前置为有源状态。

(1) T_1 状态。$A_{19}/S_6 \sim A_{16}/S_3$ 及 $AD_{15} \sim AD_0$ 输出地址信号。高 8 位数据线有效信号 $\overline{BHE}$ 输出相应电平，总线控制器使 $DT/\overline{R}$ 信号变为高电平，即控制总线驱动器作数据输出。总线控制器发出 ALE 信号用于地址锁存。

- 37 -

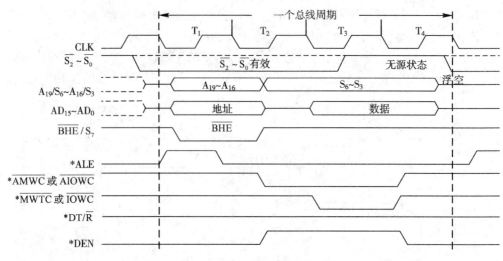

图 2-17 8086 最大工作模式总线写操作时序

(2) T_2 状态。总线控制器输出 DEN 高电平使数据总线驱动器使能。提前的存储器写信号 $\overline{AMWC}$ 或 I/O 写信号 $\overline{AIOWC}$ 降为低电平。$S_7 \sim S_3$ 输出状态信号,CPU 的输出数据送到数据总线 $AD_{15} \sim AD_0$。T_2 状态出现的信号均持续到 T_4 中间。

(3) T_3 状态。总线控制器使普通的写信号 $\overline{MWTC}$ 或 $\overline{IOWC}$ 生效。可以看出,提前的写控制信号比普通写控制信号提前一个时钟周期。慢速存储器芯片或 I/O 设备可采用提前信号作为写控制信号。T_3 状态中 $\overline{S}_2 \sim \overline{S}_0$ 进入无源状态。同样在 T_3 之后,根据 READY 信号可适当插入等状态 T_w。

(4) T_4 状态。总线写周期结束。$A_{19}/S_6 \sim A_{16}/S_3$、$AD_{15} \sim AD_0$ 复用总线变为高阻状态。总线写控制信号 $\overline{AMWC}$ (或 $\overline{AIOWC}$)、$\overline{MWTC}$ (或 $\overline{IOWC}$) 等控制信号失效。$\overline{S}_2 \sim \overline{S}_0$ 状态按下一个总线周期的操作改变,准备进入新的总线周期。

2.5　80x86 / Pentium 系列微处理器

1981 年推出的 IBM PC 机造就了微软和 Intel 两家公司。多年来,Intel 公司 CPU 占据着市场的主流,已从 16 位的 8086/8088、80286 发展到 32 位的 80386、80486、Pentium、Pentium MMX、Pentium Pro、Pentium Ⅱ、Pentium Ⅲ、Pentium Ⅳ 芯片,目前 CPU 正向 128 位方向发展。

2.5.1　80286 微处理器

Intel 80286 是 Intel 公司 1982 年推出的产品。内部和外部数据总线都是 16 位,地址总线为 24 位,可寻址 2^{24} 字节即 16 MB 内存。PC AT 机就是 IBM 公司用 80286 作为 CPU 的最早的 286 PC 机。

1. 80286 的结构

80286 由地址部件、总线部件、指令部件和执行部件等 4 个功能部件组成。80286 将

8086中的总线接口部件分成了地址部件、总线部件、指令部件等3个部分，如此提高了这些部件操作的并行性，从而提高了吞吐率，加快了CPU的处理速度。

2. 80286的寄存器

80286的通用寄存器、段寄存器和指令寄存器与8086完全一样，不同之处在于新增加了1个机器状态字MSW寄存器，标志寄存器新增加了3个标志位。MSW是一个16位寄存器，只定义了它的低4位，其中最低位是保护允许(PE)位，当PE=0时，CPU处在实地址方式；当PE=1时，CPU处在虚地址保护方式。在CPU复位时，MSW被置为0FFF0H，CPU处在实地址方式。标志寄存器中新增加的3位位于它的最高3位，其他9位标志的定义均相同。

3. 80286的工作方式

80286有实地址和受保护的虚地址两种工作方式。

实地址方式中，80286和8086的工作方式完全一样，使用24位地址中的低20位A_{19}～A_0。寻址能力为1MB，其两种地址，即物理地址和逻辑地址的含义也与8086一样。

在保护方式中，80286可产生24位物理地址，直接寻址能力为16MB。和实地址方式一样，80286将寻址空间分成若干段，一个段最大为64KB，物理地址也是由两部分组成：段地址和偏移地址。但在保护方式下的段地址是24位而不是实地址方式下的16位，而段内的偏移地址与实地址方式相同，是由各种寻址方式所决定的16位。80286的段寄存器是16位的，如何存放24位的段地址呢？

在保护方式下，80286的段寄存器不再存放段地址，而是存放一个指针，又称为段选择子。段选择子和偏移地址构成逻辑地址。把程序中可能用到的各种段(如代码段、数据段、附加段、堆栈段)的段地址和相应的特性(称为指述符)集合在一起形成一张表，称为描述符表，存放在内存的某一区域。每个描述符由6个字节组成，其中有3个字节为段地址，段选择子指向每个描述符的起始位置。80286的地址转换机构根据段选择子的值找出描述符中的24位段地址，再与偏移地址相加，就得到24位物理地址，如图2-18所示。

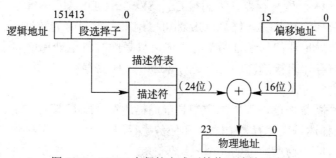

图2-18 80286在保护方式下的物理地址形成

由于段选择子有14位，因此可以定义2^{14}个描述符；而对应各描述符可定义2^{16}(64K)字节的段，所以80286的逻辑地址寻址能力为$2^{14} \times 2^{16}$B=1000MB(1GB)的存储空间。但80286的实际最多只有16MB，容纳不下这么大的空间，所以只能将其置于辅助存储器(硬盘)上。实际工作时，将当前需要的段调入内存，用过的段返回辅助存储器，这一切都是系统自动管理的。因此，虽然系统只有16MB内存，但对用户来说，好像在使用1GB内存。这个1GB内存称为虚拟内存。

2.5.2 80386 微处理器

Intel 80386 是 Intel 公司 1985 年推出的一种高性能 32 位微处理器。80386 内部和外部数据线均为 32 位，地址总线也为 32 位，可寻址 4 GB。

1. 80386 的结构

80386 由总线接口部件、代码预取部件、指令译码部件、执行部件、段管理部件和页管理部件等 6 个单元组成。80386 的结构和 80286 基本相同，主要的区别是段管理部件和页管理部件。它们负责地址产生、地址转换和总线接口单元的段检查。段管理部件用来把逻辑地址变换成线性地址；页管理部件的功能是把线性地址变换成物理地址。

2. 80386 的寄存器

80386 共有 8 类寄存器，它们是通用寄存器、段寄存器、指令指示器、标志寄存器、控制寄存器、系统地址寄存器、调试和测试寄存器。

80386 有 8 个 32 位的通用寄存器，它们是 8086 和 80286 的 16 位通用寄存器的扩展，故命名为累加器 EAX、寄存器 EBX、计数寄存器 ECX、数据寄存器 EDX、堆栈指示器 ESP、基址指示器 ESP、原变址寄存器 ESI 和目的变址寄存器 EDI。它们的低 16 位可以作为 16 位寄存器使用，其命名为 AX、BX、CX、DX、SP、BP、SI、DI，而 AX、BX、CX 和 DX 的低字节(0～7 位)和高字节(8～15 位)又可以作为 8 位的寄存器单独使用，其命名仍为 AH、AL、BH、BL、CH、CL、DH 和 DL。

80386 的指令指示器 EIP 和标志寄存器 EFLAGS 都是 32 位的寄存器，它们的低 16 位即是 80286 的 IP 和 FLAGS，并可单独使用。80386 除了保留 80286 的所有标志外，在高位字的最低两位又增加了两个标志位，虚拟 8086 方式标志 VM 和恢复标志 RF。在 80386 处于虚地址保护方式时，使 VM = 1，80386 就进入了虚拟 8086 方式。RF 标志用于断点和单步操作。

80386 有 6 个 16 位段寄存器，它们是 CS、SS、ES、DS、FS 和 GS。其中 CS 和 SS 的作用与 8086 相同，而 DS、ES、FS 和 GS 都可以用来表示当前的数据段。在 80386 中存储单元的地址仍由段地址和偏移地址两部分组成，只是此时段地址和偏移地址都是 32 位的，段地址不是由段寄存器直接确定的，而是与 80286 一样保存在一个表中，段寄存器的值(使用了 14 位)只是该表的索引。

80386 有 4 个系统地址寄存器，它们是全局描述符表寄存器 GDTR、中断描述符表寄存器 IDTR、局部描述符表寄存器 LDTR 和任务寄存器 TR。它们主要用来在保护模式下管理用于生成线性地址和物理地址的 4 个系统表。

80386 有 4 个控制寄存器 CR0～CR3，其中 CR1 为备用。CR0 的低位字节是机器状态字寄存器(MSW)，与 80286 中的 MSW 寄存器相同。控制寄存器用来进行分页处理。

80386 有 8 个调试寄存器 DR0～DR7，主要用来设置程序的断点。

80386 有 2 个测试寄存器 TR6 和 TR7，是用来进行页处理的寄存器。

3. 80386 的工作方式

80386 有实地址、虚地址保护和虚拟 8086 等 3 种工作方式。

80386 工作在实地址方式中时和 8086 的工作方式相同，但速度更快，对存储器的寻址也仅使用 32 位地址的 $A_{19} \sim A_0$，逻辑地址和物理地址的含义也与 8086 一样。

80386 工作在保护方式时，80386 可产生 32 位物理地址，直接寻址能力为 4 GB。和 80286 一样，80386 的物理地址也是由段选择子和偏移地址两部分组成的，段选择子也只用了 14 位，但偏移地址不是 16 位而是 32 位。因此 80386 的逻辑地址可达 2^{14} 个段，每段的长度可达 2^{32} B = 4 GB。80386 的虚拟内存为 $2^{14} \times 2^{32}$ B = 64 TB，在 80286 中虚拟内存的单位是段，80286 的段最大为 64 KB，在磁盘和内存之间进行调度是可行的，但当段的长度达到 4 GB 就不合适了。为此在 80386 中将 4 GB 空间以 4 KB 为一页分成 1 G 个等长的页，并以页为单位在磁盘和内存之间进行调度。

由于 80386 将段进行了分页处理，所以 80386 要经过两次转换才能得到物理地址。第 1 次为段转换，由段管理部件将逻辑地址转换为线性地址；第 2 次为页转换，由页管理部件将线性地址转换为物理地址。80386 的物理地址生成如图 2-19 所示。从图 2-19 中可以看到，如果禁止分页功能，线性地址就等于物理地址；如果进行分页处理，线性地址就不同于物理地址。

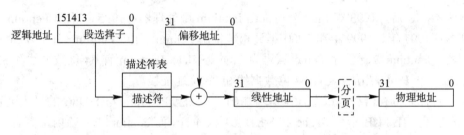

图 2-19　80386 在保护方式下的地址变换

虚拟 8086 方式是在虚地址保护方式下，能够在多任务系统中执行 8086 任务的工作方式。当 80386 工作在虚拟 8086 方式时，所寻址的物理内存是 1 MB，段寄存器的功能不再是描述符表的选择子，将它的内容乘以 16 就是 20 位的段起始地址，与偏移地址相加形成 20 位的线性地址，线性地址再经过页管理部件的分页处理就可得到 20 位的物理地址。

2.5.3　80486 微处理器

80486 是 Intel 公司 1989 年推出的新型 32 位微处理器。80486 内部数据总线为 64 位，外部数据总线为 32 位，地址总线为 32 位。

1. 80486 的结构

80486 由总线接口部件、代码预取部件、指令译码部件、执行部件、段管理部件、页管理部件以及浮点处理部件和高速缓存等 8 个单元组成，比 80386 新增了相当于 80387 功能的 FPU 和 Cache 两个单元。8086/8088、80286 和 80386 的字长为 16 位或 32 位，能表达的数据范围不大，对于数值计算不太适宜。为此，在 8086/8088、80286 和 80386 微处理器的基础上设计了与之配合的专门用于数值计算的协处理器 8087、80287 和 80387。这些协处理器与 8086/8088、80286 和 80386 密切配合，可以使数值运算，特别是浮点运算的速度提高约 100 倍。而 80486 将 FPU 集成在其内部，其处理速度提高显著，大约比 80387 快 3～5 倍。为了进一步提高处理速度，在 80486 内部又集成了 8 KB Cache。内存中经常被 CPU

使用到的一部分内容要复制到 Cache 中，并不断地更新 Cache 中的内容，使得 Cache 中总是保存有最近经常被 CPU 使用的一部分内容。Cache 中存放的内容除了内存中的指令和数据外，还要存放这些指令和数据在内存中对应地址。当 CPU 存取指令和数据时，Cache 截取 CPU 送出的地址，并判别这个地址与 Cache 中保存的地址是否相同。若相同，则从 Cache 中存取该地址中的指令或数据；否则从内存中存取。所以，80486 可以高速存取指令和数据。

2. 80486 的寄存器

80486 的寄存器除了 FPU 部件外，和 80386 的寄存器完全相同，不同之处是 80486 对标志寄存器的标志位和寄存器的控制位进行了扩充。

3. 80486 的工作方式

80486 与 80386 相同，也有实地址、虚地址保护和虚拟 8086 等 3 种工作方式。

2.5.4 Pentium 微处理器

继 80486 之后，1993 年 Intel 公司推出 Pentium 微处理器；1995 年推出 Pentium Pro 的微处理器；1997 年、1999 年和 2000 年又相继推出 Pentium Ⅱ、Pentium Ⅲ和 Pentium Ⅳ微处理器。Pentium 是希腊字 Pente(意思为 5)演变来的。Pentium 有 64 位数据线和 32 位地址线；Pentium Pro/Ⅱ/Ⅲ/Ⅳ具有 64 位数据线和 36 位地址线。

除了将控制寄存器和测试寄存器均增加到 5 个外，Pentium 与 80486 的最大区别是：Pentium 内部具有 8 KB 指令 Cache 和 8 KB 数据 Cache，而 Pentium Pro 除内部具有 8KB 指令 Cache 和 8 KB 数据 Cache 外，还有 256 KB 二级 Cache。Pentium Ⅱ/Ⅲ/Ⅳ的指令 Cache 和数据 Cache 均增加到 16 KB，二级 Cache 均增加到 512 KB。Pentium 和 Pentium Pro/Ⅱ/Ⅲ/Ⅳ还采用了一些其他的最新技术，在体系结构上还有一些新的特点，因而它们的性能都明显高于 80486。

Pentium 微处理器除了具有实地址方式、虚地址保护和虚拟 80863 等 3 种工作方式外，还增加了一种系统管理方式 SMM。系统管理方式主要为系统对电源管理、操作系统和正在运行的程序实行管理而设置。一旦 Pentium 微处理器收到系统管理中断(系统管理中断引线 $\overline{\text{SMI}}$ 有效)请求，无论 Pentium 微处理器工作在实地址方式、虚地址保护方式还是虚拟 8086 方式，都立即转换到系统管理方式。在系统管理方式中，执行从系统管理方式返回指令 RSM，Pentium 微处理器便恢复保存的内容，返回到进入系统管理方式之前的工作方式。

实地址方式、虚地址保护方式、虚拟 8086 方式和系统管理方式 4 种方式之间的转换关系如图 2-20 所示。在系统通电或复位之后，微处理器首先进入实地址方式。控制寄存器 CR0(80286 为机器状态字

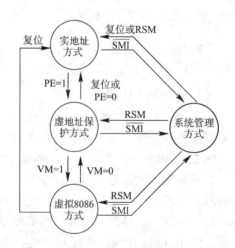

图 2-20 4 种工作方式之间的关系图

寄存器 MSW)的保护允许标志位 PE 控制微处理器是工作在实地址方式还是工作在虚地址保护方式，标志寄存器 EFLAGS 的虚拟 8086 方式标志位 VM 决定微处理器是工作在虚地址保护方式还是虚拟 8086 方式。

2.5.5 Itanium(安腾)微处理器

Itanium 是 Intel 公司 2001 年推出的具有超强处理能力的 64 位微处理器，其数据总线为 64 位，地址总线也为 64 位，集成度几乎是 Pentium 的 10 倍，其应用目标是高端服务器和工作站。Itanium 采用了最先进的 CPU 设计，具有前所未有的并行处理机制，因此实现了众多的新功能。

(1) 采用完全并行指令计算(EPIC)技术。EPIC 是 Itanium 采用的重要技术，EPIC 技术的特点是指令的长度长，指令功能复杂。指令中除了包含操作码以及和操作数据有关的信息外，还包含并行执行的方法等信息。由于 EPIC 技术的引入，使 Itanium 能够同时执行 6 条指令。

(2) 拥有 11 个执行单元和 9 个功能通道。Itanium 内部有 4 个整数执行单元 ALU、4 个浮点执行单元 FMAC、3 个分支单元、2 个存取单元、2 个整数通道、2 个浮点通道、2 个存储器通道和 3 个分支通道。多个执行单元和多个通道使 Itanium 在 1 个时钟周期中可以执行 20 个操作。

(3) 具有充裕的寄存器组。Itanium 内部共有 128 个通用寄存器、128 个浮点寄存器和 64 个属性寄存器。众多的寄存器使 Itanium 即使在 1 个时钟周期中完成 20 个操作的忙碌情况下，也能保证内部寄存器充足够用，从而减少了等待与传输，提高了执行效率。

(4) 可拥有三级 Cache。Itanium I 内含有二级 Cache，一级 Cache 包括 16 KB 的指令 Cache 和 16 KB 的数据 Cache，二级 Cache 容量为 96 KB。此外，还可外接 4 MB 的三级 Cache，而 Itanium II 则把 4 MB 三级 Cache 也容纳在片内。

2.5.6 嵌入式处理器

嵌入式处理器是各种类型面向用户、面向产品、面向应用的嵌入式系统的核心部件，其功耗、体积、成本、可靠性、速度、处理能力、电磁兼容性等方面均受到应用要求的制约。不同的嵌入式处理器面向不同的用户，可能是一般用户、行业用户或单一用户。

嵌入式处理可以分成下面几类：
(1) 嵌入式微处理器(E MBedded Micro-Processor Unit，EMPU)。
(2) 嵌入式微控制器(Microcontroller Unit，MCU)。
(3) 嵌入式 DSP 处理器(E MBedded Digital Signal Processor，EDSP)。
(4) 嵌入式片上系统(System On Chip，SOC)。

目前，嵌入式处理器主要有 PowerPC、Motorola68000、MIPS、ARM 等系列。在 32 位嵌入式处理器市场主要有 Motorola、ARM、MIPS、TI、Hitachi 等公司，有些生产通用微处理器的公司，如 Intel、Sun 和 IBM 等，也生产嵌入式的微处理器。

嵌入式微控制器目前的品种和数量最多，比较有代表性的通用系列包括 8051、P51XA、MCS-251、MCS-96/196/296、C166/167、MC68HC05/11/12/16、68300 等。另外还有许多半通用系列，例如，支持 USB 接口的 MCU8XC930/931、C540、C541。

目前 MCU 占嵌入式系统约 70%的市场份额。特别值得注意的是近年来提供 x86 微处理器的著名厂商 AMD 公司，将 Am186CC/CH/CU 等嵌入式处理器称为微控制器，MOTOROLA 公司把以 PowerPC 为基础的 PPC505 和 PPC555 列入单片机行列，TI 公司亦将其 TMS320C2XXX 系列 DSP 做为 MCU 进行推广。

比较有代表性的嵌入式 DSP 处理器是 Texas Instruments 的 TMS320 系列。TMS320 系列处理器包括用于控制的 C2000 系列，用于移动通信的 C5000 系列，以及性能更高的 C6000 和 C8000 系列。另外 Philips 公司也推出了基于可重构嵌入式 DSP 结构，用低成本、低功耗技术制造的 R.E.A.L DSP 处理器，特点是具备双 Harvard 结构和双乘/累加单元，应用目标是大批量消费类产品。

SOC 可以分为通用和专用两类，通用系列包括 Infineon(Siemens)的 TriCore，Motorola 的 M-Core，Echelon 和 Motorola 联合研制的 Neuron 芯片等。专用 SOC 一般专用于某个或某类系统中，不为一般用户所知。一个有代表性的产品是 Philips 的 SmartXA，它将 XA 单片机内核和支持超过 2048 位复杂 RSA 算法的 CCU 单元制作在一块硅片上，形成一个可加载 Java 或 C 语言的专用的 SOC，可用于公众互联网如 Internet 安全方面。

目前，据不完全统计，全世界嵌入式处理器的品种总量已经超过 1000 多种，流行的体系结构有三十几个系列，其中 8051 体系的占多半。生产 8051 单片机的半导体厂家有 20 多个，共 350 多种衍生产品，仅 Philips 就有近 100 种。现在几乎每个半导体制造商都生产嵌入式处理器，越来越多的公司有自己的处理器设计部门。嵌入式处理器的寻址空间一般从 64 KB 到 16 MB，处理速度从 0.1 MIPS 到 2000 MIPS，常用封装从 8 个引脚到 144 个引脚。

嵌入式应用需求的广泛性，以及大部分应用功能单一、性质确定的特点，决定了嵌入式处理器实现高性能的途径与通用微处理器有所不同，目前大多是针对专门的应用领域进行设计来满足高性能、低成本和低功耗的要求。例如，视频游戏控制需要有很高的图形处理能力；移动数字设备要求具备虚存管理和标准的外围设备；手机和个人移动通信设备，要求在具有高性能和数字信号处理能力的同时具有超低功耗；调制解调器、传真机和打印机，要求低成本的处理器；机顶盒和 DVD 则要求高度的集成性；数字相机要求既要有通用性又要有图像处理能力。

本 章 小 结

8086 微处理器从功能上分为执行单元(EU) 和总线接口单元(BIU)两个部分，EU 负责指令的执行，BIU 部件负责与存储器、I/O 端口数据的传送。EU 和 BIU 相互配合实现指令级流水线，访问存储器与执行指令并行操作，执行指令的过程比传统的 8 位微处理器有了显著的改善，成为 8086 CPU 的突出特点。

8086 具有最小或最大系统两种工作模式。在不同模式下，8086 部分引脚的定义也有不同。总体上引脚分为地址和数据信号，控制和系统信号两部分。理解引脚信号定义和作用，是配置典型系统和掌握计算机工作原理的基础。

在取指或传送数据时,CPU 通过 BIU 与存储器或 I/O 端口交换信息,BIU 执行总线周期,完成对存储器和 I/O 的访问。一个总线周期一般有 $T_1 \sim T_4$ 4 个状态组成。总线操作时序,是分析系统、进行系统设计的依据。

8086 引入存储器分段概念,通过段寄存器和偏移量寄存器共同实现对存储单元物理地址的访问,内存的分段还为程序的浮动装配创造了条件。堆栈是由特定存储单元构成的一个存储区,主要用于暂存数据和保护现场数据,应用于过程调用或中断处理时的断点信息暂存。

从 8086 到 Pentium 系列高档 CPU,Intel 结构微处理器不断采用新技术,克服微型计算机的瓶颈效应,提高系统的速度和性能。其中包括指令预取技术、Cache 技术、存储管理技术、超标量流水线技术以及指令的分支预测技术。读者要体会微处理器技术的进步和关键技术的作用,为进一步学习微型计算机系统打下基础。

习　　题

2-1　8086 CPU 与 8088 CPU 有哪些相同之处?又有哪些区别?

2-2　8086 CPU 从功能上分为几部分?各部分由什么组成?各部分的功能是什么?

2-3　简述 8086 CPU 执行指令的操作过程。

2-4　8086 CPU 由哪些寄存器组成?各有什么用途?标志寄存器中各标志位的意义是什么?

2-5　分析 8086 存储器的内部结构及访问方法,指出数据在存储器中如何存放?

2-6　8086 存储器如何分段,怎样理解物理地址并进行计算。假如(CS) = 2000H,(IP) = 2100H,其物理地址应是多少?

2-7　什么叫总线周期?一个总线周期包括多少时钟周期?什么情况下要插入 T_w 等待周期?插入多少个 T_w 取决于什么因素?

2-8　什么是地址锁存器?8086/8088 系统中为什么要用地址锁存器?锁存的是什么信息?

2-9　8086/8088 的存储器可以寻址 1 MB 的空间,在对 I/O 进行读写操作时,20 位地址中只有哪些位是有效的?这样,I/O 地址的寻址空间为多大?

2-10　8086 有两种工作模式,即最小模式和最大模式,它由什么信号决定?最小模式的特点是什么?最大模式的特点是什么?

第 3 章 指令系统与汇编语言

学习目标

　　学习汇编语言程序设计，必须掌握微处理器的指令系统。本章先以 8086 微处理器为例介绍微型计算机的指令系统，包括指令格式、寻址方式和各类指令功能。要求读者明确各种寻址方式的区别和特点，掌握有效地址和物理地址的计算方法，要正确使用指令，掌握各类指令的功能、对标志位的影响和使用上的一些特殊限制。汇编语言是面向微处理器编程的一种高效的程序设计语言，通常用来编写对时间和空间要求较高的程序。要求读者掌握汇编语言的基本结构、语法规则及一些基本要求，通过程序实例学习程序设计的基本方法，包括循环、分支和子程序等基本结构，以及宏汇编技术与 DOS 功能调用，并能够编写基本汇编程序，初步掌握汇编程序的编写和调试方法，能够阅读和编写简单的汇编语言程序。

学习重点

　　(1) 操作码、操作数的基本概念。
　　(2) 8086 的 6 种基本寻址方式及有效地址的计算。
　　(3) 各类指令的汇编格式、功能、对标志位的影响和注意事项。
　　(4) 汇编语言源程序的书写规则、语句基本格式及程序的分段结构。
　　(5) 常用的伪指令语句的格式、功能及应用。
　　(6) 顺序结构、分支结构、循环结构程序和子程序的基本结构与设计方法。
　　(7) 常用 DOS 功能调用的方法，包括键盘输入、显示输出和系统时间的功能调用。

3.1 指令格式与寻址方式

3.1.1 指令格式

　　指令格式是指令的编码格式，其体现了指令系统的概貌，说明了指令系统的机器目标代码是如何构成的。指令通常由操作码段和操作数段两部分组成：

　　(1) 操作码段给出计算机要执行的具体操作(如传送、运算、移位、跳转等)，是指令中必不可少的组成部分。

　　(2) 操作数段说明在指令执行过程中参与该操作的对象，它可以是操作数本身，也可以是操作数地址或是地址的一部分，还可以是指向操作数地址指针或其他有关操作数据的信息。单地址指令的操作只需一个操作数，如加 1 指令：INC AX。大多数运算指令都需要两个操作数，如加法指令：ADD AX, BX；运算的结果送到 AX 中，AX 称为目的操作数，

BX 称为源操作数。

操作数的种类又可分为数据操作数和转移地址操作数。

(1) 数据操作数：指令中操作的对象是数据，包括立即数操作数、寄存器操作数、存储器操作数和 I/O 操作数。

(2) 转移地址操作数：这类操作数是与转移地址有关的操作数，即指令中操作的对象不是数据，而是要转移的目标地址。转移地址操作数也可分为：立即数操作数、寄存器操作数和存储器操作数。也就是说，要转移目标的地址包含在指令中，或存放在寄存器中，或存放在存储单元中。

3.1.2 寻址方式

在指令中可以直接给出操作数的值，或者给出操作数存放的地址。CPU 可根据指令字中给出的地址信息求出存放操作数的有效地址 EA(Effective Address)，对存放在有效地址中的操作数进行操作。指令中关于如何求出操作数有效地址的方法即为操作数的寻址方式，计算机按照指令给出的寻址方式求出操作数有效地址和存取操作数的过程被称为寻址操作。根据指令中操作数所存放位置的不同，8086 CPU 的寻址方式有两类：数据寻址方式和转移地址寻址方式。

1. 数据的寻址方式

1) 立即数寻址

立即数寻址方式所提供的操作数直接包含在指令中，其紧跟在操作码的后面，与操作码一起被放在代码段区域中。因而，立即数总是与操作码一起被取入 CPU 的指令队列，在指令执行时不需再访问存储器。立即寻址方式仅用于源操作数，主要是用来给寄存器或存储器赋初值。

立即数可以是 8 位或 16 位数。若立即数是 16 位的，则其低 8 位字节存放在相邻两个存储单元的低地址单元中，高 8 位字节则存放在高地址单元中。例如：

  MOV AX, 1234H   ; 将立即数 1234H 送入累加器 AX
  MOV [2100H], 12H   ; 将立即数 12H 送入 2100H 的存储单元

2) 寄存器寻址

寄存器寻址即为寄存器直接寻址。在此寻址方式中，操作数存放在指令规定的 CPU 内部寄存器中。对于 16 位操作数，寄存器可以是 AX、BX、CX、DX、SI、DI、SP 或 BP；对于 8 位操作数，寄存器可以是 AL、AH、BL、BH、CL、CH、DL 或 DH。例如：

  INC CX   ; CX 内容加 1，结果送回 CX
  MOV CL, DL   ; DL 内容送至 CL
  MOV DS, AX   ; AX 内容送至 DS

显然，对于寄存器寻址方式而言，由于操作数就在 CPU 的寄存器中，不需要访问总线即可获取操作数，因而采用这种寻址方式的指令具有较高的执行速度。

2. 存储器寻址方式

在存储器寻址方式中，操作数存放在存储单元中，因此，在指令中可以直接或间接地

给出存放操作数的有效地址 EA，以达到访问操作数的目的。

1) 直接寻址

直接寻址是存储器直接寻址的简称，是一种最简单的存储器寻址方式。在这种寻址方式下，指令中的操作数部分直接给出操作数的有效地址 EA(16 位的偏移地址)，且该地址与操作码一起被放在代码段中。通常，在直接寻址方式中，操作数放在存储器的数据段(DS)中，这是一种默认的方式。

此外，如果要对除 DS 段之外的其他段(如 CS、ES、SS)中的数据寻址，则应在指令中增加段前缀，用以指出当前段段寄存器名，此称为段超越——在有关操作数的前面加上段寄存器名，再加上冒号 ":"。例如：

  MOV AX, [1000H]   ; 将 DS 段中 1000H 单元内容送至 AX

  MOV AX, ES:[2000H]   ; 将 ES 段中 2000H 单元内容送至 AX

2) 寄存器间接寻址

在寄存器间接寻址方式中，操作数存放在存储区中，其有效地址 EA 为一个由指令规定的基址寄存器(BP、BX)或变址寄存器(SI、DI)的内容，即

$$EA = \begin{bmatrix} (BP) \\ (BX) \\ (SI) \\ (DI) \end{bmatrix}$$

应注意，在书写该类指令时，必须用方括号 "[ ]" 将用作间接寻址的寄存器括起来，以免与前面介绍的寄存器寻址方式混淆。例如：

  MOV AX, [SI]   ; 将[SI]为有效地址的存储器单元中的操作数送至 AX，默认 DS 为
             ; 当前段基寄存器

  MOV [BP], CX   ; 将 CX 的内容送至以[BP]为有效地址的存储器单元中，默认 SS 为
             ; 当前段基寄存器

这种寻址方式可用于表格处理(即访问连续存储单元)。此时，在执行完一条指令后，只需修改寄存器内容就可以取出表格中的下一项。

3) 寄存器相对寻址

在这种寻址方式中，操作数存放在存储单元中，其有效地址 EA 等于一个由指令规定的基址寄存器 (BP、BX) 或变址寄存器 (SI、DI) 的内容与由指令中给定的 8 位或 16 位的相对地址位移量之和，即

$$EA = \begin{bmatrix} (BP) \\ (BX) \\ (SI) \\ (DI) \end{bmatrix} + \begin{bmatrix} 8\text{位disp} \\ 16\text{位disp} \end{bmatrix}$$

寄存器相对寻址方式的操作数在汇编语言中的书写也可以采用多种形式。例如：

  MOV [SI + disp], AX   ; 将 AX 内容送至有效地址为 [SI + disp] 的存储单元中

  MOV disp [SI], AX   ; 与上一条指令同

  MOV [SI] + disp, AX   ; 与上一条指令同

寄存器相对寻址方式也允许段超越。在缺省段超越前缀时，BX、SI、DI 默认的段寄存器为 DS，BP 默认的段寄存器为 SS。例如：

  MOV BX, [VALUE +DI] ;默认 DS 为当前段寄存器
  MOV SS: STR0 [SI], AX ;"SS"是段超越前缀，即 SS 为当前段寄存器

4) 基址变址寻址

这种寻址方式中操作数的有效地址 EA 等于一个基址寄存器(BX 或 BP)与一个变址寄存器(SI 或 DI)的内容之和，即

$$EA = \begin{bmatrix}(BX)\\(BP)\end{bmatrix} + \begin{bmatrix}(SI)\\(DI)\end{bmatrix}$$

基址变址寻址方式的操作数的书写形式也可有多种。例如：

  MOV AL, [BX + SI]
  MOV [BP][DI], AX

基址变址寻址方式允许段超越。在缺少段超越前缀时，BX 默认的段寄存器为 DS，BP 默认的段寄存器为 SS。

注意，该寻址方式的基址寄存器只能是 BX 或 BP，而变址寄存器只能是 SI 或 DI。

这种寻址方式同样可用于数组和表格处理。在进行处理时，可将首地址放在基址寄存器中，而用变址寄存器来访问数组或和表格中的各个元素。

3. I/O 端口寻址方式

CPU 与外部设备之间的信息交换通过 I/O 接口电路来实现。每个 I/O 接口都有一个或几个端口(Port)，每个端口被分配的地址号称为端口地址。一个端口通常是 I/O 接口电路内部的一个或一组寄存器。

在 8086/8088 指令系统中，必须通过专门的输入/输出指令(IN/OUT)访问 I/O 端口。IN/OUT 指令对 I/O 端口的寻址方式有两种：

(1) 直接端口寻址。该寻址方式用于 8 位 I/O 端口的寻址，8 位 I/O 端口地址(00H～FFH)以立即数的形式在指令中直接给出。可寻址的端口地址范围为 0～255。例如：

  IN AL, 21H ;从端口地址为 21H 端口中读取数据，送到 AL 中

(2) 间接端口寻址。该寻址方式是针对 16 位 I/O 端口的寻址，类似于寄存器间接寻址。在间接端口寻址时，应事先将 16 位 I/O 端口地址(0000H～0FFFFH)存放在规定的 DX 寄存器中，即通过 DX 对端口间接寻址。该寻址方式可寻址的端口号的范围为 0～65 535。例如：

  MOV DX, 350 ;将端口地址 350 送到 DX 中
  OUT DX, AL ;将 AL 中的内容输出至由(DX)所指定的端口中

3.2 8086/8088 CPU 指令系统

8086/8088 CPU 的指令可分为六大类：
(1) 数据传送类指令(Data transfer instructions)。
(2) 算术运算类指令(Arithmetic instructions)。

(3) 位操作类指令(Bit manipulation instructions)。
(4) 串操作类指令(String instructions)。
(5) 控制转移类指令(Program transfer instructions)。
(6) 处理器控制类指令(Processor control instructions)。

读者学习时,要注意掌握各类指令的书写格式、指令功能、寻址方式以及指令对标志位的影响等,这是编写汇编程序的关键。

3.2.1 数据传送类指令

数据传送类指令的传送数据可以是某些变量的内容、地址或标志寄存器内容。使用该类指令既可以在寄存器之间进行数据传送,亦可在寄存器与存储单元之间进行数据传送。这类指令分为4类,共有14条,见表3-1。由表可知,仅SAHF和POPF指令影响标志位。

表 3-1 数据传输类指令

指令类型	指令书写格式	指令功能	功能说明
通用数据传送	MOV dest,src	dest ← (src)	字节或字传送
	XCHG opr1,opr2	(oprd1) ↔ (oprd2)	数据交换
	XLAT	AL ← [(BX)+(AL)]	字节转换
	PUSH src	SP ← (SP) − 2; (SP) + 1: (SP) ← (src)	字压入堆栈
	POP dest	dest ← [(SP) + 1: (SP)]; SP ← (SP) + 2	字弹出堆栈
地址传送	LEA reg, src	reg ← (src)的有效地址 EA	装入有效地址 EA
	LDS reg, src	reg ← (src), DS ← (src + 2)	装入 DS
	LES reg, src	reg ← (src), ES ← (src + 2)	装入 ES
标志位传送	LAHF	AH ← (FR)的低 8 位	将 FR 低字节装入 AH
	SAHF	FR 的低 8 位 ← (AH)	将 AH 装入 FR 低字节
	PUSHF	FR ← [(SP) + 1: (SP)]; SP ← (SP) − 2	将 FR 内容压入堆栈
	POPF	SP ← (SP) − 2; (SP) + 1: (SP) ← (FR)	从堆栈弹出 FR 内容
I/O 数据传送	IN AX, port	AX ← [port]	输入字节或字
	OUT port, AX	port ← AX	输出字节或字

1. 通用数据传送指令

1) 传送指令 MOV

指令格式:

  MOV   dest, src   ; dest ← (src)

功能:将源操作数的内容传送给目的操作数。MOV 指令对标志寄存器(FR)的各位无影响。在 MOV 指令中,两个操作数可以是字,也可以是字节,但两者必须等长。例如:

  MOV   AX, BX   ; 寄存器之间传送 AX ← BX
  MOV   [3000H], DX   ; 将 DX 中内容传送到存储器 3000H 单元
  MOV   [SI], DS   ; 将 DS 中的内容传送到 SI 所指示的单元

在使用 MOV 指令时，应注意以下几点：
(1) 段寄存器 CS 仅能作源操作数，不能作为目的操作数；
(2) 源操作数和目的操作数不能同时为存储单元操作数(串操作指令除外)；
(3) 立即数不能直接传送给段寄存器，且不同的段寄存器之间不能进行直接传送。

2) 交换指令 XCHG

指令格式：

    XCHG   oprd1, oprd2   ; (oprd1) ↔ (oprd2)

功能：源操作数和目的操作数的内容相互交换。该指令对标志寄存器的各位均无影响。

在该指令中，交换的数据可以是字节，也可以是字。数据交换可以在寄存器之间或寄存器与存储器之间进行。例如：XCHG AX, BX 和 XCHG BX, [BP+SI] 指令。

3) 堆栈操作指令 PUSH/POP

指令格式：

    PUSH   src   ; SP ← (SP) − 2, (SP)+1: (SP) ← (src)
    POP   dest   ; dest ← [(SP) +1: (SP)]，SP ← (SP) + 2

功能：对堆栈的信息进行存取。堆栈操作不影响标志寄存器。

PUSH：先修正堆栈指针 SP，然后将 16 位源操作数压入堆栈，先高位后低位。例如：PUSH AX。若给定(SP) = 00F8H, (SS) = 2500H, (AX) = 5120H，则指令执行后(SP) = 00F6H, (250F6H) = 5120H。

POP：从栈顶弹出 16 位操作数到目的操作数，然后，修改堆栈指针 SP，使 SP 指向新的栈顶。例如：PUSH BX。若给定(SP) = 0100H，(SS) = 2000H，(BX) = 78C2H，(20100H) = 6B48H，则指令执行后(SP) = 0102H，(BX) = 6B48H。

在程序设计中，堆栈是一种十分有用的结构。其经常用于子程序的调用与返回、保存程序中的某些信息，以及在输入输出系统中的中断响应和返回。

8086/8088 堆栈的使用规则如下：
(1) 堆栈的使用要遵循后进先出(LIFO)的准则；
(2) 堆栈中操作数的类型必须是字操作数，不允许以字节为操作数；
(3) PUSH 指令可以使用 CS 寄存器，但 POP 指令不允许使用 CS 寄存器；
(4) 8086/8088CPU 堆栈操作可以使用除立即寻址以外的任何寻址方式。

2. 地址传送指令

地址传送指令完成的操作是传送存储器操作数的地址(偏移量、段基址)，而不是传送存储器操作数的内容。这组指令对标志寄存器各标志位均无影响，指令中的源操作数都必须是存储器操作数，而目的操作数可以是任何一个 16 位的通用寄存器。

1) 装入有效地址 LEA

指令格式：

    LEA   reg16, mem16   ; reg16 ← EA[mem16]

功能：将当前段内的源操作数的有效地址 EA(地址偏移量)传送至目的操作数，即将一个 16 位的近地址指针写入到指定的 16 位通用寄存器中。例如：

  LEA BX, BUFFER   ;将变量 BUFFER 的地址偏移量传送至 BX
  LEA DI, BETA[BX][SI] ;将内存单元的地址偏移量传送至 DI

LEA 指令可用在表格处理、存取若干连续的基本变量的处理和串操作处理中，为寄存器建立地址指针。例如：

  MOV DI , TABLE   ;将变量 TABLE 的内容传送至 DI
  LEA DI, TABLE   ;将变量 TABLE 的地址偏移量传送至 DI
  MOV DX, [1000H]   ;将内存单元[1000H]、[1001H]的内容送至 DX
  LEA DX, [1000H]   ;将 1000H 送至 DX

2) 装入远地址指针 LDS/LES

指令格式：

  LDS reg 16, mem32   ; reg16 ← EA[mem32], DS ← EA[mem32] + 2
  LES reg16, mem32   ; reg16 ← EA[mem32], ES ← EA[mem32] + 2

功能：将源操作数所对应的 4 字节内存单元中的第一个字送入指定的通用寄存器，而第二个字则送入段寄存器 DS(或 ES)，即将一个 32 位的远地址指针的偏移地址写入到指定的通用寄存器中，而该指针的段基址送至段寄存器 DS(或 ES)。例如：

  LDS SI, [0200H]   ; SI ← EA[0200H], DS ← EA[0202H]

假设，当前(DS) = 3000H，存储单元 [30100H] = 80H，[30101H] = 20H，[30102H] = 00H，[30103H] = 25H。则执行以上指令后，(SI) = 2080H(偏移地址)，(DS) = 2500H(段基址)。

地址传送类指令 LEA、LDS、LES 常用于串操作时，需建立初始的串地址指针。

3. 标志寄存器传送指令

CPU 中各标志寄存器 FLAG(FR)，其中的每一个状态标志位代表 CPU 运行的状态。许多指令的执行结果会影响 FR 的某些状态标志位；同时，有些指令的执行也受 FR 中某些位的控制。标志寄存器传送类指令共有 4 条，专门用于对标志位寄存器的保护或更新。

1) 标志寄存器读/写指令

指令格式：

  LAHF   ; AH ← (FR)的低 8 位
  SAHF   ; FR 的低 8 位(AH)

LAHF：把标志寄存器的低 8 位读出后传送给 AH 寄存器。

SAHF：把寄存器 AH 中的内容写入标志寄存器。

【例 3-1】 若希望修改标志寄存器中的 SF 位，如置"1"，可首先用 LAHF 指令把含有 SF 标志位的标志寄存器的低 8 位送入 AH；然后，对 AH 的第 7 位(其对应于 SF 位)进行修改或设置；最后用 SAHF 指令送回标志寄存器。实现以上操作的程序段为：

  LAHF   ; FR 的低 8 位送到 AH
  OR AH, 80H   ;逻辑"或"指令，将 SF 位置"1"
  SAHF   ; AH 的内容返回到 FR

2) 标志寄存器压栈/弹栈指令

指令格式：

```
PUSHF              ; SP ← (SP) – 2; (SP) + 1: (SP) ← (FR)
POPF               ; FR ← [(SP) + 1: (SP)]; SP ← (SP) + 2
```

PUSHF：首先修改堆栈指针，然后将 16 位标志寄存器的所有标志位送入 SP 指向的堆栈顶部字单元中。

POPF：将当前栈顶的一个字传送到 16 位标志寄存器，同时修改堆栈指针。

上述两条指令中，标志寄存器中各标志位本身不受影响。指令 PUSHF 常用于保护调用过程以前的标志寄存器的值，而在过程返回以后，再利用指令 POPF 恢复出这些标志状态。

利用指令 PUSHF/POPF，可以方便地改变标志寄存器中任一标志位状态。

【例 3-2】 可以用下面的程序段来修改 TF 标志，将 TF 位置 "1"：

```
PUSHF                 ; 保护当前 FR 的内容
POP    AX             ; FR 的内容送至 AX
OR     AH, 01H        ; 将 TF 位置 "1"
PUSH   AX
POPF                  ; AX 的内容送至 FR
```

4. 输入/输出数据传输指令 IN/OUT

这组指令专门用于累加器(AL 或 AX 寄存器)与 I/O 端口之间的数据传输。其中，输入指令 IN 用于从外设端口接收数据，输出指令 OUT 用于向外设端口发送数据。

指令格式：

```
IN     累加器, port     ; 累加器 ← [port]
OUT    port, 累加器     ; port ← (累加器)
```

8088/8086 CPU 中有 16 条 I/O 地址线，可提供 64 K 个 8 位端口(port8)地址或 32 K 个 16 位端口地址。在使用 I/O 数据传送指令 IN/OUT 时，应注意：

(1) 当端口地址小于 256(即地址为 00H～FFH)时，采用直接寻址方式；

(2) 当端口地址等于或大于 256(即地址为 0100H～FFFFH)时，采用间接寻址方式(当然，端口地址为 00H～FFH 时，也可使用间接寻址方式)，即事先将端口地址放在 DX 寄存器中，然后，再使用 I/O 指令。

例如：

```
IN     AX, 20H        ; 从端口 20H 输入 16 位数到 AX
OUT    28H, AL        ; 将 8 位数从 AL 输出到端口 28H
```

例如：

```
MOV    DX, 3F3H       ; 将 16 位端口地址 3F3H 存入 DX
IN     AX, DX         ; 从端口 3F3H 输入 16 位数到 AX
OUT    DX, AX         ; 将 16 位数从 AX 输出到端口 3F3H
```

3.2.2 算术运算类指令

8086/8088 CPU 的算术运算指令支持加、减、乘、除 4 种基本运算，指令的操作对象可以是以下 4 种类型的数据：无符号二进制数、带符号二进制数、无符号压缩十进制数(压缩 BCD 码)和符号非压缩十进制数(非压缩 BCD 码)。

若操作对象是带符号数,则用补码表示。8086/8088 的算术运算类指令如表 3-2 所示。

8086 CPU 的算术运算指令的执行结果都影响标志位。这些标志中的绝大多数可由跟在算术运算指令后的条件转移指令进行测试,以改变程序的流程。因而掌握指令执行结果对标志的影响,对编程有着重要的意义。

表 3-2 算术运算类指令

类别	指令名称		指令书写格式		状态标志位					
					OF	SF	ZF	AF	PF	CF
二进制运算	加法	加法(字节/字)	ADD	dest, src	↕	↕	↕	↕	↕	↕
		带进位加法(字节/字)	ADC	dest, src	↕	↕	↕	↕	↕	↕
		加1(字节/字)	INC	dest, src	↕	↕	↕	↕	↕	×
	减法	减法(字节/字)	SUB	dest, src	↕	↕	↕	↕	↕	↕
		带借位减法(字节/字)	SBB	dest, src	↕	↕	↕	↕	↕	↕
		减1(字节/字)	DEC	dest	↕	↕	↕	↕	↕	—
		求补	NEG	dest	↕	↕	↕	↕	↕	①
		比较	CMP	dest, src	↕	↕	↕	↕	↕	↕
	乘法	不带符号乘法(字节/字)	MUL	src	↕	*	*	*	*	↕
		带符号乘法(字节/字)	IMUL	src	↕	*	*	*	*	↕
	除法	不带符号除法(字节/字)	DIV	src	*	*	*	*	*	*
		带符号除法(字节/字)	IDIV	src	*	*	*	*	*	*
		字节扩展成字	CBW		—	—	—	—	—	—
		字扩展成双字	CWD		—	—	—	—	—	—
十进制调整	加法的 ASCII 码调整(非压缩 BCD 码)		AAA		*	*	*	↕	*	①
	加法的十进制调整(压缩 BCD 码)		DAA		*	↕	↕	↕	↕	↕
	减法的 ASCII 码调整(非压缩 BCD 码)		AAS		*	*	*	↕	*	↕
	减法的十进制调整(压缩 BCD 码)		DAS		↕	↕	↕	↕	↕	↕
	乘法的 ASCII 码调整(非压缩 BCD 码)		AAM		*	↕	↕	*	↕	*
	乘法的十进制调整(非压缩 BCD 码)		AAD		*	↕	↕	—	↕	*

注:↕ 运算结果影响标志位;— 运算结果影不响标志位;* 标志位为任意值;① 标志位置 1

以下详细介绍常用二进制数运算指令的指令格式和功能。

1. 加/减法指令

指令格式:

    ADD   dest, src   ; dest ← (dest) + (src)

    SUB   dest, src   ; dest ← (dest) − (src)

功能:完成两个操作数的加减运算,结果返回目标操作数。指令的执行结果影响所有的状态标志。

在使用 ADD/SUB 指令时,应注意:

(1) 源操作数和目标操作数应同时为带符号数或同时为无符号数，且二者长度应相同。
(2) 源操作数可以是通用寄存器、存储器或立即数，而目的操作数只能是通用寄存器或存储器，不能是立即数，且两者不能同时为存储器操作数。

参与加/减法的数据可根据程序的要求被约定为带符号数和不带符号数：用 OF 表示带符号数运算结果的溢出，而用 CF 表示无符号数运算结果的溢出。

2. 带进位、借位的加/减法指令

指令格式：

  ADC dest, src ; dest ← (dest) + (src) + (CF)

  SBB dest, src ; dest ← (dest) – (src) – (CF)

功能：完成两个操作数的带进位的加减运算，结果返回目标操作数。该指令常用于多字节(即长度为两个或两个以上字)数据的加减法运算。指令的执行结果影响所有的状态标志。

3. 加"1"、减"1"指令

指令格式：

  INC dest ; dest ← (dest) + 1

  DEC dest ; dest ← (dest) – 1

功能：指令 INC/DEC 完成对指定操作数的加/减 1，并将结果返回目标操作数。

目的操作数可以是任意一个 8 位或 16 位通用寄存器或存储单元，但不能是立即数，且把操作数看作是无符号二进制数。指令执行的结果将影响 PF、AF、ZF、SF 和 OF，但不影响 CF。

指令 INC/DEC 常用于循环程序中循环计数器的计数值或修改地址指针。

例如：

  INC SI   ; 修改地址指针

  INC BYTE PTR [BX] ; 修改地址指针

  DEC CX   ; 修改循环计数器的计数值

  DEC WORD PTR [BP][DI] ; 修改地址指针

【例 3-3】要求两个多字节十六进制数之和：3B74 AC25 610FH + 5B24 9678 E345H = ？假设，已将被加数和加数分别存入以 DATA1、DATA2 为首地址的内存区。要求相加结果送到以 DATA1 为首地址的内存区。程序段如下：

```
            MOV   CX, 6
            MOV   SI, 0
            CLC
  LOOPER:   MOV   AL, DATA2 [SI]
            ADC   DATA1 [SI], A L
            INC   SI
            DEC   CX
            JNZ   LOOPER
            HLT
```

4. 求补指令

指令格式：

    NEG   dest   ; dest ← 0 – (dest)

功能：对操作数求补。该指令执行的效果是改变操作数的符号——将正数变为负数或将负数变为正数，但绝对值不变。由于机器中带符号数是用补码表示的，所以，求一个操作数的负数，就是求其补码。因此，NEG 指令也叫取负指令。

注意：NEG 指令是对带符号数进行操作的；NEG 指令影响所有标志位。

【例 3-4】 内存数据段存放了 100 个带符号数，首地址为 AREA1，要求将各数取绝对值后存入以 AREA2 为首地址的内存区。

问题分析：由于这 100 个数为带符号数，因此，先要判断正负。若为正数，可直接送至 AREA2 中；若为负数，则需先求该负数的绝对值，然后再送至 AREA2 中。程序段如下：

```
            LEA    SI, AREA1     ; SI 源地址指针
            LEA    DI, AREA2     ; DI 目的地址指针
            MOV    CX, 100       ; CX 循环次数
CHECK:      MOV    AL, [SI]      ; 取一个带符号数到 AL
            OR     AL, AL        ; "或"操作，影响标志，但 AL 内容不变
            JNS    NEST          ; 若为正数，即(SF) = 0，则 NEXT
            NEG    AL            ; 否则，求绝对值
NEXT:       MOV    [DI], AL      ; 结果送至目的地址
            INC    SI            ; 源地址指针加 1
            INC    DI            ; 目的地址指针加 1
            DEC    CX            ; 循环次数减 1
            JNZ    CHECK         ; 100 个数未处理完，则(CX) ≠ 0，转至 CHCEK
            HLT                  ; 程序暂停
```

5. 比较指令

指令格式：

    CMP   dest, src   ; (src) – (dest)

功能：比较两个数之间的大小，但运算结果不返回目标操作数，而只将比较结果反映在状态标志上。具体指令如下：

    CMP   reg, reg/mem   ; 例如：CMP   CX, DI
    CMP   reg/mem, imm   ; 例如：CMP   BUFFER, 150
    CMP   mem, reg   ; 例如：CMP   [BX+5], SI

在程序中，比较指令 CMP 常用于条件转移指令之前，为程序是否转移提供判决依据：

(1) 比较两个数是否相等：若(ZF) = 0，则两数相等；否则，需利用其他标志来判断两数的大小。

(2) 在无符号数之间的比较中，可根据 CF 的状态来判断：若(CF) = 1，则(dest) < (src)；否则，(dest) > (src)。

(3) 在带符号数之间的比较中，应依据 OF 和 CF 的关系来判断：若(OF)⊕(CF) = 1，则(dest) < (src)；否则，(dest) > (src)。

【例 3-5】 在数据段从 DATA 开始的存储单元中分别放了两个 8 位的无符号数。试比较它们的大小，并将较大者送到 MAX 单元。程序段如下：

```
          LEA   BX, DATA      ; DATA 偏移地址送 BX，设置表格指针
          MOV   AL, [BX]      ; 取第一个无符号数，送 AL
          INC   BX            ; BX 指针指向第二个无符号数
          CMP   AL, [BX]      ; 两个数比较
          JNC   DONE          ; 若第一个数大于第二个数，即(CF) = 0，则转向 DONE
          MOV   AL, [BX]      ; 否则，第二个无符号数送至 AL(中间寄存器)
    DONE: MOV   MAX, AL       ; 较大的无符号数送至 MAX 单元
          HLT                 ; 停止
```

6. 乘法指令

指令格式：

  MUL src ; AX ← (src) × (AL) (字节乘法)

        ; DX: AX ← (src) × (AX) (字乘法)

  IMUL src ; 与 MUL 指令格式相同

功能：指令 MUL 和 IMUL 分别用于无符号数的乘法和带符号数的乘法运算。它们都只有一个源操作数，而目标操作数是隐含规定的：8 位乘法时隐含的操作数为 AL；16 位乘法时隐含的操作数为 AX。

在使用乘法指令 MUL/IMUL 时，应注意：

(1) 指令 MUL 对标志位 CF、OF 有影响，而对 SF、ZF、AF、PF 不确定。如果运算结果的高半部分(在 AH 或 DX 中)为零，则 CF = OF = 0，表示在 AH 或 DX 中所存的结果为有效数字；否则 CF = OF = 1，表示在 AH 或 DX 中结果为无效数字。

(2) 指令 IMUL 对标志位的影响与 MUL 类似。由于指令 IMUL 将两个操作数按带符号数进行处理，如果乘积的高半部分仅是低半部分符号位的扩展，则 CF = OF = 0；否则，AH 或 DX 的内容为乘积的有效数字，这时，CF = OF = 1。

例如：

  MOV AX, 04E8H ; (AX) = 04E8H

  MOV BX, 4E20H ; (BX) = 4E20H

  IMUL BX   ; (DX: AX) = (AX) × (BX)

指令的执行结果为：(DX) = 017FH, (AX) = 4D00H, (CF) = (OF) = 1，表明 DX 中包含着乘积的有效数字。

7. 除法指令

指令格式：

  DIV src ; AL ← (AX) / (src)的商

       ; AH ← (AX) / (src)的余数 } (字节除法)

       ; AX ← (DX:AX) / (src)的商

       ; DX ← (DX:AX) / (src)的余数 } (字除法)

  IDIV src ; 与 DIV 指令格式相同

功能：指令 DIV 和 IDIV 分别用于无符号数的除法和带符号数的除法运算。它们都只有一个源操作数，而目标操作数是隐含规定的：若除数为 16 位，则隐含的操作数为 AX，其中，8 位商放在 AL 中，8 位余数放在 AH 中；若被除数为 32 位，则隐含的操作数为 DX：AX，其中，16 位商放在 AX 中，16 位余数放在 DX 中。

在使用除法指令 DIV/IDIV 时，应注意：

(1) 指令 DIV/IDIV 使状态标志位(如 SF、ZF、AF、PF、CF 和 OF)的值不确定。

(2) 除法指令中被除数的长度应为除数长度的两倍。如果被除数长度和除数长度相等，则应在使用除法指令之前，将被除数的高位进行扩展——用 DIV 指令时，高位扩展为 8 或 16 个零；用 IDIV 指令时，用专门的符号扩展指令 CBW 或 CWD，对被除数的符号位进行扩展。

(3) 除法的溢出问题：① 在执行 DIV 指令时，如果除数为零，或 AL(AX)中的商大于 FFH(FFFFH)时，则 CPU 立即自动产生一个类型号为 0 的内部中断(除法出错中断)，且商和余数为不确定值。② 在执行 IDIV 指令时，如果商的范围超过了 −127～+127(字节除法时)或 −32 767～+32 767(字除法时)，也会产生与 DIV 指令相同的溢出问题。

8. 符号扩展指令

指令格式 1：

  CBW   ;如果(AL) < 80H，AH ← 00H；否则，AH ← 0FFH

指令格式 2：

  CWD ；如果(AX) < 8000H，DX ← 0000H；否则，DX ← 0FFFFH

功能：CBW 和 CWD 分别将带符号数按其符号从字节扩展成字或将字扩展成双字，且操作数隐含在累加器中。该类指令对状态标志均无影响。

【例 3-6】 编程完成 0BF4H ÷ 0123H(带符号数相除)运算。

问题分析：由于除数为带符号的字，则必须将原来的除数进行符号扩展后才能相除。程序如下：

  MOV AX, 0BF4H
  CWD   ;被除数扩展为(DX：AX) = 0000 0BF4H
  MOV BX, 123H
  IDIV BX   ;(AX) = 00BH(商)，(DX) = F4H(余数)

应注意，对于无符号数，无须用 CBW 或 CWD 指令，而只须简单地在无符号数的高半段补零即可。

3.2.3 位操作类指令

1. 逻辑运算指令

逻辑运算指令可对字节或字操作数按位进行逻辑运算。源和目标操作数可以是通用寄存器或存储器，但两者不能均是存储器；源操作数可以使用立即数，但目的操作数却不能。

应注意，段寄存器不能作为源或目的操作数。逻辑运算指令如表 3-3 所示。

表 3-3 逻辑运算类指令

类别	指令名称	指令书写格式	状态标志位					
			OF	SF	ZF	AF	PF	CF
逻辑运算	逻辑"与"	AND dest, src	0	↕	↕	*	↕	0
	逻辑"或"	OR dest, src	0	↕	↕	*	↕	0
	逻辑"异或"	XOR dest, src	0	↕	↕	*	↕	0
	逻辑"非"	NOT src	—	—	—	—	—	—
	测试	TEST dest, src	0	↕	↕	*	↕	0

注：↕ 运算结果影响标志位；— 运算结果不影响标志位；* 标志位为任意值；0 标志位置 0。

NOT 指令对标志寄存器各位均无影响，而其他 4 条指令对标志寄存器有影响：SF、ZFPF 根据运算结果设置相应位，CF、OF 总是置"0"，AF 不确定。

1) 逻辑"与"指令 AND

指令格式：

  AND dest, src ; dest ← (dest) ∩ (src)

功能：将目标操作数和源操作数按位进行逻辑"与"运算，并将运算结果送回目标操作数。AND 指令可用来：① 屏蔽运算结果中的某些位，而保留其他有用的位；② 对状态标志位产生影响。如果将某个操作数自己与自己相"与"，虽然操作数内容不变，但该操作却影响了 SF、ZF 和 PF 状态标志位，且将 OF 和 CF 清零。

【例 3-7】 将数字"6"的 ASCII 码转换成相应的非压缩 BCD 码。程序如下：

  MOV AL, '6'   ; (AL) = 0011 0110B = 36H
  AND AL, 0FH ; (AL) = 0000 0110B (屏蔽第 4～7 位)

【例 3-8】 由于数据传送类指令不会对状态标志位产生影响，因而，若在该类指令后加一条 AND 指令，就可以实现条件判断和程序转移。程序如下：

  AND AX, AX   ; 影响标志，但 AX 内容不变，即(AX) = DATA
  JZ   NEXT   ; 如(AX) = 0，转移到 NEXT；否则，顺序执行
    ⋮
 NEXT:
    …

2) 逻辑"或"指令 OR

指令格式：

  AND dest, src ; dest ← (dest) ∪ (src)

功能：将目标操作数和源操作数按位进行逻辑"或"运算，并将运算结果送回目标操作数。OR 指令常用于以下几种情况：

(1) 将寄存器或存储器中某些特定位置"1"，同时使其他位保持原来的状态；

(2) 对状态标志位产生影响。

【例 3-9】 将 AH、AL 寄存器的最高位置"1"。程序如下：

  MOV AX, 3663H ; (AX) = 0011 0110 0110 0011B
  OR   AX, 8080H ; (AH) = 1011 0110B，(AL) = 1110 0011B

(3) 有时，OR 指令的作用与加法指令 ADD 的作用相似。

例如：

  MOV AL, 0000 0110B ;(AL) = 数字"6"
  OR AL, 30H   ;(AL) = 36H(数字"6"的 ASCII 码)

3) 逻辑"异或"指令 XOR

指令格式：

  XOR dest, src   ; dest ← (dest) ⊕ (src)

功能：将目标操作数和源操作数按位进行逻辑"异或"运算，并将运算结果送回目标操作数。XOR 指令常用于：

(1) 将寄存器或存储器中某些特定位取"反"，同时使其他位保持原来的状态；

(2) 将寄存器的内容清零。

【例 3-10】 将 AL 寄存器中的第 1、3、5、7 位取"反"。程序如下：

  MOV AL, 0FH   ;(AL) = 0000 1111B
  XOR AL, 0AAH   ;(AL) = 1010 0110B，与指令 MOV AX, 0 或 SUB AX, AX 同

4) 逻辑"非"指令 NOT

指令格式：

  NOT dest   ; dest ← 0FFFFH – (dest) (字取反)

功能：将源操作数按位进行"非"(即取反)运算，并将结果送回目标操作数。

应注意，NOT 指令的操作数可以是 8(或 16)位的寄存器或存储器，不能是一个立即数。

【例 3-11】 将存储器[AL]的内容取"反"。程序如下：

  MOV [AL], 0101 1011B ;[AL] = 0101 1011B = 5CH
  NOT [AL]   ;[AL] = 1010 0100B = 0A4H

5) 测试指令 TEST

指令格式：

  TEST dest, src   ; (dest)∩(src)

功能：将目标操作数和源操作数按位进行逻辑"与"运算，但运算结果不送回目标操作数。指令 TEST 的主要作用是进行位测试。其可与条件转移指令一起，共同完成对某个(些)特定位状态的判断，并实现相应的程序转移。这种作用与 CMP 相类似，只不过 TEST 指令只比较某一特定的位，而 CMP 指令却比较整个操作数。

【例 3-12】 已知某外设的一个端口地址为 PORT，若该外设端口输入数据的第 1、3、5 位中的任何一位不为零，则转移到 NEXT。程序如下：

    IN AL, PORT
    TEST AL, 0010 1010B ;测试第 1、3、5 位
    JNZ NEXT   ;若第 1、3、5 位中有一位不为零，则转移到 NEXT
    ⋮
  NEXT：⋮

再者，一个逻辑表达式一般是由"与"、"或"、"异或"、"非"这四个基本逻辑运算构成的。因此，经过逻辑表达式的演算变化后所编制的程序就可以实现复杂的逻辑运算。

2. 移位/循环移位类指令

这组指令可以对 8 位或 16 位的寄存器或存储器中的各位进行逻辑移位、算术移位或循环移位。指令及其对应的操作功能如表 3-4 所示。

表 3-4 移位与循环移位指令

类别	指令名称	指令书写格式	状态标志位					
			OF	SF	ZF	AF	PF	CF
移位	逻辑左移	SHL dest, count	↕	↕	↕	*	↕	↕
	算术左移	SAL dest, count	↕	↕	↕	*	↕	↕
	逻辑右移	SHR dest, count	↕	↕	↕	*	↕	↕
	算术右移	SAR dest, count	↕	↕	↕	*	↕	↕
循环移位	循环左移	ROL dest, count	↕	—	—	—	*	↕
	循环右移	ROR dest, count	↕	—	—	—	*	↕
	带进位循环左移	RCL dest, count	↕	—	—	—	*	↕
	带进位循环右移	RCR dest, count	↕	—	—	—	*	↕

注：↕ 运算结果影响标志位；— 运算结果影不响标志位；* 标志位为任意值。

指令中的 count 为计数值，其决定了移位或循环移位的次数。计数值可以是 1，或者是 CL 中的内容所规定的次数。实际应用中，一般选用 0～15，其中，"0" 表示不移位；另外，移位指令都影响标志位，但影响的方式各指令不尽相同。

1) 移位指令

指令格式：

    SHL/SAL/SHR/SAR   reg，1 或 CL

移位指令影响状态标志位 PF、SF、ZF、CF 以及 OF，但对 AF 的影响不定。其中，CF 总是等于目标操作数最后移出的那一位。如果移位计数值为 1，且执行结果使目标操作数的符号位 M(即最高位)发生了变化，则(OF) = 1；否则，(OF) = 0。若移位计数值大于 1，则 OF 状态不确定。指令操作如图 3-1 所示。

移位指令常用来实现对二进制数进行 2 的方幂运算，或用来将字节或字的某些位分离出来，还可以对寄存器或存储器中的任何一位进行测试(此时，先将待测位移至 CF 中，然后测试 CF 位)。

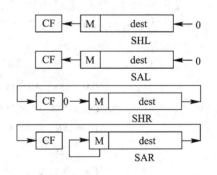

图 3-1 移位指令操作

【例 3-13】 将一个 16 位无符号数乘以 10。该数原来存放在以 FAT 为首地址的两个连续的存储单元中。

问题分析：由于 FAT × 10 = (8 × FAT) + (2 × FAT) = (2^3 × FAT) + (2 × FAT)，故可以用左移指令来实现。程序如下：

    MOV   AX, FAT   ;AX ← 被乘数

    SHL   AX, 1   ;(AX) = 2 × FAT

```
       MOV    BX, AX          ; 暂存结果
       MOV    CL, 3           ; CL ← 移动次数
       SHL    AX, CL          ; (AX) = 8 × FAT
       ADD    AX, BX          ; (AX) = 8 × FAT + 2 × FAT
       MOV    BX, AX          ; (BX) = 10 × FAT
```

【例 3-14】若 AH、AL 中分别存放有非压缩 BCD 码,要求将它们转换成压缩的 BCD 码,并存于 AL 中。完成此功能的程序段如下:

```
       MOV    CL, 4      或:   MOV    CL, 4
       SHL    AL, CL           SHL    AH, CL
       SHR    AX, CL           ADD    AL, AH
```

2) 循环移位指令

指令格式:

　　　　ROL/ROR/RCL/RCR   reg 或 mem, 1 或 CL

循环移位分大循环(带进位标志 CF 循环移位)和小循环(不带进位标志 CF 循环移位)两种。循环移位指令只影响 CF 和 OF 两个标志。其中,CF 总是等于目标操作数最后一次循环移出的那一位,而 OF 标志的变化规则与移位指令的 OF 变化规则相同。循环指令操作如图 3-2 所示。

应注意到,循环移位指令与移位指令有所不同。循环移位操作后,操作数中原来各位的信息并未丢失,只是移到了操作数中的其他位或进位标志上,必要时还可以恢复。

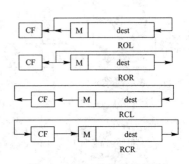

图 3-2　循环移位指令操作

【例 3-15】要求完成一个 32 位数乘 4。由于 8086 CPU 指令集中没有 32 位数的运算指令,所以,在此可用两个寄存器 DX: AX 来表示 32 位数。程序如下:

```
       DATA   DD    ?                    ; 定义 DATA 为一个 32 位数
              ⋮
       MOV    AX, WORD PTR DATA          ; 取低 16 位
       MOV    DX, WORD PTR DATA+2        ; 取高 16 位
       SHL    AX, 1                      ; 低 16 位左移,移出的位在 CF 中
       RCL    DX, 1                      ; 高 16 位带进位循环
       SHL    AX, 1
       RCL    DX, 1
```

3.2.4　串操作类指令

8088/8086 CPU 指令系统中有一组十分有用的串操作指令,这组指令的操作对象不只是单个的字节或字,而是内存中地址连续的字节串或字串。每次经过基本操作后,指令能够自动修改地址,为下一次操作做好准备。串操作指令可处理的数据串的最大长度为 64 KB。

串操作指令共有以下五条:串传送指令(MOVS)、串装入指令(LODS)、串送存指令

(STOS)、串比较指令(CMPS)和串扫描指令(SCAS),如表 3-5 所示。

表 3-5 串操作指令

类别	指令名称	指令书写格式	状态标志位					
			OF	SF	ZF	AF	PF	CF
重复前缀	(CX)≠0 时,无条件重复相等且(CX)≠0,重复不相等且(CX)≠0,重复	REP	—	—	—	—	—	—
		REPE / REPZ	—	—	—	—	—	—
		REPNE / REPNZ	—	—	—	—	—	—
基本串操作	串传送	MOVS dest_string, dest_src	—	—	—	—	—	—
		MOVSB / MOVSW	—	—	—	—	—	—
	串装入	LODS dest_string, dest_src	—	—	—	—	—	—
		LODSB / LODSW	—	—	—	—	—	—
	串送存	SOTS dest_string, dest_src	—	—	—	—	—	—
		SOTSB / SOTSW	—	—	—	—	—	—
	串比较	CMPS dest_string, dest_src	↕	↕	↕	↕	↕	↕
		CMPSB / CMPSW	↕	↕	↕	↕	↕	↕
	串搜索	SCAS dest_string, dest_src	↕	↕	↕	↕	↕	↕
		SCASB / SCASW	↕	↕	↕	↕	↕	↕

注:↕运算结果影响标志位;—运算结果不影响标志位。

串操作指令还可以加上重复前缀。此时,指令规定的操作将一直重复下去,直到完成预定的重复操作次数。串操作指令的重复前缀、操作数以及地址指针所用的寄存器等情况如表 3-6 所示。

表 3-6 串操作指令的重复前缀、操作数和地址指针

重复前缀	指令	操作数	地址指针计数器
REP	MOVS	目的,源	ES: DI, DS: SI
无	LODS	源	DS: SI
REP	STOS	目的	ES: DI
REPE / REPNE	CMPS	源,目的	DS: SI, ES: DI
REPE / REPNE	SCAS	目的	ES: DI

1. 重复前缀

重复前缀 REP/REPE/REPNE/REPZ/REPNZ 是用来控制其后的基本串操作指令是否重复,重复前缀不能单独使用。

有的串操作指令(如 MOVS、LODS、STOS)可加重复前缀 REP,这时,指令规定的操作可重复进行,重复操作的次数由约定的 CX 寄存器的内容决定。

CPU 按以下步骤执行:

① 首先检查 CX 寄存器,若(CX) = 0,则退出 REP 操作;

② 指令执行一次字符串基本操作；
③ 根据 DF 标志修改地址指针；
④ CX 减 1(但不改变标志)；
⑤ 重复①~④。

若串操作指令如 CMPS、SCAS 的基本操作影响零标志 ZF，则可加重复前缀 REPE/REPZ 或 REPNE/REPNZ。此时，串操作重复进行的条件为(CX)≠0；同时，还要求 ZF 的值满足重复前缀中的规定：REPE/REPZ 要求(ZF) = 1，REPNE/REPNZ 要求(ZF) = 0。

串操作汇编指令的格式可以写上操作数，也可以只在指令助记符后加上字母"B"(字节操作)或"W"(字操作)。加上字母"B"或"W"后，指令助记符后面不需要，也不允许再写操作数了。

2. 基本串操作指令

1) 串传送指令
指令格式：
  [REP] MOVS [ES：] dest_string, [sreg：] src_string
  [REP] MOVSB   ; 字节串传送
  [REP] MOVSW   ; 字串传送

指令功能：将 DS:SI 指定的源串中的一个字节或字，传送到由 ES:DI 指定的目标串中，且根据方向标志 DF 自动地修改 SI、DI，以指向下一个元素。其执行的操作为：
① ES :DI ← (DS:SI)
② SI ← (SI) ± 1, DI ← (DI) ± 1 (字节操作)
  SI ← (SI) ± 2, DI ← (DI) ± 2 (字操作)

其中，当方向标志(DF) = 0 时用"+"，当方向标志(DF) = 1 时用"−"。

以上各种格式中，凡是方括号中的内容均表示任选项。串传送指令不影响状态标志位。

在第 1 种格式中，串操作指令给出了源操作数和目标操作数，此时，指令执行字节操作还是字操作，取决于这两个操作数定义时的类型。给出源操作数和目标操作数的作用有两个：① 用以说明操作对象的大小(字节或字)；② 明确指出所涉及到的段寄存器(sreg)，而指令执行时，仍用 SI 和 DI 寄存器寻址操作数。必要时可以用类型运算符 PTR 说明操作对象的类型。

第 1 种格式的一个优点是可以对源字符串进行段重设(但应注意，目的字符串的段基址只能在 ES，且不可进行段重设)。

在第 2 和第 3 种格式中，串操作指令字符的后面加上一个字母"B"或"W"，用以指出操作对象是字节串或字串。此时，指令后面不需要出现操作数。以下指令都是合法的：
  REP MOVS DATA2, DATA1   ; 应预先定义操作数类型
     MOVS BUFFER2, ES：BUFFER1 ; 源操作数进行段重设
  REP MOVS WORD PTR [DI], [SI] ; 用变址寄存器表示操作数
  REP MOVSB   ; 字节串传送
     MOVSW   ; 字串传送

串操作指令常与重复前缀联合使用，这样不仅可以简化程序，而且提高了程序运行的

速度。

【例3-16】将数据段中首地址为 BUFFER1 的 200 个字节数据传送到附加段首地址为 BUFFER2 的内存区中。使用字节串传送指令的程序段如下：

```
LEA   SI, BUFFER1    ;SI ← 源串首地址指针
LEA   DI, BUFFER2    ;DI ← 目的串首地址指针
MOV   CX, 200        ;CX ← 字节串长度
CLD                  ;清方向标志 DF
HLT                  ;停止
```

2) 串装入指令 LODS

指令格式：

LODS [sreg:] src_string

LODSB   ;字节串装入

LODSW   ;字串装入

指令功能：将 DS：SI 指定的源串中的字节或字逐个装入累加器 AL 或 AX 中，同时，自动修改 SI。指令的基本操作为：

① AL ← (DS:SI))

或

AX ← (DS:SI)

② SI ← (SI) ± 1   (字节操作)

SI ← (SI) ± 2   (字操作)

其中，当方向标志(DF) = 0 时用加号"+"，当方向标志(DF) = 1 时用减号"−"。

LODS 指令不影响状态标志位，而且一般不带重复前缀。因为，将字符串的每个元素重复地装入到累加器中没有实际意义。

3) 串送存指令 STOS

指令格式：

[REP]   STOSB   ;字节串送存

STOSW   ;字串送存

指令功能：将累加器 AL 或 AX 的内容送存到内存缓冲区中由 ES:DI 指定的目标串中，同时，自动修改 DI。指令的基本操作为：

① ES: DI ← (AL)

或

ES: DI ← (AX)

② DI ← (DI) ± 1   (字节操作)

DI ←(DI) ± 2   (字操作)

其中，当方向标志(DF) = 0 时用加号"+"，当方向标志(DF) = 1 时用减号"−"。

STOS 指令对状态标志位没有影响。指令若加上重复前缀 REP，则操作将一直重复进行下去，直到(CX) = 0。

【例3-17】将字符"#"装入以 AREA 为首址的 100 个字节的内存空间中。

```
        LEA    DI, AREA
        MOV    AX, '##'
        MOV    CX, 50
        CLD
   REP  STOSW
        HLT
```

程序说明：以上程序采用了送存 50 个字而不是送存 100 个字节的方法，虽然这两种方法程序执行的结果是相同的，但以上程序的执行速度更快些。

4) 串比较指令

指令格式：

    [REPE/REPNE]　　CMPSB　　　　；字节串比较
                           CMPSW　　　　；字串比较

指令功能：将由 DS：SI 指定的源串中的元素与由 ES：DI 指定的目标串中的元素逐个比较(即相减)，但比较结果不送回目标操作数，仅反映在状态标志位上。CMPS 指令对状态标志位 SF、ZF、AF、PF、CF 和 OF 有影响。串比较指令的基本操作为：

① (DS:SI) − (ES：DI)

② SI ← (SI) ± 1，DI ← (DI) ± 1 　(字节操作)

   SI ← (SI) ± 2，DI ← (DI) ± 2 　(字操作)

其中，当方向标志(DF) = 0 时用加号"+"，当方向标志(DF) = 1 时用减号"−"。

CMPS 指令中的源操作数在前，而目标操作数在后；另外，CMPS 指令可以加重复前缀 REPE(或写成 REPZ)或 REPNE(或写成 REPNZ)，这是由于 CMPS 指令影响着标志 ZF。

如果两个被比较的字节或字相等，则(ZF) = 1；否则，(ZF) = 0。

REPE 或 REPZ 表示：当(CX) ≠ 0，且(ZF) = 1 时，继续进行比较。

REPNE 或 REPNZ 表示：当(CX) ≠ 0，且(ZF) = 0 时，继续进行比较。

【例 3-18】比较两个字符串，找出其中第一个不相等字符的地址。如果两个字符全部相同，则转到 ALLMATCH 进行处理。这两个字符串长度均为 20，首地址分别为 STRING1 和 STRING2。

```
              LEA    SI, STRING1       ; SI ← 字符串 1 首地址
              LEA    DI, STRING2       ; DI ← 字符串 2 首地址
              MOV    CX, 20            ; CX ← 字符串长度
              CLD                      ; 清方向标志 DF，(DF) = 0
              REPE   CMPSB             ; 如相等，重复进行比较
              JCXZ   ALLMATCH          ; 若(CX) = 0，跳至 ALLMATCH
              DEC    SI                ; 否则，(SI) − 1
              DEC    DI                ; (DI) − 1
              HLT                      ; 停止
   ALLMATCH:  MOV    SI, 0
              MOV    DI, 0
              HLT                      ; 停止
```

程序说明：在上述程序段中使用重复前缀 REPE 或 REPZ，当遇到第一个不相等的字符时，停止比较。但此地址已被修改，即(DS:SI)和(ES:DI)均已经指向下一个字节或字地址，应将 SI 和 DI 进行修正，使之指向所要寻找的不相等字符。但是，也有可能将整个字符串比较完毕后仍未出现规定的条件(如两个字符相等或不相等)，但此时寄存器(CX) = 0，故可用条件转移指令 JCXZ 进行处理；同理，如果要寻找两个字符串中第一个相等的字符，则应使用重复前缀 REPNE 或 REPNZ。

5) 串扫描指令

指令格式：

    [REPE/REPNE]   SCASB   ；搜索字节串
                           SCASW   ；搜索字串

串扫描指令的基本操作为：

① (AL) − (ES:DI)

或

  (AX) − (ES:DI)

② DI ← (DI) ± 1   (字节操作)
   DI ← (DI) ± 2   (字操作)

其中，当方向标志(DF) = 0 时用加号"＋"，当方向标志(DF) = 1 时用减号"−"。

SCAS 指令将累加器的内容与字符串中的元素逐个进行比较，比较结果也反映在状态标志位上。SCAS 指令将影响状态标志位 SF、ZF、AF、PF、CF 和 OF。如果累加器的内容与字符串中的元素相等，则比较之后，(ZF) = 1。因此，指令可以加上重复前缀 REPE 或 REPNE。

【例 3-19】 在某一数据块中搜索寻找一个关键字。找到该字后，把搜索次数记录在 COUNT 单元中，并将关键字的地址保留在 ADDR 中，然后，在屏幕上显示字符"Y"。如果没有找到关键字，则在屏幕上显示字符"N"。

假设，该数据块的首地址位 STRING，长度为 100。根据要求可编程如下：

```
            LEA     DI, STRING      ; DI ← 数据块首地址
            MOV     AL, KEY_WORD    ; AL ← 关键字
            MOV     CX, 100         ; CX ← 数据块长度
            CLD                     ; 清方向标志 DF，(DF) = 0
      REPNE SCASB                   ; 如未找到，重复扫描
            JZ      MATCH           ; 如找到，转 MATCH
            MOV     DI, 0           ; 搜索完毕，未找到关键字，DI ← 0
            MOV     DL, 'N'         ; 同时，DL ← "N"
            JMP     DISPLY          ; 转到 DSPY 显示字符
   MATCH:   DEC     DI
            MOV     ADDR, DI        ; 关键字地址保留在 ADDR 单元中
            LEA     BX, STRING      ; 以下指令用来计算搜索次数
            SUB     DI, BX
```

```
        INC     DI
        MOV     COUNT, DI       ; 找到关键字, 搜索次数记录在 COUNT 单元中
        MOV     DL, 'Y'         ; DL ← "Y"
DISPLY: MOV     AH, 02H
        INT     21H             ; 显示字符 "N" 或 "Y"
        HLT
```

综上所述，虽然串操作指令的基本操作各不相同，但都具有以下共同特点：

(1) 都是用 SI 寻址源操作数, 用 DI 寻址目标操作数, 且源操作数常用在当前的数据段, 即隐含段寄存器 DS(允许段超越), 而目标操作数总是在当前的附加段, 隐含段寄存器 ES(不允许段超越)。

(2) 用方向标志 DF 规定进行串处理的方向。当(DF) = 0 时, 地址指针增量；当(DF) = 1 时, 地址指针减量。有的串操作指令可加重复前缀, 以完成对数据串的重复操作。这种方法使得处理长数据串比用软件循环方法进行处理快得多, 但这时必须用 CX 作为重复次数计数器。每执行一次串操作指令, CX 值自动减 1, 直至为 0, 停止串操作。

3.2.5 控制转移类指令

转移控制类指令用于控制程序的流程。这类指令包括：无条件转移指令、条件转移指令、循环控制指令、过程调用指令和中断指令。该类指令的共同特点是修改 IP, 或同时修改 IP 和 CS 的内容, 以改变程序的正常执行顺序, 使之转移到新的目标地址去继续执行。上述五类指令中, 除中断指令以外, 其他转移指令都不影响状态标志位。

如果转移的目标地址在当前代码段内, 则目标属性为 NEAR, 称为段内转移, 这时, 指令只修改 IP；如果转移的目标地址在其他代码段内, 则目标属性为 FAR, 称为段间转移, 这时, 指令同时修改 IP 和 CS。

1. 无条件转移指令 JMP

无条件地控制程序转移到指令中操作数 oprd 所指定的目标地址。目标地址可以用直接的方式给出, 也可以用间接的方式给出。无条件转移指令对状态标志位没有影响。

1) 段内直接转移

指令格式:

```
        JMP     NEAR PTR label      ; IP ← (IP) + disp(16 位)
```

功能：指令的操作数是一个近标号, 该标号在本段(或本组)内。指令汇编以后, 可计算出 JMP 指令的下一条指令的地址到目标地址之间的 16 位相对偏位移量 disp16。因而, 段内直接转移也称"近转移", 属于相对转移。

2) 段内直接短转移

指令格式：

```
        JMP     SHORT label         ; IP ← (IP) + disp(8 位)
```

功能：将程序无条件地转移到目标地址 label。段内直接短转移指令的操作数是一个短标号。该种转移也属于相对转移, 相对偏移量 disp 的范围在 −128～127 字节之间。如果已

知下一条指令到目的地址之间的相对位移量在 –128～127 字节的范围内，则可在标号前写上运算符 SHORT，以实现段内直接短转移。

3) 段内间接转移

指令格式：

  JMP reg16 / mem16 ; IP ← (reg16)/[mem16]

功能：使程序无条件地转移到由寄存器的内容所指定的目标地址，或无条件地转移到由各种存储器寻址方式提供的存储单元内容所指定的目标地址。段内间接转移属于绝对转移。由于是段内转移，故只修改当前 IP 值，而段寄存器 CS 的内容保持不变。

例如：

  MOV BX, 1000H

  JMP BX   ; 程序将直接转向 1000H，即 IP ← 1000H

  JMP WORD PTR [BX+20H] ; 将存储器操作数定义为 WORD(即 16 位字)

在上述程序段中，假设 (DS) = 2000H，[21020H] = 34H，[21021H] = 12H，则第 2 个 JMP 指令将使程序转向 1234H，即(IP) = 1234H。

4) 段间直接转移

指令格式：

  JMP FAR PTR label   ; IP ← label 偏移地址，CS ← label 段基址

功能：使程序无条件地转移到指定段的段内目标地址 label。指令的操作数是一个远标号，该标号在另一个代码段内。该指令也属于绝对转移指令。指令的操作是将标号的偏移地址取代当前 IP 指令指针的内容；同时，将标号的段基址取代当前段寄存器 CS 的内容，最终，控制程序转移到另一代码段内指定的标号处。

5) 段间间接转移

指令格式：

  JMP mem32   ; IP ← [mem32]，CS ← [mem32+2]

功能：使程序无条件地转移到由 mem32 所指定的另一个代码段中。存储器的前两个字节的内容为 IP，后两个字节的内容为 CS 的目标地址。该转移属于绝对转移。

例如：

  MOV SI, 0100H

  JMP DWORD PTR [SI] ; 将存储器操作数的类型定义为 DWORD(双字，即 32 位)

这段程序执行完毕后，将 DS：[SI]，即 DS：0100H 和 DS：0101H 两个单元的内容送至 IP；而把 DS：[SI+2]，即 DS：0102H 和 DS：0103H 两个单元的内容送至 CS。由此，程序转入由新的 CS 和新的 IP 决定的目标地址。

2. 条件转移指令

归纳起来，条件转移指令可分为四类，如表 3-7 所示。

条件转移指令的执行包括两个过程：第一步，测试规定的条件。第二步，如果条件满足，则程序转移到指定的目标标号 oprd 处；否则，继续顺序执行。

由于条件转移指令对状态标志位没有影响，因此在程序中，条件转移指令一般都跟在算术运算或逻辑运算指令之后，通过检测运算结果所设置的一个标志位的状态，或综合检

测几个标志位的状态来判断转移条件是否满足。

表 3-7 条件转移类指令

指令名称			指令书写格式		转移测试条件
单标志位	等于/零	转移	JE/JZ	OPR	(ZF) = 1
	不等于/不为零	转移	JNE/JNZ	OPR	(ZF) = 0
	负(符号位为 1)	转移	JS	OPR	(SF) = 1
	正(符号位为 0)	转移	JNS	OPR	(SF) = 0
	偶	转移	JP/JPE	OPR	(PF) = 1
	奇	转移	JNP/JPO	OPR	(PF) = 0
	溢出	转移	JO	OPR	(OF) = 1
	不溢出	转移	JNO	OPR	(OF) = 0
	有进位/无借位	转移	JC	OPR	(CF) = 1
	无进位/无借位	转移	JNC	OPR	(CF) = 0
无符号数	高于/不低于也不等于	转移	JA/JNBE	OPR	(CF) = 0 且 (ZF) = 0
	高于或等于/不低于	转移	JAE/JNB	OPR	(CF) = 0 或 (ZF) = 1
	低于/不高于也不等于	转移	JB/JNAE	OPR	(CF) = 1 且 (ZF) = 0
	低于或等于/不高于	转移	JBE/JNA	OPR	(CF) = 1 或 (ZF) = 1
带符号数	大于/不小于也不等于	转移	JG/JNLE	OPR	(SF)⊕(OF) = 0 且 (ZF) = 0
	大于或等于/不小于	转移	JGE/JNL	OPR	(SF)⊕(OF) = 0 或 (ZF) = 1
	小于/不大于也不等于	转移	JL/JNGE	OPR	(SF)⊕(OF) = 1 且 (ZF) = 0
	小于或等于/不大于	转移	JLE/JNG	OPR	(SF)⊕(OF) = 1 或 (ZF) = 1
(CX) 等于零		转移	JCXZ	OPR	(CX) = 0

注：OPR 为转移标号或地址。

应注意，与无条件转移指令 JMP 不同，条件转移指令的操作数必须是一个短标号(–128～127 字节的范围)。如果指令满足规定的条件，则将这个偏移量加到 IP 寄存器上，即 IP = (IP) + disp8，实现程序的转移。

1) 以一个标志位的状态为检测条件的转移指令

该类指令适用于根据标志寄存器中的单个标志位的状态来决定是否进行转移的场合。例如：

    ADD   AX, BX
    JC   LOOP1   ;当(AX) + (BX)有进位，即(CF) = 1 时，转至 LOOP1
    CMP   CX, DX
    JE   LOOP2   ;与指令 JZ LOOP2 同，当(CX) – (DX) = 0 时，转至 LOOP2

2) 用于无符号数比较的条件转移指令

该类指令适用于根据无符号数之间的比较结果来决定是否转移的场合。指令在执行时所检测的是无符号数比较结果的特征标志 CF 和 ZF。

【例 3-20】 求 Z = |X – Y|。已知 X、Y、Z 都是 16 位无符号数。程序如下：

```
        MOV   AX, X
        CMP   AX, Y        ; 比较 X、Y
        JAE   MAX          ; 若 X≥Y，即(CF) = 0 时，转至 MAX
        XCHG  AX, Y
MAX:    SUB   AX, Y
        MOV   Z, AX
```

3) 用于带符号数比较的条件转移指令

该类指令适用于根据带符号数之间的比较结果来决定是否转移的场合。指令在执行时所检测的是带符号数比较结果的特征标志 SF、OF 和 ZF。

【例 3-21】 有两个数(AL) = 01H 和(BL) = FEH，若它们作为无符号数，则 01H 小于 FEH；但作为带符号数，01H 则大于 FEH(–2D)。当指令 CMP AL, BL 执行后，(AL) = 01H，(CF) = 1，(OF) = 0，(ZF) = 0。

指令说明：

① 当两数均为无符号数时，若要求(AL) > (BL)时，程序转移，则必须使用"高于"指令"JA"。但这时，因为(AL) < (BL)，转移条件(CF) = 0，且(ZF) = 0 不满足，所以，不会发生转移。

② 当两数均为带符号数时，若要求(AL) > (BL)时，程序转移，则必须使用"大于"指令"JG"。此时，由于(AL) > (BL)成立，满足转移条件(SF)$\oplus$(OF) = 0，且(ZF) = 0，所以，会发生转移。

4) 以 CX 的内容为检测条件的转移指令 JCXZ

指令格式：

```
        JCXZ  OPR           ; 当(CX) = 0 时，程序转移至 OPR
```

应注意：绝大多数条件转移指令(除 JCXZ 指令外)都是将状态标志位的状态作为测试的条件。因此，在使用条件转移指令时，应首先执行对有关标志位有影响的指令，然后再用条件转移指令测试这些标志的状态，以确定程序是否转移。例如，可利用 CMP、TEST 和 OR 指令与条件转移指令配合使用。因为，这些指令虽不改变目标操作数的内容，但影响着状态标志位。另外，其他指令如加法、减法及逻辑运算指令等等也影响状态标志位。

3. 循环控制指令

循环控制指令是一组增强型的条件转移指令，也是通过检测状态标志来判定条件是否满足而进行控制转移的，仅用于控制程序的循环。循环控制指令规定将 CX 寄存器为递减计数器，在其中预置程序的循环次数，并根据对 CX 内容的检测结果来决定是循环至目标地址还是顺序执行。如表 3-8 所示。

循环控制指令采用 IP 相对寻址方式，即条件满足时，将 8 位偏移量 disp8 加到当前 IP 上，使 IP 指向目标地址。因此，所有的循环控制指令能转移程序的范围不能超过 –128～127。与条件转移指令相同，循环控制指令对状态标志位没有影响。

表 3-8 循环控制类指令

指 令 类 型		助 记 符	测 试 条 件
无条件	循环	LOOP　　　　OPR	CX ← (CX) – 1, (CX) ≠ 0
相等/结果为零	循环	LOOPE / LOOPZ　　OPR	CX←(CX) – 1, (ZF) = 0 且(CX) ≠ 0
不相等/结果不为零	循环	LOOPNE / LOOPNZ　OPR	CX←(CX) – 1, (ZF) = 0 且(CX) ≠ 0

1) LOOP 循环控制指令

指令格式：

  LOOP　　OPR

功能：指令的操作是先将 CX 的内容减 1，若结果不等于零，则转到指令中指定的短标号处；否则，顺序执行下一条指令。

【例 3-22】 利用循环指令实现软件延时。编程如下：

```
        MOV     CX, 0F000H      ;预置循环初值
NEXT:   NOP                     ;空操作 F000H 次，产生延时
        LOOP    NEXT
```

2) LOOPE/LOOPZ 循环控制指令

指令格式：

  LOOPE　OPR

  LOOPZ　OPR

功能：以上两种格式有着相同的含义，即先将 CX 寄存器的内容减 1，如结果不为零，且零标志(ZF) = 1，则转移到指定的短标号处。

【例 3-23】 比较两组输入端口的数据是否一致，其中一组端口的首地址为 MAIN_PORT；另一组端口的首地址为 REDUNDNAT_PORT。两组端口的数目均为 NUMBER。编程如下：

```
        MOV     DX, MAIN_PORT         ;DX ← 主端口地址指针
        MOV     BX, REDUNDANT_PORT    ;BX ← 冗余端口地址指针
        MOV     CX, NU MBER           ;CX ← 端口数
CHCEK:  IN      AX, DX                ;输入主端口数据到 AX
        XCHG    AX, BP                ;主端口数据暂存于 BP
        INC     DX                    ;主端口地址指针加 1
        XCHG    BX, DX                ;BX, DX 交换
        IN      AX, DX                ;输入冗余端口数据到 AX
```

3) LOOPNE / LOOPNZ 循环控制指令

指令格式：

  LOOPNE　OPR

  LOOPNZ　OPR

功能：以上两种格式有着相同的含义。指令的操作是将 CX 寄存器的内容减 1，如结果不为零，且零标志 ZF = 0，则转移到指定的短标号处。

【例3-24】若在存储器数据段中有100个字节组成的数组，要求从该数组中找出"&"字符，然后，将"&"字符前面的所有元素相加，结果保留在AX寄存器中。程序如下：

```
            MOV     CX, 100          ; 初始化计数值
            MOV     SI, 0FFH         ; 设置指针
    LL:     INC     SI               ; 以下3条指令用于查找'&'字
            CMP     [SI], '&'
            LOOPNE  LL               ; 未找到，继续查找
            SUB     SI, 0100H
            MOV     CX, SI           ; '&'字符之前的字节数
            MOV     SI, 0100H
            MOV     AX, [SI]
            DEC     CX               ; 相加次数
    LLL:    INC     SI
            ADD     AX, [SI]         ; 累加'&'字符之前的字节数
            LOOP    LLL
            HLT
```

4. 过程调用和返回指令

在进行程序设计时，可以把程序中经常重复出现的一段程序独立地设计成一个模块，称为子程序或过程。当主程序执行到某处，需要使用该子程序段时，可以用程序调用指令对它进行调用；被调用的子程序执行完毕后，再利用返回指令返回到原来调用它的地方。采用这种方法不仅可以使源程序的总长度大大缩短，而且有利于实现模块化的程序设计，使程序的编制、阅读和修改都比较方便。

子程序调用分为段内调用和段间调用。所有过程调用指令和返回指令对状态标志位都没有影响。

指令格式：

```
    CALL   NEAR PTR OPR      ; 段内调用
    CALL   FAR PTR OPR       ; 段间调用
    RET                      ; 子程序返回
```

此外，RET指令还允许带一个弹出值(imm16)，这是一个0～64 K的立即数。由于堆栈操作是字操作，因而，该立即数通常是偶数。RET指令所带有的立即数，即为过程返回时，从堆栈中舍弃的字节数(相当于从堆栈中多弹出了几个参数，这些参数一般是过程调用前通过堆栈向过程传递的参数)。例如：

```
    RET  4              ; 返回时舍弃堆栈中的4个字节
```

3.2.6 处理器控制类指令

标志位操作指令

这组指令共有7条，均为无操作数指令，它们的操作数隐含在标志寄存器中某些标志位上。它们能直接对指定的标志位 CF，IF 和 DF 进行操作，但对别的标志均无影响。

1) 进位标志 CF 设置指令

指令格式：

  CLC   ;对 CF 位清 0

  STC   ;对 CF 位置 1

  CMC   ;对 CF 位求反

2) 方向标志 DF 设置指令

指令格式：

  CLD   ;对 DF 位清 0

  STD   ;对 DF 位置 1

3) 中断允许控制标志 IF 设置指令

指令格式：

  CLI   ;对 IF 位清 0

  STI   ;对 IF 位置 1

3.3 汇编语言的程序与语句

  汇编语言是一种利用指令助记符、符号地址、标号等编写程序的语言，又称符号语言。汇编语言具有执行速度快和易于实现对硬件的控制等独特优点，能够直接利用硬件系统的特性(如寄存器、标志、中断系统等)，且能够对位、字节、字、寄存器或存储单元、I/O 端口进行操作；同时，也能直接使用 CPU 指令系统提供的各种寻址方式，编制出高质量的程序。与高级语言相比，汇编语言程序占用内存空间小、执行速度快。因此，汇编语言常被用来编写计算机系统程序、实时通信程序、实时控制程序等，同时也可被各种高级语言调用。

3.3.1 汇编语言源程序的格式

  一个汇编语言源程序由若干个逻辑段组成，每个逻辑段都有一个段名，由段定义语句 SEGMENT 来定义，以 ENDS 语句结束。通常，源程序中有代码段、数据段、堆栈段和附加数据段。一般来讲，代码段是必不可少的。数据段和附加数据段用来在内存中建立一个适当容量的工作区以存放常量和变量，并作为算术运算或 I/O 接口传送数据的工作区；堆栈段则是在内存区中建立的一个堆栈区，用以在中断和过程(或子程序)调用、各模块之间传递参数时使用。

  通过以下可在 PC-DOS 环境下运行的 8086/8088 汇编语言源程序实例，初步介绍汇编语言的程序格式。

  【例 3-1】 一个典型的、具有排序功能的源程序，文件名为 EXAM1。

```
        ; SAMPLE         PROGRAM         DISPLAY   MESSAGE     ;注释行
        STACK1          SEGMENT         PARA  STACK           ;定义堆栈段
        STACK_AREA      DW              100H DUP(?)
        STACK_BTM       EQU             $-STACK_AREA
        STACK1          ENDS
```

DATA1	SEGMENT		；定义数据段
TABLE_LEN	DW	16	
TABLE	DW	200, 300, 400, 10, 20, 0, 1, 8	
	DW	41H, 40H, 42H, 50, 60, 0FFFFH, 2, 3	
DATA1	ENDS		
CODE1	SEGMENT		；定义代码段
	ASSUME	CS：CODE1, DS：DATA1, SS：STACK1	
MAIN	PROC	FAR	；将过程定义为远过程
	MOV	AX, STACK1	
	MOV	SS, AX	；初始化 SS
	MOV	SP, STACK_BTM	
	MOV	AX, DATA1	
	MOV	DS, AX	；初始化 DS
LP1：	MOV	BX, 1	
	MOV	CX, TABLE_LEN	
	DEC	CX	
	MOV	AX, [SI]	
	CMP	AX, [SI+2]	
	JBE	CONTINUE	
	XCHG	AX, [SI+2]	
	MOV	[SI], AX	
	MOV	BX, 0	
CONTIUNE：	ADD	SI, 2	
	CMP	BX, 1	
	JZ	EXIT	
	JMP	SHORT LP1	
EX!T：	MOV	AX, 4C00H	；返回 DOS
	INT	21H	
MAIN	ENDP;		；过程结束
CODE1	ENDS		；代码段结束
	END	MAIN	；整个程序汇编结束

某些简单程序一般不需要数据段和堆栈段，对于复杂的程序，其却可以有多个数据段、堆栈段以及代码段。

3.3.2 汇编语言的语句

语句是汇编语言源程序的基本组成单位。每个语句规定一个基本操作，而由某些基本操作组成的语句序列，即源程序，则可完成某个特定的操作任务。

1. 语句的种类与格式

1) 语句的种类

汇编语言的语句有 3 种基本类型：

(1) 指令语句：是可执行语句，由 CPU 指令组成。汇编时，汇编程序将指令语句翻译成相应的机器目标代码。

(2) 伪指令语句：在汇编过程中告诉汇编程序如何进行汇编，如定义数据、分配存储空间、定义段以及定义过程等，但不会产生机器目标代码。只有通过伪指令的组织，指令序列才能够在内存中正确地放置和执行。

(3) 宏指令语句：将需多次使用的程序段以某个宏名进行定义(称为宏定义)即可得到一条宏指令语句。每次需要该程序段时，可用宏指令名来代替(称为宏调用)。

2) 语句的格式

汇编语言的语句可以由 1~4 部分组成：

    [名字]　操作符　[操作数,...]　[；注释]

其中，"[ ]"中的内容为可选部分，操作数部分是由","分隔开的多个操作数。

名字字段：是给指令语句或伪指令语句定义的"符号名"，表示本条语句的符号地址。由字母打头的字符串，指令语句后要用冒号"："，伪指令后不需要。应注意，一些已被系统赋予意义的保留字，如寄存器名、指令助记符、伪操作命令等均不能作为标号或名字。

由于标号与变量都与存储器地址有关，因此，它们都具有以下 3 种属性：

(1) 段属性：标号或变量所在段的段基址。标号的段基址常放在 CS 中；变量的段基址常放在 DS、ES 中。

(2) 偏移量属性：标号或变量的段内偏移地址，是一个 16 位的无符号数。

(3) 类型属性：标号的类型属性是指标号与引用该标号的指令之间的距离属性：NEAR(近)或 FAR(远)。若在段内引用，该标号的类型属性为 NEAR；在段间引用时，则为 FAR。变量的类型属性是指数据区中变量存取单位的大小，如 BYTE、WORD 等。

操作符字段：可以是机器指令、伪指令和宏指令的助记符，分别用于规定指令语句的操作性质和伪指令语句的伪操作功能。另外，允许前缀与指令助记符同时使用，以修改指令操作的某些属性，如重复前缀 REP、LOCK 前缀等。

操作数字段：是操作符的操作对象，一般有常数、标号、寄存器、变量和表达式等几种形式。

注释：由分号"；"开始，用来对语句的功能加以说明，使程序便于理解和阅读。这部分内容不被汇编程序编译，也不被 CPU 执行。

2. 语句中的操作数

根据寻址方式的不同，语句中的操作数可分为 4 类：常量、寄存器、存储器和表达式。

1) 常量操作数

常量是指令中出现的固定值，常量可分为数值常量和字符串常量，无属性。

(1) 数值常量：有十进制、二进制、八进制、十六进制等几种表示形式。汇编语言中的数值常量的首位是数字，如 B7H 应写成 0B7H；否则，汇编时其将被视为符号。

(2) 字符串常量：是由单引号括起来的一个或几个字符，如'AB'、'About'。字符的值为其 ASCII 码值。由于在汇编时，字符都以 ASCII 码形式存放在内存单元中，因此，字符串'AB'与 4142H 等价。

2) 寄存器操作数

操作数部分是寄存器名，如 AX、SI、DS、CL 等。

3) 存储器操作数

存储器操作数分为标号和变量两种：

(1) 标号代表一条指令的符号地址，这个地址一定在代码段内。标号可作为转移、过程调用或循环控制指令的操作数，如指令 JMP NEXT 中的 NEXT。

(2) 变量实质上是存放在内存单元中的数据。为了便于访问，变量都有变量名，变量名为存储单元中某个数据区的名字，即数据区的符号地址。在指令中，变量名可作为存储器操作数，其通常位于数据段或堆栈段中。

应注意，变量具有 3 种属性，而常量却没有任何属性；另外，变量要占用内存空间，因而，是否占用内存空间可作为区分常量与变量的标准之一。

4) 表达式操作数

汇编语言中的表达式可由各种操作数、运算符和操作符组成。按其性质来分，表达式可以有两种：

(1) 数值表达式：是指用运算符将数值常量、字符串常量等连接而成的表达式。汇编时，由汇编程序计算出数值表达式的数值结果，其只有大小，没有属性。

(2) 地址表达式：是指用运算符或操作符将常量、变量、标号或寄存器的内容连接而成的表达式。它的值表示存储器地址(偏移地址)，其具有 3 种属性：段、偏移量、类型。

例如：

BYTE PTR [AX+5]　　　　：指定 DS 段内的存储单元[AX+5]中的内容为字节属性。

3. 运算符

MASM 宏汇编中有 3 种运算符，如表 3-9 所示。运算符用以实现对操作数的运算。

表 3-9　MASM 支持的运算符

类型	符号	名称	运算结果	示　例
算术运算符	+	加法	和	3 + 5 = 8
	−	减法	差	8 − 3 = 5
	*	乘法	乘积	3*5 = 15
	/	除法	商	7/3 = 2
	MOD	模除	余数	7 MOD 3 = 1
	SHL	左移	左移后二进制数	1011B SHL 2 = 1100B
	SHR	右移	右移后二进制数	1011B SHR 2 = 0010B
逻辑运算符	AND	与运算	逻辑与	1011B AND 0110B = 0010B
	OR	或运算	逻辑或	1011B OR 0110B = 1111B
	XOR	异或运算	逻辑异或	1011B XOR 0110B = 1101B
	NOT	非运算	逻辑非	NOT 1011B = 0100B

续表

类型	符号	名称	运算结果	示 例
关系运算符	EQ	相等	关系成立：全'1' 关系不成立：全'0'	5 EQ 3 = 全'0'
	NE	不相等		5 NE 3 = 全'1'
	GT	大于		5 GT 4 = 全'1'
	LE	不大于		5 LE 8 = 全'1'
	LT	小于		5 LT 3 = 全'0'
	GE	不小于		5 GE 8 = 全'0'

1) 算术运算符

算术运算符可以用于数值表达式和地址表达式。参与运算的数和结果必须是整数，除法运算的结果只留下商。在数值表达式中，运算结果是一个数值；在地址表达式中，经常采用的是"地址±数值常量"形式，其运算结果是地址。

2) 逻辑运算符

逻辑运算符按位进行逻辑运算，得到一个数值结果，其仅适用于数值表达式。

应注意，虽然逻辑运算符与逻辑运算指令助记符在表达形式上是一样的，但两者的含义却不同。运算符是在程序汇编时由汇编程序计算，运算结果作为指令中的一个操作数或操作数的一部分，且逻辑运算符的操作对象只能是整数常量；而指令助记符则是在程序运行中执行，其操作对象除了整数常量以外，还可以是寄存器或存储器操作数。

3) 关系运算符

关系运算符用于对两个操作数进行比较。这两个操作数必须同是常量，或为同一逻辑段内的两个内存地址。当比较关系成立(为真)时，结果为全"1"；比较关系不成立(为假)时，结果为全"0"。汇编时，可以得到比较的结果。

4. 操作符

操作符用以完成对操作数属性的获取、定义或修改等。操作符可分为分析操作符和合成操作符，如表 3-10 所示。

表 3-10　MASM 支持的操作符

类型	符号	名　称	运算结果	示　例
分析操作符	SEG	返回段基址	段基址	SEG DS: 1000H = (DS)
	OFFSET	返回偏移量	偏移地址	OFFSET DS: 1000H = 1000H
	TYPE	返回变量/标号类型值	字节数/标号类型值	TYPE X = X 中元素字节数
	LENGTH	返回变量单元总数	单元数	LENGTH X = X 数据总项
	SIZE	返回字节变量总数	总字节数	SIZE X = X 中元素字节数
合成操作符	PTR	修改类型属性	修改后类型	BYTE PTR [BX]
	THIS	指定类型属性	指定后类型	DATA EQU THIS WORD
	LABEL	指定类型属性	指定后类型	ARRAY LABEL BYTE
	段寄存器名：	段前缀	修改当前段	ES: [AX]
	HIGH	分离高字节	高字节	HIGH 1234H = 12H
	LOW	分离低字节	低字节	LOW 1234H = 34H
	SHORT	短转移说明	−128～127	JMP SHORT LABEL

1) 分析操作符

分析操作符又称数值返回操作符，它的操作对象是变量、标号或存储器操作数。当分析操作符作用于存储器时，返回存储器操作数的属性值——段基址、偏移量、类型；或者获取操作数所定义的存储空间的大小——单元数、字节数。

(1) SEG 和 OFFSET 操作符。该操作符可返回标号或变量的段地址或偏移地址。例如：

  MOV AX, SEG TABLE ;AX ← TABLE 的段基址

  MOV SI, OFFSET DATA ;SI ← DATA 的偏移地址，与指令 LEA SI, DATA 同

(2) TYPE 操作符。该操作符返回一个存储器操作数的类型值。对于变量，返回的是类型的字节长度；对于标号，返回的是 NEAR 或 FAR 类型代码。各种操作数的类型值见表 3-11。

表 3-11 存储器操作数的类型值

存储器操作数	类型属性		TYPE 返回值
变 量	字节	BYTE	1
	字	WORD	2
	双字	DWORD	4
标号或过程名	近	NEAR	−1
	远	FAR	−2

例如：

  ARRAY DW 1, 2, 3   ;为变量 ARRAY 定义一个字类型的数据区

  ADD SI, TYPE ARRAY ;汇编后为 ADD SI, 2

(3) LENGTH 操作符。该操作符仅用于变量名，可返回一个用重复数据定义符 DUP 定义的变量的总数(不区分变量类型)；对其他未采用 DUP 定义的数据，则返回数值 1。例如：

  FEE1 DW 1, 2, 3, 4   ;为变量 FEE1 定义一个字类型的数据区
  FEE2 DB 100 DUP(0)   ;为变量 FEE2 定义一个字节类型的数据区
  FEE3 DW 100 DUP(0)   ;为变量 FEE3 定义一个字类型的数据区
    MOV CX, LENGTH FEE1 ;汇编后为 MOV CX, 1
    MOV CX, LENGTH FEE2 ;汇编后为 MOV CX, 100
    MOV CX, LENGTH FEE3 ;汇编后为 MOV CX, 100

(4) SIZE 操作符。SIZE 操作符只用于变量名，用以返回 TYPE 与 LENGTH 的乘积值。由此可见，若一个变量已用重复数据定义符 DUP 定义过，那么，利用 SIZE 操作符可以得到该变量的字节总数，即

$$\text{SIZE 变量名} = \text{TYPE 变量名} \times \text{LENGTH 变量名}$$

例如：若

  FS DW 100 DUP(0) ;为变量 FS 定义一个字类型的数据区

则

$$\text{SIZE}\quad \text{FS} = \text{TYPE FS} \times \text{LENGTH FS} = 2 \times 100 = 200$$

2) 合成操作符

合成操作符可以修改变量、标号或存储器操作数的属性，因而又称为属性操作符。合

成操作符用于存储器操作数时，能赋予该操作数一个新的属性，以满足不同访问的要求。

PTR 操作符的格式：

    类型　PTR　存储器操作数

上述格式中的类型可以是 BYTE、WORD、DWORD、NEAR、FAR 等。该操作符可以临时指定或修改存储器操作数的类型属性，但不改变其原有的段属性和偏移量属性。例如：

    INC　BYTE PTR [BX][DI]　　　;规定存储器的类型为字节

在使用 PTR 操作符时，应注意以下几个问题：

(1) 当操作数的类型很明确，且与已定义的类型相一致时，指令中可省略 PTR 操作符；反之，当类型不明确，或需修改类型时，必须使用 PTR 操作符。经 PTR 指定或修改的类型属性仅在当前指令中有效。例如：

```
TAB1    DB          'A', 1, 2, 3, 4         ;定义字节类型变量表 TAB1
TAB2    DW          1, 2, 'A', 'B'          ;定义字类型变量表 TAB2
TAB3    DD          1, 2, 3, 4              ;定义双字类型变量表 TAB3
        ⋮
MOV     BX, WORD PTR TAB1                   ;BX ← 0141H
MOV     CX, WORD PTR TAB1[3]                ;CX ← 0403H
CMP     TAB1, 33H                           ;未修改类型属性，不必使用 BYTE PTR
CMP     BYTE PTR [SI], 20H                  ;指定[SI]为字节单元
MOV     CL, BYTE PTR TAB2[6]                ;CL ← 42H
MOV     AX, WORD PTR TAB3                   ;AX ← 0001H
MOV     WORD PTR [SI], 10H                  ;SI 开始的第一个字单元 ← 0010H
```

(2) PTR 还可与 EQU 伪指令配合使用，重新为变量定义新的变量名。此时，可以在以后的程序中直接使用所定义的新变量，且新变量的段地址和偏移地址均与原变量的相同。PTR 的这种使用方法与直接在指令中用 PTR 指定存储器操作数类型的作用相同。例如：

```
WBYTE   EQU   WORD PTR TAB1          ;为变量 TAB1 重新起名
BWORD   EQU   BYTE PYR TAB2          ;为变量 TAB2 重新起名
        ⋮
MOV   BX, WBYTE [3]                  ;BX ← 0403H
MOV   CL, BWORD [6]                  ;CL ← 42H
```

(3) 当 PTR 用来指明标号属性时，可以确定指令标号的属性。例如：

```
JMP   NEAR PTR LP1         ;标号 LP1 的属性为 NEAR 时，可省略 NEAR PTR
        ⋮
JMP FAR PTR LP1            ;其他段要使用标号 LP1，用 FAR PTR 指明
CALL FAR PTR LP2           ;LP2 在另一个段内，用 FAR PTR 指明
```

5. 操作符的优先级

在汇编语言中，当各种运算符或操作符同时出现在一个地址表达式或数值表达式中时，它们具有不同的优先级，如表 3-12 所示。

表 3-12 运算符和操作符的优先级

优先级		运算符和操作符
高↑低	1	LENGTH, SIZE, WIDTH, MASK, ( ), [ ], < >, .
	2	段前缀, PTR, OFFSET, SEG, TYPE, THIS
	3	HIGH, LOW
	4	+, - (一元运算符)
	5	*, /, MOD, SHL, SHR
	6	+, - (二元运算符)
	7	EQ, NE, LT, LE, GT, GE, NOT, AND, OR, XOR
	8	SHORT

对于具有相同优先级别的操作，按从左到右的顺序进行运算。

3.4 汇编语言的伪指令

伪指令又称为伪操作，用以在汇编过程中告诉汇编程序如何进行汇编，如定义数据、分配存储空间、定义段以及定义过程等，但不会产生机器目标代码。除数据定义伪指令以外，其余伪指令都不占用存储空间，仅在汇编时起着说明作用。根据伪指令的功能，伪指令大致可分为：符号定义伪指令、数据定义伪指令、段定义伪指令、过程定义伪指令、宏处理伪指令、模块定义与通信伪指令、条件汇编伪指令等。本节仅介绍 8086/8088 系统中基本伪指令的功能和使用方法。

3.4.1 符号定义伪指令

在汇编语言中，变量名、标号、过程名、指令名、指令助记符、寄存器名等统称为符号。符号定义伪指令可以为一个符号重新命名。

1. 表达式赋值伪操作 EQU

指令格式：

符号名 EQU 表达式

EQU 用来给表达式赋予一个符号名(可以是变量或标号，这取决于表达式的类型)，但并不申请分配存储空间；另外，还可以赋予表达式新的类型属性。此后，程序中凡需要用到该表达式之处就可以用表达式名来代替。

指令格式中的表达式可以是任何有效的操作数格式，既可以是数值常量、变量或标号，也可以是数值表达式、地址表达式。例如：

(1) CONST EQU 256   ; 数值常量赋予符号名 CONST
(2) SUM EQU CONST +12   ; 数值表达式赋予符号名 SUM
(3) ADDR EQU DS：[BP+8]   ; 地址表达式赋予符号名 ADDR

(4) NAME EQU 'CLASS'   ;为字符串定义新名字

2. 等号伪操作 "="

指令格式：

符号名 = 表达式

"="与 EQU 的功能类似，也可作为赋值伪操作使用。它们之间的区别是 EQU 伪操作不允许在同一个源程序中对同一个符号重复定义，而用"="定义的符号则允许被重复定义。由此可见，EQU 与"="不能同时使用。例如：

(1) EMP = 6   ；经"="定义后，EMP 的内容暂时为 6
    EMP = EMP + 10   ；"="允许重复定义，新的 EMP = 16
(2) EMP EQU 6   ；经 EQU 定义后，EMP 的内容永远为 6

3.4.2 数据定义伪指令

数据定义伪指令可用来为一个数据项预置初值(即初始化存储单元)，为该数据项分配存储单元，并可给这个存储单元指定一个"符号名"，即变量名；另外，数据定义伪指令还可以指定变量的类型。汇编时，汇编程序会把初始值装入所定义的存储单元中。

指令格式：

[变量名] 数据定义符 操作数[, 操作数, ...]

其中，变量名是可选项；操作数是赋给变量的初值，多个相同类型的变量可以在一条语句中定义。常用的数据定义符如下：

DB：定义字节变量(变量类型为 BYTE)，每个字节变量占一个字节存储单元。

DW：定义字变量(变量类型为 WORD)，每个变量占两个字节存储单元。变量在内存中存放时，遵循"低字节在前，高字节在后"的内存存放原则。

DD：定义双字变量(变量类型为 DWORD)，每个变量占四个字节存储单元。变量在内存中存放时，同样遵循内存存放原则。

应注意，当用 DB、DW、DD 等对变量进行定义时，这些伪操作指令给出了该变量的类型属性 BYTE、WORD、DWORD 等，且变量在汇编时的偏移量等于段基址到该变量的字节数。

(1) 指令格式中的操作数可以是常数、表达式或字符串，但每项操作数的值不能超过由伪指令所定义的数据类型限定的范围。注意，字符串必须放在单引号内。

```
Y       DW 4344H         ；定义变量 Y，类型为 WORD
Z       DD 12345678H     ；定义变量 Z，类型为 DWORD
DATA    DB 2*3 + 7       ；定义一个表达式。汇编时，由汇编程序计算表达式
VARB    DB 'AB'          ；存入 41H，42H
VARW    DW 'AB'          ；遵循内存存放原则，依次存入 42H，41H
VARD    DD 'AB'          ；依次存入 42H，41H，00H，00H
```

应注意，若字符串的长度超过两个字符时，只能用 DB 伪指令来定义。

例如：

STRING   DB 'Good!'   ；存入 5 个字符串。此时，只能用 DB 定义符

(2) 除了常数、表达式、字符串以外，操作数"?"可以用来预留存储空间，但并不存入具体的数据。例如：

  ROOM1 DB ?, ?   ; 为变量 ROOM1 预留 2 个字节单元
  ROOM2 DW ?   ; 为变量 ROOM1 预留 1 个字单元

(3) 当需要重复定义相同的操作数时，可使用重复数据定义符 DUP。

指令格式：

  n DUP (操作数, …)

括号中的内容为重复内容，n 为重复次数。DUP 可利用给出的一个或一组初值来重复地初始化存储器单元。例如：

  BUF1 DW 50H DUP(?)   ; 为变量 BUFFER 预留 50H 个字单元
  BUF2 DW 10H DUP(?), 20H DUP(7) ; 定义 30H 字单元 BUF2
  ONE DB 10 DUP(5)   ; 定义一个一维数组 ONE
  TWO DB 2 DUP(10H, 'A', −5, ?) ; 定义一个简单的二维数组
  STRING DB 3 DUP('TEST OK! ') ; 重复 3 次 "TEST OK!"

(4) 当操作数是标号或变量时，伪指令 DW(或 DD)可用标号或变量的偏移地址(或全地址)对存储器初始化。例如：

  VARB DB 'AB'   ; 定义变量 VARB
    ⋮
  ADDR1 DW VARB   ; 变量 ADDR1 的初值为 VARB 的偏移地址
  ADDR2 DD VARB + 6 ; 变量 ADDR2 的初值为 VARB+6 的偏移地址和段地址
    ⋮
  VARB: MOV AX, BX ; VARB 是程序中的一个 NEAR(近)标号

(5) 若某个变量所表示的是一个数组，则其类型属性为变量的单个元素所占用的字节数，汇编程序可以用这种隐含的属性来确定某些指令是字指令还是字节指令。例如：

  PER1 DB ?   ; 定义 PER1 为字节变量
  PER2 DW ?   ; 定义 PER2 为字节变量
    ⋮
    INC PER1   ; 字节加 1 指令
    INC PER2   ; 字加 1 指令

(6) 当前位置计数器 "$"。在汇编程序对源程序汇编的过程中，使用地址计数器来保存当前正在汇编的指令地址。汇编语言允许用户直接用符号 "$" 来引用地址计数器的值，即地址计数器的现行值可用 $ 来表示。地址计数器在代码段、数据段以及堆栈段中都有效。例如：

  TABLE   DW 2, 3, 4, …
  TABLE_LEN EQU $ −TABLE ; 计算以 TABLE 为首地址的一个数组的长度
  JNE $ + 6   ; 转向地址为 JNE 指令的首地址加上 6

即当 $ 用在指令中时，它表示本条指令的第一个字节的地址。在这里，$ + 6 必须是另一条指令的首地址；否则，汇编程序将指示出错信息。

3.4.3 段定义伪指令

段定义伪指令用于指示汇编程序和连接程序如何按逻辑段来组织程序和使用存储器。段定义伪指令有完整段定义和简化段定义两种类型。MASM5.0 以下版本的汇编程序使用的是完整段定义伪指令，而 5.0 以上版本的汇编语言使用的是简化段定义伪指令。

1. 段定义伪指令 SEGMENT 和 ENDS

程序存储器的物理地址由段地址和偏移地址组合而成。汇编程序在把源程序转换为目标文件(.OBJ)后，还必须确定标号或变量的偏移地址，并且要把有关信息通过目标模块传送给连接程序 LINK，以便连接程序把不同的段和模块连接在一起，形成一个可执行文件。SEGMENT 和 ENDS 伪指令用来把程序模块中的语句分成若干个逻辑段。

指令格式：

  段名 SEGMENT [定位类型] [组合类型] ['类别']

     ⋮

    （段 体）

     ⋮

  段名 ENDS

指令功能：指出段名及段的各种属性，并指示段的起始位置和结束位置。

上述指令格式中，SEGMENT 与 ENDS 必须成对出现；段名是段的标识符，由用户自行指定(不可缺省)，用来指示汇编程序为该段分配的存储单元的起始位置，其具有段地址和偏移地址两种属性；"[ ]"中的定位类型、组合类型、'类别'均为可选项。

2. 段寄存器说明伪指令 ASSUME

通常，ASSUME 伪指令位于代码段中，用来指示汇编程序，哪个段寄存器是其所对应逻辑段的段地址寄存器。当在程序中使用了该语句后，汇编程序就能将所设定的段作为当前可访问的段来处理。使用 ASSUME NOTHING 则可取消前面由 ASSUME 所指定的段寄存器。

应注意，ASSUME 只是指定了某个段寄存器，而并未将段地址装入相应的段寄存器，段寄存器的内容还需由 MOV 指令来完成；同样，如果程序中有堆栈段，也需要把段地址装入 SS 中。然而，代码段则不需要这样做，代码段的这一操作是在程序初始化时完成的。但是，若在堆栈段定义时使用了组合类型 STACK，则连接时，系统会自动初始化 SS 和 SP。因而，源程序代码段中可省去 ASSUME 语句中对 SS 的说明部分。

【例 3-25】 段定义伪指令示例。

```
    DATA1   SEGMENT
     X      DW 1234H
    DATA1   ENDS                    ;数据段定义结束
    EXTR1   SEGMENT                 ;定义附加段
     Y      DW ?
    EXTR1   ENDS                    ;附加段定义结束
```

```
STACK1    SEGMENT STACK              ;定义堆栈段
  Z       DW 100 DUP (?)
 LEN      EQU $ –Z
STACK1    ENDS                       ;堆栈段定义结束
 CODE     SEGMENT PARA STACK 'STACK' ;定义代码段
          ASSUME   CS: CODE, DS: DATA1, ES: EXTR1, SS: STACK1
 MAIN     PROC FAR                   ;过程定义
          PUSH DS                    ;保护 DS 内容
          XOR AX, AX
          PUSH AX                    ;保护偏移地址
          MOV AX, DATA1              ;初始化 DS
          MOV DS, AX
          MOV AX, EXTR1              ;初始化 ES
          MOV ES, AX
          MOV AX, STACK1             ;初始化 SS
          MOV SS, AX
          MOV SP, LEN                ;初始化 P
          MOV BX, X                  ;X 单元的内容传给 Y 单元
          MOV Y, BX
             ⋮
          RET
  MAIN    ENDP                       ;过程定义结束
 ... CODE ENDS                       ;代码段定义结束
          END MAIN
```

程序说明：

(1) 因为堆栈段定义时使用了组合类型 STACK，因而，在连接时，系统就会自动初始化 SS、SP，这时，可省掉 ASSUME 语句中的 SS:STACK1，同时可省去代码段中初始化 SS、SP 的 3 条语句。

(2) CS 和 IP 寄存器的初值都是由伪指令 END MAIN 装入的，无需用户在程序中设置。

(3) END 语句表示本模块的总结束。END 语句后的任何内容都不会被汇编。

3. 定位伪指令 ORG

定位伪指令 ORG 强行指定地址指针计数器的当前值，以改变数据或代码在段中的偏移地址。

指令格式 1：

  ORG 表达式

指令格式 2：

  ORG $ + 表达式

功能：格式 1 可直接将表达式的值(0～65 535)置入地址计数器；格式 2 将语句 ORG 前

程序计数器的现行值 $ 加上表达式的值后置入地址计数器。

【例 3-26】 段定义伪指令示例 3。

```
DATA    SEGMENT
        ORG 10H                 ;在数据段 10H 偏移地址处开始存放 20H, 30H
X       DB 20H, 30H
        ORG $ + 5               ;在数据段 17H 偏移地址处开始存放 'OK!'
Y       DB 'OK!'
```

3.4.4 过程定义伪指令

过程也称子程序，在程序中任何地方都可以调用它。控制从主程序转移到过程被称为"调用"。过程结束后返回主程序。

使用过程可以简化源程序，并节省存储空间及程序设计所花的时间，使程序结构简洁清晰、减少编程工作量。

过程定义伪指令格式：

  过程名 PROC [NEAR] / FAR
    ⋮
    RET
  过程名 ENDP

过程名是过程入口的符号地址，过程也有 3 种属性：段、偏移量和类型。过程的属性由过程定义伪指令指定，为 NEAR 或 FAR。如果不指明过程的属性，则汇编程序默认其属性为 NEAR。

在汇编语言中，用 CALL 指令来调用过程，用过程中 ERT 指令结束过程并返回到 CALL 指令的下一条指令。一个过程可以有多个 RET 指令，但至少要执行到一个 RET 指令。

过程调用指令格式：

  CALL 过程名

一个段中可以有多个过程，且过程的定义和调用均可以嵌套，嵌套的层次只受堆栈的限制。另外，过程还可以递归使用，即过程可以调用过程自身。

【例 3-27】 过程定义伪指令示例。

```
SEGX    SEGMENT
            ⋮
SUBT    PROC FAR                ;SUBT 被两个不同的段调用，属性应为 FAR
            ⋮
        RET
SUBT    ENDP
            ⋮
        CALL        FAR PTR SUBT
            ⋮
SEGX    ENDS
```

```
        SEGY    SEGMENT
                    ⋮
                CALL    FAR PTR SUBT
                    ⋮
        SEGY    ENDS
```

程序说明：

(1) SUBT 为一过程，它在两处被调用——本段 SEGX 和其他段 SUBY，所以，SUBT 的属性必须为 FAR。

(2) 尽管 SUBT 在 SEGX 段内是近调用过程，但在这儿，也必须使用 CALL FAR PTR SUBT 段间调用指令。这样，在执行该 CALL 指令时，CPU 才能把 CS 和 IP 的内容入栈，而在执行 RET 指令时，也才能出栈 CS 和 IP 的内容，以使当 SUBT 在 SEGY 段中进行远调用后，正确地返回 CALL 的下一条指令。否则，若 SUBT 中使用了 NEAR 属性，那么，在 SEGY 段内对它调用时，由于只有 IP 入栈而 CS 未入栈，使得程序无法返回 CALL 指令的下一条指令，导致了在 SEGY 段内对它的调用出错。

3.5 汇编语言程序设计基础

3.5.1 程序设计的一般步骤

程序是计算机命令(语句)的有序集合，当用计算机求解某些问题时，需要编制程序。一个高质量的程序不仅应满足设计要求、实现预定的功能和正常运行，还应满足程序的可读性、可维护性和运行效率高等标准。此时，程序的结构与算法就成为程序设计中必须研究和重视的问题。汇编语言程序设计的步骤归纳如下：

1. 分析问题并建立相应的建立数学模型

分析问题就是全面理解问题的意义和任务，把解决问题所需条件、原始数据、输入和输出信息、运行速度要求、运算精度要求和结果形式等搞清楚。

建立数学模型是把问题数学化、公式化，这是把问题向计算机处理方式转化的第一步骤。解决同一个问题可以有不同的算法，但它们的效率可能有很大的差别。有些问题比较直观，可不去讨论数学模型问题；有些问题符合某些公式或某些数学模型，可以直接利用；但有些问题没有对应的数学模型可以利用，需要建立一些近似的数学模型去模拟问题。

2. 确定数学模型的算法

在许多情况下，建立了数学模型后，并不能直接进行程序设计，还需要进一步确定符合计算机运算的算法。计算机的算法比较灵活，一般应优选一些逻辑简单、运算速度快、精度高的算法用于程序设计；此外，还要考虑占用内存空间小、编程容易等特点。算法可由计算机语言、日常生活语言、表格、自定义关系图或流程图等按计算机能够接受的方法进行描述。至于采用哪一种方式描述算法，有时还取决于习惯。本书将主要采用流程图来描述数学模型。

程序流程图是用箭头线段和框图(包括起始和终止框、执行框以及判断框)等绘制的一种图，用它能够把程序内容直接描述出来。

3. 编制程序

编制程序就是计算机语言的语法规定，书写计算机程序以解决问题的过程。采用汇编语言编写源程序时，应注意以下几个问题：

(1) 详细了解所用 CPU 的编程模型、指令系统、寻址方式和有关伪指令。汇编语言编程应按指令系统和伪指令的语法规则进行。

(2) 必须考虑存储空间分配问题，即在程序设计时要考虑分段结构。待执行的程序段应设在当前段(活动段)中；程序在运行时所需要的工作单元应尽可能设在 CPU 寄存器中，这样存取速度快，而且操作方便。

(3) 程序结构问题。程序的结构应具有层次简单、清晰、易读、易维护等特点；程序结构可采用模块化、通用子程序或宏指令结构。若程序运行时还伴随着人机对话过程，此时还应考虑用户在操作时的便捷性问题，并应给用户一些提示性指导。

(4) 尽可能使用标号和变量来代替绝对地址和常数。

4. 程序调试

程序调试是为了纠正程序中的错误，是程序设计的最后一步。程序调试之前，应进行静态检查，以尽可能地减少程序调试时的麻烦。程序调试的方法很多，如在编辑、汇编、连接等过程中，或在进行软件(如 DEBUG)调试时都可以发现错误并设法修改源程序。

5. 编写说明文件

一个完整的软件必须有相应的说明文件，这不仅方便用户使用，也便于对程序的维护和扩充。说明文件主要包括程序的功能和使用方法，程序的基本结构和所采用的主要算法以及程序的必要说明和注意事项等。

3.5.2 程序设计的基本方法

程序的基本结构形式有三种：顺序结构、分支结构和循环结构。对一个大型的复杂程序的设计问题，可按其功能，将其分解成若干个程序模块，并把这些模块按层次关系进行组装，整个程序算法和每个模块的算法都可用基本结构来表示，且每个结构内还可以包含和自身形式相同的结构或其他形式的结构。模块化程序设计的详细内容安排在后面介绍，在此，仅介绍程序的三种基本结构形式。

1. 顺序结构程序

这种程序的形式是程序的最基本形式，任何程序都离不开这种形式。计算机执行该类程序的方式是完全按照指令在内存中的存放顺序，逐条执行指令语句，即在程序执行过程中不转移、不循环，直到程序结束。

对熟悉指令的编程人员来说，一般不必严格按前面讲述的五个步骤设计这类简单程序，可以直接对给出的题目写出源程序清单。

【例 3-28】 用查表法将一个十六进制数转换成相应的 ASCII 码。

```
STACK      SEGMENT PARA STACK
```

```
            DW  100H DUP(?)
STACK       ENDS
DATA        SEGMENT
            DB  41H, 42H, 43H, 44H, 45H, 46H
HEX         DB  ?                              ; 待转换的十六进制数
ASC         DB  ?                              ; ASCII 码
DATA        ENDS
CODE        SEGMENT PARA
            ASSUME CS: CODE, DS: DATA, SS: STACK
MAIN        PROC FAR
            PUSH   DS                          ; 保护 DOS 返回地址
            XOR    AX, AX
            PUSH   AX
            MOV    AX, DATA                    ; 初始化 DS
            MOV    DS, AX
            MOV    SI, OFFSET ASC_TABLE        ; 设置指针
            XOR    AH, AH
            MOV    AL, HEX
            ADD    SI, AX
            MOV    AL, [SI]
            MOV    ASC, AL
            MOV    AH, 2                       ; 显示 DL 中的 ASCII 字符
            MOV    DL, AL
            INT    21H
            RET                                ; 返回 DOS
MAIN        ENDP
CODE        ENDS
            END    MAIN
```

2. 分支结构程序

分支程序是利用条件转移指令，使程序执行到某一指令后，根据条件是否满足，来决定程序的流向。这类程序使计算机有了判断功能。

常见的分支程序有以下三种形式，前两种也称为简单分支结构，后一种称为多分支结构。

(1) **IF-THEN** 型：也称单纯分支结构。满足条件则转向执行程序段 1；否则，顺序执行。

(2) **IF-THEN-ELSE** 型：也称并行分支结构。满足条件则执行程序段 1；否则执行程序段 2。然后，再顺序执行后续的程序。

(3) **DO-CASE** 型：也称选择分支结构。该结构可视为多个并行分支的组合，依据程序的转向开关——所设置的分支条件选择转向相应的程序段。

要使分支程序具有判断和转移功能,在程序设计中必须处理好以下两个关键问题:

(1) 选择适当的状态标志反映当前的程序状态。通常,可先用比较指令、数据操作或位检测指令等来改变标志寄存器的标志位,以进行某种条件的判断。

(2) 跳转指令与相应支路的程序块构成程序的分支。依据判断结果,用条件转移指令进行程序分支。

分支程序可以再分支。各分支程序之间没有对应关系,分支程序只要求在转移指令中给出目标地址,即可实现程序分支。分支程序执行完后可以立即结束,也可转到公共点结束。

【例 3-29】 设 –128 < X < 127,符号函数 Y = f(X)如下所示,试编程实现该符号函数的功能。该程序流程图如图 3-3 所示。

$$Y = f(X) = \begin{cases} 1 & \text{当} X > 0 \\ 0 & \text{当} X = 0 \\ -1 & \text{当} X < 0 \end{cases}$$

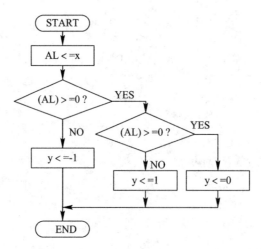

图 3-3　符号函数实现流程图

程序如下:

```
        ; The file name is SIGN.ASM
        DATA    SEGMENT
        X       DB      X
        Y       DB      ?
        DATA    ENDS
        CODE    SEGMENT
                ASSUME  CS:CODE,
                        DS:DATA
START:          MOV     AX, DATA
                MOV     DS, AX
                MOV     AL, x
                CMP     AL, 0           ; 带符号数与 0 比较
```

```
            JGE    GE                  ;若 X≥0，转至 GE
            MOV    AL, 0FFH            ;否则，AL ← -1
            JMP    EQU
    GE:     JE     EQU                 ;若 X = 0，转至 EQU
            MOV    AL, 1               ;若 X > 0，AL ← 1
    EQU:    MOV    y, AL               ;单元 y ← 比较的结果
            MOV    AX, 4C00H
            INT    21H
    CODE    ENDS
            END    START
```

3. 循环结构程序

循环程序是一种强制 CPU 重复执行某一指令系列(程序段)的程序结构形式，凡需重复执行的程序段都可以按循环结构设计。循环结构程序简化了程序清单书写，而且减少了内存空间的占用。但应注意，循环程序并不能简化程序执行过程；相反，由于程序中增加了循环控制等环节，因此，总的程序执行语句和时间都会有所增加。

1) 循环程序结构

一般来讲，循环程序有两种基本结构：DO-WHILE 结构(循环次数已知)和 DO-UNTIL 结构(循环次数未知)。

每种结构均包含有循环程序初始化、循环体和循环控制三个基本部分，其功能如下：

(1) 循环程序初始化：包括设置循环次数计数器的初值、设定变量、设置存放数据的内存地址指针(常用间址寻址方式)的初值以及装入暂存单元的初值等。正确地归纳出循环初始状态值，是循环程序顺利执行的基础。

(2) 循环体：要被重复执行的语句，是循环程序的主体，其可完成某种特定功能。

(3) 循环控制：循环控制是循环程序设计的关键。必须在编写循环体语句之前，认真考虑循环能进行或结束的控制条件，以避免无法进入循环状态或又重新回到初始化状态(即进入"死循环")。

2) 循环控制方式

常用的循环控制方式有以下 3 种：

(1) 计数控制：事先已知循环次数，通过加/减 1 计数来控制循环。

(2) 条件控制：事先不知循环次数，通过判定某种条件真假来控制循环。

(3) 状态控制：通过实时测得的状态或事先设定的二进制位状态来控制循环。

3) 循环程序设计时应注意的问题

循环程序分为单循环和多重循环(两重以上的循环称为多重循环)。在设计多重循环程序时，应注意以下问题：

(1) 分别考虑每重循环的循环控制条件，不能混淆；

(2) 多重循环中的循环可以嵌套、并列，但不可以交叉；

(3) 可以从内循环直接跳到外循环，但不能从外循环直接跳到内循环。

【例3-30】 某数字处理系统可完成如下函数的计算:
$$Y_i = A \times X_i, \quad i = 1, 2, \cdots, 12$$
其中，X_i 为系统所采集的 12 个数据，这些数据存于 BUFFER 起始的缓冲区内。当处理第 1、2、5、7、10 个数据时，A = 2；当处理第 3、4、6、8、9、11、12 个数据时，A = 4。

问题分析：依据函数计算的顺序，可设计一个逻辑尺"0011 0101 1011"，其中，"0"表示 A = 2，即处理第 1、2、5、7、10 个数据；"1"表示 A = 4，即处理第 3、4、6、8、9、11、12 个数据。用此逻辑尺作为循环的控制条件。

程序如下：

```
       BUFFER   DW    101, 21, 12, 4, 55, 26, 71, 48, 39, 100, 344, 53   ; Xi 的值
       RESULT   DW    12 DUP(?)              ; Yi 的保留单元
       COUNT    EQU   12                     ; 循环次数
       LOGRUL   EQU   0011 0101 1011 0000B   ; 前 12 位为逻辑尺
       START:   MOV   AX, DATA
                MOV   DS, AX
                MOV   DX, LOGRUL             ; 逻辑尺送 DX
                MOV   CX, COUNT
                LEA   BX, BUFFER
                LEA   SI, RESULT
       AGAIN:   MOV   AX, [BX]               ; 取 Xi
                ROL   DX, 1
                JC    LOOPER                 ; (CF) = 1,
                SHL   AX                     ; Y = 2X
       NEXT:    MOV   [SI], AX               ; 存 Yi
                ADD   BX, 2                  ; 指向下一个 Xi 的值
                ADD   SI, 2                  ; 指向下一个 Yi 单元
                JMP   AGAIN
       LOOPER:  SHL   AX
                SHL   AX                     ; Y = 4X
                JMP   NEXT
                MOV   AX,4C00H
                INT   21H
                END   START
```

3.5.3 子程序设计与调用技术

在一个程序中，当不同的地方需要多次使用某段功能独立的程序时，可以将这段程序单独编制成一个子程序，在程序中任何需要的地方，可以用一个调用语句子来调用它，而在完成确定功能后，又可自动返回到调用程序处。调用子程序的程序通常称为主程序。

1. 子程序设计与应用时应注意的问题

1) 子程序的调用与返回

子程序调用与返回通过 CALL 和 RET 指令来实现。子程序的调用方式有近程调用、远程调用、直接调用和间接调用。

子程序调用实际是程序的转移，但它与转移指令有所不同：子程序调用指令 CALL 执行时要保护返回地址(每个子程序都必须用 RET 返回指令将压入堆栈区的返回地址弹出送到 IP 或 CS:IP 中)，而转移指令则不考虑返回问题。

2) 现场的保护与恢复

若子程序中要用到主程序正在使用的某些寄存器或存储器单元，而其中的内容在子程序运行后主程序还要继续使用，则必须将它们压入堆栈加以保护，在子程序结束后再将这些内容恢复。这种操作通常称为现场的保护与恢复。

保护现场的方式很多。多数情况下，现场保护是在调用子程序后，由子程序前部程序段的操作完成现场保护，再由子程序后部的操作完成现场恢复。现场信息可以压入栈区或传送到未被占用的存储单元，以达到保护现场的作用；当然，也可以避开、不使用这些有用的寄存器。

恢复现场是保护现场的逆过程。当使用栈区保护现场时，还应注意恢复现场的顺序不能搞错；否则，将无法正确地恢复程序的现场。

【例 3-31】 中断现场保护与恢复。

```
SUB1    PROC
        PUSH BX         ;现场保护
        PUSH AX
        PUSH CX
        ⋮               ;子程序主体
        POP CX          ;恢复现场
        POP AX
        POP BX
        RET
SUB1    ENDP
```

3) 主程序与子程序之间的参数传递

参数可以是数据或地址，它是主程序与子程序之间的数据通道。通常，将子程序需要从主程序中获得的参数称为入口参数，而将子程序需要返回给主程序的参数称为出口参数，二者统称为接口参数。传递参数需要主程序与子程序默契配合，否则，会产生错误结果或造成死机。

参数传递的方式一般有以下三种：

(1) 寄存器传递：选择某些通用寄存器，用来存放主程序和子程序之间需要传递给对方的参数。这种方法简单，但由于可用寄存器的数量有限，因而，通常仅适合于参数较少的情况。

(2) 存储单元传递：主程序和子程序之间可利用指定的存储变量来传递参数。这种方法适合于参数较多的情况，但要求事先在内存中建立一个参数表。主程序在调用前将子程序中要使用的数据送入参数表(所需的结果也从该参数表中获取)。在转子程序后，子程序则直接从参数表中获取数据和存放结果。此时，子程序必须指出它所用的段和有关变量。

(3) 堆栈传递：主程序和子程序可将需传递的参数压入堆栈，使用时再从堆栈中弹出。由于堆栈具有先进后出的特性，故在多重调用时，各重参数的层次分明。堆栈传递方式适合于参数众多、且子程序有嵌套或递归调用的情况，尤其适合于不同模块之间的参数传递。

【例3-32】寄存器传递参数。主程序 MAIN、子程序 SUM 和 DISPLY 在同一源文件中。请先用 SUM 求和子程序求数组 ARY 中的所有字元素之累加和(不考虑字溢出)，并将累加和存到内存 RESULT 单元中；然后，用 DISPLY 显示子程序将累加和以十六进制数显示出来。

```
            DATA    SEGMENT PARA
            ARY     DW      D1, D2, D3, …DN
            LENGTH  EQU     $-ARY           ; 字数组长度
            RESULT  DW      ?
            DATA    ENDS
            CODE    SEGMENT
            MAIN    PROC    FAR             ; 主程序
            ASSUME  CS:CODE, DS:DATA
  START:    MOV     AX, DATA
            MOV     DS, AX
            MOV     CX, LENGTH
            CALL    SUM             ; 调用字求和子程序 SUM，返回值在 AX 中
            MOV     RESULT, AX      ; 字累加和送存
            CALL    DISPLY          ; 调用显示子程序
            MOV     AX, 4C00H       ; 返回 DOS
            INT     21H
  MAIN      ENDP                    ; 主程序结束
;*********************************************************
;**  子程序名：  SUM   ;  子程序功能：求数组字的累加和              **
;**  入口参数：  (SI) = 数组首地址，(CX)= 数组长度               **
;**  出口参数：  (AX) = 数组中字的累加和                        **
;**  用到的寄存器: AX，CX，SI                                **
;*********************************************************
  SUM       PROC    NEAR            ; 定义字求和子程序
            PUSHF                   ; 将子程序要用到的寄存器保护起来
            PUSH    CX
```

```
            PUSH    AX
            LEA     SI, ARY         ; 入口参数，将待传递的参数送入寄存器
            CMP     CX, 0           ; 判断 ARY 数组中是否有数据
            JZ      EXIT            ; 无数据，则转 EXIT；否则，求累加和
            XOR     AX, AX          ; 数组字求和结果通过寄存器 AX 回送到主程序
    AGAIN:  ADD     AX, [SI]        ; 以下 4 条指令将完成数组中字元素的累加
            INC     SI
            INC     SI              ; 指针指向字数组中的下一个字
            LOOP    AGAIN
            POP     SI              ; 恢复寄存器的内容
            POP     AX
            POP     CX
            POPF
            JMP     CONTINUE
    EXIT:   MOV     AX, 0FFFFH
    CONTINUE: RET
            SUM     ENDP            ; 字求和子程序结束
;*********************************************************
;**     子程序名：DISPLY                                **
;**     子程序功能：将数组 ARY 中所有字元素之累加和以十六进制数显示出来  **
;**     入口参数：(AX) = 数组字的累加和                    **
;**     出口参数：(DX) = 显示缓冲区中待显示的 ASCII 码       **
;**     用到的寄存器：BX, CX, DX, AX                      **
;*********************************************************
    DISPLY PROC    NEAR            ; 定义显示子程序
            PUSHF                   ; 将子程序要用到的寄存器保护起来
            PUSH    BX
            PUSH    CX
            PUSH    DX
            PUSH    AX
            MOV     BX, AX          ; 字累加和送 BX
            MOV     CH, 4           ; 4 位十六进制数所需的循环次数
    NEXT:   MOV     CL, 4           ; 循环移位位数
            ROL     BX, CL
            MOV     DL, BL
            AND     DL, 0FH         ; 保留低 4 位二进制数(低位十六进制数)
            ADD     DL, 30H         ; 十六进制数转换成 ASCII 码
            CMP     DL, 3AH
            JC      SCRN            ; ASCII 码在 '1' ~ '9' 之间，不需调整
```

```
            ADD     DL, 7           ;ASCII 码在'A'~'F'之间，调整
    SCRN:   MOV     AH, 02H         ;逐位显示字符
            INT     21H
            DEC     CH
            JNZ     NEXT            ;4 位十六进制数未显示完，转 NEXT，继续
            POP     AX              ;累加和显示完毕，恢复寄存器的内容
            POP     BX
            POPF
            RET
    DISPLY  ENDP                    ;显示子程序结束
    CODE    ENDS
            END     START
```

程序说明：本程序中，主程序和(两个)子程序在同一个代码段，因此，主程序的属性为 FAR，而(两个)子程序的属性均可为 NEAR，CALL 指令的属性也可为 NEAR；若将本程序设计为主程序和子程序不在同一个代码段中时，则子程序的属性须为 FAR，且 CALL 指令的属性也应为 FAR。

3.6 DOS 功能子程序的调用

3.6.1 概述

在汇编语言设计中，可以用 ROM-BIOS 的一些软中断和 DOS 系统功能调用来扩充汇编语言的功能。BIOS 和 DOS 是两组服务软件，可为用户提供各种与设备有关的例行子程序。用户只需按照一定的要求填写参数，即可调用这些子程序对计算机硬件 I/O 进行操作，而不必过多地涉及硬件组成逻辑。

针对同一种操作，有时，DOS 和 BIOS 都提供有类似的服务功能。BIOS 是软件系统中最低一级的软件，它与硬件组成密切相关，是计算机硬件与其他程序之间的一个简单的"接口"。由于 BIOS 紧密依赖于硬件系统，致使利用 BIOS 功能调用所编写的程序，在硬件系统稍有差别的计算机上运行时，有时会出现不兼容现象，导致软件兼容性变差；同时，BIOS 调用时，必须准确说明读写位置(磁道和扇区号)，才能正确读写信息。

DOS 则在更高层次上为用户提供服务功能。在 DOS 调用时，仅需引用文件名、目录即可，不必指出读写信息在磁盘上的物理位置。通常，使用 DOS 调用比使用 BIOS 调用更加容易。因此，在可能时，应尽量使用 DOS 调用而不使用 BIOS 调用，以使程序既易于编写、又便于调试。

DOS 和 BIOS 功能调用都可采用软中断指令 INT n 来实现。其中，n 为中断调用类型号，其值为 00~FFH。一般情况下，中断号 n 小于 20H 的调用是 BIOS 调用，21H 以上是 DOS 调用。

所谓软中断，是指以指令的方式产生中断。CPU 执行该指令时，就如同响应外部中断方式一样，同样可转入中断处理程序，中断处理程序结束后又返回到 INT 指令的下一条指令处。主要的 DOS 中断调用如表 3-13 所示。

表 3-13　主要的 DOS 中断调用

中断号	功　能	中断号	功　能
20H	程序终止	26H	绝对磁盘写
21H	主要的 DOS 功能调用	27H	终止并驻留内存
22H	结束地址	28H～3EH	DOS 内部使用的中断
23H	Ctrl + Break 出错地址	2FH	补充的 DOS 中断
24H	严重出错处理	30H～3FH	保留给 DOS
25H	绝对磁盘读		

对这些功能子程序，程序设计人员不必考虑程序的内部结构和细节，只要遵照如下步骤就可以直接调用：

第一步，子程序的入口参数送给规定的寄存器。

第二步，功能号 n 送 AH。

第三步，发出软中断命令 INT n。

应注意，功能子程序调用结束后一般都有出口参数，这些出口参数常放在规定的寄存器中。通过查看出口参数，可以了解到该功能调用是否成功。

3.6.2　基本 DOS 功能子程序

DOS 功能调用主要由中断指令 INT 21H 来实现，该中断指令共有 84 个功能子程序，当累加器 AH 中设置不同的值时，指令将完成不同的功能。

这些子程序所具有的主要功能是：磁盘的读写控制，文件操作，目录操作，内存管理，基本输入/输出管理(键盘，显示等)，设置或读出系统日期、时间等。

从实际应用的角度出发，介绍三类常用的 DOS 系统的功能调用：键盘功能调用、显示功能调用和时间功能调用。

1. DOS 键盘功能调用

键盘是 PC 机的主要输入设备之一。DOS 提供了相应的功能调用来获取从键盘的输入。键盘提供了三种基本类型的输入键：

(1) 字符键：如字母 A～Z、a～z、数字 0～9 以及各种标点和符号。

(2) 功能键：如空格、光标键、退格键、F1～F10(或 F12)等。

(3) 组合控制键：包括 Shift、Ctrl、Alt。在高级语言的输入函数里，可以输入各种字符，但一般不能输入功能键、组合键。

字符键、功能键和组合键都有相应的位置编码，称为扫描码。通过识别扫描码，计算机可识别用户按下了哪个键。当按下字符键时不仅可得到扫描码，还可得到其 ASCII 码。

由 DOS 的 21H 号中断所提供的常见的键盘输入功能如表 3-14 所示。下面，通过几个例子来说明 DOS 键盘功能调用的使用方法。

表 3-14 常用的 DOS 键盘功能调用

AH	功能说明	入口参数	出口参数
01H	键盘字符输入，并回显	(AH) = 01H	(AL) = 输入字符
06H	直接控制台输入/输出	(AH) = 06H 若(DL) = 0FFH，表示输入； 若(DL) ≠ 0FFH，表示输出， (DL) = 欲输出的字符	若有输入，则(AL) = 输入字符； 若无输入，则(AL) = 0
07H	键盘字符输入，无回显	(AH) = 07H	(AL) = 输入字符
08H	键盘字符输入，无回显，检测 Ctrl + Break	(AH) = 08H	(AL) = 输入字符
0AH	字符串输入	(AH) = 0AH (DS:DX) = 输入缓冲区的首址	(DS:DX)所指缓冲区中为输入的字符串
0BH	读键盘状态	(AH) = 0BH	若(AL) = 00H，无键入； 若(AL) = 0FFH，有键入

1) 01H 号功能

本功能子程序等待键盘输入，直到按下一个键(输入一个字符)时，才将键值(字符的 ASCII)码送入 AL，并在屏幕上显示该字符；如果按下的是组合键 Ctrl + Break，则退出命令执行(执行 INT 23H)。01H 号功能调用无需入口参数，其出口参数在 AL 中。例如：

    MOV   AH, 01H
    INT   21H

2) 06H 号功能

本功能子程序既可以执行键盘输入操作，也可执行屏幕显示操作。执行这两种操作的选择由寄存器 DL 中的内容确定：(DL) = 0FFH 时，从键盘输入字符。

在执行该功能子程序时，若键盘已输入字符，则将字符的 ASCII 码送到 AL 中，且当前标志位(ZF) = 0；若键盘没有键按下，则当前标志位(ZF) = 1。为了用 06H 号功能从键盘输入字符，通常编制如下程序段：

【例 3-33】键盘输入字符。

```
CHAR_IN: MOV    DL, 0FFH        ;置输入标志
         MOV    AH, 06H         ;送功能号
         INT    21H
         JZ     CHAR_IN         ;等待键盘输入
```

(DL) = 00～0FEH 时，显示输出。

这时，DL 中为待显示输出字符的 ASCII 码，如同 02H 号功能。

【例3-34】 字符屏幕显示。
```
    MOV   DL, 24H      ; 在屏幕上显示美元符号 '$'
    MOV   AH, 06
    INT   21H
```
应注意，06H 号功能调用的字符输入与 01H、07H、08H 号功能调用的字符输入不同，它不等待键盘的字符输入。

01H、08H、07H 号功能调用都是每调用一次，从键盘输入一个字符。当需要一次调用能接收一个串字符时，可利用 0AH 号功能子程序。

在使用 0AH 号功能调用前，应先在内存中建立一个输入缓冲区。缓冲区的第一个字节存放它能保存的最大字符数(1～255，不能为 0，该值由用户程序事先设置)，第二字节存放用户本次调用时实际输入的字符(回车键码 0DH 除外)数，这个数由 DOS 返回时自动填入。用户从键盘输入的字符从第三个字节开始存放，直到用户键入回车键为止，并将回车键码(0DH)加在刚才输入字符串的末尾上。所以，所设置的缓冲区的最大长度应比所希望输入的最多字符数至少多一个字节。若输入的字符数少于定义的字符数，则缓冲区其余字节添 0；若输入的字符数超过缓冲区最大容量，则响铃并忽略后面输入的字符，直到键入一个回车键才结束响铃。

【例3-35】 字符串输入。
```
    DATA    SEGMENT
    BUFFER  DB      50              ; 缓冲区的最大长度
            DB      ?               ; 保留实际输入字符的个数
            DB      50 DUP(?)       ; 定义 50 字节的输入缓冲区
            ⋮
    DATA    ENDS
    CODE    SEGMENT
            ⋮
            MOV     AX, DATA
            MOV     DS, AX
            ⋮
            MOV     DX, OFFSET BUFFER
            MOV     AH, 0AH
            INT     21H
            ⋮
    CODE    ENDS
```

2. DOS 显示功能调用

PC 机的显示系统由一个监视器和一个显示卡组成。根据显示卡和监视器的不同，显示系统可分为 MDA(单显)、CGA(彩显)、VGA(高分辨率彩显)及 SuperVGA(超高分辨率彩显)等许多种。绝大多数显示系统都支持图形显示和字符显示两种方式。

由 DOS 的 21H 号中断提供的常见的显示功能如表 3-15 所示。

表 3-15　常用的 DOS 显示功能调用

AH	功能说明	入口参数	出口参数
02H	显示器输出	(AH) = 02H (DL) = 欲显示输出的字符	无
06H	直接控制台输入/输出	(AH) = 06H 若(DL) = 0FFH，表示输入； 若(DL) ≠ 0FFH，表示输出， (DL) = 欲显示输出的字符	当(DL)= 0FFH 时， 若有输入，则(AL) = 输入字符； 若无输入，则(AL) = 0
09H	显示字符串	(AH) = 09H (DS:DX) = 欲显示输出的 以 '$' 结束的字符串的首址	无

另外，采用 DOS 的显示功能调用时，还可使用非显示字符(功能字符)，如响铃(07H)、换行(0AH)、回车(0DH)、退格(08H)等。

1) 02H 号功能。

该功能子程序可将寄存器 DL 中的单个字符(的 ASCII 码)输出到显示器上。

【例 3-36】 单字符显示。

```
    MOV   DL, 'A'           ; 41H
    MOV   AH, 02            ; 显示字符 'A'
    INT   21H
```

2) 09H 号功能。

09H 号功能子程序能在屏幕上显示一个字符串。欲显示的字符串必须事先放在内存数据区中，且以 "$"(美元符号)作为结束标志，光标随字符串移动；同时，还可以将非显示字符(如回车、换行)的 ASCII 码插入到字符串中间。

【例 3-37】 字符串显示。

```
    BUF   DB     'Very good ! $'    ; 待显示的字符用单引号或双引号括起来
          MOV   DX, SEG BUF         ; 待显示字符串的首地址的段基址存入 DX
          MOV   DS, DX              ; 待显示字符串的偏移量分别存入 DS
          MOV   DX, OFFSET BUF
          MOV   AH, 09H
          INT   21H
```

程序说明：为使光标移至下一行，可将上述程序段的第一行作如下修改：

```
    BUF   DB    'Very good !', 0DH, 0AH, '$'    ; 0DH, 0AH 分别为回车符(CR)
                                                ; 和换行符(LF)的 ASCII 码
```

应注意，02H 号功能可显示任一单个字符，如美元符号 "$"(24H)，而 09H 号功能却不能显示 "$" 符号，所以，02H 号功能可作为 09H 号功能的补充。

3. DOS 时间功能调用

DOS 中还提供了用于读写系统时间的功能调用。由 DOS 的 21H 号中断提供的常见的时间功能如表3-16所示。

表3-16 常用的DOS时间功能调用

AH	功能说明	入口参数	出口参数
2AH	读出系统当前日期：年、月、日、星期	(AH) = 2AH	(CX) = 年(1980～2099)；(DH) = 月 (DL) = 日(1～31)；(AL) = 星期几
2BH	设置系统当前日期：年、月、日、星期	(AH) = 2BH (CX:DX) = 日期 (与2AH出口参数相同)	(AL) = 00H，成功 (AL) = 0FFH，失败
2CH	读出系统当前时间：小时、分、秒、百分秒	(AH) = 2CH	(CH) = 小时；(CL) = 分 (DH) = 秒；(DL) = 百分秒(0～99)
2DH	设置系统当前时间：小时、分、秒、百分秒	(AH) = 2DH (CX:DX) = 时间 (与2CH出口参数相同)	(AL) = 00H，成功 (AL) = 0FFH，失败

【例3-38】将系统日期设置为2006年3月20日，时间设置为14时30分0秒。
程序段如下：

```
        ;设置系统日期2006年3月20日
        MOV     CX, 2006
        MOV     DH, 3
        MOV     DL, 20
        MOV     AH, 2BH
        INT     21H
        CMP     AL, 0           ;时间设置有效?
        JNE     ERR1            ;否，转出错处理程序ERR1
        ⋮                       ;是，有效
ERR1:   ⋯                       ;出错处理程序
        ;设置系统时间14时30分0秒
        MOV     CH, 14
        MOV     CL, 30
        MOV     DX, 0
        MOV     AH, 2DH
        INT     21H
        CMP     AL, 0           ;时间设置有效?
        JNE     ERR2            ;否，转出错处理程序ERR2
        ⋮
ERR2    ⋯                       ;出错处理程序
```

程序说明：为了检查系统设置是否成功，通常在调用DOS时间功能后，检查AL中的内容。

本章小结

本章以 8086 指令系统和寻址方式为基础介绍了编写和调试汇编语言的基本方法。8086 CPU 指令按照操作数的设置分为隐含操作数指令、单操作数指令和双操作数指令 3 种；按照操作数的存放位置有立即数、寄存器操作数、存储器操作数和 I/O 端口操作数 4 种。

指令通常不直接给出操作数，而是给出操作数存放的地址。寻找操作数地址的方式称为寻址方式。8086 有立即数寻址、寄存器寻址、直接寻址、寄存器间接寻址、相对寻址和基址变址寻址等 6 种基本寻址方式。明确各种寻址方式的区别和特点，掌握有效地址和物理地址的计算方法。

指令系统是程序设计的基础，8086 CPU 的指令系统按功能分为数据传送指令、算术运算指令、逻辑运算(位操作)指令、串操作指令、控制转移指令和处理器控制指令等 6 类指令。要正确使用指令，掌握各类指令的功能、对标志位的影响和使用上的一些特殊限制。

汇编语言是面向机器的程序设计语言，它使用指令助记符、符号地址及标号编写程序。要熟悉汇编语言源程序的基本格式，正确运用语句格式来书写程序段，掌握伪指令的功能和应用，并通过上机操作，熟悉汇编程序、连接程序和调试程序等软件工具的使用，掌握源程序的建立、汇编、连接、运行和调试等技能。

本章还介绍了汇编语言程序设计的基本步骤和编程规范，举例说明了顺序、循环和分支 3 种基本结构的程序设计方法，介绍子程序编程的基本知识以及 DOS 所提供的常用的功能调用子程序，包括键盘输入、显示输出和系统时间的功能调用。

习 题

3-1 试分别说明下列各指令中源操作数和目的操作数使用的寻址方式。
(1) AND　　AX, 0FFH
(2) AND　　BL, [0FFH]
(3) MOV　　DS, AX
(4) CMP　　[SI], CX
(5) MOV　　DS:[0FFH], CL
(6) SUB　　[BP][SI], AH
(7) ADC　　AX, 0ABH[BX]
(8) OR　　　DX, −35[BX][DI]
(9) PUSH　 DS
(10) CMC

3-2 试分别指出下列各指令语句的语法是否有错，如有错，指明是什么错误。
(1) MOV　　[BX][BP], AX

(2) TEST　　[BP], BL

(3) ADD　　SI, ABH

(4) AND　　DH, DL

(5) CMP　　CL, 1234H

(6) SHR　　[BX][DI], 3

(7) NOT　　CX, AX

(8) MOV　　DS, EX

(9) PUSH　　2A00H

(10) LEA　　DS, 35[SI]

(11) INC　　CX, 1

(12) PUSH　　45[DI]

(13) PUSH　　CS

(14) ADD　　VALUE1, [1234H]

(15) POP　　DS

(16) IN　　AL, BX

(17) PUSH　　BL

(18) POP　　CS

(19) NOT　　4A23H

(20) MOVSB　　AX, DS:BP

(21) IMUL　　AX, BX, 35H

(22) SAL　DWOR PTR [EBX], AX

(23) SUB　　[130H], BX

(24) XCHG　　AX, CL

3-3　已知(DS) = 091DH，(SS) = 1E4AH，(AX) = 1234H，(BX) = 0024H，(CX) = 5678H，(BP) = 0024H，(SI) = 0012H，(DI) = 0032H，(09226H) = 00F6H，(09228H) = 1E40H，(1E4F6H) = 091DH。下列各指令或程序段分别执行后的结果如何？

(1) MOV　CL, 20H[BX][SI]

(2) MOV　[BP][DI], CX

(3) LEA　BX, 20H[BX][SI]
　　MOV　AX, 2[BX]

(4) LDS　SI, [BX][DI]
　　MOV　[SI], BX

(5) XCHG　CX, 32H[BX]
　　XCHG　20H[BX][SI], AX

3-4　按下列指令写出相应指令或程序段：

(1) 写出两条使 AX 寄存器内容为 0 的指令。

(2) 使 BL 寄存器中的高、低 4 位互换。

(3) 现有两个带符号数分别在 X_1 和 X_2 变量中，求 X_1/X_2，商和余数分别送入 Y_1 和 Y_2 中。

(4) 屏蔽 BX 寄存器的 b_4、b_6、b_{11} 位。

(5) 将 AX 寄存器的 b_4、b_{14} 位取反，其他位不变。

(6) 测试 DX 寄存器的 b_0、b_9 位是否为"1"。

(7) 使 CX 寄存器中的整数变为奇数(如原来已是奇数，则不变)。

3-5　设(SS) = 2250H, (SP) = 0140H, 若在堆栈中存入 5 个数据, 则栈顶的物理地址 = ?；如果再从堆栈中取出 3 个数据, 则栈顶的物理地址 = ?。

3-6　设(IP) = 3D8FH，(CS) = 4050H，(SP) = 0F17CH。当执行完 CALL 2000：009AH 后，IP、CS、SP、[SP]、[SP+1]、[SP+2] 和 [SP+3] 的内容分别为多少？

3-7　试编写汇编程序段完成以下功能：求最大值，若自 BLOCK 开始的内存缓冲区中，有 100 个带符号的数，希望找到其中最大的一个值，并将它放到 MAX 单元中。

3-8　假定(SS) = 2000H，(SP) = 0100H，(AX) = 2107H，执行指令 PUSH AX 后，存放数据 21H 的物理地址是多少？

3-9　有如下数据定义，请画出数据单元分配的内存空间图。

```
DATA1   SEGMENT    PARA AT 0A00H
        ORG        50H
V1      DB         20H, ?, 'A'
V2      DW         2 DUP(1, 2 DUP(1, ?))
V3      DD         1234H, 5678H
DATA1   ENDS
```

3-10　按下面的要求写出程序的框架：

(1) 数据段 DATA 从 200H 开始，数据段中定义一个 100 字节的数组 ARRAY，其类型属性既是字又是字节(提示：可考虑 SEGMENT 伪指令中的 AT 表达式，THIS 操作符，LABEL 伪指令)；

(2) 堆栈段大小为 100 字节，段名为 STACK；

(3) 代码段 CODE 中指定段寄存器 CS、SS、DS，指定主程序 MAIN 从 1000H 开始，并给有关段寄存器赋值；

(4) 程序结束，入口为 START 标号。

3-11　试编制一程序，找出数据区 DA 中带符号的最大数和最小数。

3-12　编写子程序 DATAMOV，将处于同一 DS 段中的数据串从地址 STRING1 传送至地址 STRING2。入口参数为：DS:SI = 源串首地址，ES：DI = 目的串首地址，CX = 串长度(提示：串可能有重叠)。

3-13　编写一个有主程序和子程序结构的程序模块，实现如下功能：

(1) 主程序 MAIN 从键盘接收一个字符串 STRING，将 STRING 的首地址、串长度 LEN 作为参数，通过堆栈传递给段内调用的子程序，在 AL 中放入要查找的字符 "X"；

(2) 子程序 FIND 查找 AL 中的字符在 STRING 中出现的次数，将出现的次数放入 AX 中。

第 4 章 Proteus 仿真平台的使用

学习目标

本章重点介绍 Proteus ISIS 的作用及基本操作方法，Proteus ISIS 下 8086 的仿真(包括 Proteus ISIS 电路原理图设计、Proteus 中配置 8086 编译工具、编译汇编文件及仿真调试方法)，Proteus ISIS 下 8086 汇编语言程序设计。要求读者熟悉和掌握 Proteus 的使用方法、仿真调试、汇编程序设计等相关知识，为后续章节的学习打下良好的基础。

学习重点

(1) Proteus ISIS 的基本操作方法。
(2) Proteus ISIS 电路原理图设计。
(3) Proteus 中 8086 编译工具的配置。
(4) Proteus 中编译汇编文件及仿真调试。
(5) Proteus ISIS 下 8086 汇编语言程序设计。

4.1 Proteus 简介

Proteus 是英国 Labcenter Electronics 公司研发的电路分析与实物仿真软件，包括 ISIS、ARES 等软件模块，ARES 模块主要用于完成 PCB 的设计，而 ISIS 模块用于完成电路原理图的布图与仿真。Proteus 运行于 Windows 操作系统上，具有功能很强的 ISIS 智能原理图输入系统，有非常友好的人机互动窗口界面和丰富的操作菜单与工具。在 ISIS 编辑区中，能方便地完成单片机系统的硬件设计、软件设计，以及单片机源代码级调试与仿真。

Proteus 有三十多个元器件库，拥有数千种元器件仿真模型；还有形象生动的动态器件库、外设库；特别是有从 8051 系列 8 位单片机到 ARM7 32 位单片机的多种单片机类型库。Proteus 有多达十余种的信号激励源，十余种虚拟仪器(如示波器、逻辑分析仪、信号发生器等)；可提供软件调试功能，既具有模拟电路仿真，数字电路仿真，单片机及其外围电路组成的系统的仿真，RS232 动态仿真，I2C 调试器、SPI 调试器、键盘和 LCD 系统仿真的功能，还有用来精确测量与分析的 Proteus 高级图表仿真(ASF)。Proteus 同时支持第三方的软件编译和调试环境，如 Keil C51、uVision2 等软件。 Protues 包含强大的调试工具，具有对寄存器、存储器、断点、单步模式 IAR C-SPY、Keil、MPLAB 等开发工具的源程序进行调试的功能；可观察代码在仿真硬件上的实时运行效果；能对显示、按钮、键盘等外设的交互可视化进行仿真。Proteus 还有使用极方便的印刷电路板高级布线编辑软件(PCB)。特别指出，Proteus 库中数千种仿真模型是依据生产企业提供的数据来建模的，因此 Proteus 的设计与仿真极其接近实际。

目前，Proteus 已成为流行的嵌入式系统设计与仿真平台，应用于各种领域。实践证明：Proteus 是单片机应用产品研发的灵活、高效、正确的设计与仿真平台，它能明显提高研发效率、缩短研发周期，并节约研发成本。

4.2 Proteus ISIS 的基本使用

4.2.1 Proteus ISIS 操作界面及工具

Proteus ISIS 的工作界面是一种标准的 Windows 界面，包括标题栏、主菜单、标准工具栏、模型选择工具栏(即绘图工具栏)、状态栏、对象选择按钮、预览对象方位控制按钮、仿真进程控制按钮、预览窗口、对象选择器窗口、原理图编辑窗口。

安装完 Proteus 后，单击 ISIS 快捷方式，运行 ISIS Professional，会出现如图 4-1 所示的窗口界面。

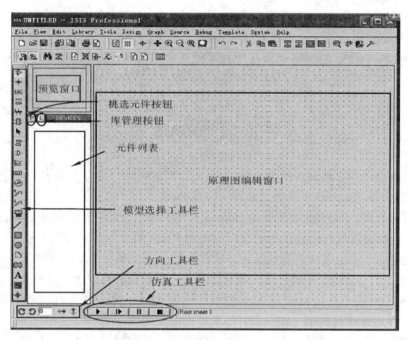

图 4-1 Proteus ISIS 的工作界面

Proteus ISIS 的工作界面中各部分的功能简单介绍如下：

1. 原理图编辑窗口(The Editing Window)

原理图编辑窗口是用来编辑和绘制原理图的，元件要放到原理图编辑窗口中。注意，这个窗口是没有滚动条的，可用预览窗口来改变原理图的可视范围。

1) 坐标系统(CO-ORDINATE SYSTEM)

ISIS 中坐标系统的基本单位是 10 nm，主要是为了和 Proteus ARES 保持一致；但坐标系统的识别(read-out)单位被限制在 1 th。坐标原点默认在图形编辑区的中间，图形的坐标值能够显示在屏幕的右下角的状态栏中。

2) 点状栅格(The Dot Grid)与捕捉到栅格(Snapping to a Grid)

编辑窗口内有点状栅格，可以通过 View 菜单的 Grid 命令在打开和关闭间切换。点与点之间的间距由当前捕捉的设置决定。捕捉的尺度可以由 View 菜单的 Snap 命令设置，或者直接使用快捷键 F4、F3、F2 和 Ctrl + F1，如图 4-2 所示。若键入 F3 或者通过 View 菜单选中 Snap 100 th，则鼠标在图形编辑窗口内移动时，坐标值是以固定的步长 100 th 变化，这称为捕捉；如果想要确切地看到捕捉位置；可以使用 View 菜单的 X Cursor 命令，选中后将会在捕捉点显示一个小的或大的交叉十字。

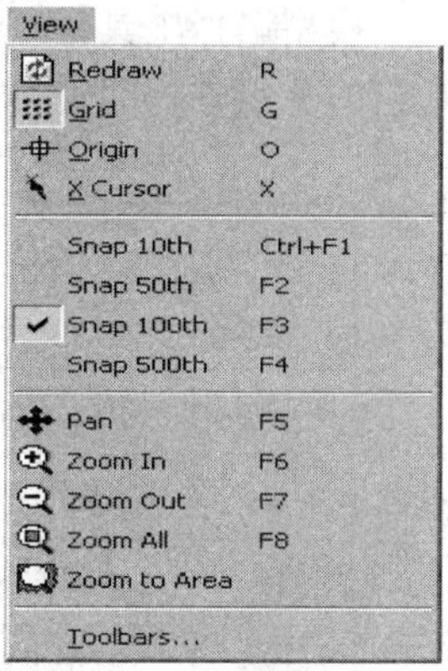

图 4-2 View 菜单

3) 实时捕捉(Real Time Snap)

当鼠标指针指向引脚末端或者导线时，鼠标指针将会捕捉到这些物体，这种功能被称为实时捕捉。实时捕捉可以方便地实现导线和引脚的连接。通过 Tools 菜单的 Real Time Snap 命令或者快捷键 Ctrl + S 可以切换该功能；通过 View 菜单的 Redraw 命令可以刷新显示内容，同时预览窗口中的内容也将被刷新。当执行其他命令导致显示错乱时，使用实时捕捉功能可以恢复显示。

4) 视图的缩放与移动

通过以下三种方式可以实现视图的缩放与移动：

(1) 用鼠标左键点击预览窗口中想要显示的位置，使编辑窗口显示以鼠标点击处为中心的内容。

(2) 在编辑窗口内移动鼠标，按下 Shift 键，用鼠标"撞击"边框，使显示平移。这称之为 Shift + Pan。

(3) 用鼠标指向编辑窗口并按缩放键或者操作鼠标的滚动键，会以鼠标指针位置为中心重新显示。

2. 预览窗口(The Overview Window)

预览窗口可显示以下两个内容：

(1) 当鼠标焦点落在原理图编辑窗口时(即放置元件到原理图编辑窗口后或在原理图编辑窗口中点击鼠标后)，预览窗口会显示整张原理图的缩略图，并会显示一个绿色的方框，绿色的方框里面的内容就是当前原理图窗口中显示的内容。因此，可用鼠标在它上面点击来改变绿色的方框的位置，从而改变原理图的可视范围。

(2) 其他情况下，预览窗口显示将要放置的对象的预览。此内容称为 Place Preview 特性，该特性在下列情况下被激活：

① 当一个元件在元件列表中被选中时；

② 当使用旋转或镜像按钮时；

③ 当为一个可以设定朝向的对象选择类型图标时(例如：Component icon、Device Pin icon 等)。

当放置对象或者执行其他非以上操作时，Place Preview 会自动消除。

3. 模型选择工具栏(Mode Selector Toolbar)

模型选择工具栏(即绘图工具栏)主要由模型选择工具、配件选择工具和 2D 图形选择工具三部分组成，如表 4-1 所示。

表 4-1　模型选择工具栏

图标	功 能	分类
	用于选择元件(components)(默认选择的)	主要模型 (Main Modes)
	用于放置连接点	
	用于放置标签(用总线时会用到)	
	用于放置文本	
	用于绘制总线	
	用于放置子电路	
	用于即时编辑元件参数(先单击该图标再单击要修改的元件)	
	终端接口(terminals)，包括 VCC、地、输入/输出等接口	配件 (Gadgets)
	器件引脚，用于绘制各种引脚	
	仿真图表(graph，用于各种分析，如 Noise Analysis	
	录音机	
	信号发生器(generators)	
	电压探针(使用仿真图表时要用到)	
	电流探针(使用仿真图表时要用到)	
	虚拟仪表，如示波器等	
	用于画各种直线	2D 图形 (2D Graphics)
	用于画各种方框	
	用于画各种圆	
	用于画各种圆弧	
	用于画各种多边形	
	用于画各种文本	
	用于画符号	
	用于画原点等	

4. 元件列表(The Object Selector)

元件列表用于挑选元件(components)、终端接口(terminals)、信号发生器(generators)、仿真图表(graph)等。例如，要选择"元件(components)"，可单击"P"按钮打开挑选元件对话框，选择一个元件单击"OK"后，该元件会显示在元件列表中，以后要用到该元件时，只需在元件列表中选择即可。

5. 方向工具栏(Orientation Toolbar)

方向工具栏如表 4-2 所示，使用时先选中元件单击右键，再左击相应的方向工具图标。

表 4-2　方向工具栏

图标	功　能	分类	备　注
↻	顺时针旋转	旋转	旋转角度只能是 90 的整数倍
↺	逆时针旋转		
↔	水平翻转	翻转	—
↕	垂直翻转		—

6. 仿真工具栏

仿真工具栏中为仿真控制按钮，如表 4-3 所示。

表 4-3　仿真工具栏

图　标	功　能
▶	运行
▷	单步运行
‖	暂停
■	停止

4.2.2　基本操作

1. 绘制原理图

绘制原理图在原理图编辑窗口中完成。原理图编辑窗口的操作与常见的 Windows 应用程序操作不同，正确的操作方法如下：

(1) 用左键放置元件。
(2) 用右键选择元件。
(3) 双击右键删除元件。
(4) 用右键拖选多个元件。
(5) 先右键后左键拖动元件。
(6) 先右键后左键编辑元件属性。
(7) 连线用左键，删除用右键。
(8) 改线连线时，先右击连线，再左键拖动。
(9) 用中键缩放原理图。

2. 定制元件

在 Proteus ISIS 中定制元件有以下 3 种方法：
(1) 在已有的元件基础上进行改造，如把元件改为总线接口。
(2) 利用已有的元件，并在网上下载一些新元件，把它们添加到自己的元件库中。
(3) 用 Proteus VSM SDK 开发仿真模型，并制作元件。

4.2.3 元件的使用

1. 对象放置(Object Placement)

对象放置的步骤如下：
(1) 根据对象的类别在工具箱选择相应的模式图标(mode icon)。
(2) 根据对象的具体类型选择子模式图标(sub-mode icon)。
(3) 如果对象类型是元件、端点、引脚、图形、符号或标记，则从选择器(selector)里选择想要的对象的名字。对于元件、端点、引脚和符号，可能首先需要从库中调出。
(4) 如果对象是有方向的，则会在预览窗口显示出来，可以通过预览对象方位按钮对对象进行调整。
(5) 指向编辑窗口并点击鼠标左键放置对象。

2. 选中对象(Tagging an Object)

用鼠标指向对象并点击右键可以选中该对象。使选中对象高亮显示，可以对其进行编辑。选中对象时，该对象上的所有连线同时被选中。

要选中一组对象，可以采用依次在每个对象右击选中每个对象的方式，也可以采用右键拖出一个选择框的方式，但只有完全位于选择框内的对象才可以被选中。

在空白处点击鼠标右键可以取消所有对象的选择。

3. 删除对象(Deleting an Object)

用鼠标指向选中的对象并点击右键可以删除该对象，同时删除该对象的所有连线。

4. 拖动对象(Dragging an Object)

用鼠标指向选中的对象并用左键拖曳可以拖动该对象。该方式不仅对整个对象有效，而且对对象中单独的 labels 也有效。

如果线路自动路径器功能被使能，则被拖动对象上所有的连线会重新排布或者修整。这将花费一定的时间(10 秒左右)，尤其在对象有很多连线的情况下，这时鼠标指针变为一个"沙漏"状。如果错误拖动一个对象，所有的连线都被打乱，则可以使用 Undo 命令撤消操作，将其恢复为原来的状态。

5. 拖动对象标签(Dragging an Object Label)

许多类型的对象有一个或多个属性标签附着。例如，每个元件有一个"reference"标签和一个"value"标签。可以很容易地移动这些标签使得电路图看起来更美观。

移动标签的步骤如下：
(1) 选中对象。
(2) 用鼠标指向标签，按下鼠标左键。
(3) 拖动标签到所需要的位置。如果想要定位的更精确，可以在拖动时改变捕捉的精度(使用 F4、F3、F2、Ctrl + F1 键)。
(4) 释放鼠标。

6. 调整对象大小(Resizing an Object)

子电路(Sub-circuits)、图表、线、框和圆的大小可以被调整。当选中这些对象时，对象周围会出现黑色小方块即"手柄",通过拖动这些"手柄"可以调整对象的大小。

调整对象大小的步骤如下:

(1) 选中对象。

(2) 如果对象的大小可以被调整,对象周围就会出现黑色小方块,即"手柄"。

(3) 用鼠标左键拖动这些"手柄"到新的位置,可以改变对象的大小。在拖动的过程中,"手柄"会消失,以免与对象的显示混叠。

7. 调整对象的朝向(Reorienting an Object)

许多类型对象的朝向可以被调整为 0°、90°、270°、360°,或通过 x 轴、y 轴镜像。当该类型对象被选中时,Rotation 图标和 Mirror 图标会从蓝色变为红色,然后就可以来改变对象的朝向。

调整对象朝向的步骤如下:

(1) 选中对象。

(2) 用鼠标左键点击 Rotation 图标可以使对象逆时针旋转,用鼠标右键点击 Rotation 图标可以使对象顺时针旋转。

(3) 用鼠标左键点击 Mirror 图标可以使对象按 x 轴镜像,用鼠标右键点击 Mirror 图标可以使对象按 y 轴镜像。

当 Rotation 图标和 Mirror 图标是红色时,操作它们将会改变某个对象。当它们是红色时,首先要取消对象的选择,此时它们会变成蓝色,说明现在可以"安全"地调整新对象了。

8. 编辑对象(Editing an Object)

许多对象具有图形或文本属性,这些属性可以通过一个对话框进行编辑,这是一种常见的操作,有多种实现方式。元件、端点、线和总线标签都可以如同元件一样编辑。

1) 编辑单个对象的步骤

(1) 选中对象。

(2) 用鼠标左键点击对象。

2) 连续编辑多个对象的步骤

(1) 选择 Main Mode 图标,再选择 Instant Edit 图标。

(2) 依次用鼠标左键点击各个对象。

3) 以特定的编辑模式编辑对象的步骤

(1) 指向对象。

(2) 使用快捷键 Ctrl + E。

对于文本脚本来说,这将启动外部的文本编辑器。如果鼠标没有指向任何对象,则该命令对当前的图进行编辑。

4) 通过元件的名称编辑元件的步骤

(1) 键入 E。

(2) 在弹出的对话框中输入元件的名称(Part ID)。

确定后将会弹出该项目中任何元件的编辑对话框,并非只限于当前 sheet 的元件。编辑完后，画面将会以该元件为中心重新显示。通过该方式可以定位一个元件，即使并不想对其进行编辑。

5) 编辑单个对象标签的步骤

(1) 选中对象标签。

(2) 用鼠标左键点击对象。

6) 连续编辑多个对象标签的步骤

(1) 选择 Main Mode 图标，再选择 Instant Edit 图标。

(2) 依次用鼠标左键点击各个标签。

任何一种方式，都将弹出一个带有 Label and Style 栏的对话框窗体。

9. 拷贝所有选中的对象(Copying all Tagged Objects)

拷贝一整块电路的方式如下：

(1) 选中需要的对象，具体的方式参照"选中对象(Tagging an Object)"部分。

(2) 用鼠标左键点击 Copy 图标。

(3) 把拷贝的轮廓拖到需要的位置，点击鼠标左键放置拷贝。

(4) 重复步骤(3)，放置多个拷贝。

(5) 点击鼠标右键结束。

当一组元件被拷贝后，它们的标注自动重置为随机态，用来为下一步的自动标注做准备，以防出现重复的元件标注。

10. 移动所有选中的对象(Moving all Tagged Objects)

移动一组对象的步骤如下：

(1) 选中需要的对象，具体的方式参照"选中对象(Tagging an Object)"部分。

(2) 把轮廓拖到需要的位置，点击鼠标左键放置。

使用块移动的方式可以移动一组导线，而不移动任何对象。

11. 删除所有选中的对象(Deleting all Tagged Objects)

删除一组对象的步骤如下：

(1) 选中需要的对象。

(2) 用鼠标左键点击 Delete 图标。

如果错误删除了对象，可以使用 Undo 命令将其恢复为原状。

4.2.4 连线

1. 画线(Wiring Up)

1) 画线

Proteus ISIS 没有画线的图标按钮，因为 ISIS 的智能化足以在画线时自动检测。

2) 在两个对象间连线

(1) 单击第一个对象连接点。

(2) 单击另一个连接点。如果想设定走线路径，只需在想要拐点处点击鼠标左键。

在元件和终端的引脚末端都有连接点，一个连接点可以精确地连一根线。一个圆点从中心出发有四个连接点，可以连四根线。由于一般都希望能连接到现有的线上，ISIS 也将线视作连续的连接点。此外，一个连接点意味着 3 根线交汇于一点，ISIS 提供一个圆点，避免由于错漏点而引起的混乱。

在画线过程的任何一个阶段，可以按 Esc 键放弃画线。

2. 线路自动路径器(Wire Auto Router，WAR)

线路自动路径器可省去必须标明每根线具体路径的麻烦。这个功能在两个连接点间直接定出对角线时是很有用的。

该功能默认是打开的，但可通过以下两种途径略过该功能：

(1) 如果单击一个连接点，然后单击一个或几个非连接点的位置，ISIS 将认为处在手工定线的路径，这就要单击线的路径的每个角，最后路径是通过单击另一个连接点来完成的。若只是单击两个连接点，WAR 将自动选择一个合适的线径。

(2) 使用工具栏里的 WAR 命令来关闭 WAR。

3. 重复布线(Wire Repeat)

假设要连接一个 8 字节 ROM 数据总线到电路图主要数据总线，已将 ROM、总线和总线插入点按如图 4-3 所示位置放置。首先单击 A，然后单击 B，在 AB 间画一根水平线。双击 C，重复布线功能被激活，自动在 CD 间布线。双击 E、F，重复布线。

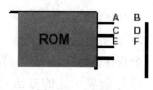

图 4-3 重复布线

重复布线完全复制上一根线的路径。如果上一根线已经是自动重复布线，将仍旧自动复制该路径。另一方面，如果上一根线为手工布线，那么将精确复制用于新的线。

4. 拖线(Dragging Wires)

尽管线一般使用连接和拖的方法，但也有一些特殊方法可以使用。

如果拖动线的一个角，则该角随着鼠标指针移动；如果鼠标指向一个线段的中间或两端，就会出现一个角，然后可以拖动。

注意：为了使后者能够工作，线所连的对象不能有标示，否则 ISIS 会认为想拖该对象。

5. 移动线段或线段组(To move a wire segment or a group of segments)

移动线段或线段组的步骤如下：

(1) 在需要移动的线段周围拖出一个选择框，若该"框"为一个线段旁的一条线也是可以的。

(2) 单击工具箱里的"移动"图标。

(3) 如图 4-4 所示的相反方向垂直于线段移动"选择框"(Tag-Box)。

(4) 单击结束。

如果操作错误，可使用 Undo 命令返回。

由于对象被移动后节点可能仍留在对象

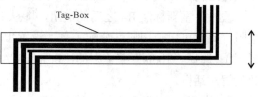

图 4-4 移动线段或线段组

原来位置周围，因此 ISIS 提供了一项可快速删除线中不需要的节点的技术。

也可使用块移动命令来移动线段或线段组。

6. 从线中移走节点(To remove a kink from a wire)

从线中移走节点的步骤如下：

(1) 选中(Tag)要处理的线。

(2) 用鼠标指向节点一角，按下左键。

(3) 拖动该角和自身重合。

(4) 松开鼠标左键，ISIS 将从线中移走该节点。

4.2.5 器件标注

Proteus ISIS 提供 4 种方式来标注器件，即手动标注、全局标注器、属性分配工具和实时标注。默认选择是实时标注，可以在绘图完成后使用属性分配工具或者自动标注工具对标注进行调整。

1) 手动标注

手动标注在对象属性编辑(Edit Properties)对话框中进行设置。

2) 全局标注器

全局标注器用于对原理图中的器件进行自动标注。

进行全局标注的方法是：选择"Tools"菜单中的"Global Annotator"命令，弹出如图 4-5 所示的参数设置对话框。

使用全局标注器可以对整个设计进行快速标注，也可以标注未被标注的器件(即图中"?"的器件)。全局标注器有两种操作模式。

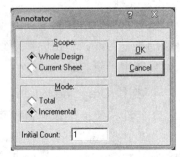

图 4-5　全局标注设置对话框

(1) 增量标注：标注限于特定范围(整个设计或当前图纸)内未被标注的元件。

(2) 完全标注：标注限于特定范围(整个设计或当前图纸)内的全部元件。

对于层次化设计的电路推荐使用完全标注模式。

3) 属性分配工具(PAT)

使用属性分配工具可以放置固定或递增的标注。

假设要重新标注 R4 之后的电阻，即从 R4 开始，产生增量为 1 的序列 R5、R6 等标注电阻，此时可以使用属性分配工具，设置步骤如下：

① 选择"Tools"菜单中的"Property Assignment Tool"命令，弹出如图 4-6 所示的参数设置对话框。

② 在"String"文本框中输入 REF=R#，在"Count"栏中输入 4，单击"OK"按钮即可完成设置。

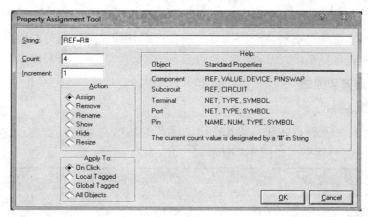

图 4-6 属性分配工具

Proteus ISIS 会自动进入选择模式，这样就可以通过单击元件来完成编号工作。

PAT 工具也可以应用于其他的场合，比如修改器件量值、替换器件和总线标号放置等，是一个非常强大的应用工具。

4) 实时标注

选择实时标注功能后，器件放置时会自动获得标注。

4.2.6 编辑窗口的操作

1. 编辑区域的缩放

原理图编辑的主窗口是一个标准 Windows 窗口，除具有选择执行各种命令的顶部菜单和显示当前状态的底部状态条外，菜单下方有两个工具条，包含与菜单命令一一对应的快捷按钮；窗口左部还有一个工具箱，包含添加所有电路元件的快捷按钮。工具条、状态条和工具箱均可隐藏。

Proteus 的缩放操作多种多样，极大地方便了工程项目的设计。常见的几种缩放方式有：完全显示(或者按"F8")，放大按钮(或者按"F6")和缩小按钮(或者按"F7")，拖放、取景、找中心 (或者按"F5")。

2. 点状栅格和刷新

编辑区域的点状栅格，是为了方便元器件定位用的。鼠标指针在编辑区域移动时，移动的步长就是栅格的尺度，称为"Snap(捕捉)"。这个功能可使元件依据栅格对齐。

1) 显示和隐藏点状栅格

点状栅格的显示和隐藏可以通过工具栏中的按钮或者按快捷键 "G"来实现。在鼠标移动的过程中，编辑区的下方将出现栅格的坐标值，即坐标指示器，它显示横向的坐标值。坐标的原点在编辑区的中间，当有的地方的坐标值比较大，不利于进行比较时，可通过点击"View"菜单中的"Origin"命令，也可通过点击工具栏中的按钮或者按快捷键"O"来定位新的坐标原点。

2) 刷新

编辑窗口显示正在编辑的电路原理图，通过执行"View"菜单中的"Redraw"命令，也可通过点击工具栏中的刷新命令按钮或者按快捷键"R"来刷新显示内容,与此同时,预览窗口中的内容也将被刷新。当因执行一些命令而导致显示错乱时,使用"Redraw"命令可以将其恢复正常显示。

3. 对象的放置和编辑

1) 对象的添加和放置

单击工具箱中的元器件按钮,使其选中,再点击 ISIS 对象选择器左边的置 P 按钮,出现"Pick Devices"对话框,如图 4-7 所示。

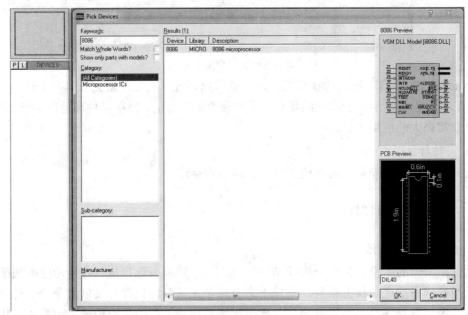

图 4-7　选取元器件窗口中的元器件列表

在"Pick Devices"对话框里可以选择元器件和一些虚拟仪器。下面以选择 8086 芯片为例,来说明把元器件添加到编辑窗口中的方法。在"Category"(器件种类)下面找到"Microprocessor ICs"选项,然后单击鼠标左键,在对话框的右侧出现了 8086 元件,如图 4-7 所示。

2) 放置电源及接地符号

单击工具箱的终端按钮,对象选择器中将出现一些接线端,如图 4-8 所示。

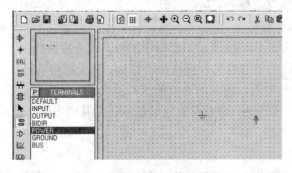

图 4-8　放置电源和接地符号

在器件选择器里分别点击图 4-8 左侧"TERMINALS"栏下的"POWER"与"GROUND",再将鼠标移到原理图编辑区,点击左键即可放置电源符号;同样,也可以把接地符号放到原理图编辑区。

3) 对象的编辑

调整对象的位置和放置方向以及改变元器件的属性等,有选中、删除、拖动等基本操作。

(1) 拖动标签:许多类型的对象有一个或多个属性标签附着。可以很容易地移动这些标签使电路图看起来更美观。移动标签的步骤如下:首先点击右键选中对象,然后用鼠标指向标签,按下鼠标左键。一直按着左键就可以拖动标签到需要的位置,释放鼠标即可。

(2) 对象的旋转:许多类型的对象可以调整旋转为 0、90、270、360(角度),或通过 x 轴 y 轴镜象旋转。当该类型对象被选中后,"旋转工具按钮"图标会从蓝色变为红色,然后就可以改变对象的放置方向。

旋转的具体方法是:首先点击右键选中对象,然后根据要求用鼠标左键点击方向工具栏中的 4 个按钮。

(3) 编辑对象的属性:对象一般都具有文本属性,这些属性可以通过一个对话框进行编辑。

编辑单个对象的具体方法是:先用鼠标右键点击选中对象,然后用鼠标左键点击对象,此时出现属性编辑对话框。也可以通过先点击工具箱中的按钮再点击对象的方法打开属性编辑对话框。例如,要编辑电阻对象的属性,可在电阻属性的编辑对话框里,改变电阻的标号、电阻值、PCB 封装以及是否把这些东西隐藏等,修改完毕后,点击"OK"按钮即可。其他元器件的操作方法与此相同。

4.3 Proteus ISIS 下 8086 的仿真

4.3.1 Proteus ISIS 电路原理图设计

本书以图 4-9 所示电路为例,说明 Proteus ISIS 电路原理图设计的一般过程。

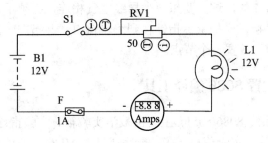

图 4-9 示例电路

1. 画导线

Proteus 的智能化体现在画线时能进行自动检测。当鼠标的指针靠近一个对象的连接点时，跟着鼠标的指针就会出现一个"×"号，用鼠标左键点击元器件的连接点，移动鼠标(不用一直按着左键)，粉红色的连接线就变成了深绿色。如果想让软件自动定出线路径，只需左击另一个连接点即，这就是 Proteus 的线路自动路径功能(简称 WAR)。如果只是用鼠标左击两个连接点，WAR 将选择一条合适的线径。WAR 可通过使用工具栏里的"WAR"命令按钮来关闭或打开，也可以在菜单栏的"Tools"下找到这个图标。

2. 画总线

为了简化原理图，可用一条导线代表数条并行的导线，这就是所谓的总线。点击工具箱中的总线按钮，即可在编辑窗口中画总线。

3. 画总线分支线

点击工具箱中的按钮，画总线分支线。总线分支线是用来连接总线和元器件引脚的。画总线时，为了和一般的导线区分，一般用斜线来表示分支线，但是这时如果 WAR 功能打开是不行的，需要把 WAR 功能关闭。画好分支线后还需要给分支线命名。右键点击分支线选中它，左键点击选中的分支线后会出现分支线编辑对话框。相同端是连接在一起的，放置方法是用鼠标单击连线工具条中的图标或者执行"Place"菜单中的"Net Label"命令，这时光标变成十字形并且将有一虚线框在工作区内移动，再按键盘上的"Tab"键，系统弹出网络标号属性对话框，在"Net"项中定义网络标号(比如 PB0)，然后单击"OK"按钮，将设置好的网络标号放在先前放置的短导线上(注意一定是上面)，单击鼠标左键即可将之定位。

4. 连接各总线分支

单击放置工具条中的图标或执行"Place"菜单中的"Bus"命令，这时工作平面上将出现十字形光标，将十字光标移至要连接的总线分支处并单击鼠标左键，系统弹出十字形光标并拖着一条较粗的线，然后将十字光标移至另一个总线分支处，单击鼠标左键，一条总线就画好了。

注意：当电路中多根数据线、地址线、控制线并行时，应使用总线设计。

5. 放置线路节点

如果在交叉点有电路节点，则认为两条导线在电气上是相连的，否则就认为它们在电气上是不相连的。Proteus ISIS 在画导线时能够智能地判断是否要放置节点。但是，在两条导线交叉时是不放置节点的，这时要想两个导线电气相连，必须手动放置节点。点击工具箱中的节点放置按钮"+"，当把鼠标指针移到编辑窗口，并指向一条导线时，会出现一个"×"号，点击左键即可放置一个节点。

4.3.2 Proteus 中配置 8086 编译工具

Proteus 教学实验系统(8086/8051) 主要由教学实验箱、实验指导书及其配套光盘组成。通过 USB 连接线把电脑与实验箱相连接，能完成针对 8086 的各种交互式仿真实验；通过 ISP 下载器，可以对 8051 芯片进行 ISP 编程，从而进行单片机实验课程。

Proteus 本身不带有 8086 的汇编器和 C 编译器，因此必须使用外部的汇编器和编译器。汇编器有很多，如 TASM、MASM 等。C 编译器也有很多，如 Turbo C 2.0、Borland C、VC++、

Digital Mars C Compiler 等。这里实验箱选用的是 MASM 和 Digital Mars C Compiler。在相应的 Projects(汇编)和 C_Projects(C 语言)目录下可以找到 Tools 目录，里面就有所需要的编译工具。其中，MASM 的版本是 6.14.8444，Digital Mars C Compiler 的版本是 8.42n。下面介绍如何在 Proteus 中调用外部的编译器进行编译，生成可执行文件.exe。

1. Proteus 配置 8086 汇编编译工具

首先，将 tools 文件夹(包含汇编程序 ml.exe、链接程序 link16.exe 和批处理文件 make.bat)复制到与 Proteus 实验仿真电路图文件夹在同一级的目录中，修改 make.bat 文件的内容如下：

@ECHO OFF

..\tools\ml /c /Zd /Zi   %1

set str = %1

set str = %str:~0，-4%

..\tools\link16 /CODEVIEW %str%.obj，%str%.exe，nul.map，，

打开 Proteus 下的"源代码→设定代码生成工具"菜单，如图 4-10 所示。

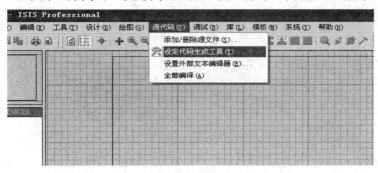

图 4-10 "设定代码生成工具"菜单窗口

其次，在出现的对话框中点击"新建"按钮，选择 tools 目录下的 make_c.bat 文件，然后在源程序扩展名下写入 ASM，目标代码扩展名写入 OBJ，最后，点击"确定"按钮完成配置，如图 4-11 所示。

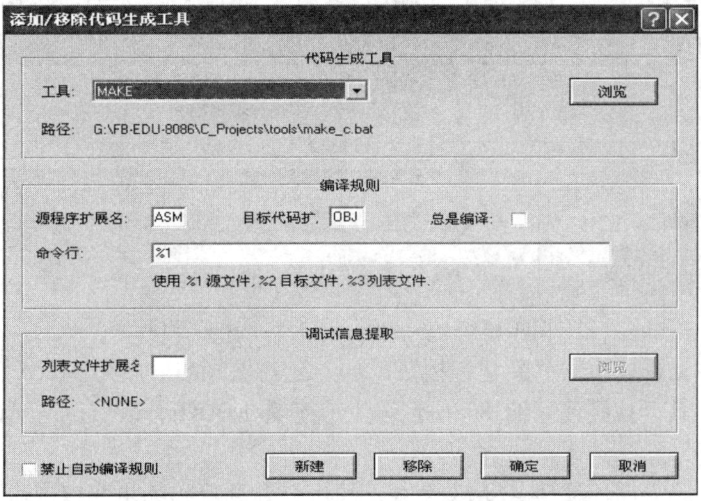

图 4-11 "添加/移除代码生成工具"窗口

2. Proteus 配置 8086 C 编译工具

使用 Digital Mars C Compiler 编译 C 文件的设置过程如下：

首先，打开 Proteus 下的"源代码→设定代码生成工具"菜单。

其次，在出现的对话框中点击"新建"按钮，tools 目录下的 make_c.bat 文件，然后在源程序扩展名下写入 C，目标代码扩展名下写入 EXE，最后，点击"确定"按钮完成配置，如图 4-12 所示。

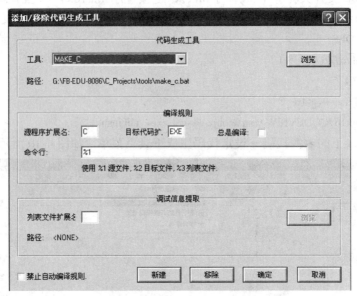

图 4-12　添加 C 代码生成工具

4.3.3　Proteus 中编译 8086 汇编文件

1. 编译 8086 汇编文件

打开 Proteus 下的"源代码→添加/删除源文件"命令，如图 4-13 所示。

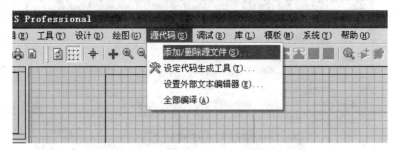

图 4-13　"添加/删除源文件"菜单窗口

在出现的对话框中点击"新建"按钮，加入之前做好的后缀为 .ASM 的汇编文件，再选择代码生成工具，找到建好的 8086 汇编生成工具 MAKE，最后点击"确定"按钮，如图 4-14 所示。

选择"源代码→循环程序.ASM"命令，即可打开源代码编辑窗口，输入并保存汇编源程序，如图 4-15 所示。

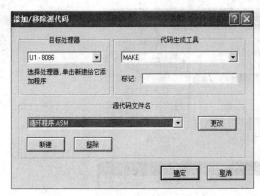
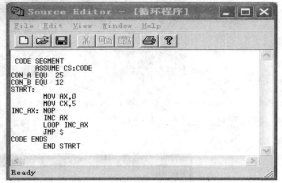

图 4-14 "添加/移除源代码"窗口　　　　图 4-15 源代码编辑窗口

选择"源代码→全部编译"命令，如图 4-16 所示，可编译源代码。编译成功后，可见如图 4-17 所示的信息。

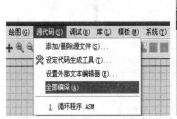
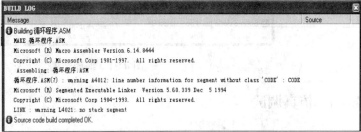

图 4-16 "全部编译"菜单窗口　　　　图 4-17 编译成功后的信息窗口

2. 编译 8086 C 文件

打开 Proteus 下的"源代码→添加/删除源文件"命令，如图 4-13 所示。

在出现的对话框中点击"新建"按钮，如图 4-18 所示，加入之前做好的后缀为.C 的 C 文件，再选择代码生成工具，找到建好的 8086 汇编生成工具 MAKE_C。其中和汇编不同的是，这里还要加入一个汇编启动文件，但代码生成工具则为空(加入的汇编启动文件为 RTL.ASM，如图 4-19 所示)。

先加入 C 文件，如图 4-18 所示；再加入 ASM 启动文件，如图 4-19 所示。

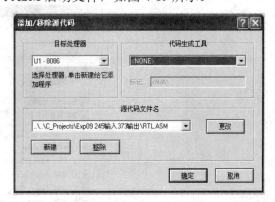

图 4-18 添加 C 文件　　　　图 4-19 添加 ASM 启动文件

编译代码操作如图 4-20 所示，编译结果如图 4-21 所示。

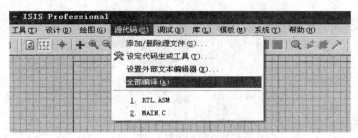

图 4-20　编译代码

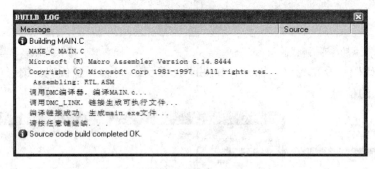

图 4-21　编译结果

4.3.4　仿真调试

Proteus 中提供了很多调试工具和手段,这些工具的菜单都放在 Proteus 的 Debug(调试)菜单下,如图 4-22 所示。

图 4-22　调试菜单

第一栏的菜单是仿真开始、暂停与停止的控制菜单，与 Proteus ISIS 左下角的仿真控制按钮的功能是一样的。

第二栏是执行菜单，可以执行一定的时间后暂停，也可以加断点执行和不加断点执行。

第三栏是代码调试菜单，有单步、连续单步、跳进/跳出函数，跳到光标处等功能。

第四栏是诊断和远程调试监控菜单，但 8086 没有远程监控功能。设置诊断选择命令可以设置对总线读写、指令执行、中断事件和时序等进行跟踪，跟踪信息的等级有四个级别，分别是取消、只是警告、完全跟踪和调试。级别不同，决定事件记录不同。例如，如果要对中断的整个过程进行详细的分析，则可以选择跟踪或者调试级别，ISIS 将会对中断产生的过程、响应的过程进行完整的记录，有助于读者加深中断过程的理解。设置诊断选项如图 4-23 所示。

最后一栏是 8086 的各种调试窗口，包括观察窗口、存储器窗口、寄存器窗口、源代码窗口和变量窗口。

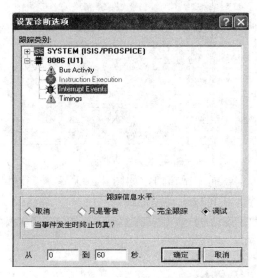

图 4-23 设置诊断选项

其中观察窗口如图 4-24 所示，可以添加变量进行观察，并且可以设置条件断点，如图 4-25 所示。这在调试程序的时候非常有用。

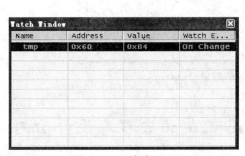

图 4-24 观察窗口

图 4-25 设置条件断点

变量窗口如图 4-26 所示，会自动把全局变量添加进来，并实时显示变量值，但不能设置条件断点。

寄存器窗口如图 4-27 所示，实时显示 8086 各个寄存器的值。

图 4-26 变量窗口

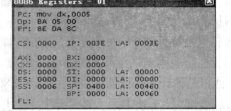
图 4-27 寄存器窗口

存储器窗口如图 4-28 所示，实时显示存储器的内容。仿真开始时，ISIS 会自动把可执行文件 .exe 加载到 0x0000 地址开始的一段空间内。

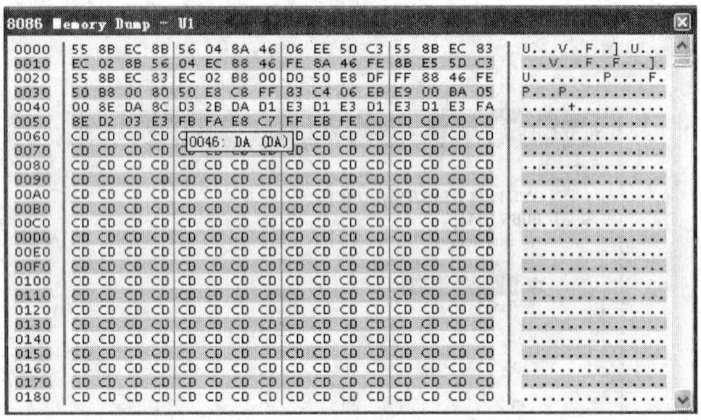

图 4-28 存储器窗口

源代码调试窗口是最主要的调试窗口，如图 4-29 所示，在这里可以设置断点，控制程序的运行，如果是 C 程序，还可以进行反汇编。

图 4-29 源代码调试窗口

4.4 Proteus ISIS 下 8086 汇编语言程序设计示例

4.4.1 顺序结构程序设计

【例 4-1】 十六进制转 BCD。

计算机输入设备输入的信息一般是 ASCII 码或 BCD 码表示的数据或字符。CPU 用二进制数进行计算或其他信息处理，处理结果输出必须依照外设的要求变为 ASCII 码、BCD 码等。因此，在应用软件中，各类数制的转换和代码的转换是必不可少的。本例中利用 Proteus 平台建立 8086 的十六进制转 BCD。

(1) Proteus 电路设计。

本例只用到了 8086 微处理器元器件，其仿真电路图如图 4-30 所示。

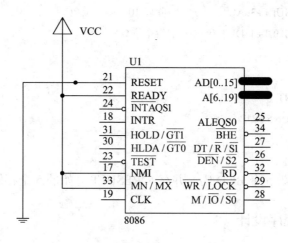

图 4-30 数码转换仿真电路图

(2) 汇编程序代码。

程序流程图如图 4-31 所示。程序代码如下：

```
CODE SEGMENT
    ASSUME CS:CODE, DS:DATA
START:
    MOV AX, DATA
    MOV DS, AX
    MOV DX，0000H
    MOV AX, 65535
    MOV CX, 10000
    DIv CX
    MOV RESULT, AL    ；除以 10000，得万位数
    MOV AX，DX
    MOV DX，0000H
    MOV CX, 1000
    DIv CX
    MOV RESULT+1, AL  ；除以 1000，得千位数
    MOV AX，DX
    MOV DX，0000H
    MOV CX, 100
```

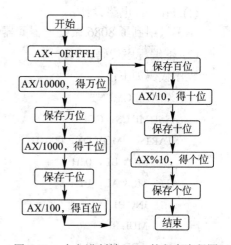

图 4-31 十六进制转 BCD 的程序流程图

```
            DIV CX
            MOV RESULT+2, AL        ; 除以 100,得百位数
            MOV AX, DX
            MOV DX, 0000H
            MOV CX, 10
            DIV CX
            MOV RESULT+3, AL        ; 除以 10,得十位数
            MOV RESULT+4, DL        ; 得个位数
            JMP $
        CODE ENDS
        DATA SEGMENT
            RESULT Db 5 DUP(?)
        DATA ENDS
            END START
```

本例中将 AX 拆为 5 个 BCD 码,并存入 RESULT 开始的 5 个存储单元中。

4.4.2 循环结构程序设计

【例 4-2】编写汇编程序,计算 $S = 1 + 2 \times 3 + 3 \times 4 + 4 \times 5 + \cdots + N(N+1)$,直到 $N(N+1)$ 项大于 200 为止。

(1) Proteus 电路设计。

本例只用到了 8086 微处理器元器件,其仿真电路图如图 4-30 所示。

(2) 汇编程序代码。

程序代码如下:

```
        CODE SEGMENT
        ASSUME CS: CODE
        START:    MOV DX, 0001H
            MOV BL, 02H
        A1:  MOV AL, BL
            INC BL
            MUL BL
            ADD DX, AX
            CMP AX, 00C8H
            JNA A1
        MOV AH, 4CH
        INT 21H
        CODE ENDS
            END START
```

4.4.3 分支结构程序设计

【例 4-3】 有一函数：

$$y = \begin{cases} 1 & x > 0 \\ 0 & x = 0 \\ -1 & x < 0 \end{cases}$$

编写汇编程序，任意给定 x 值，假定为 8，且存放在 x 单元中，函数值 y 存放在 y 单元中，则根据 x 的值确定函数 y 的值。

(1) Proteus 电路设计。

本例只用到了 8086 微处理器元器件，其仿真电路图如图 4-30 所示。

(2) 汇编程序代码。

其程序代码如下：

```
    DATA SEGMENT
        x   DB  8
        y   DB  ?
    DATA ENDS
    CODE SEGMENT
            MAIN   PROC   FAR
            ASSUME CS: CODE, DS: DATA
START:  PUSH   DS
        MOV AX, 0
        PUSH AX
        MOV AX, DATA
        MOV DS, AX
        MOV AL, x
        CMP AL, 0
        JGE LOOP1
        MOV AL, 0FFH
        MOV y, AL
        RET
LOOP1:  JE LOOP2
        MOV AL, 1
        MOV y, AL
        RET
LOOP2:  MOV AL, 0
        MOV y, AL
        RET
        MAIN ENDP
```

```
        CODE ENDS
            END START
```

本 章 小 结

本章介绍了 Proteus ISIS 的基本操作和使用方法，对在 Proteus ISIS 下如何设计电路原理图、编译程序文件和仿真调试一一作了详细阐述；介绍了在 Proteus ISIS 下 8086 汇编语言程序设计的几个典型例子。

通过学习，要求熟悉和掌握 Proteus 的使用、仿真和调试方法；掌握在 Proteus ISIS 下 8086 汇编语言程序设计的相关知识，为后续章节的学习打下基础。

习 题

4-1 Proteus 是什么软件？其特点是什么？
4-2 简述在 Proteus ISIS 中绘制原理图的基本操作步骤。
4-3 简述 Proteus ISIS 下 8086 的仿真调试过程。

第5章 存储器技术

学习目标

存储器系统是微型计算机系统的重要组成部分，主要用来存储指令和数据。本章要求读者熟悉常用存储器的分类方法及其层次结构；熟悉 RAM 和 ROM 的基本结构、工作原理，掌握存储容量的形成及其与微处理器的连接技术；理解存储管理的作用，掌握分段机制和分页机制的原理，熟悉从程序给出的逻辑地址到物理地址的转换过程；深入理解微型计算机存储系统普遍采用的高速缓存技术，了解现代微型计算机常用的辅助存储器和新型存储器技术。

学习重点

(1) 存储器的分类及存储器系统层次结构。
(2) 随机读写存储器 RAM 和只读存储器 ROM 的基本结构、工作原理。
(3) 存储器的字、位扩展及其接口连接方法，选通信号的译码方式。
(4) 分段机制和分页机制的存储管理。
(5) 辅助存储器和新型存储器技术。

5.1 存储器简介

存储器是微型计算机系统的核心部件之一，它的主要作用是存储数据和程序。在计算机内部，通常使用半导体存储器，称为内部存储器。内部存储器的工作速度较高，但容量有限，断电后，信息将全部丢失，这就引入了外部存储器。外存是通过 I/O 接口电路与总线相连接的存储器，如磁盘、磁带、光盘等。

内存一般用来存放当前运行所需的程序和数据，以便直接与 CPU 交换信息。外存用于存放当前不参与运行的程序和数据，外存与内存之间经过 DMA 控制进行数据的成批交换。

5.1.1 存储器分类

按照构成存储器介质材料的不同来分类，存储器可分为半导体存储器、磁存储器、激光存储器。按照工作方式的不同来分类，半导体存储器又可分为随机读写存储器 RAM(Random Access Memory)和只读存储器 ROM(Read Only Memory)。

1. 随机读写存储器 RAM

随机读写存储器 RAM 就是对其中存储单元可以随机访问的存储器芯片。按其制造工艺又可分为双极性 RAM 和金属氧化物 RAM。

双极性 RAM 的主要特点是存取速度快，通常在几到几十纳秒，因此主要用于要求存取速度高的微型计算机中；而金属氧化物 RAM 集成度高，随着存储器技术的发展，其存取速度也达到十纳秒左右，且价格便宜，因此广泛应用于现代生产的各种微型计算机中。金属氧化物 RAM 又可分为静态读写存储器 SRAM(Static RAM)和动态读写存储器 DRAM(Dynamic RAM)。DRAM 的最大的特点是集成度特别高，目前单片动态 DRAM 芯片已达到几百兆位。但相比于 SRAM，对其信息的存储要靠芯片内部的电容充放电来实现。由于电容漏电的存在，必须对 DRAM 存储的信息进行定期刷新。

2. 只读存储器 ROM

只读存储器 ROM 是在一般存储器访问中只能进行信息读取的存储器芯片。只读存储器 ROM 常见的有三类：掩膜工艺 ROM、可一次编程 ROM 和可擦除 ROM。

掩膜工艺 ROM 芯片是用根据 ROM 要存储的信息设计的，固定的半导体掩模板进行生产的，其存储的信息只能读出。微型机中一些固定不变的程序和数据常采用这种 ROM，例如，在微机发展初期，BIOS 都存放在 ROM 中。

可一次编程 ROM(即 PROM)允许用户对其进行一次编程(写入数据或程序)。一旦编程之后，信息永久性固定下来，用户只能读出和使用。

可擦除 PROM 是目前使用最广泛的 ROM。常见的有 EPROM(Erasable Programmable ROM)、EEPROM(Electrically Erasable Programmable ROM)和 FLASH 三种。EPROM 是利用物理方法(紫外线)可擦去存储内容的 PROM；EEPROM(E^2PROM)和 FLASH ROM 是用电的方法可擦去存储内容的 PROM。这类芯片集成度高、价格便宜、使用方便，尤其适用于硬件开发、工业控制等科研工作的需要。

EPROM 芯片可重复擦除和写入，在其正面陶瓷封装上有一个特征明显的玻璃窗口，可以看到其内部集成电路，用紫外线照射就可以擦除数据，在开发和使用中设计有专门的 EPROM 芯片擦除器。EPROM 芯片的写入同样要用专门的编程器，并在 EPROM 芯片编程引脚加一定的编程电压。EPROM 芯片完成写入后，要封住玻璃窗口，以免受紫外线照射而使数据受损。

EEPROM 用电信号来修改其内容，而且以字节为最小修改单位，不需要借助其他专用设备。EEPROM 在写入数据时，需用一定的编程电压，此时，只需依照专用刷新程序就可改写内容，它属于双电压芯片。

FLASH ROM 属单电压芯片，在使用上类似 EEPROM，但二者有差别。FLASH ROM 在擦除时，芯片的读和写操作均在单电压下进行，要执行专用刷新程序可以修改其内容；FLASH ROM 的存储容量普遍大于 EEPROM，约为 512 KB 到 8 MKB，适合存放程序代码，近年来已逐渐取代了 EEPROM。

5.1.2 存储器的主要性能参数

1. 存储容量

存储器的存储容量是指一个存储器芯片包含存储单元的个数以及存储单元所能存储的二进制数的位数。显然，存储器芯片容量越大，由其构成存储器系统电路越简单。

2. 存取速度

存储器的存取速度用存取时间和存取周期来衡量。存取时间是指启动一次存储器操作到完成该操作所用的时间，也就是从存储器接收到寻址地址开始，到取出或存入数据为止所需要的时间。最大存取时间就是该参数的上限值。存取周期是指连续两次独立的存储器操作之间的最小时间间隔。通常存取周期略大于存取时间，其差别与存储器的物理实现细节有关。

3. 可靠性、功耗、价格

可靠性是指存储器在规定时间内无故障工作的时间间隔。目前所用的半导体存储器芯片的平均无故障间隔时间大概在 $5 \times (10^6 \sim 10^8)$ h 左右。功耗是指存储器芯片正常工作所消耗的功率，显然存储器芯片功耗低，利于提高整个存储系统的可靠性。在具体产品设计中，为了提高市场竞争力，在满足上述参数前提下，低价格是选择存储器芯片必须考虑的主要因素。

5.1.3 存储系统的层次结构

微型计算机是在不断地克服约束其运行速度、计算性能、存储容量等方面的瓶颈而得到发展的。就存储系统而言，存储容量、存储时间和单位容量价格的关系是互相制约的。存取时间越短，单位价格越高；容量越大，单位价格越低；容量越大，存取速度越低。

因此，快的访问速度、大的存储容量和低的价格是存储器系统设计的目标。为此，微型计算机存储系统普遍采用分层的存储器结构，它由寄存器、Cache、主存储器、磁盘、磁带等存储层次组成。存储系统的层次结构见图 5-1 所示，处理器内部除了寄存器以外，还集成了一到二级片内 Cache，配置较大容量的主存储器、磁盘高速缓存、大容量的硬盘存储器以及海量光盘存储器，形成优势互补的存储器系统。

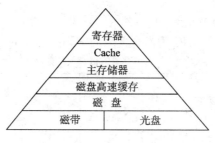

图 5-1　存储系统的层次结构

5.2　读写存储器

5.2.1　静态读写存储器 SRAM

静态读写存储器 SRAM 使用十分方便，在微型计算机系统中得到了广泛应用。现以一片典型 SRAM 芯片的使用为例，说明其外部特性及工作过程。

现以 6264 芯片为例，说明其引脚功能。该芯片的引脚如图 5-2 所示。

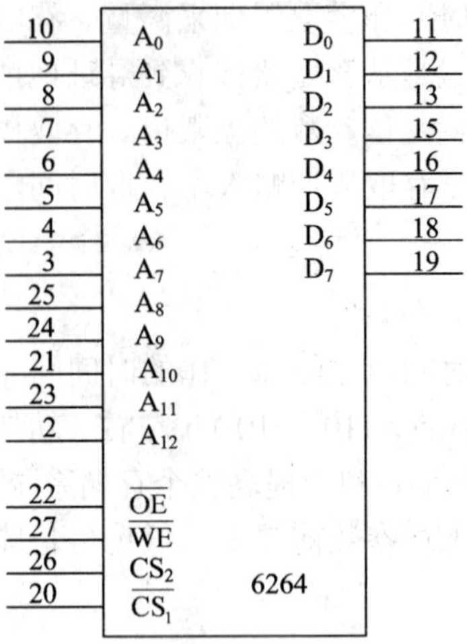

```
   10  ─ A₀    D₀ ─  11
    9  ─ A₁    D₁ ─  12
    8  ─ A₂    D₂ ─  13
    7  ─ A₃    D₃ ─  15
    6  ─ A₄    D₄ ─  16
    5  ─ A₅    D₅ ─  17
    4  ─ A₆    D₆ ─  18
    3  ─ A₇    D₇ ─  19
   25  ─ A₈
   24  ─ A₉
   21  ─ A₁₀
   23  ─ A₁₁
    2  ─ A₁₂
   22  ─ OE
   27  ─ WE
   26  ─ CS₂
   20  ─ CS₁   6264
```

图 5-2 6264 引脚说明

1. 引脚功能

6264 有 28 条引出脚，$A_0 \sim A_{12}$ 为地址信号线，这 13 条地址线上的信号经过芯片的内部译码，可以寻址 $2^{13} = 8K$ 个单元。$D_0 \sim D_7$ 为双向数据总线。在使用中，芯片的数据线与总线的数据线相连接。当 CPU 写芯片的某个单元时，将数据传送到芯片内部被指定的单元。当 CPU 读某一单元时，又能将该单元的数据由芯片被选中的单元中传送到总线上。

$\overline{CS_1}$，CS_2 为选片信号线。当两个选片信号同时有效时，即 $\overline{CS_1} = 0$，$CS_2 = 1$ 时，才能选中所需地址范围上的芯片。

$\overline{OE}$ 为输出允许信号。只有当 $\overline{OE} = 0$ 时，允许将某存储单元的数据送到芯片外部 $D_0 \sim D_7$ 上。

$\overline{WE}$ 是写允许信号。当 $\overline{WE} = 0$ 时，允许将数据写入芯片；否则，允许芯片数据读出。以上四个信号的功能见表 5-1。NC 为没有使用的空脚；芯片上还有 +5 V 电源和接地线。

表 5-1 6264 真值表

$\overline{WE}$	$\overline{CS_1}$	CS_2	$\overline{OE}$	$D_0 \sim D_7$
0	0	1	×	写入
1	0	1	0	读出
×	0	0	×	三态(高阻)
×	1	1	×	
×	1	0	×	

注：×不考虑。

2. 6264 的工作过程

由表 5-1 可知，读出数据时，$A_0 \sim A_{12}$ 加上要读出单元地址，$\overline{CS_1}$ 和 CS_2 同时有效，$\overline{OE}$ 有效为低电平，$\overline{WE}$ 为高电平，则数据即可读出。其数据读出波形如图 5-3 所示。此类 CMOS 的 RAM 芯片功耗极低，在未选中时仅 10 μW，在工作时也只有 15 mW。而且只要电压在 2 V 以上即可保存数据且不会丢失，因此适合电池供电的不间断 RAM 电路。

当写入数据时，在芯片的 $A_0 \sim A_{12}$ 上加要写入单元的地址；在 $D_0 \sim D_7$ 上加要写入的数据；$\overline{CS_1}$ 和 CS_2 同时有效，在 $\overline{WE}$ 上加有效的低电平。此时 $\overline{OE}$ 可高可低。这样就将数据写到了地址所选中的单元中。其数据写入波形如图 5-4 所示。

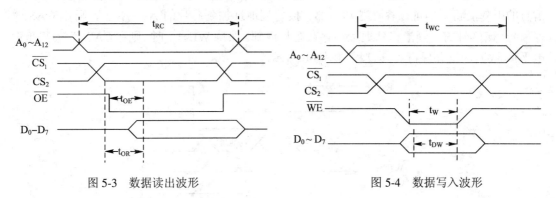

图 5-3 数据读出波形　　　　　　　　图 5-4 数据写入波形

5.2.2 动态读写存储器 DRAM

1. 概述

动态读写存储器 DRAM，以其速度快、集成度高、功耗小、价格低，在微型计算机中得到广泛的使用。目前，高于 64 MB 容量的 DRAM 芯片促成了大容量的存储器系统的形成。以下举例说明 DRAM 的工作过程。

1) 动态存储器芯片 2164A

动态存储器芯片 2164A 是 $64\ K \times 1\ bit$ 的 DRAM 芯片，其引脚功能如图 5-5 所示。$A_0 \sim A_7$ 为地址输入端。2164A 芯片复用地址引线，2164A 在寻址时，将行地址和列地址分两次输入芯片，每次输入都由 $A_0 \sim A_7$ 完成。在 2164A 内部，各存储单元是矩阵结构排列，行地址在芯片内译码选择一行，列地址在芯片内译码选择一列，由此决定所选中单元。

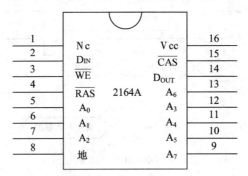

图 5-5 2164A 引脚说明

D_{IN} 和 D_{OUT} 是芯片上的数据线，其中 D_{IN} 为数据输入线，当 CPU 写入数据时，要写入的数据由 D_{IN} 送到芯片内部，D_{OUT} 是数据输出线；当 CPU 读出数据时，数据由此线输出。

$\overline{RAS}$ 为行地址锁存信号，该信号将行地址锁存在芯片内部的行地址缓冲寄存器内。

$\overline{CAS}$ 为列地址锁存信号，该信号将列地址锁存在芯片内部的列地址缓冲寄存器内。

$\overline{WE}$ 为写允许信号，当 $\overline{WE} = 0$ 时，允许将数据写入，否则，将芯片数据读出。

2) DRAM 的工作过程

(1) 数据读出过程：

当由 DRAM 芯片读出数据时，先送出行地址加在 $A_0 \sim A_7$ 上，再送 $\overline{RAS}$ 锁存信号，该信号的下降沿将行地址锁存在芯片内部。接着列地址加到芯片的 $A_0 \sim A_7$ 上，再送 $\overline{CAS}$ 锁存信号，该信号的下降沿将列地址锁存在芯片内部。保持 $\overline{WE}=1$ 时，则在 $\overline{CAS}$ 有效期间(低电平)，数据输出并保持。其过程如图 5-6 所示。

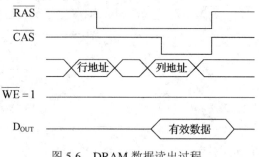

图 5-6　DRAM 数据读出过程

(2) 数据写入过程：

数据写入过程与数据的读出过程相似，即锁存地址的过程与读出数据一样，行列地址先后由 $\overline{RAS}$ 和 $\overline{CAS}$ 锁存在芯片内部。同时，$\overline{WE}$ 有效(为低电平)，加上要写入的数据，则将该数据写入选中的存储单元，如图 5-7 所示。图 5-7 中，$\overline{WE}$ 变为低电平，出现在 $\overline{CAS}$ 有效之前，通常称为提前写。这样能够将输入端 D_{IN} 的数据写入，而 D_{OUT} 保持高阻状态；若 $\overline{WE}$ 有效(低电平)出现在 $\overline{CAS}$ 有效之后，且满足芯片所要求的滞后时间，则 $\overline{WE}$ 开始是处于读状态，而后才变为写状态。这种情况下，能够先从选中的单元读出数据，出现在 D_{OUT} 上，而后，再将 D_{IN} 上的数据写入该单元。这种情况一次同时完成读和写，故称为读变写操作周期。

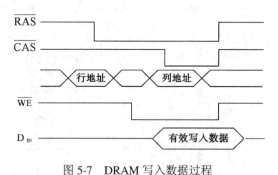

图 5-7　DRAM 写入数据过程

(3) 刷新过程：

动态 RAM 必须定期刷新存储信息。由于 DRAM 存储的信息是放在芯片内部的电容上，电容要缓慢地放电，时间久了就会使存放的信息丢失。将动态存储器所存放的诸位数据读出并原样写入原单元的过程称为动态存储器的刷新，刷新必须定期进行。

通常 DRAM 要求每 2~4 ms 刷新一次。动态存储器芯片的刷新过程是每次送出行地址加到芯片上去。利用 $\overline{RAS}$ 有效将行地址锁存于芯片内部，这时 $\overline{CAS}$ 保持无效(高电平)，就可以实现对该行的所有列单元进行刷新；每次送出不同的行地址，顺序进行，则可以刷新各行所有的存储单元。也即行地址循环一遍，则可将整个芯片的所有地址单元刷新一遍。在 2～4 ms 内完成一次刷新就达到了定期刷新的目的。刷新波形如图 5-8 所示，图 5-8 中，$\overline{CAS}$ 保持无效，只利用 $\overline{RAS}$ 锁存行地址进行刷新，尽管还有一些其他方式，但 2164A 所推荐的这种过程是一种简单有效的刷新过程。

图 5-8 DRAM 的刷新波形

2. DRAM 的刷新实现

DRAM 芯片设计时，为了减少芯片外围引脚数，其存储单元的地址线采用时分复用方式输入。具体地，将地址线分为行地址线和列地址线两组，并用专门设计的 $\overline{RAS}$ 行地址锁存信号(该信号将行地址锁存在芯片内部的行地址缓冲寄存器上)、$\overline{CAS}$ 列地址锁存信号(该信号将列地址锁存在芯片内部的列地址缓冲寄存器上)引脚实现锁存，从而完成对 DRAM 存储单元的读写或刷新。显然，这里不同于 SRAM 的是 DRAM 还需要专门地址译码电路辅助工作。

PC 机中内存采用 DRAM 芯片，必须进行刷新操作。将动态存储器所存放的每位信息读出并照原样写入原单元的过程称为动态存储器的刷新。通常对于 8086/8088 CPU 构成的 PC 机，DRAM 要求每隔 2～4 ms 刷新一次。动态存储器芯片的刷新过程是系统总线每次送出行地址加到芯片上去，利用 $\overline{RAS}$ 有效将行地址锁存于芯片内部。这时 $\overline{CAS}$ 保持无效(高电平)，改变对应该行的所有列地址，就可实现对该行所有存储单元的刷新过程。这样，每次送出不同的行地址，顺序进行，就可以刷新所有各行的存储单元，完成整个芯片所有存储单元的刷新。在刷新时需要对地址进行全地址译码操作，要设计地址译码和定时电路来控制完成对 DRAM 的刷新。PC 机中利用可编程定时器 8253、DMA 控制器 8237 及 DRAM 的行列地址专用译码存储 PROM 芯片 74LS138 实现对 DRAM 的读写及刷新控制。

很明显，在刷新过程中，DRAM 行、列锁存控制信号的形成是非常重要的。下面以 PC/XT 微型机 DRAM 为例，说明系统中 DRAM 的工作及刷新过程。

从图 5-9 中可以看到，在专用地址译码 PROM 中对应其地址单元存放不同的内容，改变 8088 CPU 系统总线上 A_{16}～A_{19} 的状态，就可读出 PROM 中的内容，实现地址译码。再利用后面的两个 74LS138 译码器译码处理，可获得 DRAM 芯片需要的所有 $\overline{RAS}$、$\overline{CAS}$ 信号，PC/XT 可选通一个 64 KB 的 DRAM 范围。可见，如在专用译码芯片 PROM 存储单元存放不同内容，就可将 64 K 字节 DRAM 空间确定在 8088 CPU 的 1 M 字节范围的任何位置上，从而实现所有内存 DRAM 的刷新目标。

在图 5-9 中，若 8088 CPU 正常工作时，$\overline{DACK_0} = 1$。这时，当 CPU 读写内存时，首先使行锁存信号的 74LS138 译码器有效，产生相应的 $\overline{RAS_0}$～$\overline{RAS_3}$；然后，经延迟线延

迟 100 ns，使另一 74LS138 译码器产生 $\overline{CAS_0} \sim \overline{CAS_3}$，两者的时间关系恰好满足 DRAM 读写时序要求。

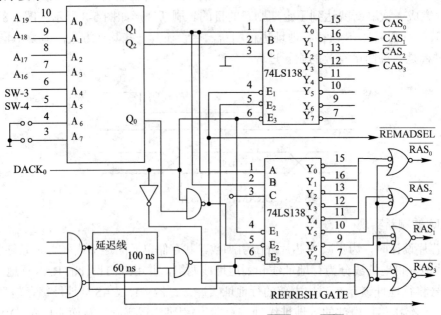

图 5-9　PC/XT 微型机 DRAM 行 $\overline{RAS}$、列 $\overline{CAS}$ 形成电路

PC/XT 微型机 DRAM 读写简化电路图如图 5-10 所示。图中只画出一个 64 KB 的 DRAM 组，而且还省略了内存的硬件奇偶校验电路。当 CPU 读写图中某个存储单元时，数据选择器 LS158 在 ADDSEL = 0 的控制下，先将 8 位行地址输出并加到存储器芯片上，在 $\overline{RAS_0}$ 作用下锁存于芯片内部；60 ns 之后，ADDSEL = 1，使 LS158 选择列地址输出；并再过 40 ns，由 $\overline{CAS_0}$ 锁存于芯片内部，在 $\overline{MEMW}$ 信号作用下，实现数据的读写。

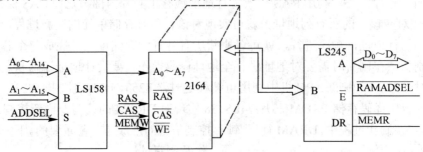

图 5-10　DRAM 读写简化电路图

3. 准静态存储器芯片

静态存储器不用刷新，使用很方便，但集成度低，功耗大。而动态存储器刚好与之相反。于是，有人就想是否可以生产一种将刷新控制放在动态存储芯片内部的动态存储器芯片。这种芯片就外部特性来看，十分类似静态存储器，而其内部构造却是动态存储器结构。故将这种存储器称为准静态存储器。

准静态存储器在使用上除个别信号外，完全与静态存储器相同。使用者可以认为它就是一片静态存储器。

5.2.3 EPROM

EPROM 是可重写的只读存储器,现以典型的 EPROM 芯片为例来做介绍。

1. 2764 EPROM 的引线

2764 是一块 $8K \times 8\,bit$ 的 EPROM 芯片,它的引线与前述 RAM 芯片 6264 兼容。在软件调试时,将程序先放在 RAM 中,以便在调试中修改,调试成功,即可把程序固化在 EPROM 中,将 EPROM 插在原 RAM 的插座上即可正常运行。

$A_0 \sim A_{12}$ 为 13 条地址信号输入线。$D_0 \sim D_7$ 为 8 条数据线,芯片每个存储单元存放一字节。在其工作过程中,$D_0 \sim D_7$ 为数据输出线;当对芯片编程时,由此 8 条线输入要编程的数据。

$\overline{CE}$ 为输入信号,当它有效时,能选中该芯片,故 $\overline{CE}$ 又称为选片信号。

$\overline{OE}$ 是输出允许信号,当 $\overline{OE}$ 为低电平时,芯片中的数据可由 $D_0 \sim D_7$ 输出。

$\overline{PGM}$ 为编程脉冲输入端,当对 EPROM 编程时由此加入编程脉冲,编程过程后述,读时 $\overline{PGM}$ 为 1。

2. 2764 的使用

2764 在使用时,仅用于将其存储的内容读出。其过程与 RAM 的读出类似,即送出要读出的地址,然后使 $\overline{CE}$ 和 $\overline{OE}$ 均有效(低电平),则在芯片的 $D_0 \sim D_7$ 上就可以输出要读出的数据。其过程如图 5-11 所示。

EPROM 2764 的芯片与 8088 总线的连接如图 5-12 所示。从图中可以看到,该芯片的地址范围在 F0000H~F1FFFH 之间。其中 RESET 为 CPU 的复位信号,高电平时有效;$\overline{MEMR}$ 为存储器读控制信号,当 CPU 读存储器时有效(低电平)。

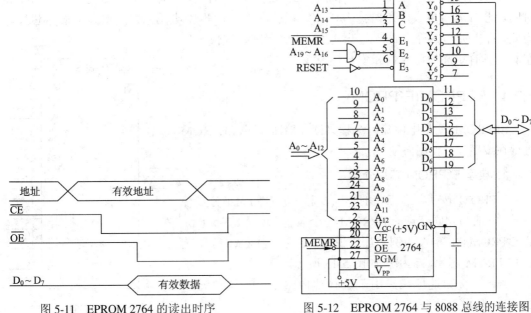

图 5-11 EPROM 2764 的读出时序　　图 5-12 EPROM 2764 与 8088 总线的连接图

前面提到，6264 和 2764 可以兼容。要做到这一点，只要在 2764 连接时适当加以注意即可。例如，图 5-12 中，若将 $\overline{PGM}$ 端不接 V_{CC}(+5 V)，而是与系统的 $\overline{MEMW}$ 存储器写信号接在一起，则插上 2764 只读存储器即可以工作，读出数据；当插上 6264 以后，又可以对此 RAM 进行读或写。这样，对程序的调试带来很大的方便。其他还有一些 EPROM 芯片是与 RAM 芯片相兼容的，亦可用类似的设计思想来连接使用。

3. EPROM 2764 的编程

EPROM 的一个优点在于存储其内部的信息可以擦除，擦除后可以编程写入新的信息。EPROM 的编程过程如下：

(1) 擦除。

如果 EPROM 芯片是刚出厂的新芯片，其每一个存储单元的内容都是 0FFH。若芯片是使用过的，则需要利用紫外线照射其窗口，以将其内容擦除干净。一般照射 15～20 min 即可擦除干净。经过定时的紫外线照射，若读出其每个单元的内容均为 FFH，则可认为该芯片已擦干净。

(2) 编程。

EPROM 的编程有标准编程和灵巧编程两种方式。标准编程的过程为：使 V_{CC} 为 +5 V，V_{PP} 加上 +21 V，而后加上要编程的单元地址，数据线加上要写入的数据，使 $\overline{CE}$ 保持低电平，$\overline{OE}$ 为高电平。当上述信号稳定后，在 $\overline{PGM}$ 端加上 50 ± 5 ms 的负脉冲。这样就将一字节数据写到了相应地址单元。重复上述过程，即可将要写入的数据逐一写入相应的存储单元中。

每写入一个地址单元，可以在其他信号不变的条件下，只将 $\overline{OE}$ 变低，立即读出校验；也可在所有单元均已写完后再进行最终校验；亦可上述两种校验都采用。若写入数据有错，则可从擦除开始，重复上述过程再进行一次写入编程过程。

标准编程中，每写入一个字节需要 50 ms 左右的时间，对于 2764 来说共需 7～8 min 时间。芯片容量愈大，用时愈多，而编程脉冲愈宽，芯片功耗愈大，愈易于损坏芯片，为此，提出灵巧编程方式，灵巧编程方式比标准编程快 5 倍左右，具有更高的可靠性和安全性。

5.2.4 EEPROM(E²PROM)

EEPROM 就是电擦除可编程只读存储器。对 EEPROM 进行在线擦除，使用方便。

1. 典型 E²PROM 芯片介绍

E²PROM 按其制造工艺的不同及芯片容量的大小分多种型号。有的与相同容量的 EPROM 完全兼容。现以 8 K × 8 bit 的 E²PROM 98C64A 为例来加以说明，这是一片 CMOS 工艺的 EEPROM 芯片，其引脚如图 5-13 所示。

A_0～A_{12} 为地址线，用于选择片内 8K 个存储单元。D_0～D_7 为 8 条数据线。

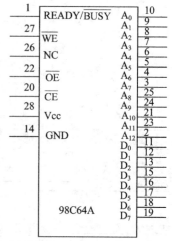

图 5-13 98C64A 引脚

$\overline{CE}$ 为选片信号,当 $\overline{CE}$ 为低电平时,选中该芯片;否则,该芯片不被选中,不工作。此时芯片的功耗很小,仅为 $\overline{CE}$ 有效时的千分之一。

$\overline{OE}$ 为输出允许信号。当 $\overline{CE} = 0$,$\overline{OE} = 0$,$\overline{WE} = 1$ 时,可将选中的地址单元的数据读出。

$\overline{WE}$ 是写允许信号。当 $\overline{CE} = 0$,$\overline{OE} = 1$,$\overline{WE} = 0$ 时,可以将数据写入指定的存储单元。

READY/$\overline{BUSY}$ 是漏极开路输出端。当写入数据时该信号变低,数据写完后,该信号变高。

2. E²PROM NMC98C64A 的工作过程

1) 读出数据

从 E²PROM 读出数据的过程与从 EPROM 或 RAM 中读出数据的过程一样,当 $\overline{CE} = 0$,$\overline{OE} = 0$,$\overline{WE} = 1$ 时,且满足芯片所要求的读出时序关系,则可从选中的存储单元中将数据读出。

2) 写入数据

将数据写入 98C64A 有两种方式:

(1) 字节方式,即一次写入一个字节数据。字节方式写入数据的时序如图 5-14 所示。

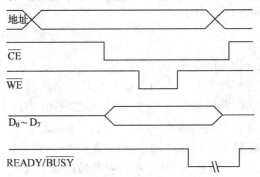

图 5-14 E²PROM 98C64A 编程时序

从图 5-14 中可以看到,当 $\overline{CE} = 0$,$\overline{OE} = 1$,在 $\overline{CE}$ 端加上 100 ns 的负脉冲,便可以将数据写入到规定的地址单元中。当 $\overline{WE}$ 脉冲过后,并非确已完成写入过程;只有当 READY/$\overline{BUSY}$ 端的低电平变高,才表示一个字节写入完成。这段时间里包括对本单元数据的擦除和新数据的写入时间。98C64A 的 T_{WR} 为 5 ms,最大 10 ms。

在实现对 E²PROM 编程时,可以利用 READY/$\overline{BUSY}$ 信号,对它进行查询;或利用它产生的中断来判断一个字节是否已写入。对于无 READY/$\overline{BUSY}$ 信号的芯片,则可用软件或硬件定时的方式,保证准确地写入一个字节所需要的时间。E²PROM 编程时,可以在线操作。

(2) 自动页写入,在 98C64A 中一页数据最多可达 32 个字节,要求这 32 个字节在内存中是顺序排列的,即 98C64A 的高位地址线 $A_{12} \sim A_5$ 用来决定一页数据。低位地址 $A_4 \sim A_0$ 就是一页所包含的 32 个字节。因此,可以称 $A_{12} \sim A_5$ 为页地址。

页编程的过程是利用软件首先向 98C64A 写入页数据,并在此后的 300 μs 之内,连续写入本页的其他数据,而后利用查询或中断获得 READY/$\overline{BUSY}$ 已变高,即写周期完成,则这一页最多可达 32 个字节的数据已写入 98C64A。接着续写下一页,直到将数据全部写完。利用这样的方法,完成 8 K × 8 bit 的 98C64A 的全部数据写入只用 2.6 s。

5.2.5 闪速 EEPROM

EEPROM 能够在线编程,可以自动页写入,其在使用方便性及写入速度两方面都较 EPROM 更进一步。即便如此,其编程时间较 RAM 还是太长,特别是对大容量的芯片更是如此。因此,具有写入速度类似 RAM,掉电后内容又不丢失的闪存 EEPROM 被研制出来,得到广泛应用。

以下以 TMS287040 芯片为例简单介绍闪存的工作原理。

1. TMS28F040 的引脚及结构

TMS28F040 的外部引脚如图 5-15 所示。它共有 19 根地址线和 8 根数据线,说明该芯片的容量为 512 K × 8 bit;$\overline{G}$ 为输出允许信号,低电平有效;$\overline{E}$ 是芯片写允许信号,在它的下降沿锁存选中单元的地址,用上升沿锁存写入的数据。

TMS28F040 芯片将其 512 KB 的容量分成 16 个 32 KB 的块(或页),每一块均可独立进行擦除。

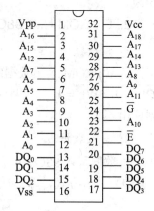

图 5-15 TMS28F040 的引脚

2. 工作过程

TMS28F040 与普通 EEPROM 芯片一样也有三种工作方式,即读出、编程写入和擦除。但不同的是它是通过向内部状态寄存器写入命令的方法来控制芯片的工作方式,对芯片所有的操作都要先向状态寄存器写入命令。另外,TMS28F040 的许多功能需要根据状态寄存器的状态来决定。要知道芯片当前的工作状态,只需写入命令 70H,就可读出状态寄存器各位的状态了。状态寄存器各位的含意和 28F040 的命令分别见表 5-2 和表 5-3。

表 5-2 状态寄存器各位的含意

位	高电平(1)	低电平(0)	用于
$SR_7(D_7)$	准备好	忙	写命令
$SR_6(D_6)$	擦除挂起	正在擦除/已完成	擦除挂起
$SR_5(D_5)$	块或片擦除错误	片或块擦除成功	擦 除
$SR_4(D_4)$	字节编程错误	字节编程成功	编程状态
$SR_3(D_3)$	V_{PP} 太低,操作失败	V_{PP} 合适	监测 V_{PP}
$SR_2 \sim SR_0$			保留未用

1) 读操作

读操作包括读出芯片中某个单元的内容、读内部状态寄存器的内容以及读出芯片内部的厂家及器件标记三种情况。如果要读某个存储单元的内容,则在初始加电以后或在写入命令 00H(或 FFH)之后,芯片就处于只读存储单元的状态。这时就和读 SRAM 或 EPROM 芯片一样,很容易读出指定的地址单元中的数据,此时的 V_{PP}(编程高电压端)可与 V_{CC}(+5 V) 相连。

2) 编程写入

编程方式包括对芯片单元的写入和对其内部每个 32 KB 块的软件保护。软件保护用命令使芯片的某一块或某些块规定为写保护,也可置整片为写保护状态,这样可以使被保护的块不被写入新的内容或擦除。比如,向状态寄存器写入命令 0FH,再送上要保护块的地址,就可置规定的块为写保护,若写入命令 0FFH,就置全片为写保护状态。

TMS28F040 对芯片的编程写入采用字节编程方式。

首先,28F040 向状态寄存器写入命令 10H,再在指定的地址单元写入相应数据,接着查询状态,判断这个字节是否写好,写好则重复这个过程,直到全部字节写入完毕。这个过程与前面介绍的 TMS98C64 的字节编程十分类似。98C64 是由 READY/$\overline{BUSY}$ 端的状态来指示其是否允许写下一个字节,而 TMS28F040 则以状态寄存器的状态来指示其是否允许写下一个字节。

TMS28F040 的编程速度很快,一个字节的写入时间仅为 8.6 μs。

表 5-3　28F040 的命令字

命　令	总 线 周 期	第一个总线周期			第二个总线周期		
		操 作	地 址	数 据	操 作	地 址	数 据
读存储单元	1	写	×	00H			
读存储单元	1	写	×	FFH			
读标记	3	写	×	90H	读	IA(1)	
读状态寄存器	2	写	×	70H	读	×	SRD(4)
清除状态寄存器	1	写	×	50H			
自动块擦除	2	写	×	20H	写	BA(2)	D0H
擦除挂起	1	写	×	B0H			
擦除恢复	1	写	×	D0H			
自动字节编程	2	写	×	10H	写	PA(3)	PD(5)
自动片擦除	2	写	×	30H	写	×	30H
软件保护	2	写	×	0FH	写	BA(2)	PC(6)

其中:(1) 若是读厂家标记,IA = 00000H;读器件标记则 IA = 00001H。(2) BA 为要擦除块的地址。(3) PA 为欲编程存储单元的地址。(4) SRD 是由状态寄存器读出的数据。(5) PD 为要写入 PA 单元的数据。(6) PC 为保护命令,(PC) = 00H——清除所有的保护;(PC) = FFH——置全片保护;(PC) = F0H——清地址指定的块保护;(PC) = 0FH——置地址指定的块保护。

3) 擦除方式

TMS28F040 可以每次擦除一个字节,也可以一次擦除整个芯片,或按需擦除片内某些块,并可在擦除过程中使擦除挂起和恢复擦除。

对字节的擦除,实际上就是在字节编程过程中,写入数据的同时就等于擦除了原单元的内容。对整片擦除,擦除的标志是擦除后各单元的内容均为 FFH。整片擦除最快只需 2.6 s;但受保护的内容不被擦除;也允许对 28F040 的某一块或某些块擦除,每 32 KB 为一块，块地址由 $A_{15} \sim A_{18}$ 来决定。在擦除时，只要给出该块的任意一个地址(实际上只关心 $A_{15} \sim A_{18}$)即可。

擦除挂起是指在擦除过程中需要读数据时，可以利用命令暂时挂起擦除，读完后又可用命令恢复擦除。TMS28F040 在使用中，要求在其引线控制端加上适当电平，以保证芯片正常工作。不同工作类型的 TMS28F040 的工作条件有所不同，其工作条件见表 5-4。

表 5-4 28F040 的工作条件

	E	G	V_{PP}	A_9	A_0	$D_0 \sim D_9$
只读存储单元	V_{IL}	V_{IL}	V_{PPL}	×	×	数据输出
读	V_{IL}	V_{IL}	×	×	×	数据输出
禁止输出	V_{IL}	V_{IH}	V_{PPL}	×	×	高阻
准备状态	V_{IH}	×	×	×	×	高阻
厂家标记	V_{IL}	V_{IL}	×	V_{ID}	V_{IL}	97H
芯片标记	V_{IL}	V_{IL}	×	V_{ID}	V_{IH}	79H
写入	V_{IL}	V_{IH}	V_{PPH}	×	×	数据写入

注：V_{IL} 为低电平；V_{IH} 为高电平 V_{CC}；V_{PPL} 为 $0 \sim V_{CC}$；V_{PPH} 为 +12 V；V_{ID} 为 +12 V；× 表示高低电平均可。

5.2.6 存储器的连接

1. 概述

当 8086/8088 CPU 系统总线与存储器连接时需要考虑三个基本问题：
(1) CPU 总线的负载承受能力问题。
(2) CPU 时序与存储器时序的配合问题。
(3) 地址总线分配和存储芯片选择信号问题。

如第二章中所述，在构成 8086/8088 CPU 系统总线时，通过使用 8282 锁存器、8286 双向驱动门电路来提高 CPU 总线的负载承受能力。

8086/8088 CPU 的读写时序固定不变，在选择存储器芯片时，要尽量选择存储器存取时间短的芯片，存储器读写时间要少于 CPU 读写存储器的总线周期；否则，CPU 根据存储器送来的"未准备好信号"在 T_3 下降沿插入等待周期 T_W 以延长存储器读写时间，保证其可靠工作。

任何存储芯片的存储容量都是有限的，要构成一定容量的内存，需要使用多个存储芯片进行存储器扩展，而扩展的存储系统必须解决其地址分配和芯片选择信号(片选)问题。

在实际设计中，一般把 CPU 系统总线的高位地址信号线分配给存储器芯片的片选择信号引脚，与系统总线的其他控制信号配合，用于决定存储单元的高位地址；而把 CPU 系统总线的低位地址信号线分配给存储器芯片的所有地址信号引脚，用于确定存储单元的低位地址。存储器与系统总线的连接方式通常有全地址译码和部分地址译码两种方式。

2. 存储器扩展

存储器的扩展要解决的问题包括位扩展、字扩展和字位扩展，扩展的步骤是选用适合芯片，将多片芯片进行位扩展，设计出满足字长要求的存储模块，然后对存储模块进行字扩展，构成符合要求的存储器。

1) 存储器的位扩展

位扩展保持总存储单元数不变，只增加每个单元存储位数，位扩展构成的存储模块的单元内容存储于不同的存储器芯片上。如使用 2 片 4K×4 位的存储芯片组成 4KB 的存储模块，则存储模块每个单元的高、低 4 位数据分别存储在两个芯片上。

位扩展的电路连接方法是将每个存储芯片的地址线和控制线(包括选片信号线、读/写信号线等)全部并连在一起，而将它们的数据线分别引出连接至数据总线的不同数据位上。其连接方法如图 5-16 所示。

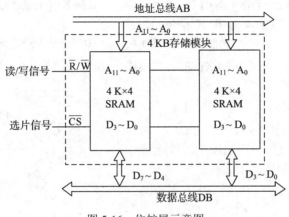

图 5-16 位扩展示意图

2) 字扩展

字扩展是在存储芯片存储单元的字长满足要求，而存储单元数目不够要求时，需要增加存储单元数量的扩展方法。如使用 2K×8 位的存储芯片组成 4K×8 位的存储模块，需用两片 2K×8 位存储芯片实现。

字扩展的电路连接方法是将每个芯片的地址信号、数据信号和读/写信号等控制信号线按信号名称全部并连在一起，只将选片端分别引出到地址译码器的不同输出端，即用片选信号来区别各个芯片的地址。其连接示意图如图 5-17 所示。

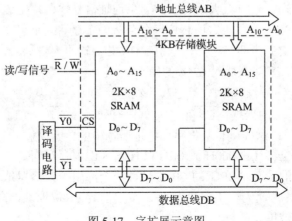

图 5-17 字扩展示意图

3) 字位扩展

在构成实际的存储模块时,往往需要同时进行位扩展和字扩展才能满足存储容量的需求。进行字位扩展时,一般先进行位扩展,构成字长满足要求的存储模块,然后用若干此模块进行字扩展,使总存储容量满足要求。

扩展时需要的芯片数量可以这样计算:要构成一个容量为 $M \times N$ 位的存储器,若使用 $l \times k$ 位的芯片($l < M$, $k < N$),则构成这个存储器需要 $(M/l) \times (N/k)$ 个这样的存储器芯片。微型机中内存条的构成就是典型的字位扩展实例。

如使用 Intel 2164 构成容量为 128 KB 的存储模块,可以依照以下步骤进行。

首先进行位扩展。用 8 片 2164 组成 64 KB 的存储模块,然后用两组这样的模块进行字扩展。所需的芯片数为 $(128/64) \times (8/1) = 16$ 片。要寻址 128 K 个存储单元至少需用 17 位地址信号线($2^{17} = 128$ K);而 2164 有 64 K 个单元,只需用 16 位地址信号(分为行选择地址和列选择地址),剩余 1 根地址线用于两个 64 KB 的存储模块片选择信号。

因此,构成此存储模块共需 16 片 2164 芯片;至少需要 17 根地址信号线,其中 16 根用于 2164 的片内寻址(行、列地址),1 根用于片选地址译码。线路连接示意图如图 5-18 所示。

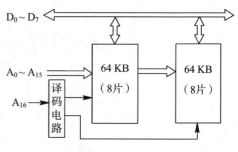

图 5-18 字位扩展示意图

3. 存储器的连接

当存储器与系统相连接构成内部存储器模块时,实现地址译码需要译码电路,译码电路的设计,可以用基本的门电路,也可以用现成的译码器芯片(如:74LS138、74LS148 等),或者使用专门设计的 ROM、PAL 或 GAL 编程芯片。存储器芯片的片选信号是由高位地址和控制信号译码形成的,用于确定存储单元的高位地址,而系统总线中低位地址信号线与存储器的连接方式有以下两种。

1) 全地址译码方式

全地址译码方式是利用全部地址总线的引脚唯一地决定存储器芯片的一个单元。

图 5-19 中 8088 CPU 工作在最大模式下,SRAM 芯片 6264 与 8088 CPU 系统总线的连接采用全地址译码方式。6264 芯片有 $A_0 \sim A_{12}$ 条地址信号线,决定该芯片有 8 K 个存储单元。$D_0 \sim D_7$ 8 根双向数据总线决定该芯片每个存储单元存储一个字节数据,该芯片的容量为 8 K×8 bit。$\overline{CS_1}$、CS_2 为两条选片信号引线,$\overline{OE}$ 为输出允许信号,$\overline{WE}$ 为写允许信号,这四个信号相互配合,才能完成对 6264 的读写。

从表 5-1 可知,当写入数据时,其过程为在芯片的 $A_0 \sim A_{12}$ 上加上要写入单元的地址;在 $D_0 \sim D_7$ 上加上要写入的数据;$\overline{CS_1}$ 和 CS_2 同时有效,在 $\overline{WE}$ 上加上有效的低电平。此时 $\overline{OE}$ 可以为高也可为低,这样就将数据写到地址所选中的单元中。

6264 芯片唯一占据从 0F0000H 到 0F1FFFH 这 8 K 内存空间。芯片的每个存储单元唯一地占据上述地址中的一个。CPU 的 20 根地址线全部用于存储器地址译码,低位地址信号($A_0 \sim A_{12}$)经 6264 片内译码,决定片内的每个存储单元低位地址,高位地址($A_{13} \sim A_{19}$)的译码决定片内每个存储单元高位地址。

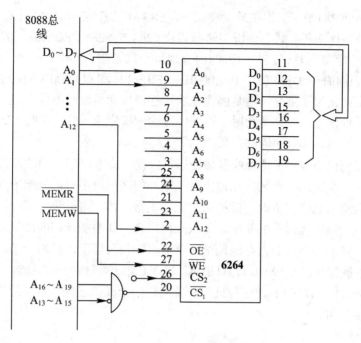

图 5-19　6264 全地址译码

2) 部分地址译码方式

部分地址译码就是把 CPU 系统总线中的部分地址信号线与存储器芯片的地址线相连接。参与存储器地址的译码，部分地址译码会出现地址重叠问题，但同时简化了硬件电路的连接和译码电路设计。在对存储器的容量要求不高的微型计算机软硬件开发环境中，建议使用部分地址译码方式。部分地址译码的例子如图 5-20 所示。

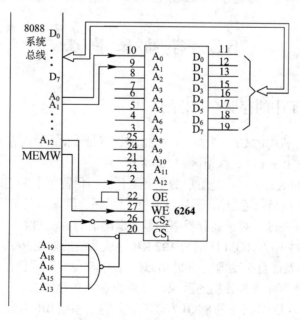

图 5-20　6264 部分地址译码

同样，此时 8088 CPU 工作在最大模式下，SRAM 芯片 6264 与 8088 CPU 系统总线的连接就采用部分地址译码方式。分析存储器芯片 6264 与 8088 CPU 系统总线的连接可以发现，此时的 8 K 字节芯片 6264 所占的内存地址空间范围有四个，分别为：0DA000H～0DBFFFH、0DE000H～0DFFFFH、0FA000H～0FBFFFH 和 0FE000H～0FFFFFH。

上述地址空间发生了重叠。这是因为在决定存储单元地址时不像全地址译码采用了系统总线的所有地址信号，而只是利用了地址信号的一部分，显然，在图 5-20 中 A_{14} 和 A_{17} 并未参加译码，这就是部分译码的含义。

部分地址译码由于少用了地址线参加译码，致使一块 8 K 字节的芯片占据多个 8 K 字节的地址空间，产生地址重叠区。在使用时，重叠的区域决不可再分配给其他芯片，只能空着；否则，会造成总线竞争而使微机系统无法正常工作。可以说，部分译码方式是以牺牲内存空间为代价换得译码上的简单。可以推而广之，如参加译码的高位地址愈少，译码就愈简单；而一块芯片所占的内存地址空间就更多。极限情况，只用一条高位地址线连在选片信号端，例如在图 5-19 中，若只把 A_{19} 接在 $\overline{CS_1}$ 上，这时一片 6264 芯片所占的地址范围就达到 00000H～7FFFFH。这种只用一条高位地址线接选片信号端的连接方法叫线性选择，一般很少使用。

3) 译码电路

EPROM 2764 芯片与 8088 CPU 系统总线连接如图 5-12 所示。采用全地址译码方式，其地址范围在 0F0000H～0F1FFFH 之间。图中 8088 CPU 工作在最大模式之下，其中 RESET 为 CPU 的复位信号，高电平时有效；$\overline{MEMR}$ 为存储器读控制信号，当 CPU 读存储器时有效(低电平)。图中译码电路采用 74LS138 译码器芯片，可以分析出来，地址总线高位地址线(A_{19}～A_{13})只有在全为高电平时，与非门的输出和 74LS138 配合，才使 2764 的芯片选择信号有效。允许 8088 CPU 经过系统总线读出 2764 中的程序或数据信息。

5.3 存储器管理

5.3.1 IBM PC/XT 中的存储空间分配

IBM PC/XT 计算机中的 CPU 为 8088，8088 能够寻址 1 MB 的内存空间。通常把这 1 MB 空间分为三个区，即 RAM 区、保留区和 ROM 区。

RAM 区为前 640 KB 空间，是用户的主要工作区。保留区 128 KB 空间用作字符/图形显示缓冲器区域。单色显示适配器使用 4 KB 的显示缓存区，彩色字符/图形显示适配器需要 16 KB 空间显示缓冲区。对于高分辨率的显示适配器而言，则需要更大容量的缓冲区。存储空间的最后 256 KB 为 ROM 区的前 192 KB 存放系统的控制 ROM，包括高分辨率显示适配器的控制 ROM 及硬盘驱动器的控制 ROM。若用户要安装固化在 ROM 中的程序，则可使用 192 KB ROM 区中尚未使用的区域；最后的 64 KB 存储器是基本系统 ROM 区。一般最后 40 KB 是基本 ROM，其中的 8 KB 为基本输入输出系统 BIOS，32 KB 为 ROM BASIC。存储空间的分配如表 5-5 所示。

表 5-5　IBM PC/XT 存储器空间分配表

地址范围	名　　称	功　　能
00000H～9FFFFH	640 KB 基本 RAM	用户区
0A0000H～0BFFFFH	128 KB 显示 RAM	保留给显示卡
0C0000H～0EFFFFH	192 KB 控制 ROM	保留给硬盘适配器和显示卡
0F0000H～0FFFFFH	系统板上 64 KB ROM	BIOS，BASIC 用

5.3.2　扩展存储器及其管理

80286、80386、80486 等 CPU 组成的微型计算机大多配置了 4～16 MB 的内存，Pentium 以上的 PC 机则配置了 32～64 MB 甚至更多的内存。本节将扼要介绍这些内存空间的管理及使用方法。

1. 寻址范围

不同 CPU 因地址线数目的不同，其寻址范围也不同，如表 5-6 所示。

表 5-6　各型 CPU 的寻址能力

CPU	数据总线	地址总线	寻址范围	支持操作系统
8088/8086	8/16 位	20 位	1 MB	实方式
80286	16 位	24 位	16 MB	实、保护方式
80386	32 位	32 位	4 GB	实、保护、虚拟 86 方式
80486	32 位	32 位	4 GB	实、保护、虚拟 86 方式
Pentium	64 位	36 位	64 GB	实、保护、虚拟 86 方式

2. 存储器管理

1) 存储器管理机制

计算机中的物理存储器，每一个单元占用唯一的一个物理地址。在 80386 CPU 的指令系统中，物理地址由两个地址段基址和偏移地址共同组成。这两个地址由地址转换机制把程序地址转换或映射为物理存储器地址。这种办法同样支持虚拟地址的概念。

广泛使用的存储器管理机制是分段和分页管理，它们都是使用驻留在存储器中的各种表格，规定各自的转换函数。这些表格只允许操作系统进行访问，而应用程序不能对其修改。这样，操作系统为每一个任务维护一套各自不同的转换表格，其结果是每一任务有不同的虚拟地址空间，并使各任务彼此隔离开来，以便完成多任务分时操作。

80386 使用的段机制把虚拟地址空间转换为一个中间地址空间的地址，这一中间地址空间称为线性地址空间，然后再用分页机制把线性地址转换为物理地址，如图 5-21 所示。

虚拟地址空间是二维的，所包含的段数最大可到 16 K 个，每个段最大可到 4 GB，从而构成 64 000 GB 容量的庞大虚拟地址空间。线性地址空间和物理地址空间都是一维的，其容量为 $2^{32}=4$ GB。事实上，分页机制被禁止使用时，线性地址就是物理地址。

80386 以后的微处理器均支持三种工作方式，即实地址方式、虚地址保护方式和 Virtual86 方式；80286 只有实地址方式和虚拟地址保护方式两种工作方式；8086/8088 仅工作在实地址方式。

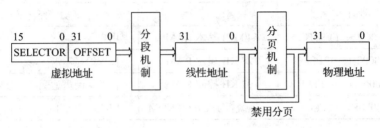

图 5-21　虚拟地址——物理地址转换

2) 虚拟存储器概念

虚拟存储技术建立在主存和大容量辅存物理结构基础之上，由附加硬件装置及操作系统内的存储管理软件组成的一种存储体系，它将主存和辅存(硬盘)的地址空间统一编址，提供比实际物理内存大得多的存储空间。在程序运行时，存储器管理软件只是把虚拟地址空间的一小部分映射到主存储器，其余部分则仍存储在磁盘上。当用户访问存储器的范围发生变化时，处于后台的存储器管理软件再把用户所需要的内容从磁盘调入内存，用户感觉起来就好像在访问一个非常大的线性地址空间。这样一种机制使编程人员在写程序时，不用考虑计算机的实际内存容量，可以写出所需使用的存储器比实际配置的物理存储器大很多的程序。虚拟存储器很好地解决了计算机存储系统对存储容量、单位成本和存取速度的苛刻要求，取得了三者间的平衡。

在虚拟存储系统中，基本信息传送单位可采用段、页和段页几种不同的方式。

80386 以后的 CPU 上，分页机制是支持虚拟存储的最佳选择，因为它使用固定大小的块。

3) 保护方式

保护含义有二，一是每一个任务分配不同的虚地址空间，使任务之间完全隔离，实现任务间的保护；二是任务内的保护机制，保护操作系统存储段及其专用处理寄存器不被用户应用程序所破坏。

操作系统存储在单独的任务段中，并被所有其他任务共享，每个任务有自己的段表和页表。

在同一任务内，定义 0~3 共计四种特权级别(0 级最高)。定义为最高级中的数据只能由任务中最受信任的部分进行访问。特权级可以看成四个同心圆，内层最高，外层最低。特权级的典型用法是把操作系统的核心放在 0 级，操作系统的其余部分放在 1 级，而应用程序放在 3 级，其余部分供中间软件用。不同的软件只能在自己的特权级中运行，这样就可避免应用程序对操作系统内核的破坏，使系统运行更加可靠。

4) 分段机制

分段机制是存储器管理机制的第一部分。80386 的分段模式，使用两个部分的虚拟地址，即段部分和偏移量部分。段部分由 CS、DS、SS、ES、GS、FS 共 6 个段寄存器构成。80386 为地址偏移部分提供了灵活的机制。使用存储器操作时，每条指令规定了计算偏移量的方式。

8 个通用寄存器 EAX~EDI 的任意一个都可用作基址寄存器，除堆栈指针外，其余的七个寄存器 EAX～EDI 又可以被用作变址寄存器。地址的偏移由基地址 + [变址寄存器的内容] × 比例因子 + 位移量后形成。这种寻址方式非常适用于高级语言。

段是形成虚拟到线性地址转换机制的基础。每个段由三个参数定义：

(1) 段的基地址：即线性空间中段的开始地址。基地址是线性地址空间对应于段内偏移量为 0 的虚拟地址。

(2) 段的界限(Limit)：指段内可以使用的最大偏移量，它指明该段的范围大小。

(3) 段属性：可读出或写入段的特权级等。

以上三个参数都存储在段的描述符中，而描述符又存于段描述符表中，即描述符表是描述符的一个数组，虚拟地址向线性地址转换时需要访问描述符。

5) 分页机制

分页机制是存储器管理机制的第二部分。分页机制的特点是所管理的存储器块具有固定的大小，它把线性地址空间中的任何一页映射到物理空间中的一页。分页转换函数由称为页表的存储器常驻表来描述。可把页表看成 2^{20} 个物理地址的数组，线性地址向物理地址转换就是一个简单的数组查询过程，线性地址的低 12 位给出页内偏移量，然后将此页的偏移加到页基地址上，由于页基地址是与 4 KB 边界对齐的，即基地址的低 12 位为全零，故偏移量就是物理地址的低 12 位，页基地址提供物理地址的高 20 位，该基地址是把线性地址的高 20 位作为索引，从而在页表中查到的。在 80386 中共有 2^{20} 个表项，每项占 4 B，需 4 MB 物理空间。为节约内存，分为两级页表机构，第一级用 1 K 个表项，每项 4 B，占 4 KB 内存；第二级再用 10 位，占 1 KB 内存，这样两级表组合起来即可达到 2^{20} 个表项。有了以上关于大容量内存的管理手段，就可支持多用户多任务的操作系统，例如 UNIX 操作系统。

6) 虚拟 8086 方式

这是 80386、80486 和 Pentium 的一种新的工作方式，该方式支持存储管理，保护及事务环境中执行 8086 程序。它创建了一个在虚拟 8086 方式下执行 8086 程序的任务的环境，使操作系统能够运行 DOS 下的程序。

7) 实地址方式

实地址方式是 80286～Pentium 最基本的工作方式，与 8086/8088 工作方式基本相同，寻址范围只能在 1 MB 范围内，故不能管理和使用扩展存储器。复位时，启动地址为 FFFF0H，此地址通常安排一个跳转指令，转至上电自检和自举程序。另外，地址为 0～03FFH 的内存区域保留为中断向量区。可以认为实地址方式只使用低 20 位地址线，寻址 1 MB 内存空间，与 8086/8088 工作情况是一致的。80386 以上的指令系统中除了 9 条保护方式指令外，其余均可在实地址方式下运行。显然在实地址方式下，8086 系统对存储器是按分段的方法进行管理的。

8) 虚地址保护方式

虚地址保护方式即上面所讲的虚拟存储器管理机制。

在这种方式下，虚拟存储器地址是一种概念性的逻辑地址，并非实际物理地址。虚拟存储系统是在存储体系层次结构基础上，通过存储器管理部件 MMU，进行虚拟地址和实地址自动变换而实现的，变换过程对每个编程者完全透明。

80386 以上的 CPU 的存储器管理功能大致相同：采用分段分页管理方式，分段尺寸可达 4 GB；采用高速缓冲存储器和转换后备缓冲器加速地址变换；支持保护功能，实现任务间特权级数据和代码保护。

5.4 内部存储器技术的发展

现在的微型计算机半导体存储器是以内存条的形式提供的。内存条有很多种类，从先前的 EDO DRAM 到一般的 SDRAM，以及现在的 DDR-SDRAM、RDRAM 等。

1. 扩展数据输出动态随机访问存储器 EDO DRAM

EDO RAM(Extended Data Output RAM)是一种在通常 DRAM 中加入一块静态 RAM(SRAM)而生成的动态存储器(DRAM)。因为静态 RAM 的访问速度要快于 DRAM，会加快访问内存的速度。EDO RAM 有时作为二级缓存和 ESD RAM(带缓存的 RAM)一起使用。装入 EDO RAM 中 SRAM 部分中的数据可以被处理器以 15 ns 的速度访问。如果数据不在 SRAM，需要 35 ns 时间从 DRAM 中获得。EDO RAM 是一种随机访问存储器芯片，它供快速处理器，如 Pentium 进行快速地内存访问。

2. 同步动态随机访问存储器 SDRAM

同步动态随机存储器 SDRAM 是 Synchronous Dynamic Random Access Memory 的缩写。SDRAM 内部存储体的单元存储电路仍然是标准的 DRAM 存储体结构，只是在工艺上进行了改进，如功耗更低、集成度更高等。与传统的 DRAM 相比，SDRAM 在存储体的组织方式和对外操作上则表现出较大差别，特别是在对外操作上能够与系统时钟同步操作。

处理器访问 SDRAM 时，SDRAM 的所有输入或输出信号均在系统时钟 CLK 的上升沿被存储器内部电路锁定或输出，也就是说 SDRAM 的地址信号、数据信号以及控制信号都是 CLK 的上升沿采样或驱动的。这样做的目的是为了使 SDRAM 的操作在系统时钟 CLK 的控制下，可与系统的高速操作严格同步进行，从而避免因读写存储器产生"盲目"等待状态，以此来提高存储器的访问速度。

在传统的 DRAM 中，处理器向存储器输出地址和控制信号，说明 DRAM 中某一指定位置的数据应该读出或应该将数据写入某一指定位置，经过一段访问延时之后，才可以进行数据的读取或写入。在这段访问延时期间，DRAM 进行内部各种动作，如行列选择、地址译码、数据读出或写入、数据放大等，外部引发访问操作的主控器则必须简单地等待这段延时，因此降低了系统的性能。

然而，在对 SDRAM 进行访问时，存储器的各项动作均在系统时钟的控制下完成，处理器或其他主控器执行指令通过地址总线向 SDRAM 输出地址编码信息，SDRAM 中的地址锁存器锁存地址，经过几个时钟周期之后，SDRAM 便进行响应。在 SDRAM 进行响应(如行列选择、地址译码、数据读出或写入、数据放大)期间，因对 SDRAM 操作的时序进行确定(如突发周期)，处理器或其他主控器能够安全地处理其他任务，而无需简单地等待，进而提高了整个计算机系统的性能，简化了使用 SDRAM 进行存储器系统的应用设计。

在 SDRAM 内部控制逻辑中，SDRAM 采用了突发模式以减小地址的建立时间和第一次访问之后行列预充电时间。在突发模式下，在第一个数据项被访问之后，一系列的数据项能够迅速按时钟同步读出。当进行访问操作时，如果所有要访问的数据项是按顺序进行的，并且都处于第一次访问之后的相同行中，则这种突发模式非常有效。

另外，SDRAM 内部存储体都采用能够并行操作的分组结构，各分组可以交替地与存储器外部数据总线交换信息，从而提高了整个存储器芯片的访问速度；SDRAM 中还包含特有的模式寄存器和控制逻辑，以配合 SDRAM 适应特殊系统的要求。

由 SDRAM 构成的系统存储器，已经广泛应用于现代微型机中并且成为主流。

随着 Pentium Ⅳ 的出现，FSB 时钟频率由原来的 133 MHz 逐步提升到 266 MHz、333 MHz、400 MHz、533 MHz、800 MHz，这样又出现了高速的 DDR SDRAM。DDR SDRAM 的全称是 Double Data Rate Synchronous Dynamic Random Access Memory，即双数据速率的 SDRAM。

3. 突发存取的高速动态随机存储器 Ra MBus DRAM

Ra MBus DRAM 简称为 RDRAM，是继 SDRAM 之后的新型高速动态随机存储器。RDRAM 与以前的 DRAM 不同的是，RDRAM 在内部结构上进行了重新设计，并采用了新的信号接口技术，因此，RDRAM 的对外接口也不同于以前的 DRAM，它们由 Ra MBus 公司首次提出，后被计算机界广泛接受与生产，主要应用于计算机存储器系统、图形、视频和其他需要高带宽、低延迟的应用场合。现在，INTEL 公司推出的 820/840 芯片组均支持 RDRAM 应用。

目前，RDRAM 的容量一般为 64 MB/72 MB 或 128 MB/144 MB，组织结构为 4 M 或 8 M×16 位或 4 M 或 8M×18 位，具有极高的速度，使用 Ra MBus 信号标准(RSL)技术，允许在传统的系统和板级设计技术基础上进行 600 MHz 或 800 MHz 的数据传输，RDRAM 能够在 1.25 ns 内传输两次数据。

从 RDRAM 结构上看，它允许多个设备同时以高速的带宽随机寻址存储器。传输数据时，数据总线对行、列进行单独控制，使总线的使用效率提高 95%以上，RDRAM 中的多组(可分成 16、32 或 64 组)结构支持最多 4 组的同时传输。通过对系统的合理设计，可以设计出灵活的、适应于高速传输的、大容量的存储器系统，对于 18 位的内部结构，还支持高带宽的纠错处理。

由 RDRAM 构成的系统存储器已经开始应用于现代微机之中，并成为服务器及其他高性能计算机的主流存储器系统。

存储器技术在飞速发展，计算机性能在不断提高，而高速 CPU 芯片的不断问世，又促使高速总线系统、高速存储器、高速 I/O 接口电路芯片的产生和发展。

5.5 外部存储器

外部存储器就是在微型计算机系统中通过 I/O 接口电路连接的存储器。常用的外部存储器包括硬盘、软盘、磁带、CD-ROM 及存储卡等。与内存相比，外部存储器的容量非常大，但速度慢。内存中的信息一旦停电，所存储的信息便立即消失。虽然 ROM 停电后能保存信息，但它只能读出，不能在线写入，只能存放一些相对不变化的信息和数据，如 BIOS 等。外部存储器弥补了这些缺陷，它为计算机提供了大容量、永久性的存储功能。

5.5.1 硬盘及硬盘驱动器

硬盘的存储容量大，存取速度较高，是目前微机系统配置中必不可少的外部存储器。

1. 硬盘的基本结构

微机系统中配置的硬盘均为固定盘片结构，由封装在铸铝腔体中的磁头、磁盘组件与控制电路组件组成。这种结构的硬盘又称为温彻斯特磁盘，简称温盘。

2. 硬盘的工作原理

硬盘是一种磁表面存储器，是在非磁性材料或玻璃基片表面形成的薄型磁性涂层，通过磁层的磁化方向来存储数据。目前采用高密度、高剩磁、高矫顽力的金属薄膜工艺制造。

硬盘驱动器由磁盘和磁头及控制电路组成，信息存储在磁盘上，磁头负责读出或写入。磁盘机加电后，其磁盘片就开始高速旋转(所谓 5400 转或 7200 转就是指盘片的转动速度)。

磁头采用轻质薄膜部件，盘片在高转速下产生的气流浮力迫使磁头离开盘面悬浮在盘片上方，浮力与磁头座架上弹簧的反向弹力使得磁头保持平衡。这样的非接触式磁头可以有效地减小磨损和由摩擦产生的热量及阻力。当硬盘接到一个系统读取数据指令后，磁头根据给出的地址，首先按磁道号产生的驱动信号进行定位，然后再通过盘片的转动找到具体的扇区，最后由磁头读取指定位置的信息并传送到硬盘 Cache 中，Cache 中数据通过硬盘接口与外界进行交换。

3. 硬盘上信息的存储格式

磁盘划分为记录面、柱面和扇区。硬盘由多盘片组成，盘片两面记录数据。磁盘上数据由磁头读出，磁盘的面数与磁头数量一致。一般用磁头号来代替记录面号。磁盘面上一系列同心圆称为磁道。每个盘片面通常有几十到几百个磁道，每个磁道又分为若干个扇区。磁道从外向内依次编址，最外同心圆叫 0 磁道，最里面的同心圆叫 n 磁道。所有记录面上同一编号的磁道构成柱面，柱面数等同于每盘面上的磁道数。

磁道被划分为若干个扇区。扇区可以连续编号，也可以间隔编号。磁盘记录面经这样编址后，就可用 n 磁道 m 扇区的磁盘地址找到实际磁盘上与之相对应的记录区。磁头号用以说明本次处理是在哪一个记录面上。对活动头磁盘组来说，磁盘地址是由磁头号、磁道号和扇区号三部分组成。

信息在磁道上按扇区存放，每个扇区中定量存放数据(一般为 512 个字节)，各个扇区存放的字节数相同。因为磁道是一个闭合的同心圆，为进行读/写操作，就必须定出磁道的起始位置，这个起始位置称为索引。索引标志在传感器检索下产生脉冲信号，通过磁盘控制器处理便可定出磁道起始位置。

磁盘存储器的每个扇区记录定长数据，读/写操作是以扇区为单位逐位串行读出或写入。每一个扇区记录一个记录块。数据在磁盘上的记录格式如图 5-22 所示。

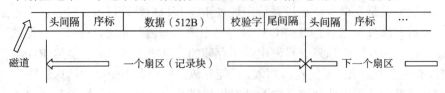

图 5-22 硬盘记录格式

每个扇区的记录块由头部间隔段、序标段、数据段、校验字段及尾部间隔段组成。其中头部间隔段预留一定时间作为磁盘控制器的读写准备时间,序标用来作为磁盘控制器的同步定时。序标之后是本扇区所记录的数据,数据之后是校验字,它用来校验磁盘读出的数据是否正确。

一般来说,如果知道一个硬盘的柱面数、磁头数和扇区数,就可以知道该硬盘的存储容量(每个扇区的字节数为 512 字节)。例如,柱面数为 4096,磁头数为 16,扇区数为 63 的硬盘容量为 $16 \times 4096 \times 63 \times 512 = 2.1$ GB。

4. 硬盘和主机的数据传送方式

硬盘和主机的数据传送方式主要有 PIO(Programmed I/O)模式和 DMA(Direct Memory Access)模式两种。

早期硬盘与主机之间以 PIO 模式进行数据传送。PIO 模式通过 CPU 执行程序,用 I/O 指令完成数据传送。由于完全用软件来控制,所以灵活性非常好。其缺点是数据传送速度不高,PIO 模式的传输速率为 8~16 MB/s。

由于硬盘容量的增大和读写速度的提高,要求硬盘接口有更高的传输率,DMA 应运而生。它的传输速率为 33.3 MB/s,是 PIO 模式的 2 倍。它使用突发模式在硬盘与内存之间直接进行数据传输。此外,它采用总线主控方式,由 DMA 控制器控制硬盘读写,因此节省了 CPU 资源。

DMA 模式在数据传送过程中不通过 CPU 而直接在外设与内存之间完成数据传送。

5. 硬盘与主机的接口标准

最常用的硬盘接口标准有 ATA(也称 IDE 或 EIDE)和 SCSI 两种,它们定义了外部存储器(如硬盘、光盘等)和主机的物理接口。

EIDE 接口用于普通微机中,多数主板内置有一个或两个 EIDE 接口,用户只需将硬盘数据线插到 EIDE 接口即可。每个 EIDE 接口可支持连接在同一数据线上的两台设备,一个主设备和一个从设备。EIDE 接口采用 PIO 或 DMA 传输模式,其传输速率如上所述为 8~100 MB/s。由于 EIDE 接口的硬盘其内部数据传输率小于 50 MB/s,所以实际数据传输率受到限制。EIDE 接口的优点是简单、成本低;缺点是传输速度低、连接设备少,且 CPU 占用率较高。

SCSI 接口采用了总线主控技术,该接口来控制数据传送操作以减少 CPU 负荷,SCSI 接口性能较 EIDE 接口提高了很多。多种类型的 SCSI 接口数据传输速率均不相同,常用的数据传输速率为 20 MB/s、40 MB/s、80 MB/s 和 160 MB/s。SCSI 接口的设备连接能力非常强,一个 SCSI 接口可以连接多达 15 台外部设备。

由于 SCSI 接口的传输速率高、可靠性好、CPU 占用率低、连接设备多,所以它多用于网络服务器和工作站系统。SCSI 接口的缺点是构造复杂,且成本较高。

6. 磁盘(Disk Array)阵列技术

网络系统的重要数据存储在服务器的大容量硬盘中,磁盘阵列就是为满足数据保护而产生的一种数据存储技术。

磁盘阵列是廉价磁盘冗余阵列(RAID,Redundant Array of Inexpensive Disk),属于超大容量的外部存储器系统,它由许多台磁盘机按一定规则(如分条、分块、交叉存取等)组合在一起构成的。通过阵列控制器的控制和管理，磁盘阵列系统能够将几个、几十个甚至几百个盘组合起来，使其容量高达数 TB。RAID 技术有多种实现方式，通常采用的有 RAID0、RAID1、RAID5 等三种。

RAID0 是以带区形式在两个或多个物理磁盘上存储数据的卷(卷是操作系统管理硬盘空间的一种逻辑结构，它可以占据一个硬盘的部分区域，也可以占据整个硬盘或跨越多个硬盘)。带区卷上的数据被交替、均匀(以带区形式)地分配给这些磁盘。带区卷是所有 RAID 方式中性能最佳的，但它不提供容错。如果带区卷上的磁盘失败，则整个卷上的数据都将丢失。

RAID1 就是将数据同时写到两个镜像磁盘上，所以它的可靠性很高。如果镜像盘组中一个物理磁盘出现故障，系统可以使用未受影响的另一个磁盘继续操作。

RAID5 采用分散奇偶校验冗余。它是具有数据和奇偶校验的容错卷，数据和奇偶校验部分有时分布于三个或更多的物理磁盘上。奇偶校验是用于在失败后重建数据的计算值。如果物理磁盘的某一部分出现错误，就可以用其他卷上的数据和奇偶校验重新创建磁盘上出错的数据。RAID5 卷也称为带奇偶校验的带区集。

5.5.2 光盘存储器

随着多媒体技术及应用软件向大型化方向发展，诞生了高容量、高速度、工作稳定可靠、耐用性强的 CD-ROM 和 DVD 等产品。

1. 光盘及光盘驱动器的技术指标

1) 容量

一张 CD-ROM 盘的标准容量为 640 MB，也有 580 MB 和 700 MB 规格的。

2) 数据传输率

早期的 CD-ROM 驱动器的数据传输率是 150 KB/s，一般把这种速率称为 1 倍速，记为"1X"；数据传输率为 300 KB/s 的 CD-ROM 驱动器称为 2 倍速光驱，记为"2X"，依次类推。目前常见的光驱有"36X"、"40X"、"50X"等。对于一般应用来说，目前的光驱速度已不成问题，用户更关心的是光驱的读盘能力，即它的纠错能力。

3) 缓冲存储器

缓冲存储器是在光驱中内置的 RAM 存储器，它用来暂存 CD-ROM 中读出的数据，以便能够保持以恒定的数据传输率向主机传送数据。CD-ROM 驱动器中缓冲存储器的容量一般为 64 KB，最大可达 256 KB。

4) 读取时间

读取时间是指 CD-ROM 驱动器接收到命令后，移动光学头到指定位置，把第一个数据读入 CD-ROM 驱动器的缓冲存储器的过程所花费的时间。目前，CD-ROM 驱动器的读取时间一般在 200～400 ms。

2. 光盘的种类

光盘从读写方式上讲，主要有以下几种。

1) 只读光盘

只读光盘(CD-ROM，CD，VCD，LD)均是一次成型的产品，由一种称作母盘的原盘压制而成，一张母盘可以压制数千张光盘。其最大特点是盘上信息一次制成，可以复读而不能再写。一般用来听音乐的 CD 盘，VCD 影碟以及存放程序文件和游戏节目的 CD-ROM 均属此类。这种光盘的数据存储量一般在 650～700 MB。

2) DVD 数字视盘

DVD(Digital Video Disc，Digital Versatile Disk)是 1996 年底推出的新一代光盘标准，主要用于存储视频图像。单个 DVD 盘片上能存放 4.7～17.7 GB 的数据。目前其最大传输速率是 2 MB/s 左右。

3) 一次性刻录光盘 CD-R

CD-R 是只能写入一次的光盘。它需要用专门的光盘刻录机将信息写入，刻录好的光盘不允许再次更改。这种光盘的容量一般为 650 MB。

4) 可擦写的光盘

可擦写的光盘(MO，PD，CD-RW)与 CD-ROM 光盘本质的区别是可以重复读写。也就是说，对于存储在光盘上的信息，可以根据操作者的需要而自由更改、读出、拷贝、删除。MO 光盘、PD 光盘、CD-RW 均属此类。这里仅简单介绍一下 MO 磁光盘。

MO 的全名是 Magneto Optical Disk，是光学与磁学结合而成的一种存储技术。MO 盘的表面含有磁性物质，这些磁性物质在高温下就能被磁化。当信息要写进 MO 盘的时候，激光会聚焦在指定的位置而产生大约 300 度的高热，MO 光盘机的磁鼓便会根据写入的信息而把 MO 碟的磁性物质磁化；MO 光盘机利用另一激光去阅读 MO 光盘上磁性物质的极性，反射回来的激光会根据磁性物质的极性而产生不同的偏振角度，检测这个偏振角度，便可以知道所存储的信息。由于 MO 碟的磁性物质磁化的次数不限，所以 MO 光盘便可以不限次数地读写。市面上流行的 3.5 寸 MO 光盘容量有 230 MB、640 MB 和 1.5 GB 三种。

5.6 新型存储器

随着存储器技术的不断发展，新的存储器在不断涌现，在容量、体积、速度等方面大大超越已有的存储器。

5.6.1 Flash 存储器

闪存的英文名称是 Flash Memory，一般简称为 Flash，它也属于内存器件的一种。不过闪存的物理特性与常见的内存有根本性的差异：目前各类 DDR、SDRAM 或者 RDRAM 都属于挥发性(Volatile)内存，只要停止电流供应，内存中的数据便无法保持，因此每次电脑开机都需要把数据重新载入内存；闪存则是一种不挥发性(Non-Volatile)内存，在没有电流供应的条件下也能够长久地保持数据，其存储特性相当于硬盘，这项特性正是闪存得以成为各类便携型数字设备的存储介质的基础。

Intel 于 1988 年首先开发出 NOR Flash 技术，彻底改变了原先由 EPROM 和 EEPROM

一统天下的局面。紧接着，1989 年，东芝公司发表了 NAND Flash 结构，强调降低每比特的成本，拥有更高的性能，并且象磁盘一样可以通过接口轻松升级。

NOR Flash 的特点是芯片内执行(XIP，eXecute In Place)，这样应用程序可以直接在 Flash 闪存内运行，不必再把代码读到系统 RAM 中。NOR 的传输效率很高，在 1～4 MB 的小容量时具有很高的成本效益，但是很低的写入和擦除速度大大影响了它的性能。

NAND Flash 结构能提供极高的单元密度，可以达到高存储密度，并且写入和擦除的速度也很快。应用 NAND 的困难在于 Flash 的管理和需要特殊的系统接口。

从性能角度来说，由于 Flash 闪存是非易失存储器，可以对称为"块"的存储器单元块进行擦写和再编程。任何 Flash 器件的写入操作只能在空或已擦除的单元内进行，所以大多数情况下，在进行写入操作之前必须先执行擦除。NAND 器件执行擦除操作是十分简单的，而 NOR 则要求在进行擦除前先要将目标块内所有的位都写为 0。由于擦除 NOR 器件时是以 64～128 KB 的块进行的，执行一个写入/擦除操作的时间为 5 s；与此相反，擦除 NAND 器件是以 8～32 KB 的块进行的，执行相同的操作最多只需要 4 ms。

从接口方面来说，NOR Flash 带有 SRAM 接口，有足够的地址引脚来寻址，可以很容易地存取其内部的每一个字节。NAND 器件使用复杂的 I/O 口来串行地存取数据，各个产品或厂商的方法可能各不相同。8 个引脚用来传送控制、地址和数据信息。NAND 读和写操作采用 512 字节的块，这一点有点像硬盘管理此类操作，很自然地，基于 NAND 的存储器就可以取代硬盘或其他块设备。

从容量和成本来说，NAND Flash 的单元尺寸几乎是 NOR 器件的一半，由于生产过程更为简单，NAND 结构可以在给定的模具尺寸内提供更高的容量，也就相应地降低了价格。NOR Flash 占据了容量为 1～16 MB 闪存市场的大部分，而 NAND Flash 只是用在 8～128 MB，甚至容量更大的产品当中，这也说明 NOR 主要应用在代码存储介质中，NAND 适合于数据存储，NAND 在 CompactFlash、Secure Digital、PC Cards 和 MMC 存储卡市场上所占份额最大。

Flash 的出现，极大的带动了数码产品的发展，数码相机、MP3 播放器、掌上电脑、手机等数字设备是闪存最主要的市场。手机领域以 NOR 型闪存为主，闪存芯片被直接做在内部的电路板上，但数码相机、MP3 播放器、掌上电脑等设备要求存储介质具备可更换性，这就必须制定出接口标准来实现连接，因此闪存卡技术应运而生。闪存卡是以闪存作为核心存储部件，此外它还具备接口控制电路和外在的封装，从逻辑层面来说可以和闪盘归为一类，只是闪存卡具有更浓的专用化色彩，而闪盘则使用通行的 USB 接口。由于历史原因，闪存卡技术未能形成业界统一的工业标准，许多厂商都开发出自己的闪存卡方案。

1. CF 卡(Compact Flash)

CF 卡是美国 SanDisk 公司于 1994 引入的闪存卡，可以说是最早的大容量便携式存储设备。它的大小只有 43 mm × 36 mm × 3.3 mm，相当于笔记本电脑的 PCMCIA 卡体积的四分之一。CF 卡内部拥有独立的控制器芯片，具有完全的 PCMCIA-ATA 功能，它与设备的连接方式同 PCMCIA 卡的连接方式类似，只是 CF 卡的针脚数多达五十针。这种连接方式稳定而可靠，并不会因为频繁插拔而影响其稳定性。CF 卡没有任何活动的部件，不存在物理坏道之类的问题，而且拥有优秀的抗震性能，CF 卡比软盘、硬盘之类的设备要安全可靠；

CF卡的功耗很低，它可以自适应3.3伏和5伏两种电压，耗电量大约相当于桌面硬盘的百分之五。这样的特性是出类拔萃的，CF卡出现之后便成为数码相机的首选存储设备。经过多年的发展，CF卡技术已经非常成熟，容量从最初的4 MB飙升到如今的4 GB，价格也越来越平实，受到各数码相机制造商的普遍喜爱。CF卡目前在数码相机存储卡领域的市场占有率排在第二位。

2. MMC卡(MultiMediaCard)

MMC卡是SanDisk公司和德国西门子公司于1997年合作推出的新型存储卡，它的尺寸只有32 mm×24 mm×1.4 mm，大小同一枚邮票差不多；其重量也多在2克以下，并且具有耐冲击、可反复读写30万次以上等特点。从本质上看，MMC与CF其实属于同一技术体系，两者结构都包括快闪存芯片和控制器芯片，功能也完全一样，只是MMC卡的尺寸超小，而连接器也必须做在狭小的卡里面，导致生产难度和制造成本都很高、价格较为昂贵。MMC主要应用于移动电话和MP3播放器等体积小的设备，而由于体积限制，MMC卡的容量提升较为困难。MMC4.0标准的极速1-2 GB MMC存储卡问世，新标准的MMC多媒体存储卡读取速度最高达到了150倍速(22.5 MB/S)，而写入速度也达到了惊人的120倍速(18 MB/S)。

3. SD卡(Secure Digital)

SD卡的英文全称是Secure Digital Card，意为安全数码卡，它由日本松下公司、东芝公司和美国SanDisk公司共同研制。SD卡仍属于MMC标准体系，SD比MMC卡多了一个进行数字版权保护的暗号认证功能(SDMI规格)，故而得名。

SD卡的尺寸为32 mm×24 mm×2.1 mm，面积与MMC卡相同，只是略厚一些而已。但SD卡的容量比MMC卡高出甚多，SanDisk和松下公司都已推出容量高达1 GB以上的SD卡。读写速度快是SD卡的另一个优点，它的最高读写速度已突破20 MB/s、几乎达到闪存读写速度的极限。此外，SD卡还保持对MMC卡的兼容，支持SD卡的插口大多数都可以支持MMC卡。更重要的是，SD卡比MMC卡易于制造，在成本上有不少优势。SD卡也得到了广泛应用，在MP3播放器、移动电话、数码相机、掌上电脑及便携式摄像机上都有其应用，目前SD卡接口支持者除了东芝、松下和SanDisk外，还包括卡西欧、惠普、摩托罗拉、NEC、先锋和Palm等公司。

4. SM卡(SmartMedia)

SM卡被称为"智能型媒体卡"，尺寸为37 mm×45 mm×0.76 mm，SM卡的功能较为单一，用户必须使用配有读写及控制功能的专用设备才能对其操作，SM卡规范的升级变化比较大。

5.6.2 蓝光光盘

在全球的光存储市场中，CD、CD-ROM、DVD-ROM、DVD±RW等产品被广泛采用。虽然当前DVD在存储的密度及读写速度方面和CD相比，已经有了长足的进步，但它们都采用红色激光波段进行数据的读取和刻写，使得光存储的密度及读写速度提高的步伐还算不上太大。而新一代蓝光DVD技术采用全新的蓝色激光波段进行工作，存储容量可翻将近 6 倍之多，使高密度光存储的技术突破步伐迈得很大。

蓝光光盘组织(Blu-ray Disc Founders)成立于 2002 年 5 月，由支持推广蓝光光盘格式应用的 9 家厂商组成，包括日立、LG 电子、松下、先锋、飞利浦、三星电子、夏普、索尼和汤姆逊，此后加入的 4 家为戴尔、惠普、三菱电子和 TDK。

蓝光光盘组织于 2003 年 2 月开始提供新一代光盘规格"蓝光光盘"的技术授权。此次的授权对象是用于录像机的可擦写光盘规格。蓝光光盘组织于 2002 年 6 月公布了该规格的说明书，要想开发、生产和销售基于蓝光光盘的可擦写产品，主要来说必须签定以下两个授权合同：一个是有关可擦写规格的格式和商标，蓝光光盘可擦写格式和商标授权协议(Blu-ray Disc Rewritable Format and Logo License Agreement)，要与该组织的 9 家公司签定合同；另一个是有关可擦写规格的版权保护技术，蓝光光盘可擦写规格的内容保护系统授权协议(Content Protection System Adopters Agreement for Blu-ray Disc Rewritable)，要与索尼、松下、飞利浦等 3 家公司签定合同。两个合同期限均为自签字之日起的 10 年时间。由索尼负责对外授权业务。另外，此次的合同不包括蓝光光盘规格的相关专利授权(版权保护技术除外)，相关专利授权必须单独与各企业签定合同。

当前流行的 DVD 技术采用波长为 650 nm 的红色激光和数字光圈为 0.6 的聚焦镜头，盘片厚度为 0.6 mm。而蓝光 DVD 技术采用波长为 450 nm 的蓝紫色激光，通过广角镜头上比率为 0.85 的数字光圈，成功地将聚焦的光点尺寸缩得极小程度。此外，蓝光 DVD 的盘片结构中采用了 0.1 mm 厚的光学透明保护层，以减少盘片在转动过程中由于倾斜而造成的读写失常，这使得盘片数据的读取更加容易，并为极大地提高存储密度提供了可能。

蓝光 DVD 盘片的轨道间距减小至 0.32 mm，仅仅是当前红光 DVD 盘片的一半，而其记录单元——凹槽(或化学物质相变单元)的最小直径是 0.14 mm，也远比红光 DVD 盘片的 0.4 mm 凹槽小得多。蓝光 DVD 单面单层盘片的存储容量被定义为 23.3 GB、25 GB 和 27 GB，其中最高容量(27 GB)是当前红光 DVD 单面单层盘片容量(4.7 GB)的近 6 倍，这足以存储超过 2 小时播放时间的高清晰数字视频内容，或超过 13 小时播放时间的标准电视节目(VHS 制式图像质量，3.8 MB/s)。这仅仅是单面单层实现的容量，就像传统的红光 DVD 盘片一样，蓝光 DVD 同样还可以做成单面双层、双面双层。

5.6.3 固态硬盘

固态硬盘(Solid State Disk)，简称 SSD，由控制单元和存储单元(Flash 芯片)组成，简单的说就是用固态电子存储芯片阵列而制成的硬盘。固态硬盘的接口规范和定义、功能及使用方法上与普通硬盘的完全相同，在产品外形和尺寸上也完全与普通硬盘一致，包括 3.5、2.5、1.8 寸多种类型。由于固态硬盘没有普通硬盘的旋转介质，因而抗震性极佳，同时工作温度很宽，扩展温度的电子硬盘可工作在 −45℃～+85℃。广泛应用于军事、车载、工控、视频监控、网络监控、网络终端、电力、医疗、航空、导航设备等领域。

目前微机上普遍使用的硬盘都是磁碟型的，数据就储存在磁碟扇区里。而固态硬盘是使用闪存颗粒(Flash Disk)制作而成的，因而其外观和传统硬盘有很大区别。固态硬盘是未来硬盘发展的趋势，不过目前固态硬盘价格还很高昂，尚未普及到普通微机市场。

固态硬盘可以分为两类：

(1) 基于闪存的 SSD，采用 Flash 芯片作为存储介质，这也是我们通常所说的 SSD。它的外观可以被制作成多种模样，例如：笔记本硬盘、微硬盘、存储卡等样式。这种 SSD 固态硬盘最大的优点就是可以移动，而且数据保护不受电源控制，能适应于各种环境，但是使用年限不高，适合于个人用户使用。

(2) 基于 DRAM 的 SSD，采用 DRAM 作为存储介质，目前应用范围较窄。它仿效传统硬盘的设计，可被绝大部分操作系统的文件系统工具进行卷设置和管理，并提供工业标准的 PCI 和 FC 接口用于连接主机或者服务器。应用方式可分为 SSD 硬盘和 SSD 硬盘阵列两种。它是一种高性能的存储器，而且使用寿命很长，美中不足的是需要独立电源来保护数据安全。

固态硬盘有以下优点，首先，数据存取速度快，根据相关测试，数据存储速度比普通硬盘快 20%以上；其次，防震抗摔是固态硬盘的一个特点之一，因为全部采用了闪存芯片，所以固态存储器内部不存在任何机械部件，这样即使在高速移动甚至伴随翻转倾斜的情况下也不会影响到正常使用；第三，固态存储器工作时有静音(固态存储器因为没有机械马达和风扇，工作时噪音值为 0 分贝)、发热量小、散热快的优势；第四，固态存储器在重量方面更轻，与常规 1.8 英寸硬盘相比，重量轻 20～30 克，减少的重量有利于移动设备的携带。

当然固态存储器也有不足之处，不足之处在于数据的可恢复性。一旦在硬件上发生损坏，如果是传统的磁盘或者磁带存储方式，通过数据恢复也许还能挽救一部分数据。但是如果是固态存储，一旦芯片发生损坏，要想在碎成几瓣或者被电流击穿的芯片中找回数据几乎是不可能的。

本 章 小 结

半导体存储器可分为随机读写存储器 RAM 和只读存储器 ROM。静态 RAM 存储器速度快，与微处理器连接方便，但其功耗大，难于提高集成度；动态 RAM 集成度高、功耗小，但需要定时刷新，接口复杂，一般采用 DRAM 控制器对它进行控制。

典型 RAM 和 ROM 芯片通过地址总线、数据总线和控制总线与微处理器相连，实现存储器容量的字、位扩展。存储器的地址译码是存储器系统设计的核心，常用的片选控制译码方法有线选法、全译码、部分译码和混合译码等。

微型计算机通过分段机制和分页机制实现存储管理，分段机制将逻辑地址转换成线性地址，分页机制又将线性地址转换成物理地址。

随着存储器技术的发展，现代微机系统中普遍采用存储器分层的技术。本章介绍了高速缓冲存储器、辅助存储器的工作原理，以及闪速存储器、虚拟存储器以及一些新型存储器技术，读者一定要深刻理解。

习 题

5-1 按存储器在微型计算机中的作用可分成哪几类？简述它们的特点。

5-2 半导体动态 RAM 靠什么原理存储信息？为保证动态 RAM 中的内容不消失，需要进行哪一步操作？

5-3 存储器的性能指标有哪些？

5-4 微型计算机系统中的三级存储体系结构是什么？

5-5 在计算机内部高速缓冲存储器和内存分别使用哪种类型的存储器件？

5-6 存储芯片内的地址译码有哪几种方式？

5-7 比较 EDO-DRAM、SDRAM、DDR-SDRAM、RDRAM 的作用和区别。

5-8 某以 8088 为 CPU 的微型计算机内存 RAM 区为 00000H～3FFFFH，若采用 6264、62256、2164 或 21256 各需要多少片芯片？

5-9 利用全地址译码将 6264 芯片接在 8088 的系统总线上，其所占地址范围为 0BE000H～0BFFFFH，试画连接图。

5-10 已有 2 片 6116，现欲将它们接到 8088 系统中去，其地址范围为 40000H 到 40FFFH，试画连接电路图。利用写入某数据并读出比较，若有错，则在 DL 中写入 01H；若每个单元均正确，则在 DL 中写入 EEH，试编写此检测程序。

5-11 若利用全地址译码将 EPROM 2764(128 或 256)接在首地址为 A0000H 的内存区，试画出电路图。

5-12 采用虚拟存储器的目的是什么？

第6章 输入/输出接口技术

学习目标

本章主要介绍微机系统中的输入/输出接口技术。要求读者掌握接口的概念和功能，微处理器与 I/O 设备之间数据传输的 4 种控制方式，特别是要深刻理解中断和 DMA 的基本概念，熟练掌握编程和使用中断控制器与 DMA 控制的有关技术，掌握它们与 CPU 和外设连接的设计方法。在理解 I/O 接口原理的基础上，进一步学习并行接口、串行接口、定时器、CRT 显示器、键盘、打印机和模/数与数/模接口的知识，了解它们的结构特点，理解其编程方法，掌握接口和微处理器以及外设进行连接的方法，从而掌握系统扩充 I/O 通道的基本方法和规律。

学习重点

(1) I/O 接口的概念、功能和一般结构。
(2) 微处理器与 I/O 设备之间数据传输的控制方式。
(3) 中断的基本概念(包括中断分类、中断向量、中断处理过程、中断优先级及中断嵌套的概念和实现方案)和 8259A 的使用方法。
(4) 并行接口、串行接口、定时器和模/数与数/模接口的结构、原理和编程连接方法。
(5) DMA 的基本概念(包括 DMA 的传送条件、传送过程、DMA 系统总线缓冲器的控制和驱动)，DMA 控制器 8237 的编程以及与 CPU 的连接。
(6) 各种 I/O 接口和微处理器、外设的连接方法，以及设计 I/O 接口的基本规律。
(7) 显示器的基本原理与编程方法。
(8) 键盘的工作原理、与主机连接方法以及编程方法。
(9) 鼠标的基本工作原理及编程方法。
(10) 打印机的基本结构、工作原理及编程方法。

6.1 输入/输出接口概述

6.1.1 输入/输出接口电路

微型计算机接口技术在微机系统设计和应用过程中占有极其重要的地位。无论是系统内部的信息交换还是与系统外部的信息交换，都是通过接口来实现的。所谓接口，是指 CPU 与存储器、外部设备或者两种外部设备之间，再或者两种机器之间通过系统总线进行连接的逻辑部件(或称电路)，它是 CPU 与外界进行信息交换的中转站。

图 6-1 为一个微型计算机的输入/输出接口结构图。可以看出,一个简单的微机系统由 CPU、存储器、基本输入/输出接口以及将它们连接在一起的各种信号线和接口电路组成。

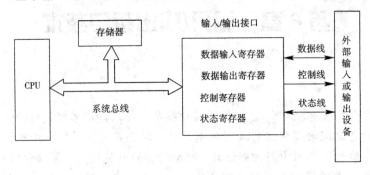

图 6-1 微型计算机的输入/输出接口结构图

外部设备通过接口电路与系统总线相连,即通过接口电路将外设挂接在微机系统中。接口电路的作用是把计算机输出的信息变成外设能够识别的信息,把外设输入的信息转化成计算机所能接受的信息。从微机的结构来看,各种外设、存储器,甚至是多机系统中的微处理器都需通过相应的电路连接到总线上。因此,广义上说接口是指连接计算机各种功能部件,使其构成一个完整实用的计算机系统电路的部件,如总线驱动器、时钟电路、存储器接口、外设接口等。接口电路可以很简单,例如用一个 TTL 三态缓冲器即可构成一个一位长的输入/输出接口电路;也可以是结构复杂,功能很强,通过用户编程使接口电路工作在理想状态下的大规模集成芯片,如 Intel 8255A 并行输入/输出接口、Intel 8259A 中断控制器等。

近年来,各生产厂家也在不断地开发各自的外围接口芯片,包括通用的系统控制器(如内存分配器、DMA 控制器等)、专用设备控制器(如软盘控制器、CRT 显示控制器等)。外围接口电路正在向专用化、复杂化、智能化、组合化方向发展。

1. I/O 信息的组成

CPU 通过接口与外设交换信息,这些信息包括数据信息、状态信息和控制信息。

1) 数据信息

数据信息可分为数字量、模拟量和开关量。

数字量是键盘、CRT、打印机及磁盘等 I/O 外设与 CPU 交换的信息,它是以二进制形式表示的数或以 ASCII 码表示的数或字符。

当微型计算机用于控制系统时,大量的现场信息经过传感器把非电量(如温度、压力、流量、位移等)转换成电量,并经放大处理得到模拟量的电压或电流。

模拟量必须先经过 A/D 转换器转换成数字量才能输入计算机;计算机控制信号的输出也必须先经过 D/A 转换器把数字量转换成模拟量才能去控制执行机构。

开关量即两个状态的量,如开关的断开与闭合、阀门的打开与关闭等。通常开关量要经过相应的电平转换才能与计算机连接。每个开关量只用一位二进制数表示,故对于字长为 8 位(或 16 位)的计算机,一次可输入或输出 8 位(或 16 位)开关量。

2) 状态信息

状态信息是 CPU 与外设之间交换数据时的联络信息。CPU 通过读取外设状态信号,可知外设的工作状态。如输入设备的数据是否准备好,输出设备是否空闲。输出设备正在输出信息，则用 BUSY 信号通知 CPU 暂停送数。因此，状态信号是 CPU 与 I/O 外设正确进行数据交换的重要条件。

3) 控制信息

控制信息是设置 I/O 外设(包括 I/O 接口)的工作模式、命令字的有关信息，如"启动"、"停止"信息。

每个 I/O 接口通常包含若干 I/O 端口寄存器，CPU 和存储器通过这些端口与该接口所连接的外设进行信息交换。通常，状态信息和控制信息也是通过数据总线传送的。由于它们的作用不同，故在传送时赋予不同的端口。因此，一个外设往往占用几个端口，如数据端口、状态端口、控制端口等。当一个外设的状态信息和控制信息位数较少时，可以将不同外设的状态或控制信息归并到一起，共同使用一个端口。这样，CPU 对外设的控制或 CPU 与外设间的信息交换，实际上就是 CPU 通过 I/O 指令读/写端口的数据。在控制端口，写出的数据表示 CPU 对外设的控制信号；在状态端口，读入的数据表示外设的状态信息；只有在数据端口，才真正地进行数据信息的交换。

2. I/O 接口的作用

外围设备的种类繁多，有机械式、电子式、机电式、磁电式以及光电式等。其所处理的信息有数字信号、模拟信号，还有电压信号、电流信号。不同的外围设备处理信息的速度相差悬殊，有的速度慢，有的速度快。另外，微型计算机与不同的外围设备之间所传送的信息格式和电平高低是多种多样的，这样就形成了外设接口电路的多样化。

由于外围设备的多样性，外设接口电路应具有如下功能：

(1) 转换信息格式，如串—并转换、并—串转换、配备校验位等。

(2) 提供联络信号，协调数据传送的状态信息，如设备"就绪"、"忙"，数据缓冲器"满"、"空"等信号。

(3) 协调定时差异。为协调微机与外设在定时或数据处理速度上的差异，使两者之间的数据交换取得同步，有必要对传输的数据或地址加以缓冲或锁存。

(4) 进行译码选址。在具有多台外设的系统中，外设接口必须提供地址译码以及确定设备码的功能。

(5) 实现电平转换。为使微型计算机与外设匹配，接口电路必须具有电平转换和驱动功能。

(6) 具备时序控制。有的接口电路有自己的时钟发生器，以满足微型计算机和各种外设在时序方面的要求。

(7) 可编程。对一些通用的、功能较齐全的接口电路，应该具有可编程能力。

3. 微处理器与 I/O 接口电路的连接

微处理器通过数据总线、地址总线和控制总线与存储器及输入/输出接口电路连接，为了保证系统工作的可靠性，在构成系统时必须考虑以下几个方面的问题：

(1) 负载能力的匹配。器件输出端所接的负载不能超过器件的负载能力。

(2) 速度配合问题。存储器或输入/输出端口的读/写时间必须小于 CPU 在读/写周期中提供的读/写时间。当 CPU 提供的时间不足时，可以通过选取适当速度的芯片或改变 CPU 的时钟频率等方法满足上述条件，也可以通过 READY 引脚，请求 CPU 插入 T_W 周期以实现速度配合。

(3) 逻辑连接的正确性。应正确连接地址总线、数据总线及控制总线，保证 CPU 在执行对某一存储单元或输入/输出端口的读写指令时，该单元或端口确实被选中并进行相应的操作。

6.1.2 CPU 与外设数据传送的方式

随着计算机技术的飞速发展，计算机系统中输入/输出设备的种类越来越多，速度差异越来越大，对这些设备的控制也变得越来越复杂，所以 CPU 与外设之间的数据传输必须采用多种控制方式，才能满足各类外设的要求。在微型计算机中，可采用的输入/输出控制方式主要有程序控制方式、中断传送方式和 DMA 工作方式等。

1. 程序控制方式

程序控制方式是指 CPU 与外设之间的数据传送是在程序控制下完成的，它分为无条件传送方式和查询传送方式两类。

1) 无条件传送方式

无条件传送方式是一种最简单的输入/输出控制方式。该方式认为外设始终是准备好的，能随时提供数据，一般适用于经过较长时间间隔数据才有显著变化的情况。这时无需检查端口的状态，就可以立即采集数据。这时的端口不需要加锁存器而直接用三态缓冲器与系统总线相连。无条件传送方式接口电路如图 6-2 所示。

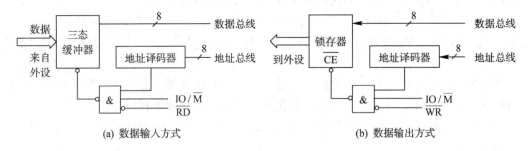

图 6-2 无条件传送方式接口电路

当进行输入时，由于数据保持时间比 CPU 的处理时间长，输入端必须用输入缓冲器与 CPU 的数据总线相连。当 CPU 执行输入指令时，I/O 读信号 $\overline{RD}$ 有效，来自输入设备的数据到达数据总线，传送给 CPU。显然，CPU 在执行输入指令时，要求外设的数据已经准备好，否则就会出错。

当进行输出时，由于外设速度较慢，要求接口有锁存功能，即 CPU 送给外设的数据应该在接口中保持一段时间。当 CPU 执行输出指令时，I/O 写信号 $\overline{WR}$ 有效，CPU 输出的信息经过数据总线进入输出锁存器，输出锁存器保持这个数据，直到外设取走该数据。显然，CPU 在执行输出指令时，必须保证锁存器是空闲的。

从以上分析可以看出，无条件传送方式是最简便的传送方式，它所需的硬件和软件都较少。但应当注意：输入时，必须确保当 CPU 读取数据时，外设已将数据准备好；输出时，当 CPU 执行 OUT 指令时，必须确保外部设备的数据锁存器为空，即外设已将上次送来的数据取走,否则会导致数据传送出错。

2) 查询传送方式

由于 CPU 和 I/O 设备的工作往往是异步的,很难保证当 CPU 输入时,外设已准备好数据,而当 CPU 输出时,外设的数据锁存器是空的。因此,在 CPU 传送数据前,应检查外设的状态,若设备已准备好,则进行数据传送;否则,CPU 就进入等待状态。这种传送方式称为查询传送方式。

在查询传送方式的接口电路中,除具有数据缓冲器或数据锁存器外,还应有外设的状态标志。在输入时,若输入数据准备好,则将此标志置位;输出时,若数据已"空",则将此标志置位。在接口电路中,此状态标志也占用一个端口地址。在使用查询传送方式时,先读入设备状态的标志信息,再根据读入的信息进行判断。若数据未准备好,则 CPU 重新返回,继续读入状态字等待;若数据已准备好,则开始传送数据,执行 I/O 指令。传送结束后,CPU 可以转去执行其他操作。这种 CPU 与外设的状态信息的交换方式称为"应答式",状态信息位称为"联络"信号。

(1) 查询式输入。

图 6-3 所示为查询式输入的接口电路,该电路有两个端口寄存器,即状态口寄存器和数据口寄存器。当输入设备准备好数据时,发出选通信号。它一方面把输入数据锁存到数据锁存器中,另一方面使状态标志触发器置 1。状态标志是一位信号,通过缓冲器后,接到 CPU 数据总线的某一位上。假设接至 D_7 位,CPU 先读状态口,查询 D_7 是否为 1。若 $D_7 = 1$,表示输入数据已准备好,再读数据口,取走输入数据,同时使状态标志触发器复位。

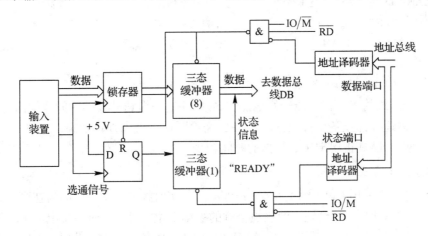

图 6-3 查询式输入的接口电路

查询输入的程序段如下:

```
SCAN: IN    AL, 状态口地址
      TEST  AL, 80H
      JZ    SCAN
      IN    AL, 数据口地址
```

(2) 查询式输出。

图 6-4 所示为查询式输出的接口电路,它的状态口和数据口合用一个地址。当前输出

设备空闲时,状态标志触发器清 0。CPU 在输出数据之前,先读取状态信息。假设忙闲标志接至数据线 D_0 位,当 $D_0 = 0$ 时,表示输出设备空闲,CPU 再对数据口执行输出指令。

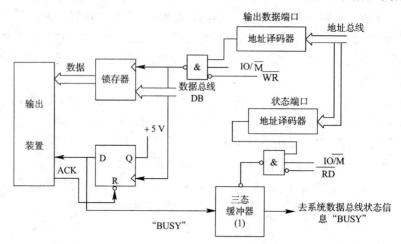

图 6-4 查询式输出接口电路

数据口选中信号一方面把输出数据写入锁存器,一方面使状态标志触发器置 1,通知输出设备。当输出设备取走当前数据时,向接口发出确认信号 ACK,使状态标志触发器清 0,表示输出设备空闲。

查询输出的程序段如下:

```
SCAN:  IN    AL,状态口地址     ;取状态信息
       TEST  AL,01H            ;测忙闲标志
       JNZ   SCAN              ;忙,转移
       MOV   AL,某数
       OUT   数据口地址,AL     ;空闲,输出数据
```

查询传送方式的优点在于能较好地协调高速 CPU 与慢速外设的时间匹配问题;缺点是当 CPU 与中慢速外部设备交换数据时,CPU 需不断地去查询外设状态,这将占用 CPU 较多的时间,使 CPU 真正用于传送数据的时间较少。

2. 中断传送方式

查询传送方式占用 CPU 的时间多,且难于满足实时控制的需要。因为在查询传送方式下 CPU 处于主动地位,外设处于消极被查询的被动地位。而在实时系统中,外设要求 CPU 为它的服务是随机的,这就要求外设有主动申请 CPU 服务的权利。此时,一般采用中断传送方式。

CPU 启动外部设备后,继续执行主程序,当外部设备准备好传送数据时向 CPU 发出中断请求,CPU 响应这个请求后就转向中断服务程序去执行相应的输入/输出操作。当对外设的请求处理完毕后,再返回到被中断的程序继续执行。采用这种中断方式时,CPU 不再等待或查询,而是由外部设备决定什么时候为它服务。这种方法允许 CPU 与外设(甚至多个外设)并行工作,不仅提高了 CPU 的效率,而且能在需要的时候随时为外设服务,实时性好。一般 CPU 内部均设有相应的硬件线路,使其在执行指令的同时监测通过中断引脚送入的中断请求信号,并响应中断请求。

3. DMA 工作方式

尽管中断传送方式可以较为实时地识别外部中断源的请求,但由于它需要额外开销时间(用于中断响应、断点保护与恢复等)以及中断处理的服务时间,使得中断响应频率受到了限制。当高速外设与计算机系统进行信息交换时,若采用中断传送方式,将会出现 CPU 频繁响应中断而不能有效地完成主要工作或者根本来不及响应中断而造成数据丢失的现象。采用直接存储器存取(Direct Memory Access,DMA)工作方式可以确保外设与计算机系统进行高速信息交换。

在 DMA 工作方式下,由 DMA 控制器(DMAC)完成对传送过程的控制,即控制和修改内存地址,控制 DMA 的开始与结束等。因此,在 DMA 工作方式下,由 DMAC 来控制地址总线、数据总线和相应控制信号线,而 CPU 必须让出这些总线的控制权。在 DMA 工作方式下,数据传送速率可以达到很高,一般可在每秒 0.5 MB 以上。

4. I/O 处理机方式

虽然 DMA 工作方式已能较好地实现高速度、大批量的数据传送,但仍然需要 CPU 对 DMAC 进行初始化,启动 DMA 操作,以及完成每次 DMA 操作之后检查传送的状态等。对于 I/O 数据的处理,如对数据的变换、拆、装、检查等,更是离不开 CPU 的支持。为了能让 CPU 进一步摆脱 I/O 数据传送的负担,提出了 I/O 处理机方式。

I/O 处理机方式下,采用专门的 I/O 协处理器,它不仅能控制数据的传送,还可以执行算术逻辑运算、转移、搜索和转换等。当 CPU 需要进行 I/O 操作时,它只要在存储器中建立一个信息块,将所需要的操作和有关的参数按照规定列入,然后通知 I/O 协处理器来读取。I/O 协处理器读得控制信息后,能自动完成全部的 I/O 操作。在这种系统中,所有 I/O 操作都以块为单位进行。

6.1.3 I/O 端口的编址方式

如图 6-5 所示,CPU 和 I/O 设备进行数据传送,在接口中就必须有一些寄存器或特定的硬件电路供 CPU 直接存取访问,称之为 I/O 端口。为了区分不同的 I/O 端口,必须对它进行编址,这就是 I/O 端口的地址。CPU 通过这些地址读取状态和传送数据,即端口向接口电路中的寄存器发送命令,因此一个接口可以有多个端口,如命令端口、状态端口和数据端口,分别对应于控制寄存器、状态寄存器和数据输入缓冲器等。

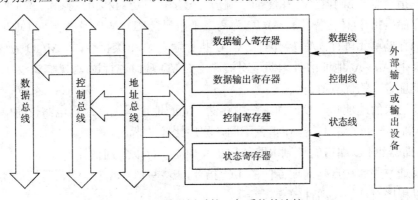

图 6-5 外设通过接口与系统的连接

在接口电路中，一般一个端口对应一个寄存器，也可以一个端口对应多个寄存器，此时由内部控制逻辑根据程序指定的 I/O 端口地址和数据标志位选择相应寄存器进行读/写操作。也就是说，访问端口就是访问接口电路中的寄存器。这样，I/O 操作实质上转化为对 I/O 端口的操作，即 CPU 所访问的是与 I/O 设备相关的端口，而不是 I/O 设备本身。对 I/O 端口的访问，则取决于 I/O 端口的编址方式。常用的 I/O 端口编址方式有统一编址方式和独立编址方式。

1. 统一编址方式

统一编址方式是将所有 I/O 接口电路中的寄存器或三态缓冲器当作存储单元来对待，每一个接口寄存器给予相应的地址编码。这样，对外设进行输入/输出操作就如对某一存储单元进行读/写操作一样，只是各自具有不同的地址而已。采用统一编址方式的微型计算机系统中，CPU 不需要设置输入/输出类指令，也不提供区别访内操作与访外操作的控制信号。应指出，设置输入/输出类指令的微处理器也能按照统一编址法组成微机系统。

统一编址方式的优点如下：

(1) 对 I/O 接口的操作与对存储器的操作完全相同，任何存储器操作指令都可用来操作 I/O 端口，而不使用专用 I/O 指令，这可大大增强系统的 I/O 功能，使访问外设端口的操作方便、灵活。

(2) 可以使外设数目或 I/O 寄存器数目不受限制，从而大大增加系统的吞吐率。

(3) I/O 接口部分可以和存储器共用译码系统。

(4) CPU 无需产生区分访内操作与访外操作的控制信号。

统一编址方式的缺点如下：

(1) 外设占用内存单元，使内存容量减小。

(2) 访问内存的指令一般较长，对 I/O 操作的指令比专用 I/O 指令多占用存储空间，执行速度慢。

(3) 为了识别一个 I/O 端口，必须对全部地址线译码，这样不仅增加了译码电路的复杂性，而且增加了执行外设寻址的操作时间。

2. 独立编址方式

采用独立编址方式的微型计算机系统中，CPU 的指令系统包含有访内指令和访外指令，在执行这些指令时，控制器产生相应的控制信号分别控制访内和访外操作。例如，8086 CPU 执行访问存储器指令(访内操作)，$M/\overline{IO}$ 为高电平，配合 $\overline{RD}/\overline{WR}$ 及 $A_0 \sim A_{15}$ 地址信号，即可对选中的存储单元进行读/写操作。当 CPU 执行输入/输出类指令时，$M/\overline{IO}$ 为低电平，配合 $\overline{RD}/\overline{WR}$ 和 $A_0 \sim A_9$ 地址信号，即可对被选中的 I/O 端口进行读/写操作。

独立编址方式的优点如下：

(1) I/O 端口的地址码一般比同系统中存储单元的地址码短，译码电路较简单。

(2) 存储器与 I/O 端口的操作指令不同，程序比较清晰。

(3) 存储器和 I/O 端口的控制电路结构相互独立，可以分别设计。

独立编址方式的缺点是需要专门的 I/O 指令，这些 I/O 指令一般没有存储器访问指令丰富，所以程序设计的灵活性较差。

6.2 中断系统

6.2.1 中断系统基本概念

CPU 在正常执行程序时，由于内部或外部事件或程序的预先安排引起 CPU 暂时终止执行现行程序，转而去执行请求 CPU 为其服务的服务程序，待该服务程序执行完毕，又能自动返回到被中断的程序继续执行，这种中断就是人们通常所说的外部中断。随着计算机体系结构不断地更新换代和应用技术的日益提高，中断技术的发展速度迅速提升，中断的概念逐步延伸，中断的应用范围逐渐扩大。除了传统的外围部件引起的硬件中断外，出现了内部软件中断概念，外部中断和内部软件中断构成了一个完整的中断系统。

中断技术是现代微型计算机系统中广泛采用的一种资源共享技术，具有随机性。中断技术被引进到计算机系统中，大大改善了 CPU 处理偶发事件的能力，使具有高效率、高性能、高适应性的并行处理功能的计算机系统变成了现实。中断的引入可使多个外设之间并行工作。CPU 在不同时刻根据需要可启动多个外设，被启动的外设分别同时独立工作，一旦自己的工作完成即可向 CPU 发出中断请求信号。CPU 按优先级高低次序来响应这些请求并进行服务。所以，中断成为主机内部管理的重要技术手段，使计算机执行多道程序，带多个终端，为多个用户服务，大大加强了计算机整个系统的功能。

采用中断技术，能实现以下功能：

(1) 分时操作。计算机配上中断系统后，CPU 就可以分时执行多个用户的程序和多道作业，使每个用户认为它正在独占系统。此外，CPU 可控制多个外设同时工作，并可及时得到服务处理，使各个外设一直处于有效工作状态，从而大大提高主机的使用效率。

(2) 实时处理。当计算机用于实时控制时，计算机在现场测试和控制、网络通信、人机对话时都会具有强烈的实时性，中断技术能确保对实时信号的处理。实时控制系统要求计算机为它们的服务是随机发生的，且时间性很强，要求做到近乎即时处理，若没有中断系统是很难实现的。

(3) 故障处理。计算机运行过程中，往往会出现一些故障，如电源掉电、存储器读出出错、运算溢出，还有非法指令、存储器超量装载、信息校验出错等。尽管故障出现的概率较小，但是一旦出现故障将使整个系统瘫痪。有了中断系统后，当出现上述情况时，CPU 就转去执行故障处理程序而不必停机。中断系统能在故障出现时发出中断信号，调用相应的处理程序，将故障的危害降低到最低程度，并请求系统管理员排除故障。

1. 中断源

微型计算机中能引起中断的外部设备或内部原因称为中断源。不同的计算机的设置有所不同，微机系统的中断源一般有以下几种：

(1) 一般的输入/输出设备，如键盘、打印机等。

(2) 实时时钟。在微机应用系统中，常遇到定时检测与时间控制，这时可采用外部时钟电路进行定时，CPU 可发出命令启动时钟电路开始计时，待定时时间到，时钟电路就会向 CPU 发出中断请求，由 CPU 进行处理。

(3) 故障源。计算机内部设有故障自动检测装置，如遇到电源掉电、运算溢出、存储器出错等意外事件时，都能使 CPU 中断，进行相应处理。

(4) 软件中断。用户编程时使用的中断指令，以及为调试程序而人为设置的断点都可以引起软件中断。

当中断源需要 CPU 服务时，是以中断申请的方式进行的，外部中断请求的方式通常有电平触发和边沿触发两种。

2. 8086/8088 的中断类型

8086/8088 CPU 有一个简单而灵活的中断系统，采用矢量型的中断结构，共有 256 个中断矢量号，又称中断类型号。中断可以由外部设备启动，也可以由软件中断指令启动，在某些情况下，也可由 CPU 自身启动。8086 CPU 中断分类如图 6-6 所示。

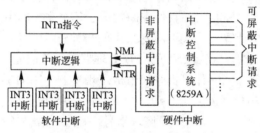

图 6-6　8086 CPU 中断分类

1) 硬件中断

硬件中断是由 CPU 的外部中断请求信号触发的一种中断，分为非屏蔽中断(NMI)和可屏蔽中断(INTR)。

(1) 非屏蔽中断(NMI)。非屏蔽中断是通过 CPU 的 NMI(Non-Maskable Interrupt)引脚进入的，它不受中断允许标志 IF 的屏蔽，即使在关中断(IF = 0)的情况下，CPU 也能在当前指令执行完毕后就响应 NMI 上的中断请求，并且在整个系统中只能有一个非屏蔽中断。非屏蔽中断的类型号为 2，所以，非屏蔽中断处理子程序的入口地址放在 0 段的 0008H、0009H、000AH 和 000BH 这四个单元中。

当 NMI 引脚上出现中断请求时，不管 CPU 当前正在做什么事情，都会响应这个中断请求而进入对应的中断处理，可见 NMI 中断优先级非常高。正因为如此，除了系统有十分紧急的情况以外，应该尽量避免引起这种中断。在实际系统中，非屏蔽中断一般用来处理系统的重大故障，比如系统掉电处理常常通过非屏蔽中断处理程序执行。

当遇到掉电事故时，电源系统要通过 CPU 的 NMI 引脚向 CPU 发出非屏蔽中断请求。CPU 接受这一请求后，不管当前在做什么，都会停下来，而立即转到非屏蔽中断处理子程序。非屏蔽中断子程序用于在晶体振荡器停振之前对现场作出紧急处理，一般采用以下措施：

① 把现场的数据立即转移到非易失性的存储器中，等电源恢复后继续执行中断前的程序。

② 启动备用电源，在尽量短的时间内用备用电源来维持微机系统的工作。

(2) 可屏蔽中断(INTR)。可屏蔽中断是通过 CPU 的 INTR(Interrupt)引脚进入的，并且只有当中断允许标志 IF 为 1 时，可屏蔽中断才能进入，如果中断允许标志 IF 为 0，则可屏蔽中断被禁止。

一般外部设备提出的中断都是从 CPU 的 INTR 引脚引入的可屏蔽中断。当 CPU 接收到一个可屏蔽中断请求信号时,如果标志寄存器中的 IF 为 1,那么 CPU 会在执行完当前指令后响应中断请求。至于 IF 的设置和清除,则可以通过指令或调试工具来实现。

2) 软件中断

软件中断也称内部中断,是由 CPU 检测到异常情况或执行软件中断指令所引起的一种中断,通常有除法出错中断、单步中断、溢出中断、INT n 指令中断、断点中断等。

(1) 除法出错中断。当执行除法指令时,若发现除数为 0 或商超过了机器所能表达数的范围,则立即产生一个中断类型码为 0 的内部中断。一般该中断的服务处理都由操作系统安排。

(2) 单步中断。若 TF = 1,则 CPU 处于单步工作方式,即每执行完一条指令之后就自动产生一个中断类型码为 1 的内部中断,使得指令的执行成为单步执行方式。

单步执行方式为系统提供了一种方便的调试手段,成为能够逐条指令地观察系统操作的一个窗口。如 Debug 中的跟踪命令,就是将标志 TF 置 1,进而去执行一个单步中断服务程序,以跟踪程序的具体执行过程,找出程序中的问题或错误所在。需要说明的是,在所有类型的中断处理过程中,CPU 会自动地把状态标志压入堆栈,然后清除 TF 和 IF。因此,当 CPU 进入单步处理程序时,就不再处于单步工作方式,而以正常方式工作。只有在单步处理结束后,从堆栈中弹出原来的标志,才使 CPU 返回到单步工作方式。

8086 指令系统中没有设置或清除 TF 标志的指令,但指令系统中的 PUSHF 和 POPF 为程序员提供了置位或复位 TF 的手段。例如,若 TF = 0,下列指令序列可使 TF 置位:

```
PUSHF
POP     AX
OR      AX, 0100H
PUSH    AX
POPF
```

(3) 溢出中断。若算法操作结果产生溢出(OF = 1),则执行 INTO 指令后立即产生一个中断类型码为 4 的中断。溢出中断为程序员提供了一种处理算术运算出现溢出的手段,它通常和算术指令功能配合使用。

(4) INT n 指令中断和断点中断。中断指令 INT n 的执行也会引起内部中断,其中断类型码由指令中的 n 指定,该类指令就称为软中断指令。通常指令的代码为两个字节代码,第一字节为操作码,第二字节为中断类型码。但是中断类型码为 3 的软中断指令却是单字节指令,因而它能很方便地插入到程序的任何地方,专供在程序中设置断点调试程序时使用,也称为断点中断。插入 INT3 指令之处便是断点,在断点中断服务程序中,可显示有关的寄存器、存储单元的内容,以便程序员分析到断点为止的程序运行是否正确。

还需指出,内部中断的类型码是预定好的或包含在软中断指令中的,除单步中断外,其他的内部中断不受状态标志影响,中断后的服务处理须由用户自行安排。

软件中断的特点如下:

① 中断矢量号由 CPU 自动提供,不需要执行中断响应总线周期去读取矢量号。

② 除单步中断外,所有内部中断都无法被禁止,即都不能通过执行 CLI 指令使 IF 位

清零来禁止对它们的响应。

③ 除单步中断外,任何内部中断的优先权都比外部中断的高。8086 CPU 的中断优先权顺序为内部中断(除法出错中断、INT n 指令中断、溢出中断、断点中断)、非屏蔽中断、可屏蔽中断和单步中断。

3. 中断优先权

实际的中断系统有多个中断源,而中断申请引脚往往只有一条中断请求线。于是当有多个中断源同时请求时,CPU 必须确定为哪一个中断源服务,即辨别优先权最高的中断源并且响应之。当 CPU 在处理中断时,要能响应更高级别的中断申请,而屏蔽掉同级或较低级的中断申请,这就是中断优先权问题。通常用以下两种方法解决中断优先权的识别问题。

1) 软件查询方法

采用软件查询方法时,中断优先权由查询顺序决定,先查询的中断源具有最高的优先权。软件查询方法的接口电路如图 6-7 所示。

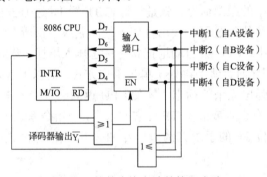

图 6-7 软件查询方法的接口电路

使用软件查询方法需要配备一定的硬件,如必须设置一个中断请求信号的锁存接口,将各申请的请求信号锁存下来,以便查询。该方法首先要把外设的中断请求触发器组合成一个端口,供 CPU 查询,同时把这些中断请求信号相"或"后,作为 INTR 信号,这样任一外设有请求都可向 CPU 送 INTR 信号。CPU 响应中断后,读入中断寄存器的内容并逐位检测它们的状态,若有中断请求(相应位为 1),就转到相应的服务程序入口,检测的顺序就是优先级的顺序。软件查询方法的程序流程图如图 6-8 所示。

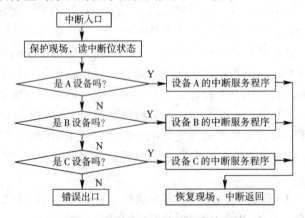

图 6-8 软件查询方法的程序流程图

软件查询方法的优点是电路简单。软件查询的顺序就是中断优先权的顺序，不需要专门的优先权排队电路，可以直接通过修改软件查询顺序来修改中断优先权，不必更改硬件。但当中断源个数较多时，由逐位检测查询到转入相应的中断服务程序所耗费的时间较长，中断响应速度慢，服务效率低。

2) 硬件优先权排队电路

硬件优先权排队电路又称菊花链式优先权排队电路，它是利用外设连接在排队电路的物理位置来决定其中断优先权的，排在最前面的优先权最高，排在最后面的优先权最低。

如图 6-9 所示，当多个外设有中断请求时，由中断请求信号或电路产生的 INTR 信号送至 CPU。CPU 在当前指令执行完后响应中断，发出中断响应信号 $\overline{INTA}$。当中断请求得到响应时，中断响应信号 $\overline{INTA}$ 就传送到优先权最高的设备 1，并按串行方式往下传送。当设备 1 有中断请求时，则它的中断触发器 Q_1 输出为高，与门 A_1 输出为高，设备 1 的数据允许线 EN 变为有效，从而允许设备 1 使用数据总线，将其中断类型码经数据总线送入 CPU，由它控制中断矢量 1 的发出。CPU 收到中断矢量 1 后转至设备 1 的中断服务程序入口。同时，A_2 经反相为低电平，中断响应信号在门 A_2 处被封锁，从而 B_1、B_2、C_1、C_2 等所有下面各级输出全为低电平，中断响应信号 $\overline{INTA}$ 不再下传，因此后级设备得不到 CPU 的中断响应信号，$\overline{INTA}$ 屏蔽了所有低级中断。

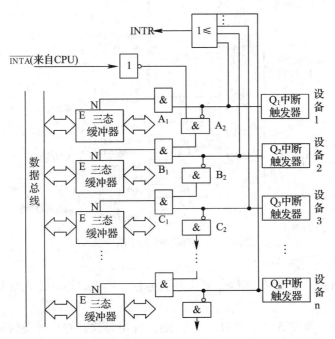

图 6-9 硬件优先权排队电路

若设备 1 没有中断请求，则中断响应输出 Q_1 为低电平，即 $Q_1 = 0$，此时 A_2 输出为高电平，中断响应信号可以通过门 A_2 传给下一设备 2。若此时 $Q_2 = 1$，则 B_1 输出为高，控制转向中断服务程序 2；B_2 输出为低，屏蔽以下各级。若 $Q_2 = 0$，则中断响应信号传至中断设备 3，其余各级类推。

综上所述，在硬件优先权排队电路中，若上一级中断响应传递出的信号为 "0"，则屏蔽本级和所有的低级中断；若上一级中断响应传递输出的信号为"1"，则在本级有中断请求时，转去执行本级的中断服务程序，且使本级传递至下级的中断响应输出为"0"，屏蔽所有低级中断；若本级没有中断请求，则允许下一级中断。故在硬件优先权排队电路中，排在最前面的中断源优先权最高。

4．中断管理

8086 CPU 可管理 256 个中断。每个中断都指定一个中断矢量号，每一个中断矢量号都与一个中断服务程序相对应。中断服务程序的入口地址存放在内存的中断矢量表内。中断矢量表是中断矢量号与它相应的中断服务程序的转换表。8086 以中断矢量为索引号，从中断矢量表中取得中断服务程序的入口地址。

在 8086/8088 微机系统的内存中，把 00000H~003FFH 区域设置为一个中断向量表。每个中断向量占 4 个存储单元。其中：前两个单元存放中断子程序入口地址的偏移量(IP)，低位在前，高位在后；后两个单元存放中断子程序入口地址的段地址(CS)，也是低位在前，高位在后。在中断向量表中，这些中断是按中断类型的序号从 0 单元开始顺序排列的。8086/8088 的中断向量表见图 6-10。

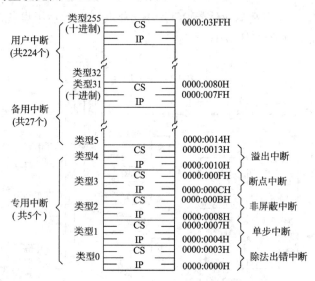

图 6-10 8086/8088 的中断向量表

中断矢量表分为三部分：

（1）专用中断：类型 0~类型 4，其中断服务程序的入口地址由系统负责装入，用户不能随意修改。

（2）备用中断：类型 5~类型 31，这是 Intel 公司为软、硬件开发保留的中断类型，一般不允许用户改作其他用途。

（3）用户中断：类型 32~类型 255，为用户可用中断，其中断服务程序的入口地址由用户程序负责装入。

在一个具体的系统中，经常并不需要高达 256 个中断，所以系统中也不必将 00000~003FFH 都留出来存放中断向量，这种情况下，系统只需分配对应的存储空间给已经定义的中断类型。

5. 中断处理过程

如图 6-11 所，微机系统的中断处理过程大致分为中断请求、中断响应、中断处理和中断返回四个过程，这些过程有的是通过硬件电路完成的，有的是通过程序员编程实现的。

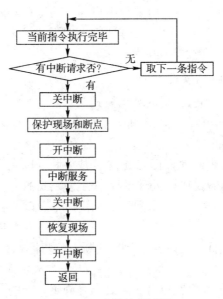

图 6-11 中断处理过程

1) 中断请求

CPU 在每条指令执行结束后查询有无中断请求信号。若查询到有中断请求，并且在允许响应中断的情况下，系统自动进入中断响应周期，由硬件完成关中断、保存断点、取中断服务程序的入口地址等一系列操作，而后转向中断服务程序执行中断处理。

2) 中断响应

CPU 接收到外设的中断请求信号时，若为非屏蔽中断请求，则 CPU 执行完现行指令后，就立即响应中断；若为可屏蔽中断请求，能否响应中断则取决于 CPU 的中断允许触发器的状态。只有当其为"1"（即允许中断）时，CPU 才能响应可屏蔽中断；若其为"0"（即禁止中断时），即使有可屏蔽中断请求，CPU 也不响应。

CPU 要响应可屏蔽中断请求，必须满足以下三个条件：

(1) 无总线请求；

(2) CPU 允许中断；

(3) CPU 执行完现行指令。

3) 中断处理

中断处理就是执行中断服务程序中规定的操作，主要操作如下：

(1) 保护现场：为了不破坏主程序中使用的寄存器的内容，必须用入栈指令 PUSH 将有关寄存器的内容入栈保护。

(2) 开中断：为了实现中断嵌套，需要安排一条开中断指令，使系统处于开中断状态。

(3) 中断服务：CPU 通过执行中断服务程序，完成对中断情况的处理。

4) 中断返回

中断返回由中断服务程序中的中断返回指令 IRET 来完成。中断返回时，要进行以下操作：

(1) 关中断：使现场的恢复工作不被打扰。

(2) 恢复现场：在返回主程序之前要将用户保护的寄存器内容从堆栈中弹出，以便能正确执行主程序。恢复现场用 POP 指令，弹出时的顺序与入栈的顺序正好相反。

(3) 开中断：使 CPU 能继续接收中断请求。

6. 中断处理子程序的结构模式

所有的中断处理子程序都有如下的结构模式：

(1) 中断处理子程序的开始必须通过一系列推入堆栈指令来进一步保护中断时的现场，即保护 CPU 各寄存器的值。

(2) 一般应用指令设置中断允许标志 IF 来开放中断，以允许级别高的中断请求进入。

(3) 中断处理的具体内容是中断处理子程序的主要部分。

(4) 中断处理子程序的尾部是一系列弹出堆栈指令，以使各寄存器恢复进入中断处理时的值。

(5) 中断返回指令的执行会使堆栈中保存的断点值和标志值分别装入 IP、CS 和标志寄存器。

除此以外，中断处理子程序在位置上也必须是固定装配的，不能浮动。装配起始地址由中断向量表给出。

6.2.2 可编程中断控制芯片 8259A

为了使多个外部中断源共享中断资源，必须解决几个问题。例如，若微处理器只有一根中断请求输入线，则无法同时处理多个中断源发出的中断请求信号。另外，如何区分中断向量、如何判定各中断源的优先级别等问题也需要解决。这就需要有一个专门的控制电路在微处理器的控制下去管理那些中断源并处理它们发出的中断请求信号。这种专门管理中断源的控制电路就是中断控制器。可编程中断控制器 8259A 就是为达到这个目标而设计的中断优先级管理电路，它具有如下功能：

(1) 接收多个外部中断源的中断请求，并进行优先级别判断，选中当前优先级别最高的中断请求，再将此请求送到微处理器的中断输入端。

(2) 具有提供中断向量、屏蔽中断输入等功能。

(3) 可用于管理 8 级优先权中断，也可将多片 8259A 通过级联方式构成最多可达 64 级优先权中断管理系统。8259A 管理的 8 级中断对应的服务程序入口地址构成的中断向量表存放在内存固定区域中。

(4) 具有多种工作方式，自动提供中断服务程序入口地址，使用灵活、方便。

1. 8259A 芯片的内部结构

8259A 可编程中断控制器有 28 条引脚，采用双列直插式封装，各引脚排列见图 6-12。8259A 芯片的内部结构见图 6-13。

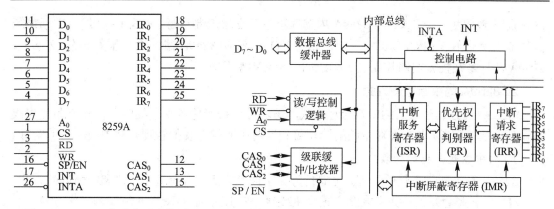

图 6-12　8259A 芯片的引脚排列　　　　图 6-13　8259A 芯片的内部结构

(1) 数据总线缓冲器：这是一个双向八位三态缓冲器，由它构成 8259A 与 CPU 之间的数据接口，是 8259A 与 CPU 交换数据的必经之路。

(2) 读/写控制电路：用来接收来自 CPU 读/写控制命令和片选控制信息。由于一片 8259A 只占两个 I/O 端口地址，可用末位地址码 A_0 来选端口。当 CPU 执行 OUT 指令时，$\overline{WR}$ 信号与 A_0 配合，将 CPU 通过数据总线($D_7 \sim D_0$)送来的控制字写入 8259A 中有关的控制寄存器；当 CPU 执行 IN 指令时，$\overline{RD}$ 信号与 A_0 配合，将 8259A 中内部寄存器的内容通过数据总线传送给 CPU。

(3) 级联缓冲/比较器：一片 8259A 只能接收从 $IR_7 \sim IR_0$ 输入的八级中断，当引入的中断超过八级时，可将多片 8259A 级联构成主从关系。对于主 8259A，级联信号 $CAS_2 \sim CAS_0$ 是输出信号；对于从 8259A，$CAS_2 \sim CAS_0$ 是输入信号。$\overline{SP}/\overline{EN}$ 是一个双功能信号，当 8259A 处于缓冲状态时，$\overline{EN}$ 有效，表示允许 8259A 通过缓冲器输出；$\overline{EN}$ 无效，表示 CPU 写 8259A。当 8259A 处于非缓冲状态时，$\overline{SP}$ 用作表明主从关系，$\overline{SP}=1$ 表示是主 8259A，$\overline{SP}=0$ 表示是从 8259A。

(4) 中断请求寄存器(IRR)：这是一个八位寄存器，用来存放由外部输入的中断请求信号 $IR_7 \sim IR_0$。当某一个 IR_i 端呈现高电平时，该寄存器的相应位置"1"，显然最多允许八个中断请求信号同时进入，这时，IRR 寄存器将被置成全"1"。

(5) 中断服务寄存器(ISR)：这是一个八位寄存器，用来记录正在处理中的中断请求。当任何一级中断被响应，CPU 正在执行它的中断服务程序时，ISR 中相应位置"1"，一直保持到该级中断处理过程结束为止。在多重中断情况下，ISR 中可有多位被同时置"1"。

(6) 中断屏蔽寄存器(IMR)：这是一个八位寄存器，用来存放对各级中断请求的屏蔽信息。当 IMR 中某一位置"1"时，表示禁止这一级中断请求进入系统。通过 IMR 可实现对各级中断的有选择的屏蔽。

(7) 优先权判别器(PR)：用来识别各中断请求信号的优先级别。当多个中断请求信号同时产生时，由 PR 判定当前哪一个中断请求具有最高优先级，于是系统首先响应这一级中断，转去执行相应的中断服务程序。当出现多重中断时，由 PR 判定是否允许所出现的中断去打断正在处理的中断而被优先处理。一般处理原则是允许高级中断打断低级中断，而不允许低级中断打断高级中断，也不允许同级中断互相打断。

(8) 控制电路：是 8259A 内部的控制器。根据中断请求寄存器(IRR)的置位情况和优先权判别器(PR)的判定结果,向 8259A 内部其他部件发出控制信号,并向 CPU 发出中断请求信号 INT 和接收来自 CPU 的中断响应信号 $\overline{\text{INTA}}$,控制 8259A 进入中断服务状态。实际上,8259A 芯片是在控制电路控制之下构成的一个有机整体。

2. 8259A 的中断管理方式

8259A 具有非常灵活的中断管理方式,可满足使用者的各种不同要求。而中断优先权是管理的核心问题。8259A 对中断的管理可分为对中断优先权的管理和对中断结束的管理。

1) 对中断优先权的管理

8259A 对中断优先权的管理,可概括为完全嵌套方式、自动循环方式和中断屏蔽方式。

(1) 完全嵌套方式。完全嵌套方式是 8259A 被初始化后自动进入的基本工作方式。在这种方式下,由各个 IR_i 端引入的中断请求具有固定的中断级别,IR_0 具有最高优先级,IR_7 具有最低优先级,其他级顺序类推。采用完全嵌套方式时,ISR 中某位置"1",表示 CPU 当前正在处理这一级中断请求。8259A 禁止与它同级或比它级别低的其他中断请求进入,但允许比它级别高的中断请求进入,实现中断嵌套。

(2) 自动循环方式。在完全嵌套方式中,中断请求 $IR_7 \sim IR_0$ 的优先级别是固定不变的,这使得从 IR_0 引入的中断总具有最高的优先级。但在某些情况下,需要以某种策略改变这种优先级别。自动循环方式是改变中断请求优先级别的策略之一,其基本思想是:每当任何一级中断被处理完,它的优先级别就被改变为最低级,而将最高级赋给原来比它低一级的中断请求。

(3) 中断屏蔽方式。用中断屏蔽方式管理优先权有以下两种方法:

① 普通屏蔽方式:将中断屏蔽寄存器(IMR)中的某一位或某几位置"1",即可将相应的中断级的中断请求屏蔽掉。

② 特殊屏蔽方式:当 CPU 正在处理某级中断时,要求仅对本级中断进行屏蔽,而允许其他优先级比它高或低的中断进入系统,可以在中断服务程序执行期间动态地改变系统优先级。对 8259A 进行初始化时,可利用控制寄存器的 S MM 位的置位来使 8259A 进入这种特殊屏蔽方式。

2) 对中断结束的管理

当 8259A 响应某一级中断而为其服务时,中断服务寄存器(ISR)的相应位置"1",当有更高级的中断请求进入时,ISR 的相应位又要置"1",因此,中断服务寄存器(ISR)中可有多位同时置"1"。在中断服务结束时,ISR 的相应位应清"0",以便再次接收同级别的中断。中断结束的管理就是用不同的方式使 ISR 的相应位清"0",并确定随后的优先权排队顺序。8259A 中断结束的管理可分为以下三种情况:

(1) 完全嵌套方式。8259A 在完全嵌套方式下,可采用以下三种中断结束方式:

① 普通 EOI 方式。当任何一级中断服务程序结束时,只给 8259A 传送一个 EOI 结束命令,8259A 收到这个 EOI 命令后,自动将 ISR 中级别最高的置"1"位清"0"。这种结束方式最简单,但是只有当前的结束中断优先级别最高时可用。也就是说,如果在中断服务程序中曾经修改过中断级别,则决不能采用这种方式,否则会造成严重后果。

② 特殊 EOI 方式。在普通 EOI 方式的基础上,当中断服务程序结束给 8259A 发出 EOI 命令的同时,将当前结束的中断级别也传送给 8259A,这种方式称为特殊 EOI 方式。这种

结束方式下，8259A 将 ISR 中指定级别的相应位清"0"。显然，这种结束方式可在任何情况下使用。

③ 自动 EOI 方式。任何一级中断被响应后，ISR 中相应位置"1"，CPU 将进入中断响应总线周期，在第二个中断响应信号 $\overline{INTA}$ 结束时，自动将 ISR 中相应位清"0"，这种方式称为自动 EOI 方式。采用这种结束方式，当中断服务程序结束时，CPU 不用向 8259A 回送任何信息，这显然是一种最简单的结束方式。

(2) 自动循环方式。实现自动循环方式有以下三种不同的做法：

① 普通 EOI 循环方式。当任何一级中断被处理完后，CPU 给 8259A 回送普通 EOI 命令，8259A 接收到这一命令后将 ISR 中优先级最高的置"1"位清"0"，并赋给它最低优先级，而将最高优先级赋给原来比它低一级的中断请求，其他中断请求的优先级别以循环方式类推。

② 自动 EOI 循环方式。任何一级中断响应后，在中断响应总线周期中，由第二个中断响应信号 $\overline{INTA}$ 的后沿自动将 ISR 中相应位清"0"，并立即改变各级中断的优先级别，其改变方案与普通 EOI 循环方式的相同。

③ 特殊 EOI 循环方式。特殊 EOI 循环方式具有更大的灵活性，它可根据用户的要求将最低优先级赋给指定的中断源。用户可在主程序或中断服务程序中利用置位优先权命令把最低优先级赋给某一中断源 IR_i，于是最高优先级便赋给 IR_{i+1}，其他各级按循环方式类推。

3. 8259A 的中断响应过程

8259A 应用于 8086 CPU 系统中，其中断响应过程如下：

(1) 当中断请求线($IR_0 \sim IR_7$)上有 1 条或若干条为高电平时，则使中断请求寄存器(IRR)的相应位置位。

(2) 当 IRR 的某一位被置"1"时，就会与 IMR 中相应的屏蔽位进行比较。若该屏蔽位为 1，则封锁该中断请求；若该屏蔽位为 0，则中断请求被发往优先权判别器。

(3) 优先权判别器接收到中断请求后，分析其优先权，把当前优先权最高的中断请求信号由 INT 引脚输出，送到 CPU 的 INTR 端。

(4) 若 CPU 处于开中断状态，则在当前指令执行完后，发出 $\overline{INTA}$ 中断响应信号。

(5) 8259A 接收到第一个 $\overline{INTA}$ 信号，把允许中断的最高优先级请求位放入 ISR，并清除 IRR 中的相应位。

(6) CPU 发出第二个 $\overline{INTA}$ 信号，在该脉冲期间，8259A 发出中断类型号。

(7) 若 8259A 处于自动中断结束方式，则第二个 $\overline{INTA}$ 信号结束时，相应的 ISR 位被清"0"。在其他方式中，ISR 相应位要由中断服务结束时发出的 EOI 命令来复位。

(8) CPU 收到中断类型号，将它乘 4 得到中断矢量表的地址，然后转至中断服务程序。

4. 8259A 的编程

可编程中断控制器 8259A 的初始化操作可明确地分成两个部分：首先通过预置命令字(ICW_i)对 8259A 进行初始化；然后 8259A 自动进入操作模式。在 8259A 的操作过程中可通过操作命令字(OCW_i)来定义 8259A 的操作方式，并且在 8259A 的操作过程中允许重置操作命令字，以动态地改变 8259A 的操作与控制方式。

每片 8259A 包含两个内部端口地址，一个偶地址($A_0 = 0$)，一个奇地址($A_0 = 1$)，其他高位地址码由用户定义,用来作为 8259A 的片选信号($\overline{CS}$)。

1) 预置命令字

8259A 的预置命令字有 $ICW_1 \sim ICW_4$ 四个。ICW_1 和 ICW_2 是必须的,ICW_3 是级联使用时才需要设置的,ICW_4 只在 8086/8088-8259A 配置系统中需要设置。

(1) 芯片控制初始化命令字 ICW_1。

芯片控制初始化命令字 ICW_1 的格式如下:

A_0	D_7	D_6	D_5	D_4	D_3	D_2	D_1	D_0
0	A_7	A_6	A_5	1	LTIM	ADI	SNGL	IC_4

端口地址为偶地址($A_0 = 0$),$D_4 = 1$ 表示当前写入 8259A 的是预置命令字 ICW_1。

IC_4 位用来说明是否需要设置 ICW_4。对于 8086/8088 系统中使用的 8259A,IC_4 位恒置 1,需要设置 ICW_4 来对 8259A 进行初始化。

SNGL 位用来说明中断系统中是一片 8259A 单独使用,还是多片 8259A 级联使用。单级使用时,SNGL 位应置"1"。

ADI 位对 8086/8088 系统无效。

LTIM 位用来定义中断请求信号的触发方式。LTIM = 1 时,表示 IR_i 端出现高电平为有效;LTIM = 0 时,表示 IR_i 端出现由低电平向高电平的正跳变沿为有效。

(2) 中断类型码初始化命令字 ICW_2。

中断类型码初始化命令字 ICW_2 的格式如下:

A_0	D_7	D_6	D_5	D_4	D_3	D_2	D_1	D_0
0	T_7	T_6	T_5	T_4	T_3			

ICW_2 规定中断类型号字节,由它定义中断类型码的高 5 位。低 3 位取决于中断请求是由 $IR_7 \sim IR_0$ 中哪一个端输入。在 PC/XT 中,$T_7 \sim T_3 = 00001$,所以对应的中断向量是 08H~0FH。

(3) 主/从片初始化命令字 ICW_3。

当 ICW_1 中的 SNGL 位为 0 时,表示工作于级联方式下,需要写 ICW_3 设置 8259A 的状态。

对于主片,ICW_3 的格式如下:

A_0	D_7	D_6	D_5	D_4	D_3	D_2	D_1	D_0
1	IR_7	IR_6	IR_5	IR_4	IR_3	IR_2	IR_1	IR_0

$D_7 \sim D_0$ 对应于 $IR_7 \sim IR_0$ 引脚上的连接情况,当某一引脚上接有从片时,对应位为 1,否则为 0。

对于从片,ICW_3 的格式如下:

A_0	D_7	D_6	D_5	D_4	D_3	D_2	D_1	D_0
1	0	0	0	0	0	ID_2	ID_1	ID_0

$ID_2 \sim ID_0$ 用来表明该从 8259A 是接在主 8259A 的哪个 IR 端上。例如,某片从 8259A 的 $ID_2ID_1ID_0 = 100$,则表示该从 8259A 是接在主 8259A 的 IR_4 端上。

(4) 方式控制初始化命令字 ICW_4。

方式控制初始化命令字 ICW_4 的格式如下：

A_0	D_7	D_6	D_5	D_4	D_3	D_2	D_1	D_0
1	0	0	0	SFNM	BUF	M/S	AEOI	μPM

端口地址为奇地址($A_0 = 1$)。

μPM 位对于 8086/8088 系统配置来说恒置"1"。

AEOI 用来定义是否采用自动 EOI 方式。

SFNM 用来定义在级联方式下是否采用特殊完全嵌套方式，在单级使用方式下 SFNM 位无效。

BUF 位用来表明 8259A 是否采用缓冲方式。如果 BUF 位为 1，则表示采用缓冲方式，这时双功能信号线 $\overline{EN}$ 有效。$\overline{EN} = 0$，表示允许缓冲器输出；$\overline{EN} = 1$，表示允许缓冲器输入。缓冲方式下，由 M/S 位定义主从关系。M/S = 1，表示该片是主 8259A；M/S = 0，表示该片是从 8259A。如果 BUF 位为 0，则表示不采用缓冲方式，这时双功能信号线 $\overline{SP}$ 有效。$\overline{SP} = 0$，表示该片是从 8259A；$\overline{SP} = 1$，表示该片是主 8259A，这种情况下 M/S 位无效。综合上述分析，BUF 位、M/S 位和 $\overline{SP}/\overline{EN}$ 信号线之间存在如表 6-1 所示的关系。

表 6-1 BUF、M/S 和 $\overline{SP}/\overline{EN}$ 关系

BUF 位	M/S 位	$\overline{SP}/\overline{EN}$ 端		
0	非缓冲方式	无意义	$\overline{SP}$ 有效(输入信号)	$\overline{SP} = 1$	主 8259A
				$\overline{SP} = 0$	从 8259A
1	缓冲方式	1	主 8259A	$\overline{EN}$ 有效(输出信号)	$\overline{EN} = 1$	CPU→8259A
		0	从 8259A		$\overline{EN} = 0$	8259A→CPU

当 8088 系统中的 8259A 单级使用时，其端口地址为 80H 和 81H，可用下面的初始化程序段来写入预置命令字 $ICW_1 \sim ICW_4$：

```
MOV     AL, 13H
OUT     80H, AL
MOV     AL, 18H
OUT     81H, AL
MOV     AL, 01H
OUT     81H, AL
```

2) 操作命令字

8259A 经预置命令字后已进入工作状态，可接收来自 IR_i 端的中断请求。在 8259A 工作期间，通过操作命令字 OCW 可使其按不同的方式操作。操作命令字有 $OCW_1 \sim OCW_3$ 三个，可独立使用。

(1) 中断屏蔽操作命令字 OCW_1。

端口地址为奇地址($A_0 = 1$)，OCW_1 内容被直接置入中断屏蔽寄存器(IMR)中，其格式如下：

A_0	D_7	D_6	D_5	D_4	D_3	D_2	D_1	D_0
1	M_7	M_6	M_5	M_4	M_3	M_2	M_1	M_0

M_i 为1，表示屏蔽由 IR_i 引入的中断请求；M_i 为0，表示允许 IR_i 端中断请求进入。

送预置命令字 ICW_1 后，IMR 的内容全为0，此时，写入操作命令字 OCW_1，可以改变 IMR 的内容。IMR 可以读出，供 CPU 使用。

(2) 控制中断结束和优先权循环的操作命令字 OCW_2。

控制中断结束和优先权循环的操作命令字 OCW_2 的格式如下：

A_0	D_7	D_6	D_5	D_4	D_3	D_2	D_1	D_0
0	R	SL	EOI	0	0	L_2	L_1	L_0

端口地址为偶地址($A_0 = 0$)，$D_4D_3 = 00$ 是 OCW_2 的标志位。

R 为优先权循环位。R = 1，为循环优先权；R = 0，为固定优先权。

SL 为选择指定的 IR 级别位。SL = 1 时，操作在 $L_2 \sim L_0$ 指定的 IR 编码级别上执行；SL = 0 时，$L_2 \sim L_0$ 无效。

EOI 是中断结束命令位。

由 R、SL、EOI 三位编码可定义多种不同的中断结束方式或发出置位优先权命令：

① 三位编码为"001"，采用普通 EOI 结束方式。一旦中断服务程序结束，将给 8259A 送出 EOI 结束命令，8259A 将 ISR 中当前级别最高的置"1"位清"0"。

② 三位编码为"011"，采用特殊 EOI 结束方式。一旦中断处理结束，除给 8259A 送 EOI 结束命令外，还由 $L_2L_1L_0$ 字段给出当前结束的是哪一级中断，8259A 将 ISR 中指定级别的相应位清"0"。

③ 三位编码为"101"，普通 EOI 循环方式。一旦中断结束，8259A 一方面将 ISR 中当前级别最高的置"1"位清"0"，另一方面将最低优先级赋给刚结束的中断请求 IR_i，将最高优先级赋给中断请求 IR_{i+1}，其他中断请求的优先级别按循环方式顺序改变。

④ 三位编码为"111"，特殊 EOI 循环方式。一旦中断结束，8259A 将 ISR 中由 $L_2L_1L_0$ 字段给定级别的相应位清"0"，并将最低优先级赋给这一中断请求，最高优先级赋给原来比它低一级的中断请求，其他中断请求的优先级按循环方式顺序改变。

⑤ 三位编码为"100"和"000"，自动 EOI 循环方式(置位)和取消自动 EOI 循环方式(复位)。一旦被定义为自动 EOI 循环方式，CPU 会在中断响应总线周期中第二个中断响应信号 $\overline{INTA}$ 结束时将 ISR 中的相应位置"0"，并将最低优先级赋给这一级，最高优先级赋给原来比它低一级的中断请求，其他中断请求的优先级按循环方式分别赋给。

⑥ 三位编码为"110"时，表示向 8259A 发出置位优先权命令，将最低优先级赋给由 $L_2L_1L_0$ 字段所给定的中断请求 IR_i，其他中断请求的优先级按循环方式分别赋给。

(3) 设置屏蔽方式和读状态控制字 OCW_3。

OCW_3 的格式如下：

A_0	D_7	D_6	D_5	D_4	D_3	D_2	D_1	D_0
0	×	ESMM	SMM	0	1	P	RR	RIS

OCW_3 主要控制 8259A 的中断屏蔽、查询和读寄存器等的状态，端口地址仍为偶地址($A_0 = 0$)，$D_4D_3(= 01)$ 作为 OCW_3 的标志位可与 OCW_2 区别开。

ESMM 为允许或禁止 SMM 位起作用的控制位。ESMM = 1，表示允许 SMM 起作用；ESMM = 0，表示禁止 SMM 起作用。

SMM 为特殊屏蔽方式选择位。当 ESMM = 1 时,SMM = 1 为选择特殊屏蔽方式,SMM = 0 为清除特殊屏蔽方式。

P 为查询命令位。P = 1 时是查询命令;P = 0 时不是查询命令。

RR 为读寄存器命令位。RR = 1,表示 CPU 要求读取 8259A 中某寄存器内容。

RIS 位用来为读寄存器命令确定读取对象。RIS = 0 时表示要求读 IRR 中的内容;RIS = 1 时表示要求读 ISR 中的内容。

操作命令字 $OCW_1 \sim OCW_3$ 可安排在预置命令字之后,用户可根据需要在程序的任何位置上设置它们。当需要读取 ISR 或 IRR 中的内容或需要查询当前 8259A 的中断状态时,都必须先定义 OCW_3,然后用 IN 指令读入。如果只需要读入 IMR 中的内容,则不需要定义 OCW_3。由此看来,并不是任何时候都需要设置 OCW_3 操作命令字的。

6.2.3 8259A 的应用举例

1. 8259A 在 PC/XT 中的应用

IBM PC/XT 微机只使用一片 8259A,即可处理 8 个外部中断。如图 6-14 所示,IRQ_0 接至系统板上定时器/计数器 Intel 8253 通道 0 的输出信号 OUT_0,用作微机系统的日时钟中断请求;IRQ_1 是键盘输入接口电路送来的中断请求信号,用来请求 CPU 读取键盘扫描码;IRQ_2 是系统保留的;另外 5 个请求信号接至 I/O 通道,由 I/O 通道扩展板电路产生。在 I/O 通道上,通常 IRQ_3 用于第二个串行异步通信接口,IRQ_4 用于第一个串行异步通信接口,IRQ_5 用于硬盘适配器,IRQ_6 用于软盘适配器,IRQ_7 用于并行打印机。

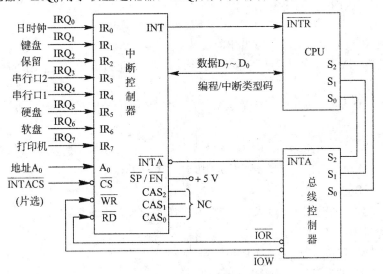

图 6-14 PC/XT 与 8259A 接口

在 I/O 地址空间中,分配给 8259A 的 I/O 端口地址为 20H 和 21H。对 8259A 的初始化规定:边沿触发方式、缓冲器方式、中断结束为 EOI 命令方式,中断优先权管理采用全嵌套方式。8 级中断源的类型码为 08H~0FH。

1) 8259A 初始化编程

根据系统要求,8259A 初始化编程如下:

```
        MOV     AL, 00010011B       ; 设置 ICW₁ 为边沿触发，单片 8259A 需要 ICW₄
        OUT     20H, AL
        MOV     AL, 00001000B       ; 设置 ICW₂ 中断类型码基数为 08H
        MOV     21H, AL
```

2) 8259A 操作方式编程

在用户程序中，允许用 OCW_1 来设置中断屏蔽寄存器(IMR)，以控制各个外设申请中断允许或屏蔽，但注意不要破坏原设定工作方式。如允许日时钟中断 IRQ_0 和键盘中断 IRQ_1，其他状态不变，则可送入以下指令：

```
        IN      AL, 21H             ; 读出 IMR
        AND     AL, 0FCH            ; 只允许 IRQ₀ 和 IRQ₁，其他不变
        OUT     21H, AL             ; 写入 OCW₁，即 IMR
```

由于中断采用的是非自动结束方式，因此若中断服务程序结束，则在返回断点前，必须对 OCW_2 写入 00100000B，即 20H，发出中断结束命令。

```
        MOV     AL, 20H             ; 设置 OCW₂ 的值为 20H
        OUT     20H, AL             ; 写入 OCW₂ 的端口地址 20H
        IRET                        ; 中断返回
```

在程序中，通过设置 OCW_3，亦可读出 IRR、ISR 的状态以及查询当前的中断源。如要读出 IRR 中的内容以查看申请中断的信号线，这时可先写入 OCW_3，再读出 IRR。

```
        MOV     AL, 20H             ; 写入 OCW₃，读 IRR 命令
        OUT     21H, AL
        NOP                         ; 延时，等待 8259A 的操作结束
        IN      AL, 20H             ; 读出 IRR
```

当 $A_0 = 1$ 时，IMR 中的内容可以随时方便地读出。如在 BIOS 中，中断屏蔽寄存器(IMR) 的检查程序如下：

```
        MOV     AL, 0               ; 设置 OCW₁ 为 0，送 OCW₁ 口地址
        OUT     21H, AL
        IN      AL, 21H             ; 读 IMR 状态
        OR      AL, AL              ; 若不为 0，则转出错程序 ERR
        JNZ     ERR
        MOV     AL, 0FFH            ; 设置 OCW₂ 为 FFH，送 OCW₁ 口地址
        OUT     21H, AL
        IN      AL, 21H             ; 读 IMR 状态
        ADD     AL, 1               ; IMR = 0FFH?
        JNZ     ERR                 ; 若不是 0FFH，则转出错程序 ERR
        ⋮
ERR
```

2. 8259A 在 PC/AT 中的应用

在 PC/AT 中，共有两片 8259A，如图 6-15 所示。由图可见，主片 8259A 原来保留的

IRQ$_2$ 中断请求端用于级联从片 8259A，所以相当于主片 IRQ$_2$ 又扩展了 8 个中断请求端 IRQ$_8$～IRQ$_{15}$。

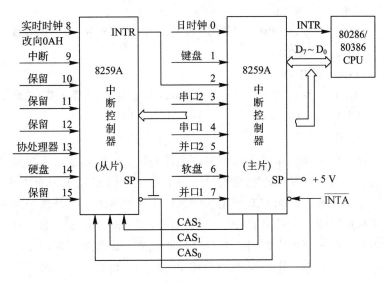

图 6-15 PC/AT 与 8259A 接口

主片的端口地址为 20H、21H，中断类型码为 08H～0FH；从片的端口地址为 A0H、A1H，中断类型码为 70H～77H。主片的 8 级中断已被系统用尽，从片尚保留 4 级未用。其中 IRQ$_0$ 仍用于日时钟中断，IRQ$_1$ 仍用于键盘中断。扩展的 IRQ$_8$ 用于实时时钟中断，IRQ$_{13}$ 来自协处理器 80187。除上述中断请求信号外，所有的其他中断请求信号都来自 I/O 通道的扩展板。

1) 8259A 初始化编程

对主片 8259A 的初始化编程如下：

```
            MOV   AL，11H      ；写入 ICW₁，设定边沿触发，级联方式
            OUT   20H，AL
            JMP   INTR1        ；延时，等待 8259A 操作结束
INTR1：     MOV   AL，08H      ；写入 ICW₂，设定 IRQ₀ 的中断类型码为 08H
            OUT   21H，AL
            JMP   INTR2
INTR2：     MOV   AL，04H      ；写入 ICW₃，设定主片 IRQ₂ 级联从片
            OUT   21H，AL
            NOP
INTR3：     MOV   AL，11H      ；写入 ICW₄，设定特殊全嵌套方式，普通 EOI 方式
            OUT   21H，AL
```

对从片 8259A 的初始化编程如下：

```
            MOV   AL，11H      ；写入 ICW₁，设定边沿触发，级联方式
            OUT   0A0H，AL
            JMP   INTR5
```

INTR5:	MOV	AL, 70H	; 写入 ICW$_2$, 设定从片 IR0(中断类型码为 70H)
	OUT	0A1H, AL	
	JMP	INTR6	
INTR6:	MOV	AL, 02H	; 写入 ICW$_3$, 设定从片级联于主片的 IRQ$_2$
	OUT	0A1H, AL	
	JMP	INTR7	
INTR7:	MOV	AL, 01H	; 写入 ICW$_4$, 设定普通全嵌套方式, 普通 EOI 方式
	OUT	0A1H, AL	

2) 级联工作编程

当来自某个从片的中断请求进入服务时, 主片的优先权控制逻辑不封锁从片, 从而使来自从片的更高优先级的中断请求能被主片所识别, 并向 CPU 发出中断请求信号。

因此, 当中断服务程序结束时必须用软件来检查被服务的中断是否是该从片中唯一的中断请求。先向从片发送一个 EOI 命令, 清除已完成服务的 ISR 位, 然后再读出 ISR 中的内容检查它是否为 0。若 ISR 中的内容为 0, 则向主片发送一个 EOI 命令, 清除与从片相对应的 ISR 位; 否则, 就不向主片发送 EOI 命令, 继续执行从片的中断处理, 直到 ISR 中的内容为 0, 再向主片发送 EOI 命令。

读 ISR 中的内容的程序如下:

  MOV AL, 0BH ; 写入 OCW$_3$, 读 ISR 命令
  OUT 0A0H, AL
  NOP   ; 延时, 等待 8259A 操作结束
  IN   AL, 0A0H ; 读出 ISR

向从片发送 EOI 命令的程序如下:

  MOV AL, 20H
  OUT 0A0H, AL ; 写从片 EOI 命令

向主片发送 EOI 命令的程序如下:

  MOV AL, 20H
  OUT 20H, AL   ; 写主片 EOI 命令

6.3 并行接口

6.3.1 并行通信与并行接口

并行通信是把一个字符的各数位用几条线同时进行传输, 传输速度快, 信息率高。但它比串行通信所用的电缆多, 因此, 并行通信常用在传输距离较短(几米至几十米)、数据传输率较高的场合。

实现并行通信的接口就是并行接口。一个并行接口可设计成只作为输出接口(如一个并行接口连接一台打印机), 还可设计成只作为输入接口(如一个并行接口连接卡片读入机)。

另外,一个并行接口也可设计成既作为输入又作为输出的接口,其实现方法有两种:一种是利用同一个接口中的两个通路,一个作为输入通路,一个作为输出通路;另一种是用一个双向通路,既作为输入又作为输出。前一种方法用在主机需要同时输入和输出的情况,如此接口既接纸带读入机,又接纸带穿孔机。后一种方法用在输入、输出动作并不同时进行的主机与外设之间,如连接两台磁盘驱动器。

典型的并行接口和外设连接如图 6-16 所示。图中的并行接口用一个通道与输入设备相连,用另一个通道与输出设备相连,每个通道中除数据线外均配有一定的控制线和状态线。

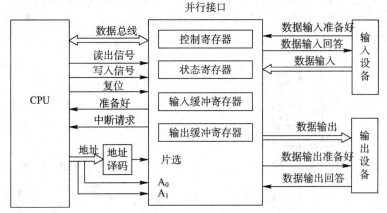

图 6-16 并行接口和外设连接示意图

从图 6-16 中看到,并行接口中应该有一个控制寄存器用来接收 CPU 对它的控制命令,有一个状态寄存器提供各种状态位供 CPU 查询。为了实现输入和输出,并行接口中还必定有相应的输入缓冲寄存器和输出缓冲寄存器。

1. 并行接口的输入过程

外设首先将数据送给接口,并使状态线"数据输入准备好"变为高电平。接口把数据接收到数据输入缓冲寄存器的同时,使"数据输入回答"线变为高电平,作为对外设的响应。外设接到此信号,便撤除数据和"数据输入准备好"信号。数据到达接口后,接口会在状态寄存器中设置"数据输入准备好"状态位,以便 CPU 对其进行查询,接口也可以在此时向 CPU 发出一个中断请求。所以,CPU 既可以用软件查询方式,也可以用中断方式来设法读取接口中的数据。CPU 从并行接口中读取数据后,接口会自动清除状态寄存器中的"数据输入准备好"状态位,并且使数据总线处于高阻状态。此后,又开始下一个输入过程。

2. 并行接口的输出过程

每当外设从接口取走一个数据后,接口将状态寄存器中的"数据输出准备好"状态位置"1",以表示 CPU 当前可以往接口中输出数据,供 CPU 查询。此时,接口也可以向 CPU 发一个中断请求。所以,CPU 既可以用软件查询方式,也可以用中断方式设法往接口中输出一个数据。当 CPU 输出的数据到达接口的输出缓冲寄存器中后,接口会自动清除"输出准备好"状态位,并且将数据送往外设。同时,接口往外设发送一个"驱动信号"来启动外设接收数据。外设被启动后,开始接收数据,并往接口发送一个"数据输出回答"信号。接口收到此信号后,便将状态寄存器中的"数据输出准备好"状态位重新置"1",以便 CPU 输出下一个数据。

6.3.2 可编程并行通信接口芯片 8255A

8255A 是 Intel 86 系列微处理器的配套并行接口芯片,它可为 CPU 与外设之间提供并行输入/输出的通道。由于 8255A 是可编程的,可以通过软件来设置芯片的工作方式,所以,用 8255A 连接外设时,通常不用再附加外部电路,给使用者带来很大方便。

1. 8255A 芯片的内部结构及功能

8255A 有 40 条引脚,如图 6-17 所示。8255A 的内部主要有并行输入/输出端口(即端口 A、B、C)、A 组控制器、B 组控制器、数据缓冲器及读/写控制逻辑。8255A 芯片的内部结构如图 6-18 所示。

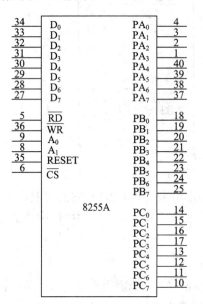

图 6-17 8255A 芯片的引脚排列

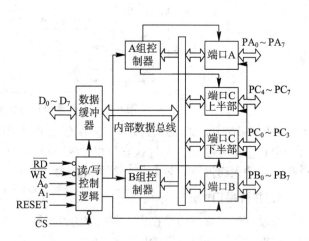

图 6-18 8255A 芯片的内部结构

1) 并行输入/输出端口(即端口 A、B、C)

8255A 芯片内部包含三个 8 位端口,即端口 A、B、C。其中:端口 A 包含一个 8 位数据输出锁存器和一个 8 位数据输入锁存器;端口 B 包含一个 8 位数据输入/输出锁存器和一个 8 位数据输入缓冲器;端口 C 包含一个数据输出锁存器和一个数据输入缓冲器。必要时端口 C 可分成两个 4 位端口,分别与端口 A 和端口 B 配合工作。通常将端口 A 和端口 B 定义为输入/输出的数据端口,而将端口 C 作为状态或控制信息的传送端口。

2) A 组和 B 组控制器

端口 A 与端口 C 的高 4 位($PC_7 \sim PC_4$)构成 A 组,由 A 组控制部件实现控制功能;端口 B 与端口 C 的低 4 位($PC_3 \sim PC_0$)构成 B 组,由 B 组控制部件实现控制功能。它们各有一个控制单元,可接收来自读/写控制部件的命令和 CPU 通过数据总线($D_7 \sim D_0$)送来的控制字,并根据它们来定义各个端口的操作方式。

3) 数据缓冲器

数据总线缓冲器是一个三态双向 8 位数据缓冲器,它是 8255A 与 8086 CPU 之间的数据接口。CPU 执行输出指令时，可将控制字或数据通过数据总线缓冲器传送给 8255A。CPU 执行输入指令时，8255A 可将状态信息或数据通过数据总线缓冲器向 CPU 输入，因此它是 CPU 与 8255A 之间交换信息的必经之路。

4) 读/写控制逻辑

读/写控制部件是 8255A 内部完成读/写控制功能的部件，它能接收 CPU 的控制命令，并根据它们向片内各功能部件发出操作命令。可接收的控制命令如下：

(1) $\overline{CS}$——片选信号，由 CPU 输入，通常由端口的高位地址码($A_{15}\sim A_2$)译码得到。$\overline{CS}$ 有效，表示该 8255A 被选中。

(2) $\overline{RD}$、$\overline{WR}$——读、写控制信号，由 CPU 输入。$\overline{RD}$ 有效，表示 CPU 读 8255A，应由 8255A 向 CPU 传送数据或状态信息；$\overline{WR}$ 有效，表示 CPU 写 8255A，应由 CPU 将控制字或数据写入 8255A。

(3) RESET——复位信号，由 CPU 输入。RESET 有效时，清除 8255A 中所有控制字寄存器内容，并将各端口置成输入方式。

(4) A_1、A_0——端口选择信号。由端口地址 A_1A_0 和相应控制信号组合起来可定义各端口的操作方式，如表 6-2 所示。

表 6-2 8255A 的读/写操作方式

A_1	A_0	$\overline{RD}$	$\overline{WR}$	$\overline{CS}$	操　作
0	0	0	1	0	端口 A → CPU
0	1	0	1	0	端口 B → CPU
1	0	0	1	0	端口 C → CPU
0	0	1	0	0	CPU → 端口 A
0	1	1	0	0	CPU → 端口 B
1	0	1	0	0	CPU → 端口 C
1	1	1	0	0	CPU → 控制寄存器
1	1	0	1	0	非法操作
×	×	1	1	0	数据总线浮空
×	×	×	×	1	未选该 8255A，数据总线浮空

2. 8255A 芯片的控制字及其工作方式

8255A 中各端口有三种基本工作方式：工作方式 0 基本输入/输出方式、工作方式 1 选通输入/输出方式和工作方式 2 双向传送方式。

端口 A 可处于上述三种工作方式，端口 B 只可处于两种工作方式(工作方式 0 和工作方式 1)，端口 C 常常被分成高 4 位和低 4 位两部分，分别用来传送数据或控制信息。用户可用软件来分别定义三个端口的工作方式，可使用的控制字有定义工作方式控制字和置位/复位控制字。

1) 控制字

(1) 定义工作方式控制字：其使用格式如图 6-19 所示。通过定义工作方式控制字可将三个端口分别定义为三种不同状态的组合，当将端口 A 定义为工作方式 1 或工作方式 2 或将端口 B 定义为工作方式 1 时，要求使用端口 C 的某些位作控制用，这时需要使用一个专门的置位/复位控制字来对控制端口 C 的各位分别进行置位/复位操作。

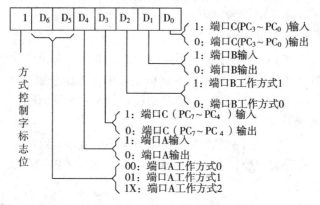

图 6-19 8255A 工作方式控制字的使用格式

(2) 置位/复位控制字：只对端口 C 有效，其使用格式如图 6-20 所示。

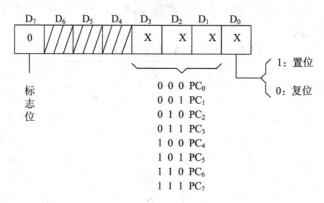

图 6-20 8255A 置位/复位控制字的使用格式

2) 工作方式 0

工作方式 0 是 8255A 中各端口的基本输入/输出方式。它只完成简单的并行输入/输出操作，CPU 可从指定端口输入信息，也可向指定端口输出信息，如果三个端口均处于工作方式 0，则可由工作方式控制字定义 16 种工作方式的组合。这种情况下，端口 C 被分成两个 4 位端口，它们可分别被定义为输入或输出端口。CPU 与三个端口之间交换数据可直接由 CPU 执行 IN 和 OUT 指令来完成，而不提供任何"握手"信息，适于用在各种同步并行传送系统中。

3) 工作方式 1

工作方式 1 被称做选通输入/输出方式。在这种工作方式下，数据输入/输出操作要在选通信号控制下完成。采用工作方式 1 进行输入操作时，需要使用的控制信号如下：

(1) $\overline{STB}$——选通信号，由外部输入，低电平有效。$\overline{STB}$ 有效时，表示将外部输入的数据锁存到所选端口的输入锁存器中。对于 A 组，指定 PC_4 来接收向端口 A 输入的 $\overline{STB}$ 信号；对于 B 组，指定 PC_2 来接收向端口 B 输入的 $\overline{STB}$ 信号。

(2) IBF——输入缓冲器满信号，向外部输出，高电平有效。IBF 有效时，表示由输入设备输入的数据已占用该端口的输入锁存器,它实际上是对 STB 信号的回答信号。待 CPU 执行 IN 指令时,RD 有效,将输入数据读入 CPU,其后沿把 IBF 置"0",表示输入缓冲器已空,外设可继续输入后续数据。对于 A 组,指定 PC_5 作为从端口 A 输出的 IBF 信号;对于 B 组,指定 PC_1 作为从端口 B 输出的 IBF 信号。

(3) INTR——中断请求信号,向 CPU 输出,高电平有效。在 A 组和 B 组控制电路中分别设置一个内部中断触发器 $INTE_A$ 和 $INTE_B$,前者由 $\overline{STB}_A(PC4)$ 控制置位,后者由 $\overline{STB}_B$ (PC2) 控制置位。

当任一组中的 $\overline{STB}$ 有效时,则把 IBF 置"1",表示当前输入缓冲器已满,并由 $\overline{STB}$ 后沿置"1"各组的 INTE,于是输出 INTR 有效,向 CPU 发出中断请求,待 CPU 响应该中断请求,可在中断服务程序中安排 IN 指令读取数据,然后置 IBF 为"0",外设才可继续输入后续数据。显然,8255A 中的端口 A 和端口 B 均可工作于工作方式 1 以完成输入操作功能,经这样定义的端口状态如图 6-21 所示。

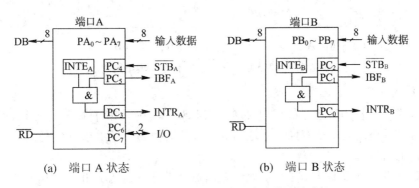

图 6-21　8255A 工作于工作方式 1 输入的功能

从图 6-21 中可看出,当端口 A 和端口 B 同时被定义为工作方式 1 完成输入操作时,端口 C 的 $PC_5 \sim PC_0$ 被用作控制信号,只有 PC_7 和 PC_6 位可完成数据输入或输出操作,因此这实际上可构成两种组合状态:端口 A、B 输入,PC_7、PC_6 输入和端口 A、B 输入,PC_7、PC_6 输出。

采用工作方式 1 也可完成输出操作,这时需要使用的控制信号如下:

(1) $\overline{OBF}$——输出缓冲器满信号,向外部输出,低电平有效。$\overline{OBF}$ 有效时,表示 CPU 已将数据写入该端口正等待输出。当 CPU 执行 OUT 指令,$\overline{WR}$ 有效时,表示将数据锁存到数据输出缓冲器,由 $\overline{WR}$ 的上升沿将 $\overline{OBF}$ 置为有效。对于 A 组,指定 PC_7 作为从端口 A 输出的 $\overline{OBF}$ 信号;对于 B 组,指定 PC_1 作为从端口 B 输出的 $\overline{OBF}$ 信号。

(2) $\overline{ACK}$——外部应答信号,由外部输入,低电平有效。$\overline{ACK}$ 有效时,表示外部设备已收到由 8255A 输出的 8 位数据,它实际上是对 $\overline{OBF}$ 信号的回答信号。对于 A 组,指定 PC_6 来接收向端口 A 输入的 $\overline{ACK}$ 信号;对于 B 组,指定 PC_2 来接收向端口 B 输入的 $\overline{ACK}$ 信号。

(3) INTR——中断请求信号,向 CPU 输出,高电平有效。对于端口 A,内部中断触发器 $INTE_A$ 由 $PC_6(\overline{ACK}_A)$ 置位;对于端口 B,$INTE_B$ 由 $PC_7(\overline{ACK}_B)$ 置位。当 $\overline{ACK}$ 有效时,$\overline{OBF}$ 被复位为高电平,并将相应端口的 INTE 置"1",于是 INTR 输出高电平,向 CPU 发

出输出中断请求,待 CPU 响应该中断请求,可在中断服务程序中安排 OUT 指令继续输出后续数据。对于 A 组,指定 PC_3 作为由端口 A 发出的 INTR 信号;对于 B 组,指定 PC_0 作为由端口 B 发出的 INTR 信号。

如果将 8255A 中的端口 A 和端口 B 均定义为工作方式 1 以完成输出操作功能,则端口 C 的 PC_6、PC_7 和 $PC_3 \sim PC_0$ 被用作控制信号,只有 PC_4、PC_5 两位可完成数据输入或输出操作,因此可构成两种组合状态:端口 A、B 输出,PC_4、PC_5 输入;端口 A、B 输出,PC_4、PC_5 输出。经这样定义的端口状态如图 6-22 所示。

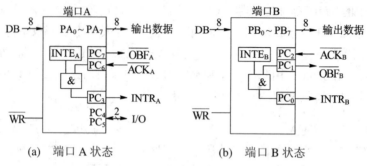

图 6-22 8255A 工作于方式 1 输入/输出的功能

4) 工作方式 2

工作方式 2 被称为带选通的双向传送方式。8255A 中只允许端口 A 处于工作方式 2,用来在两台处理机之间实现双向并行通信。其有关的控制信号由端口 C 提供,并可向 CPU 发出中断请求信号。

当端口 A 工作于工作方式 2 时,允许端口 B 工作于工作方式 0 或工作方式 1 以完成输入/输出功能。端口 A 工作于工作方式 2 的端口状态如图 6-23 所示。

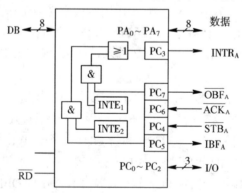

图 6-23 8255A 端口 A 工作于工作方式 2 的功能

由图 6-23 可看出,端口 A 工作于工作方式 2 所需要的 5 个控制信号分别由端口 C 的 $PC_7 \sim PC_3$ 来提供。如果端口 B 工作于工作方式 0,那么 $PC_2 \sim PC_0$ 可用作数据输入/输出;如果端口 B 工作于工作方式 1,那么 $PC_2 \sim PC_0$ 用作端口 B 的控制信号。

端口 A 工作于工作方式 2 时,所需的控制信号如下:

(1) $\overline{OBF}_A$——输出缓冲器满信号,向外部输出,低电平有效。$\overline{OBF}_A$ 有效时,表示要求输出的数据已锁存到端口 A 的输出锁存器中,正等待向外部输出。CPU 用 OUT 指令输出数据时，由 $\overline{WR}$ 信号后沿将 $\overline{OBF}_A$ 置成有效。系统规定端口 PC_7 用作由端口 A 输出的 $\overline{OBF}_A$ 信号。

(2) $\overline{ACK}_A$——应答信号，由外部输入，低电平有效。$\overline{ACK}_A$ 有效时，表示外设已收到端口 A 输出的数据，由 $\overline{ACK}_A$ 后沿将 $\overline{ACK}_A$ 置成无效(高电平)，即表示端口 A 输出缓冲器已空，CPU 可继续向端口 A 输出后续数据，它实际上是对 $\overline{OBF}_A$ 的回答信号。系统规定端口 PC_6 用来接收输入的 $\overline{ACK}_A$ 信号。

(3) $\overline{STB}_A$——数据选通信号，由外部输入，低电平有效。$\overline{STB}_A$ 有效时，表示将外部输入的数据锁存到数据输入锁存器中。系统规定端口 PC_4 用来接收输入的 $\overline{STB}_A$ 信号。

(4) IBF_A——输入缓冲器满信号，向外部输出，高电平有效。IBF_A 有效时，表示外部已将数据输入到端口 A 的数据输入锁存器中，等待向 CPU 输入，它实际上是对 $\overline{STB}_A$ 的回答信号。系统规定端口 PC_5 用作输出的 IBF_A 信号。

(5) $INTR_A$——中断请求信号，向 CPU 输出，高电平有效。

无论是进行输入还是输出操作，都利用 INTR 向 CPU 发出中断请求。对于输出操作，$\overline{ACK}_A$ 有效时将内部触发器 $INTE_1$ 置"1"，当 $\overline{OBF}_A$ 被置成无效时，表示输出缓冲器已空，向 CPU 发出输出中断请求($INTR_A$ 有效)，待 CPU 响应该中断请求，可在中断服务程序中继续输出后续数据；对于输入操作，当 $\overline{STB}_A$ 有效时，外部将数据送入端口 A 的输入锁存器后，使 IBF_A 有效，$\overline{STB}_A$ 的后沿将内部触发器 $INTE_2$ 置"1"，向 CPU 发出输入中断请求($INTR_A$ 有效)，待 CPU 响应该中断请求，可在中断服务程序中安排 IN 指令读入从端口 A 输入的数据。系统规定端口 PC_3 用作 $INTR_A$ 信号。

6.3.3 8255A 的编程及应用

1. 8255A 的初始化与连接

8255A 是计算机外围接口芯片中典型的一种，主要用于接口扩展、外设扩展应用等。对 8255A 编程，首先应对 8255A 进行初始化，即向 8255A 写入控制字，规定 8255A 的工作方式，端口 A、B、C 的工作方式等。然后，如果需要中断，则用控制字将中断允许标志置位。随后即可按相应的要求向 8255A 送入数据或从 8255A 读出数据。

【例 6-1】 要求 8255A 工作于工作方式 0，端口 A、B 输入，端口 C 输出。其硬件电路如图 6-24 所示，片选端接译码电路输出(译码端由地址线 A_7、A_6、A_5 译码输出)，按要求 8255A 的控制字为 92H($D_7 \sim D_0$ 对应的数据为 10010010)。

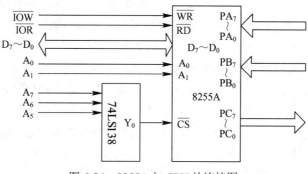

图 6-24 8255A 与 CPU 的连接图

其工作程序如下：

```
    PORTK   EQU 1FH         ; 8255A 控制口地址
    PORTA   EQU 1CH         ; 8255A 的端口 A 地址
    PORTB   EQU 1DH         ; 8255A 的端口 B 地址
    PORTC   EQU 1EH         ; 8255A 的端口 C 地址
    ; 初始化 8255A
    MOV   AL, 92H           ; 控制字方式 0, 端口 A、B 输入, 端口 C 输出
    MOV   DX, PORTK         ; 控制寄存器地址
    OUT   DX, AL            ; 控制字送控制寄存器
    ; 端口 A、B、C 的读写
    MOV   DX, PORTA         ; 端口 A 地址
    IN    AL, DX            ; 从端口 A 读数据
    MOV   DX, PORTB         ; 端口 B 地址
    IN    AL, DX            ; 从端口 B 读数据
    MOV   DX, PORTC         ; 端口 C 地址
    MOV   AL, DATA
    OUT   DX, AL            ; 向端口 C 输出数据 DATA
```

如果要求 8255A 工作于工作方式 1，端口 A 输入，端口 B 输出，PC_6、PC_7 输出，禁止端口 A 中断，则按要求 8255A 的控制字为 0B7H，初始化程序如下：

```
    MOV   AL, 0B7H          ; 控制字方式 1, 端口 A 输入, 端口 B 输出
    MOV   DX, PORTK         ; 控制寄存器地址
    OUT   DX, AL            ; 控制字送控制寄存器
    MOV   AL, 09H
    OUT   DX, AL
    MOV   AL, 04H
    OUT   DX, AL
```

2. 8255A 应用举例

可编程并行接口 8255A 可为 8086/8088 微处理机提供三个独立的并行输入/输出端口。将输出端口与数/模转换器相连，可控制输出模拟量的大小，从而控制工业现场的执行机构。这个模拟量可以是电压的高低、电流的大小、速度的快慢、声音的强弱以及温度的升降等。利用模/数转换器又可将控制现场的采集信息变换为数字量，通过并行输入端口送回微机系统中。这样一种闭环的调节系统在实践中应用非常广泛。

【例6-2】一个由 8086 CPU 和 8255A 为主体构成的闭环调节系统的结构框图如图 6-25 所示。由图可看出，8255A 中端口 A 工作于工作方式 0，完成输出功能，用来向数/模转换器输出 8 位数字信息。端口 B 工作于工作方式 1，完成输入功能，用来接收由模/数转换器输入的 8 位数字信息。端口 C 作控制用，PC_7 用作模/数转换器 ADC0809 的启动信号，PC_2 用作输入的 $\overline{STB}_B$ 信号，PC_0 用作中断请求信号 $INTR_B$，通过中断控制器 8259A 可向 CPU 发送中断请求，这些都要由初始化程序来定义。

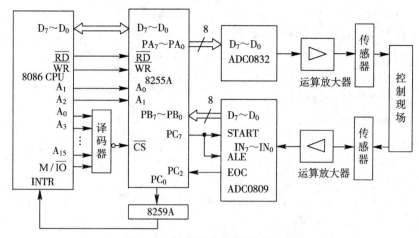

图 6-25 闭环调节系统的结构框图

由 8255A 端口 A 输出的 8 位数字信息经数/模转换器 DAC0832 转换成模拟量。由于它输出的模拟量是电流值,因此,DAC0832 常与运算放大器一起使用,以便将模拟电流放大并转换为模拟电压。经过调整可实现,当 CPU 输出的数字量为 00H~FFH 时,运算放大器输出 0~4.98 V 的模拟电压,该电压经传感器可调节控制现场的温度、速度、声音或流量等其他参数。

控制现场的模拟信息经传感器和运算放大器可变换为一定范围内的电压值,该模拟电压经模/数转换器 ADC0809 可变换为 8 位数字信息送回 8255A 的端口 B,其转换速度取决于从 CLK 端引入的标准时钟,端口 B 可采用查询或中断方式与 CPU 联系。若采用中断方式,中断请求信号经 8259A 中断排队后送 CPU 的 INTR 端。

如果采用中断方式,并定义中断类型码为 40H,那么首先应将相应的中断服务程序定位到存储器中,并将其入口地址的段地址和偏移地址值置入中断入口地址表中从 100H 地址开始的四个字节中。

初始化和控制程序如下:

```
INTT:   MOV   DX, 8255A 控制端口
        MOV   AL, 86H
        OUT   DX, AL              ; 初始化 8255A
        MOV   AL, 05H
        OUT   DX, AL
        MOV   DX, 8259A 偶地址端口
        MOV   AL, 13H
        OUT   DX, AL              ; ICW₁
        MOV   DX, 8259A 奇地址端口
        MOV   AL, 40H
        OUT   DX, AL              ; ICW₂
        MOV   AL, 03H
        OUT   DX, AL              ; ICW₃
        MOV   AL, 0FEH
```

```
            OUT    DX, AL                    ; OCW₁
     POUT:  MOV    DX, 8255A 端口 A
            MOV    AL, XXH                   ; 从端口 A 输出 8 位数据
            OUT    DX, AL
            MOV    DX, 8255A 端口 C
            MOV    AL, 80H
            OUT    DX, AL                    ; 启动 ADC0809
            MOV    AL, 0
            OUT    DX, AL
     WAIT:  STI
              ⋮
            JMP    WAIT
```

40H 类型中断服务程序如下：

```
            MOV    DX, 8255A 端口 B
            IN     AL, DX
              ⋮
            IRET
```

上述程序将端口 A 定义为方式 0 输出端口，不需要控制信号；将端口 B 定义为方式 1 输入端口，PC_2 作输入信号（$\overline{ST_B}$），用来接收 ADC0809 的转换结束命令 EOC，由它将 8 位数字信息锁存到端口 B 的数据输入锁存器中；PC_0 作输出信号，向 CPU 发出中断请求。

由主程序完成初始化功能后，通过端口 A 输出预置的 8 位数字信息，用来控制现场的某种模拟参数。从现场收集到的模拟量通过端口 B 以中断方式向 8086 CPU 报告，CPU 响应该中断请求后可在中断服务程序中利用 IN 指令接收由端口 B 输入的数字信息，并完成必要的计算和处理后可向端口 A 输出新的数字信息，以实现对现场模拟信息的调整过程。对于中断服务程序的具体处理过程，应根据实际需要来编制相应的程序。

6.4 串行接口

6.4.1 串行通信及串行接口

1. 串行通信线路的工作方式

串行通信指的是数据一位一位地依次传输，每一位数据占据一个固定的时间长度。串行通信中，只需少数几条线即可在系统间交换信息，特别适用于计算机与计算机、计算机与外设之间的远距离通信，但串行通信的速度比较慢。

串行通信有如下三种通信方式：

(1) 单工通信：只允许一个方向传输数据，A 只作为数据发送器，B 只作为数据接收器，不能进行反方向传输，如图 6-26(a)所示。

(2) 半双工通信：允许两个方向传输数据，但不能同时传输，只能交替进行，A 发 B 收或 B 发 A 收，如图 6-26(b)所示。在这种情况下，为了控制线路换向，必须对两端设备进行控制，以确定数据流向。这种协调可以靠增加接口的附加控制线来实现，也可用软件约定来实现。

(3) 全双工通信：允许两个方向同时进行数据传输，A 收 B 发的同时可 A 发 B 收，如图 6-26(c)所示。显然，两个传输方向的资源必须完全独立，A 与 B 都必须有独立的接收器和发送器，从 A 到 B 和从 B 到 A 的数据通路也必须完全分开(至少在逻辑上是分开的)。

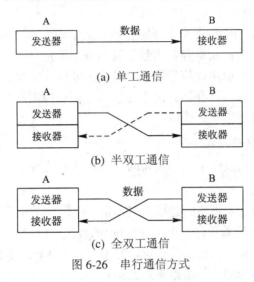

图 6-26 串行通信方式

2. 串行接口

串行接口有许多种类，典型的串行接口如图 6-27 所示，它包括四个主要寄存器，即控制寄存器、状态寄存器、数据输入寄存器及数据输出寄存器。

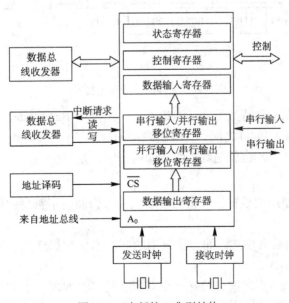

图 6-27 串行接口典型结构

控制寄存器用来接收 CPU 传送给此接口的各种控制信息,而控制信息决定接口的工作方式。状态寄存器的各位为状态位,每一个状态位都可以用来指示传输过程中的某一种错误或者当前的传输状态。数据输入寄存器总是和串行输入/并行输出移位寄存器配对使用的。在输入过程中,数据一位一位地从外部设备进入接口的移位寄存器。当接收完一个字符以后,数据就从移位寄存器送到数据输入寄存器,再等待 CPU 来取走。输出过程与输入过程类似。在输出过程中,数据输出寄存器和并行输入/串行输出移位寄存器配对使用。当 CPU 向数据输出寄存器中输出一个数据后,数据便传输到移位寄存器,然后一位一位地通过输出线送到外设。

CPU 可以访问串行接口中的四个主要寄存器。从原则上说,对这四个寄存器可以通过不同的地址来访问,但因为控制寄存器和数据输出寄存器是只写的,状态寄存器和数据输入寄存器是只读的,所以可以用读信号和写信号来区分这两组寄存器,再用一位地址来区分两个只读寄存器或两个只写寄存器。由于这种串行接口控制寄存器的参数是可以用程序来修改的,所以称之为可编程串行接口。

3. 串行通信数据的收发方式

在串行通信中数据的收发可采用异步和同步两种基本的通信方式。

1) 异步通信方式

异步通信方式所采用的数据格式是以一组不定"位数"数组组成的。第一位为起始位,其宽度为 1 bit,低电平;接着传送一个字节(8 bit)的数据,用"1"表示高电平,"0"表示低电平;随后一位是校验位;最后是停止位,宽度可以为 1 bit、1.5 bit 或 2 bit,在两个数据组之间可有空闲位。异步通信的数据格式见图 6-28。

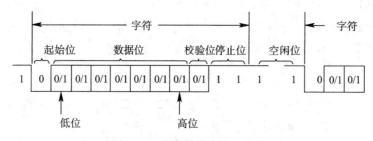

图 6-28 异步通信的数据格式

每秒钟可传送数据的比特数称为传送速率,即波特率(Band Rate)。波特率一般为 300,600,900,1200,2400~9600 之间。计算机之间的异步通信速率确定后,一般不应变动,但通信的数据是可变动的,也就是数据组之间的空闲位是可变的。

2) 同步通信方式

在同步通信时所使用的数据格式根据控制规程分为面向字符型的数据格式及面向比特型的数据格式两种。

(1) 面向字符型的数据格式。面向字符型的同步通信数据格式可采用单同步、双同步及外同步三种,见图 6-29。

单同步是指在传送数据之前先传送一个同步字符"SYNC",双同步则先传送两个同步字符"SYNC"。接收端检测到该同步字符后开始接收数据。外同步通信的数据格式中没有同步字符，而是用一条专用控制线来传送同步字符，使接收端及发送端实现同步。当每一帧信息结束时，均用两个字节的循环控制码 CRC 作为结束。

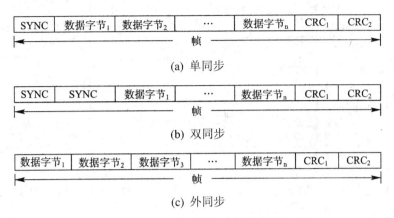

图 6-29 面向字符型的同步通信数据格式

(2) 面向比特型的数据格式。根据同步数据链路控制规程(SDLC)，面向比特型的数据以帧为单位传输，每帧由六个部分组成：第一部分是开始标志"7EH"；第二部分是一个字节的地址场；第三部分是一个字节的控制场；第四部分是需要传送的数据，数据都是位(bit)的集合；第五部分是两个字节的循环控制码 CRC；第六部分又是"7EH"，作为结束标志。面向比特型的数据格式见图 6-30。

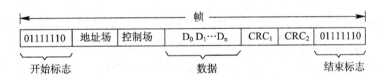

图 6-30 面向比特型的同步通信数据格式

在 SDLC 中不允许在数据段和 CRC 段中出现六个"1"，否则会被误认为是结束标志。因此要求在发送端进行检验，若连续出现五个"1"，则立即插入一个"0"，到接收端要将这个插入的"0"去掉，恢复原来的数据，以保证通信的正常进行。

通常，异步通信速率要比同步通信的低。高同步通信速率可达到 800 kb/s，因此适用于传送信息量大，要求传送速率很高的系统中。

6.4.2 可编程串行通信接口芯片 8251A

8251A 是一个通用串行输入/输出接口，可用来将 8086/8088 CPU 以同步或异步方式与外部设备进行串行通信。8251A 能将并行输入的 8 位数据变换成逐位输出的串行信号，也能将串行输入数据变换成并行数据，一次性传送给处理机。因此，8251A 广泛应用于长距离通信系统及计算机网络中。

1. 8251A 芯片的内部结构及功能

8251A 芯片的引脚排列如图 6-31 所示，内部结构如图 6-32 所示。8251A 由发送器、接收器、数据总线缓冲器、读/写控制电路及调制/解调控制电路等五部分组成。

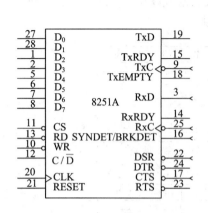 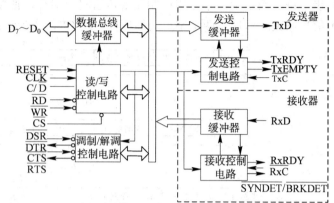

图 6-31 8251A 芯片的引脚排列　　　　图 6-32 8251A 芯片的内部结构

1) 发送器

8251A 的发送器包括发送缓冲器及发送控制电路两部分。CPU 需要发送的数据经发送缓冲器并行输入,并锁存到发送缓冲器中。如果采用同步方式,则在发送数据之前,发送器将自动送出一个(单同步)或两个(双同步)同步字符(SYNC),然后,逐位串行输出数据。如果采用异步方式,则由发送控制电路在其首尾加上起始位及停止位,然后从起始位开始,经移位寄存器从数据输出线 TxD 逐位串行输出,其发送速率由 $\overline{TxC}$ 收到的发送时钟频率决定。

当发送器做好接收数据准备时,由发送控制电路向 CPU 发出 TxRDY 有效信号,CPU 立即向 8251A 并行输出数据。如果 8251A 与 CPU 之间采用中断方式交换信息,则 TxRDY 作为向 CPU 发出的发送中断请求信号。待发送器中的 8 位数据发送完毕,由发送控制电路向 CPU 发出 TxEMPTY 有效信号,表示发送器中移位寄存器已空。因此,发送缓冲器和发送移位寄存器构成发送器的双缓冲结构。

与发送器有关的引脚信号如下:

(1) TxD——数据发送线,输出串行数据。

(2) TxRDY——发送器已准备信号(表示 8251A 的发送缓冲器已空),输出信号线,高电平有效。只要允许发送(TxEN = 1 及 $\overline{CTS}$ 端有效),则 CPU 就可向 8251A 写入待发数据。TxRDY 还可作为中断请求信号用。待 CPU 向 8251A 写入一个字符后,TxRDY 便变为低电平。

(3) TxEMPTY——发送器空闲信号(表示 8251A 的发送移位寄存器已空),输出信号线,高电平有效。当 TxEMPTY = 1 时,CPU 可向 8251A 的发送缓冲器写入数据。

(4) $\overline{TxC}$——发送器时钟信号,是外部输入线。对于同步方式,$\overline{TxC}$ 的时钟频率应等于发送数据的波特率。对于异步方式,由软件定义的发送时钟是发送波特率的 1 倍(×1)、16 倍(×16)或 64 倍(×64)。在要求 1 倍情况时,$\overline{TxC}$ 的时钟频率小于或等于 64 kHz;16 倍情况时,$\overline{TxC}$ 的时钟频率小于或等于 310 kHz;64 倍情况时,$\overline{TxC}$ 的时钟频率小于或等于 615 kHz。

TxRDY 及 TxEMPTY 两信号所表示发送器的状态见表 6-3。

表 6-3 8251A 发送器的状态

TxRDY	TxEMPTY	发送器状态
0	0	发送缓冲器满，发送移位寄存器满
1	0	发送缓冲器空，发送移位寄存器满
1	1	发送缓冲器空，发送移位寄存器空
0	1	不可能出现

2) 接收器

8251A 的接收器包括接收缓冲器、接收移位寄存器及接收控制电路三部分。

外部通信数据从 RxD 端逐位进入接收移位寄存器中。如果采用同步方式，则要检测同步字符，确认已经达到同步，接收器才可开始串行接收数据，待一组数据接收完毕，便把移位寄存器中的数据并行置入接收缓冲器中。如果采用异步方式，则应识别并删除起始位和停止位，这时 RxRDY 线输出高电平，表示接收器已准备好数据，等待向 CPU 输出。8251A 接收数据的速率由 $\overline{RxC}$ 端输入的时钟频率决定。

接收缓冲器和接收移位寄存器构成接收器的双缓冲结构。

与接收器有关的引脚信号如下：

(1) RxD——数据接收线，输入串行数据。

(2) RxRDY——接收器已准备好信号，表示接收缓冲器中已接收到一个数据符号，等待向 CPU 输入。若 8251A 采用中断方式与 CPU 交换数据，则 RxRDY 信号用作向 CPU 发出的中断请求。当 CPU 取走接收缓冲器中的数据后，同时将其变为低电平。

(3) SYNDET/BRKDET——双功能的检测信号，高电平有效。对于同步方式，SYNDET 是同步检测端。若采用内同步，当 RxD 端上收到一个(单同步)或两个(双同步)同步字符时，SYNDET 输出高电平，表示已达到同步，后续接收到的便是有效数据；若采用外同步，外同步字符从 SYNDET 端输入，当 SYNDET 输入有效时，表示已达到同步，接收器可开始接收有效数据。对于异步方式，BRKDET 用于检测线路是处于工作状态还是断缺状态。当 RxD 端上连续收到 8 个 "0" 信号时，BRKDET 变成高电平，表示当前处于数据断缺状态。

(4) $\overline{RxC}$ ——接收器时钟，由外部输入。该时钟频率决定 8251A 接收数据的速率。若采用同步方式，接收器时钟频率等于接收数据的频率；若采用异步方式，可用软件定义接收数据的波特率，情况与发送器时钟 $\overline{TxC}$ 相似。

一般，接收器时钟应与对方的发送器时钟相同。

3) 数据总线缓冲器

数据总线缓冲器是 CPU 与 8251A 之间信息交换的通道。它包含三个 8 位缓冲寄存器。其中两个用来存放 CPU 向 8251A 读取的数据及状态，当 CPU 执行 IN 指令时，便从这两个寄存器中读取数据字及状态字。另一个缓冲寄存器存放 CPU 向 8251A 写入的数据或控制字，当 CPU 执行 OUT 指令时，可向这个寄存器写入，由于两者公用一个缓冲寄存器，因此要求 CPU 在向 8251A 写入控制字时，该寄存器中无将要发送的数据。

4) 读/写控制电路

读/写控制电路用来接收一系列的控制信号，是 8251A 的内部控制器。由读/写控制电路可确定8251A处于什么状态，并向8251A内部各功能部件发出有关的控制信号。

由读/写控制电路接收的控制信号如下：

(1) RESET——复位信号，向8251A输入，高电平有效。RESET有效时，表示迫使8251A中各寄存器处于复位状态，收、发线路上均处于空闲状态。

(2) CLK——主时钟。CLK信号用来产生8251A内部的定时信号。对于同步方式，CLK必须大于发送时钟($\overline{TxC}$)和接收时钟($\overline{RxC}$)频率的30倍；对于异步方式，CLK必须大于发送和接收时钟的4.5倍。8251A规定CLK频率要在0.74~3.1 MHz范围内。

(3) $\overline{CS}$——选片信号，由CPU输入，低电平有效。$\overline{CS}$有效时，表示该8251A芯片被选，通常由8251A的高位端口地址译码得到。

(4) $\overline{RD}$和$\overline{WR}$——读和写控制信号，由CPU输入，低电平有效。

(5) $C/\overline{D}$——控制/数据信号。$C/\overline{D}=1$，表示当前通过数据总线传送的是控制字或状态信息；$C/\overline{D}=0$，表示当前通过数据总线传送的是数据，均可由一位地址码来选择。

由$\overline{CS}$、$C/\overline{D}$、$\overline{RD}$和$\overline{WR}$信号组合起来可确定8251A的操作，如表6-4所示。

表6-4 8251A的读/写操作方式

$\overline{CS}$	$C/\overline{D}$	$\overline{RD}$	$\overline{WR}$	操作
0	0	0	1	读数据 CPU ← 8251A
0	1	0	1	读状态 CPU ← 8251A
0	0	1	0	写数据 CPU → 8251A
0	1	1	0	写控制字 CPU → 8251A
0	×	1	1	8251A 数据总线浮空
1	×	×	×	8251A 未被选，数据总线浮空

5) 调制/解调控制电路

当使用8251A实现远距离串行通信时，8251A的数据输出端经调制器将数字信号转换成模拟信号，数据接收端收到经解调器转换来的数字信号，因此8251A要与调制解调器直接相连，它们之间的接口信号如下：

(1) $\overline{DTR}$——数据终端准备好信号，向调制解调器输出，低电平有效。$\overline{DTR}$有效时，表示CPU已准备好接收数据，可由软件定义。控制字中的DTR位为1时，输出$\overline{DTR}$为有效信号。

(2) $\overline{DSR}$——数据装置准备好信号，由调制解调器输入，低电平有效。$\overline{DSR}$有效时，表示调制解调器或外设已准备好发送数据，它实际上是对$\overline{DTR}$的回答信号。CPU可利用IN指令读入8251A状态寄存器中的内容，检测DSR位的状态，当DSR位为1时，表示$\overline{DSR}$有效。

(3) $\overline{RTS}$——请求发送信号，向调制解调器输出，低电平有效。$\overline{RTS}$有效时，表示CPU已准备好发送数据，可由软件定义。控制字中的RTS位为1时，输出$\overline{RTS}$为有效信号。

(4) $\overline{CTS}$——清除发送信号，由调制解调器输入，低电平有效。$\overline{CTS}$有效时，表示调制解调器已做好接收数据准备，只要控制字中的TxEN位为1，即$\overline{CTS}$有效，发送器才可串行发送数据,它实际上是对 $\overline{RTS}$ 的回答信号。如果在数据发送过程中使 $\overline{CTS}$ 无效或 TxEN = 0,则发送器将正在发送的字符结束时停止继续发送。

2. 8251A 芯片的控制字及其工作方式

8251A 在使用前必须初始化,以确定它的工作方式、传送速率、字符格式以及停止位长度等。8251A 可使用的控制字如下:

1) 方式选择控制字

8251A 方式选择控制字的使用格式如图 6-33 所示。

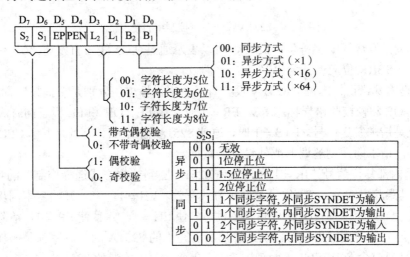

图 6-33　8251A 方式选择控制字的使用格式

B_2B_1 位用来定义 8251A 的工作方式是同步方式还是异步方式,如果是异步方式,还可由 B_2B_1 的取值来确定传送速率。"×1"表示输入的时钟频率与波特率相同,允许发送和接收波特率不同,$\overline{RxC}$ 和 $\overline{TxC}$ 也可不相同,但是它们的波特率系数必须相同;"×16"表示时钟频率是波特率的 16 倍;"×64"表示时钟频率是波特率的 64 倍。因此,通常称 1、16 和 64 为波特率系数,它们之间存在如下关系:

$$发送/接收时钟频率 = 发送/接收波特率 \times 波特率系数$$

L_2L_1 位用来定义数据字符的长度,可为 5、6、7 或 8 位。

PEN 位也称为校验允许位,用来定义是否带奇偶校验。在 PEN = 1 的情况下,由 EP 位定义是采用奇校验还是偶校验。

S_2S_1 位用来定义异步方式的停止位长度(1 位、1.5 位或 2 位)。对于同步方式,S_1 位用来定义是外同步(S_1 = 1)还是内同步(S_1 = 0);S_2 位用来定义是单同步(S_2 = 1)还是双同步(S_2 = 0)。

2) 操作命令控制字

8251A 操作命令控制字的使用格式如图 6-34 所示。

TxEN 位是允许发送位。TxEN = 1 时,发送器才能通过 TxD 线向外部串行发送数据。

DTR 位是数据终端准备好位。DTR = 1,表示 CPU 已准备好接收数据,这时 $\overline{DTR}$ 引线端输出有效。

RxE 位是允许接收位。RxE = 1 时,接收器才能通过 RxD 线从外部串行接收数据。

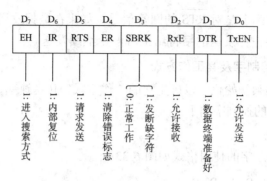

图 6-34　8251A 操作命令控制字的使用格式

SBRK 位是发送断缺字符位。SBRK = 1，表示通过 TxD 线一直发送 "0" 信号。正常通信过程中，SBRK 位应保持为 "0"。

ER 位是清除错误标志位。8251A 设置有三个出错标志，分别是奇偶校验标志 PE、越界错误标志 OE 和帧校验错误标志 FE。ER = 1 时，将 PE、OE 和 FE 标志同时清 "0"。

RTS 位是请求发送信号。RTS = 1 时，迫使 8251A 输出 RTS 有效，表示 CPU 已做好发送数据准备，请求向调制解调器或外设发送数据。

IR 位是内部复位信号。IR = 1 时，迫使 8251A 回到接收方式选择控制字的状态。

EH 位是跟踪方式位。EH 位只对同步方式有效。EH = 1，表示开始搜索同步字符。对于同步方式，一旦允许接收(RxE = 1)，必须同时使 EH = 1，并且使 ER = 1，清除全部错误标志后，才能开始搜索同步字符。从此以后所有写入 8251A 的控制字都是操作命令控制字。只有外部复位命令 RESET = 1 或内部复位命令 IR = 1 才能使 8251A 回到接收方式选择命令字状态。

3）状态控制字

CPU 可在 8251A 工作过程中利用 IN 指令读取当前 8251A 的状态控制字，其使用格式如图 6-35 所示。

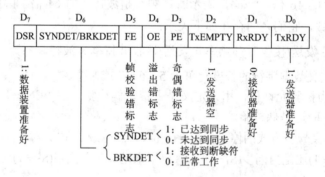

图 6-35　8251A 状态控制字的使用格式

PE 是奇偶错标志位。PE = 1，表示当前产生了奇偶错。它不中止 8251A 的工作。

OE 是溢出错标志位。OE = 1，表示当前产生了溢出错。CPU 没有来得及将上一字符读走，下一字符又来到 RxD 端。它不中止 8251A 继续接收下一字符，但上一字符将被丢失。

FE 是帧校验错标志位。FE 只对异步方式有效。FE = 1，表示未检测到停止位。FE 不中止 8251A 的工作。

上述三个标志允许用操作命令控制字中的 ER 位复位。

TxRDY 位是发送准备好，它与引线端 TxRDY 的意义有些区别。TxRDY 状态标志为"1"，只反映当前发送数据缓冲器已空；而 TxRDY 引线端为"1"，除表示发送数据缓冲器已空外，还有 CTS = 0 和 TxEN = 1 两个附加条件。

在数据发送过程中，TxRDY 状态位和 TxRDY 引线端总是相同，通常 TxRDY 状态位供 CPU 查询，TxRDY 引线端可用作向 CPU 发出的中断请求信号。

RxRDY 位、TxEMPTY 位和 SYNDET/BRKDET 位与同名引线端的状态完全相同，可供 CPU 查询。

DSR 是数据装置准备好位。DSR = 1，表示外设或调制解调器已准备好发送数据，这时输入引线端 DSR 有效。

CPU 可在任意时刻用 IN 指令读 8251A 状态字，这时 C/$\overline{\text{D}}$ 引线端应输入为"1"，在 CPU 读状态期间，8251A 将自动禁止改变状态位。

对 8251A 进行初始化编程，必须在系统复位之后，总是先使用方式选择控制字，并且必须紧跟在复位命令之后。如果定义 8251A 工作于异步方式，那么必须紧跟操作命令控制字进行定义，然后才可开始传送数据。在数据传送过程中，可使用操作命令字重新定义，或使用状态控制字读取 8251A 的状态，待数据传送结束，必须用操作命令控制字将 IR 位置"1"，向 8251A 传送内部复位命令后，8251A 才可重新接收方式选择控制字，改变工作方式，从而完成其他传送任务。

如果采用同步方式，那么在方式选择控制字之后应输出同步字符，在一个或两个同步字符之后再使用操作命令控制字，以后的过程同异步方式。

6.4.3 8251A 的编程及应用

1. 8251A 的初始化

在传送数据前对 8251A 进行初始化，才能确定发送方与接收方的通信格式，以及通信的时序，从而保证准确无误地传送数据。由于三个控制字没有特征位，且工作方式控制字和操作命令控制字放入同一个端口，因而要求按一定顺序写入控制字，不能颠倒。8251A 初始化编程的操作过程可用流程图来描述，如图 6-36 所示。

【例 6-3】 编写一段程序，实现通过 8251A 采用查询方式接收数据。要求 8251A 定义为异步传输方式，波特率系数为 64，采用偶校验，1 位停止位，7 位数据位。设 8251A 的数据端口地址为 04A0H，控制/状态寄存器端口地址为 04A2H。

程序如下：

```
        MOV   DX, 04A2H
        MOV   AL, 7BH      ; 写工作方式字
```

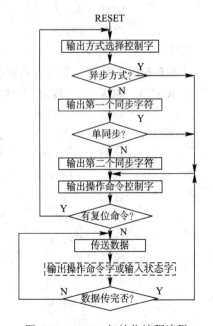

图 6-36　8251A 初始化编程流程

```
            OUT    DX, AL
            MOV    AL, 14H
            OUT    DX, AL      ; 写操作命令字
     LP:    IN     AL, DX      ; 读状态控制字
            AND    AL, 02H     ; 检查 RxRDY 是否为 1
            JZ     LP
            MOV    DX, 04A0H
            IN     AL, DX
```

2. 8251 和 CPU 的通信方式

1) 查询方式

【例 6-4】若采用查询方式发送数据，假定要发送的字节数据放在 TABLE 开始的数据区中，且要发送的字节数据放在 BX 中，则发送数据的程序如下：

```
     START: MOV    DX, 3FDH
            LEA    SI, TABLE
     WAIT:  IN     AL, DX
            TEST   AL, 20H     ; 检查 THR 是否空
            JZ     WAIT        ; 若为空，则继续等待
            PUSH   DX
            MOV    DX, 3F8H
            LODSB
            OUT    DX, AL      ; 否则发送一个字节
            POP    DX
            DEC    BX
            JNZ    WAIT
```

同样，在初始化程序后，可以用查询方式实现接收数据。

【例 6-5】下面是一个接收数据程序，接收后的数据送入 DATA 开始的数据存储区中。

```
     RECV:  MOV    SI, OFFSET DATA
            MOV    DX, 3FDH
     WAIT:  IN     AL, DX      ; 读入线路状态寄存器
            TEST   AL, 1EH     ; 检查是否有任何错误产生
            JNZ    ERROR       ; 有，转出错处理
            TEST   AL, 01H     ; 否则检查数据是否准备好
            JZ     WAIT        ; 未准备好，继续等待检测
            MOV    DX, 3F8H
            IN     AL, DX      ; 否则接收一个字节
            AND    AL, 7FH     ; 保留低 7 位
            MOV    [SI], AL    ; 送数据缓冲区
            INC    SI
```

```
        MOV    DX, 3FDH
        JMP    WAIT
```

2) 中断方式

【例 6-6】 利用中断方式可实现 8251A 和 CPU 的串行通信。现设想系统以查询方式发送数据，以中断方式接收数据。波特率系数为 16，1 位停止位，7 位数据位，奇校验。

程序如下：

```
        MOV    DX, 04A2H
        MOV    AL, 01011010B        ; 写工作方式控制字
        OUT    DX, AL
        MOV    AL, 14H              ; 写操作命令控制字
        OUT    DX, AL
```

当 8251A 的初始化完成后，接收端便可进行数据接收。接收端接收数据时，自动执行中断服务程序。

中断服务程序如下：

```
RECIVE: PUSH   AX
        PUSH   BX
        PUSH   DX
        PUSH   DS
        MOV    DX, 3FDH
        IN     AL, DX
        MOV    AH, AL               ; 保存接收状态
        MOV    DX, 3F8H
        IN     AL, DX               ; 读入接收到的数据
        AND    AL, 7FH
        TEST   AH, 1EH              ; 检查有无错误产生
        JZ     SAVAD
        MOV    AL, '?'              ; 出错的数据用 "?" 代替
SAVAD:  MOV    DX, SEG BUFFER
        MOV    DS, DX
        MOV    BX, OFFSET BUFFER
        MOV    [BX], AL             ; 存储数据
        MOV    AL, 20H
        OUT    20H, AL              ; 将 EOI 命令发给中断控制器 8259
        POP    DS
        POP    DX
        POP    BX
        POP    AX
        STI
        IRET
```

6.5 DMA 控制技术

DMA 方式下的数据传送时，数据不在 CPU 控制之下，它实现存储器和高速外设间数据的直接交换。并且，采用 DMA 方式传送数据，数据源和目的地址的修改，传送结束信号以及控制信号的发送等都由 DMAC(DMA 控制器)完成，节省了大量的 CPU 时间。

采用 DMA 方式传送数据。作为存储器和 I/O 设备之间实现高速传送控制的专用处理器，DMAC 要使用地址总线发送地址信息，利用数据总线传送数据，利用控制总线发布读或写命令。在 DMA 方式传送数据时，外设处于主动地位。传输的过程是从外设准备好数据并向 DMAC 发出传送请求信号开始的。

DMA 传输的基本过程如下：

(1) 外设准备好数据后，向 DMAC 发出 DMA 传送请求信号(DREQ)；

(2) DMAC 经过内部的判优和屏蔽处理后，向总线仲裁机构发出总线请求信号(HRQ)，请求占用总线。经总线仲裁机构裁决后，CPU 出让总线控制权(地址、数据、读写控制信号呈高阻状态)，并向 DMAC 发出总线响应信号(HLDA)并通知 DMAC；

(3) DMAC 接到 HLDA 信号后，接管总线控制权，成为总线的主控者；

(4) DMAC 向外设发出 DMA 应答信号(DACK)并将访问存储单元地址送地址总线，向存储器和进行 DMA 传送的外设发出读写命令，开始 DMA 传送；

(5) DMA 传送结束，DMAC 向外设发出 EOP 信号，撤消对 CPU 的总线请求，交回系统总线的管理和控制权。

在 DMA 传送期间，HRQ 信号一直有效，HLDA 信号一直保持到 DMA 传送结束。

6.5.1 可编程 DMA 控制器 8237A

DMA 控制器 8237 是 Intel 85 系列微处理器的配套芯片，用来接管 CPU 对总线的控制权，在存储器与高速外设之间建立直接进行数据块传送的高速通路。

8237 必须与一个 8 位锁存器配套使用，才能够形成完整的四通道 DMA 控制。DMAC 各通道可分别完成三种不同的操作：

(1) DMA 读操作——读存储器送外设。

(2) DMA 写操作——读外设写存储器。

(3) DMA 校验操作——通道不进行数据传送操作，只是完成校验功能。

8237 可处于两种不同的工作状态，在 8237 未取得总线控制权以前，CPU 处于主控状态，而 8237 处于从控状态；一旦 8237 取得总线控制权后，则 8237 处于主控状态，完全在 8237 控制下完成存储器和外设之间的数据传送功能，CPU 不再参与数据传送操作。

8237 可编程 DMA 控制器有 40 条引脚，采用双列直插式封装，其引脚信号功能见图 6-37。8237 由数据总线缓冲器、读写逻辑部件、控制逻辑部件工作方式寄存器、状态寄存器、优先选择逻辑及四个 DMA 通道组成，内部结构见图 6-38。

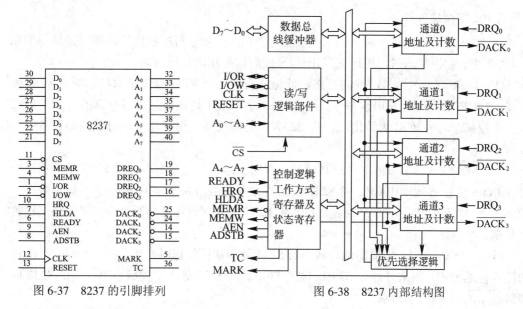

图 6-37　8237 的引脚排列　　　　图 6-38　8237 内部结构图

1. DMA 通道 0~3

8237 芯片的主体是四个结构完全相同的 DMA 通道。每个通道内包含两个 16 位寄存器，分别是地址寄存器和终点计数寄存器。前者用来存放进行 DMA 操作的存储器区域的首地址的偏移地址值；后者的低 14 位(D_{13}~D_0)用来存放要求传送的字节数 n－1(n 为本次 DMA 操作所需要执行的 DMA 周期数)。因此，一个数据块的最大传送容量为 2^{14} = 16 KB。

终点计数器的高 2 位($D_{15}D_{14}$)用来定义所选通道的操作方式，如表 6-5 所示。

表 6-5　终点计数器高 2 位定义

D_{15}	D_{14}	DMA 操作
0	0	DMA 校验操作
0	1	DMA 写操作(外设→存储器)
1	0	DMA 读操作(存储器→外设)
1	1	DMA 未定义

在任何 DMA 操作周期内，终点计数器的高 2 位不允许修改，但是可在各个数据块传送之间进行修改。这就是说，一旦被定义，任何一个通道的 DMA 写、DMA 读或 DMA 校验操作就一直进行到整个数据块操作完成为止。

每个通道各有一条 DMA 请求线和一条 DMA 认可线。DMA 请求线(DRQ_0~DRQ_3)由请求传送数据的外部设备输入，高电平有效；DMA 认可线($\overline{DACK_3}$~$\overline{DACK_0}$)由 8237 取得总线控制权后向发出请求的外部设备输出，低电平有效，它是 DRQ_i 的回答信号。

2. 数据总线缓冲器

这是一个双向三态 8 位缓冲器，是与系统数据总线的接口。当 8237 处于从控状态时，CPU 通过这个缓冲器对 8237 进行读/写操作；当 8237 处于主控状态时，在 DMA 周期内，8237 将所选通的地址寄存器的高 8 位地址码(A_{15}~A_8)经过该缓冲器锁存到 8282 锁存器中，然后该缓冲器将处于悬浮状态。

3. 读/写逻辑部件

当 8237 处于从属状态时，用来接收由 CPU 输入的读/写控制信号和端口地址等信息；当 8237 处于主控状态时，通过它发出读/写控制信号和地址信息。

(1) $\overline{I/OR}$——读信号，双向三态，低电平有效。当 8237 处于从属状态时，$\overline{I/OR}$ 为输入线，由 CPU 向 8237 发出读命令，可读取 8237 中某个通道内某个寄存器的内容；当 8237 处于主控状态时，$\overline{I/OR}$ 为输出线，由 8237 向外部设备发出读命令，可从外部设备中读取数据。

(2) $\overline{I/OW}$——输入/输出写控制信号，双向三态，低电平有效。当 8237 处于从控状态时，$\overline{I/OW}$ 为输入线，由 CPU 向 8237 发出写命令，可向 8237 写入控制字或通道数据；当 8237 处于主控状态时，$\overline{I/OW}$ 为输出线，由 8237 向外部设备发出写命令，可向外部设备写入数据。

(3) $A_3 \sim A_0$——输入/输出地址线。当 8237 处于从控状态时，这是由 CPU 向 8237 输入的低 4 位地址码，用来寻址 8237 中的某个端口；当 8237 处于主控状态时，这是 8237 向存储器输出的低 4 位地址码。

(4) $\overline{CS}$——选片信号，输入信号，低电平有效。当 8237 处于从属状态时，由高位地址码($A_{15} \sim A_4$)译码得到对 8237 的片选信号；当 8237 处于主控状态时，$\overline{CS}$ 被自动禁止，以免 8237 正在执行 DMA 传送期间重新被选。

(5) CLK——时钟输入，用来确定 8237 的工作效率。

(6) RESET——复位信号，由外部输入，高电平有效。RESET 有效时，清零所有寄存器，控制线浮空，禁止 DMA 操作。8237 复位后必须重新初始化，才能工作。

4. 控制逻辑部件

控制逻辑部件主要用来向 CPU 发出总线请求，得到 CPU 认可进入主控状态后，由它发出各种控制信号。

(1) HRQ(Hold Request)——保持请求信号，向 CPU 输出，高电平有效。当任一通道收到外部设备的 DMA 请求时，8237 立即向 CPU 发出 HRQ，表示要求使用总线。

(2) HLDA(Hold Acknowledge)——保持响应信号，由 CPU 输入，高电平有效。CPU 收到 HRQ 信号，待当前总线周期执行完，向 8237 回送 HLDA 信号，表示将总线控制权交给 8237，此后，8237 进入主控状态，开始 DMA 操作。

(3) READY——准备就绪信号，输入，高电平有效。8237 在主控状态下进行 DMA 的操作过程中，若存储器或外部设备来不及完成读/写操作，要求延长读/写操作周期时，可使 READY 线无效，8237 将在 DMA 周期中增设等待周期，直到 READY 有效为止。

(4) $\overline{MEMR}$ 和 $\overline{MEMW}$——读/写存储器控制信号，三态输出，低电平有效。这是 8237 处于主控状态时，向存储器输出的读/写控制信号。当 $\overline{MEMR}$ 有效时，必然 $\overline{I/OW}$ 有效，完成从存储器向外部设备的数据传送；反之，$\overline{MEMR}$ 有效时，必然 $\overline{I/OR}$ 有效，完成读外部设备写存储器的数据传送。

(5) $A_7 \sim A_4$——地址输出线。8237 处于主控状态时，在 DMA 周期中通过这四条线输出的是 16 位存储器地址的 $A_7 \sim A_4$ 位。

(6) TC(Terminal Count)——终点计数信号,输出信号,高电平有效。当所选通道的终点计数寄存器中的计数值为 0 时,TC 输出有效,表示当前正在传送的是最后一个字节数据,可用来通知外设结束数据传送操作,使 DRQ_i 信号无效。

(7) MARK(Modulo 128 MARK)——模 128 标记,输出信号,高电平有效。MARK 有效可用来通知被选的外部设备,当前是上一次输出 MARK 有效后的第 128 个 DMA 周期。MARK 总是在距数据块结束每隔 128 周期产生。至于第一个 MARK 距数据块开始是多少周期,取决于数据块的长度。如果数据块总字节数能被 128 整除,那么 MARK 可用来供外部设备记录已传送的字节数。

(8) ADSTB——地址选通信号,输出信号,高电平有效。ADSTB 有效,表示 8237 输出的存储器地址的高 8 位($A_{15}\sim A_8$)从双向数据总线($D_7\sim D_0$)锁存到 8282 锁存器,用作 8282 的 STB 选通信号。

(9) AEN——地址允许信号,输出信号,高电平有效。AEN 有效,表示在上述传送地址过程中,它用作 8282 的选择信号 DS_2,同时可用它去封锁 CPU 使用低 8 位数据总线和控制总线。

5. 工作方式寄存器和状态寄存器

工作方式寄存器是一个 8 位只可写寄存器,由 CPU 对 8237 初始化时写入,用来定义 8237 中各通道的工作方式。状态寄存器是一个 8 位只可读寄存器,用来描述当前各通道所处的状态。

1) 工作方式寄存器

工作方式寄存器各位的定义如图 6-39 所示。低 4 位中任一位置"1",表示相应通道被启动投入操作。

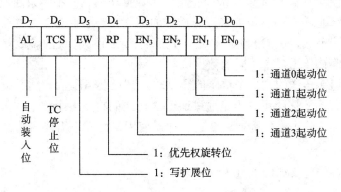

图 6-39 8237 工作方式寄存器

RP(Rotating Priority)位是优先权旋转位。若 RP = 0,表示各通道的请求具有固定的优先权级别,通道 0 具有最高优先级(六级),通道 3 具有最低优先级(三级),其他通道的优先级以此类推。若 RP = 1,表示采用旋转优先权策略,总是使刚刚结束操作的通道具有最低优先级,把最高优先级赋给原来比它低一级的中断。其他通道按旋转方式类推,如表 6-6 所示。

显然,采用旋转优先权方式,可防止优先级别高的通道长时间独占 DMA 传送数据,而使连接在各个通道上的外设对于 DMA 资源具有基本上相同的使用概率。

表 6-6 8237 内部优先级的定义

	通道	通道	通道	通道	通道
RP = 0	(固定级)	0 级	1 级	2 级	3 级
RP = 1	刚用过通道 0	3 级	0 级	1 级	2 级
	刚用过通道 1	2 级	3 级	0 级	1 级
	刚用过通道 2	1 级	2 级	3 级	0 级
	刚用过通道 3	0 级	1 级	2 级	3 级

EW(Extened Write)位是写扩展位。EW = 1，表示将写存储器信号 $\overline{MEMW}$ 和写 I/O 设备信号 $\overline{I/OW}$ 提前有效，收到该写信号的存储器或外设应提前使 READY 信号有效，以免 8237 在 DMA 周期内插入不必要的 S_W 等待状态。

TCS(TC Stop)位是终点计数停止位。TCS = 1，即终点计数 TC 无效时，该通道便结束 DMA 操作，如果要求该通道继续传送别的数据块，则必须重新启动；TCS = 0，即终点计数 TC 有效时，并不复位相应通道，表示该通道传送的数据还未结束，可继续传送下一数据块，而不需要重新启动该通道或者由外部设备停止发出 DMA 请求来结束 DMA 操作。

AL(Auto Load)位是自动装入位。当 AL = 1 时，允许通道 2 连续传送多个重复数据块或者传送相互链接的多个不同数据块。

这种情况下，需要使用两个通道。系统规定使用通道 2 和通道 3 来完成。如果是传送相互链接的数据块，初始化时应将第一个数据块的参数(存储器起始地址、终点计数值和 DMA 传送方式)置入通道 2 的有关寄存器中，将第二个数据块的参数置入通道 3 中，并使通道 2 的 TCS 位置 "0"。待通道 2 传送完第一个数据块后，并不结束通道 2 的操作，而是在修改周期内，将通道 3 中存放的参数传送给通道 2，于是通道 2 可继续传送第二个数据块。如果还有第三个数据块需要继续传送，则应将第三个数据块的参数置入通道 3 暂存。这样，通道 2 可连续传送多个不同的数据块。

如果需要通道 2 传送的是多个重复的数据块，则只要 AL = 1，将数据块参数同时对通道 2 和通道 3 进行初始化即可。于是通过通道 2 传送的将是多个相同的数据块。在上述操作过程中，通道 3 实际上是作为通道 2 的缓冲器使用，而并不需要启动通道 3 投入操作。

2) 状态寄存器

状态寄存器各位定义如图 6-40 所示。

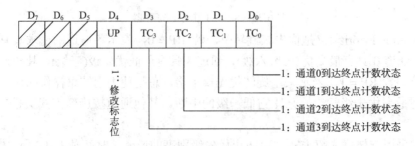

图 6-40 8237 状态寄存器

$TC_3 \sim TC_0$ 是各通道的终点计数位,用来标志相应通道当前是否达到终点计数状态。当某个通道进入数据块的最后一个 DMA 周期,即终点计数器的计数值为 0 时,相应的 TC_i 状态位被置"1",并且一直保持到该通道被复位或 CPU 读完状态寄存器为止。显然 $TC_3 \sim TC_0$ 中任何一位置"1"时,终点计数端 TC 将输出有效。待这最后一个 DMA 周期结束,是否要将相应通道复位,则取决于工作方式寄存器中终点计数停止位(TCS)是否置"1"。

UP 是修改标志位,它是专为通道 2 连续传送多个数据块而设置的。UP = 1,表示当前处于修改周期,即数据块的最后一个 DMA 周期。当自动装入位 AL = 1 时,表示在修改周期内将通道 3 中暂存的参数置入通道 2 中,于是通道 2 可以继续传送到下一个数据块。在通道 2 传送下一个数据块的第一个 DMA 周期内又可将新的参数置入通道 3 中。修改标志只在修改周期内有效。

6.5.2 8237A 的编程及应用

8237 共包含 4 个通道,每个通道占用 2 个端口地址,再加上工作方式寄存器和状态寄存器合用 1 个端口,因此整个 8237 芯片共包含 9 个端口地址,可用最低 4 位地址码($A_3 \sim A_0$)来对它们寻址,如表 6-7 所示。

表 6-7 8237 端口地址

A_3	A_2	A_1	A_0	所选寄存器
0	0	0	0	通道 0 DMA 地址寄存器端口号(低 4 位)
0	0	0	1	通道 0 终点计数寄存器端口号(低 4 位)
0	0	1	0	通道 1 DMA 地址寄存器端口号(低 4 位)
0	0	1	1	通道 1 终点计数寄存器端口号(低 4 位)
0	1	0	0	通道 2 DMA 地址寄存器端口号(低 4 位)
0	1	0	1	通道 2 终点计数寄存器端口号(低 4 位)
0	1	1	0	通道 3 DMA 地址寄存器端口号(低 4 位)
0	1	1	1	通道 3 终点计数寄存器端口号(低 4 位)
1	0	0	0	工作方式寄存器(只写)(低 4 位)
1	0	0	0	状态方式寄存器(只读)(低 4 位)

高位地址码($A_{15} \sim A_4$)经译码后,可用来形成 8237 的片选信号,使 $\overline{CS}$ 有效,与 $\overline{I/OW}$、$\overline{I/OR}$ 和地址码 A_3 配合可完成对有关寄存器的读写操作,如表 6-8 所示。

表 6-8 控制信号与寻址

功 能	$\overline{CS}$	$\overline{I/OW}$	$\overline{I/OR}$	A_3
写 16 位寄存器	0	0	1	0
读 16 位寄存器	0	1	0	0
写工作方式寄存器	0	0	1	1
读状态寄存器	0	1	0	1

由于8237与CPU之间的数据总线接口只有8位，所有16位寄存器的初始化都必须分两次进行，为此内部设置一个专用触发器(F/L)。先使F/L=0，传送低字节；后使F/L=1，传送高字节，F/L的状态由内部控制。

【例6-7】 图6-41是某8086微机系统的系统配置结构图，其中外设与存储器间的直接数据传送由8237DMA控制器的0通道实现。

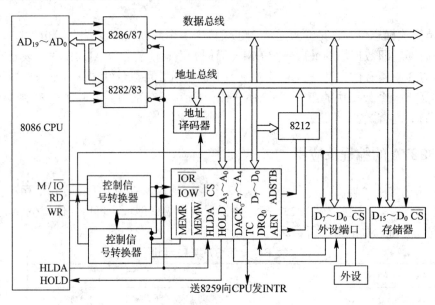

图6-41 8237与CPU的连接图

如果要求从外设输入1000H字节的数据到存储器当前数据段中，从0300H单元开始的一片连续地址存放，其初始化程序段如下所示。

```
ST57:   MOV   DX, 方式寄存器端口
        MOV   AL, 41H
        OUT   DX, AL
        MOV   DX, 通道0地址寄存器端口
        MOV   AX, 0300H
        OUT   DX, AL
        MOV   AL, AH
        OUT   DX, AL
        MOV   DX, 通道0终点计数器端口
        MOV   AX, 1000H
        OUT   DX, AL
        MOV   AL, AH
        OUT   DX, AL
```

待外设发出DMA请求，$DRQ_0=1$，系统将在8237控制下完成数据传送功能。在此期间，CPU处于保持状态，可进行不使用总线的内部操作。如果利用8237的终点计数信号TC向CPU发中断请求，那么CPU响应中断后，可对这批数据进行处理或使用。

6.6 定时器/计数器

微机系统需要为处理机和外围设备提供时间基准，或对外部事件计数，如分时系统中程序的切换、向外设定时输出控制信号、外部事件计数到达规定值发控制信号等。要获得稳定、准确的定时，必须有准确的时间基准。定时的本质是计数，将若干片小的时间单元累加起来，就获得一段时间。

实现定时和计数有两种方法：硬件定时和软件定时。软件定时是利用 CPU 每执行一条指令都需要几个固定的指令周期的原理，运用软件编程的方式进行定时。这种方法不需要增加硬件设备，但是占用了 CPU 的时间，降低了 CPU 的效率。

硬件定时，是利用专门的定时电路实现精确定时。这种定时方式又可分为简单硬件定时和利用可编程接口芯片实现定时。简单硬件定时是利用多谐震荡器件或单稳器件实现，这种方式简单，但缺乏灵活性，改变定时就要改变硬件电路。利用可编程定时器/计数器可由用户编程设定定时或计数的工作方式和时间长度，使用灵活，定时时间长，且不占用 CPU 时间。

可编程定时器在微机系统中应用十分广泛，8253 是 Intel 86 系列 CPU 配置的定时计数芯片。

6.6.1 可编程定时器/计数器 8253

1. 内部结构和引脚功能

可编程定时器 8253 的外部引线如图 6-42 所示，相应的内部结构框图如图 6-43 所示。

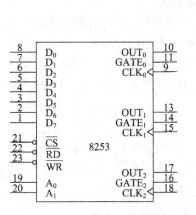

图 6-42　8253 的引脚排列

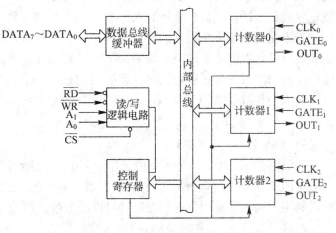

图 6-43　8253 内部结构图

8253 与总线相连接的引线主要如下：

$D_0 \sim D_7$——双向数据线，用以传送数据和控制字，计数器的计数值亦由此数据总线读写。

$\overline{CS}$——片选信号，低电平有效。当它有效时，选中定时器芯片，实现对它的读或写。

$\overline{RD}$——读控制信号，低电平有效。$\overline{WR}$ 写控制信号，低电平有效。以上两信号输入到 8253 上，与其他信号一起，共同完成对 8253 的读写操作。

A_0A_1 为 8253 的内部计数器和一个控制寄存器的编码选择信号。A_0A_1 与其他控制信号如 $\overline{CS}$、$\overline{RD}$、$\overline{WR}$ 共同实现对 8253 的寻址。

$CLK_{0\sim 2}$ 是每个计数器的时钟输入端。计数器对此时钟信号进行计数。CLK 最高频率可达 2 MHz。

$GATE_{0\sim 2}$ 门控信号，它是计数器控制输入信号，用来控制计数器工作。

$OUT_{0\sim 2}$ 计数器输出信号，用来产生不同工作方式时的输出波形。

2. 工作方式

从内部结构图可以看到，可编程定时器 8253 内部有三个相同的 16 位计数器。它们都能够工作在如下六种方式之下。

1) 方式 0——计数结束产生中断

在这种方式下，计数器对 CLK 输入信号进行减法计数，每结束一个时钟周期计数器减 1。当设定该方式后，计数器的输出 OUT 变低。设置装入计数值时也使输出 OUT 变低。当计数减到零(计数结束时)，输出 OUT 变高。即该输出信号可以作为中断请求信号来使用。

如果在计数过程中修改计数值，则写入第一个字节使原先的计数停止。写入第二个字节后，开始以新写入的计数值重新计数。

上面所说的计数过程受到计数器的门控信号 GATE 的控制。当 GATE 为高电平时，允许计数；若 GATE 为低电平则禁止计数。

2) 方式 1——单稳脉冲输出方式

当计数器的计数初值装入计数器后，要由门控信号 GATE 上升沿开始启动计数。同时，计数器的 OUT 输出为低电平。当计数结束时，OUT 输出为高电平，这样就可以从计数器的 OUT 端得到一个由 GATE 上升沿开始，直到计数结束的负脉冲。若要再次获得一个所希望宽度的负脉冲，则需要重新装入计数值并用 GATE 启动来达到。

如果在形成单个负脉冲的计数过程中改变计数值，则不会影响正在进行的计数。而新的计数值只有在前面负脉冲形成后，又出现 GATE 上升沿时才对它进行计数。但是，若形成单个负脉冲的计数过程中又出现新的 GATE 上升沿，则当前计数停止。而后面的计数是以新装入的计数值开始工作的，这里的负脉冲宽度将包括前面计数未结束的部分，使负脉冲加宽。

3) 方式 2——频率发生器

在该方式下，计数器装入初值，开始工作后，计数器的输出 OUT 将连续输出一个时钟周期宽的负脉冲。两负脉冲之间的时钟周期数就是计数器装入的计数初值；这样一来，就可以利用不同的计数初值达到对时钟脉冲的分频，而分频输出就是 OUT 输出。

在这种方式下，门控信号 GATE 用作控制信号。当 GATE 为低电平时，强迫 OUT 输出高电平；当 GATE 为高电平时，分频开始进行。

4) 方式 3——方波发生器

这种方式下，可以得到对称的方波由 OUT 输出。当装入计数值为 N 时，若 N 为偶数，则完成 N/2 计数时 OUT 为高，完成另外 N/2 计数时 OUT 为低，一直进行下去；若 N 为奇数,则(N + 1)/2 计数时 OUT 保持高电平,而(N − 1)/2 计数期间 OUT 为低电平。

在此方式下,GATE 信号为低电平时,强迫 OUT 输出高电平;当 GATE 为高电平时,产生对称方波。在产生方波过程中,若装入新的计数值,则方波的下一个电平将反映新计数值所规定的方波宽度。

5) 方式 4——软件触发选通

设置此方式后,输出 OUT 立即变为高电平,一旦装入计数值,计数立即开始。当计数结束时,由 OUT 输出一个宽度为一个时钟周期的负脉冲。注意:计数开始并不受 GATE 控制。此方式同样受 GATE 信号控制。只有当 GATE 为高电平时,计数才进行,当 GATE 为低电平时,禁止计数。若在计数过程中装入新的计数值,计数器在当前计数结束送出负脉冲后立即以新的计数值开始计数。

6) 方式 5——硬件触发选通

在设置此方式后,OUT 输出为高电平。计数由 GATE 的上升沿开始进行,当计数结束时由输出端 OUT 送出一宽度为一个时钟周期的负脉冲。在此方式下,GATE 的电平高低不影响计数,只是由 GATE 的上升沿启动计数开始。若在计数结束前,又出现 GATE 上升沿,则计数从头开始。

从 8253 的六种工作方式中可以看到门控信号 GATE 十分重要,而且不同的工作方式其作用不一样。现将各种方式下 GATE 的作用列于表 6-9 中。

表 6-9 GATE 信号功能表

GATE	低电平或变到低电平	上升沿	高电平
方式 0	禁止计数	不影响	允许计数
方式 1	不影响	启动计数	不影响
方式 2	禁止计数并置 OUT 为高	初始化计数	允许计数
方式 3	同方式 2	同方式 2	同方式 2
方式 4	禁止计数	不影响	允许计数
方式 5	不影响	启动计数	不影响

3. 8253 的控制字

8253 的控制字格式如图 6-44 所示。

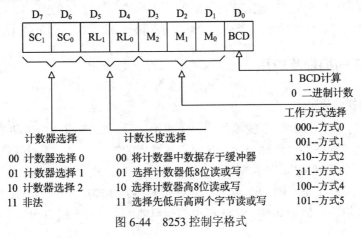

图 6-44 8253 控制字格式

8253 的控制字 D_0 用来定义用户所使用的计数值是二进制数还是 BCD 数。因为每个计数器都是 16 位(二进制)计数器。所以,允许用户使用二进制数(十六进制表示)从 0000H～FFFFH,或使用十进制数从 0000 到 9999。由于计数器是减 1 操作,当初始计数值为 0000 时,为最大计数值。

8253 占用 4 个接口地址,地址由 $\overline{CS}$、A_0、A_1 来确定。同时,再配合 $\overline{RD}$、$\overline{WR}$ 控制信号,可以实现对 8253 的各种读写操作。上述信号的组合功能由表 6-10 来说明。

表 6-10 各寻址信号组合功能

$\overline{CS}$	A_1	A_0	$\overline{RD}$	$\overline{WR}$	功　能
0	0	0	1	0	写计数器 0
0	0	1	1	0	写计数器 1
0	1	0	1	0	写计数器 2
0	1	1	1	0	写方式控制字
0	0	0	0	1	读计数器 0
0	0	1	0	1	读计数器 1
0	1	0	0	1	读计数器 2
0	1	1	0	1	无效

从表 6-10 中可以看到,对 8253 的控制字或任一计数器均可以以它们各自的地址进行写操作。只是要注意在写入某一计数器计数值时,应根据相应控制字中 RL_1 和 RL_0 的编码写入计数值。当其编码是 11 时,一定要装入两个字节的计数值,且先写入低字节再写入高字节。若此时只写了一个字节就去写其他计数器或控制字,则写入的字节将被解释为前计数值的高字节,从而产生错误。

当对 8253 的计数器进行读操作时,可以读出计数值,具体实现方法有如下两种:

(1) 使计数器停止计数时,先写入控制字,规定好 RL_1 和 RL_0 的状态——也就是规定读一个字节还是两个字节。若其编码为 11,则一定读两次,先读出计数值低 8 位再读出高 8 位。若读一次同样会出错。为了使计数器停止计数,可用 GATE 门控信号或自己设计的逻辑电路。

(2) 在计数过程中读计数值。读出当前的计数值并不影响正在计数的计数器的工作。

为做到这一点,首先写入 8253 一个特定的控制字:$SC_1SC_000××××$,这是控制字的一种形式。后面两位刚好定义 RL_1 和 RL_0 为 00。将此控制字写入 8253 后,就可将选中的计数器的当前计数值锁存到一个锁存器中。而后,利用两条输入指令即可把 16 位计数值读出。

6.6.2　8253A 的编程及应用

1. 8253 的初始化

对 8253 的初始化是对 8253 的编程。完成初始化后,8253 即开始自动按设置好的工作方式工作。初始化程序包括两部分,一是写各计数器的控制字,二是设置计数初始值。

【例 6-8】假设 8253 的计数器 0 工作在方式 5,按二进制计数,计数初始值为 100;计数器 1 工作在方式 1 下,BCD 码计数,计数初始值为 4000;计数器 2 工作在方式 2,按二进制计数,计数初始值为 600。8253 占用的端口地址为 200H 到 203H。以上情况的初始化程序如下：

```
        MOV   DX, 203H            ;控制寄存器地址送 DX
        MOV   AL, 00011010B       ;计数器 0，写低字节，方式 5，二进制计数
        OUT   DX, AL              ;写控制字寄存器
        MOV   DX, 200H            ;计数器 0 的地址送 DX
        MOV   AL, 100             ;计数初始值为 100
        OUT   DX, AL              ;写入计数初始值
        MOV   DX, 203H            ;控制寄存器地址送 DX
        MOV   AL, 01100011B       ;计数器 1，写高字节，方式 1，十进制计数
        OUT   DX, AL              ;写控制字寄存器
        MOV   DX, 201H            ;计数器 1 的地址送 DX
        MOV   AL, 40H             ;计数初始值为 4000H，只写高 8 位即可
        OUT   DX, AL              ;写入计数初始值
        MOV   DX, 203H            ;控制寄存器地址送 DX
        MOV   AL, 10110100B       ;计数器 2，16 位初始值，方式 1，二进制计数
        OUT   DX, AL              ;写控制字寄存器
        MOV   DX, 202H            ;计数器 2 的地址送 DX
        MOV   AX, 600             ;计数初始值为 600
        OUT   DX, AL              ;先写低 8 位
        MOV   AL, AH
        OUT   DX, AL              ;再写高 8 位
```

2. 8253 在 PC 机中的应用

IBM PC/XT 使用了一片 8253，3 个计数通道分别用于日时钟计时、DRAM 刷新定时和控制扬声器发声。图 6-45 为 8253 的连接图。IBM PC/AT 使用与 8253 兼容的 Intel 8254，其在 AT 机的连接使用与 XT 机一样。

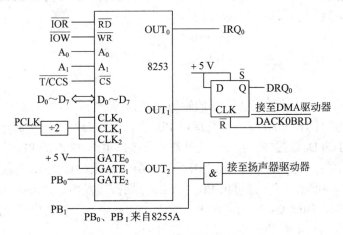

图 6-45 8253 的连接图

根据 PC 机 I/O 地址译码电路可知，当 $A_9A_8A_7A_6A_5 = 00010$ 时，定时/计数器片选信号 $\overline{CS}$

有效，所以 8253 的 I/O 地址范围为 040～05FH。由片上 A_1A_0 连接方法可知，计数器 0、计数器 1 和计数器 2 的计数通道地址分别为 40H、41H 和 42H，而方式控制字的端口地址为 43H。其他端口地址为重叠地址，一般不使用。3 个计数器通道时钟输入 CLK 均从时钟发生器 PCLK 端经二分频得到，频率为 1.193 18 MHz，周期为 838 ns。下面介绍 8253 的 3 个通道在 PC 机的作用。

1) 计数器 0

门控 $GATE_0$ 接 +5 V 为常启状态。OUT_0 输出接 8259A 的 IRQ_0，用作 PC 中日时钟的中断请求信号。设定时/计数器 0 为方式 3，计数值写入 0，产生最大的计数初值 65 536。因此，输出信号频率为 1.193 18 MHz ÷ 655 36 = 18.206 Hz，即每秒产生 18.2 次中断，或者说每隔 55 ms 申请一次日时钟中断。其程序如下：

```
MOV   AL, 36H      ;设为工作方式 3，采用二进制计数，以先低后高字节顺序写入低 8 位数值
OUT   43H, AL      ;写入控制字
MOV   AL, 0        ;计数值
OUT   40H, AL      ;写入低字节计数值
OUT   40H, AL      ;写入高字节计数值
```

2) 计数器 1

门控 $GATE_1$ 接 +5 V 为常启状态。OUT_1 输出从低电平变为高电平使触发器置 1，Q 端输出一正电位信号，作为内存刷新的 DMA 请求信号 DRQ_0。DMA 传送结束(一次刷新)，由 DMA 响应信号 DACK0BRD 将触发器复位。

DRAM 每个单元要求在 2 ms 内必须被刷新一次。实际芯片每次刷新操作完成 512 个单元的刷新，故经 128 次刷新操作就能将全部芯片的 64 KB 刷新一遍。由此可以算出每隔 2 ms ÷ 128 = 15.6 μs 进行一次刷新操作，将能保证每个单元在 2 ms 内实现一遍刷新。这样将计数器置为方式 2，计数初值为 18，每隔 18 × 0.838 μs = 15.084 μs 产生一次 DMA 请求，满足刷新要求。其程序如下：

```
MOV   AL, 54H      ;设为工作方式 2，采用二进制，只写入低 8 位数值
OUT   43H, AL      ;写入控制字
MOV   AL, 18       ;计数值为 18
OUT   41H, AL      ;写入计数值
```

3) 计数器 2

微型计算机系统中，计数器通道 2 的输出加到扬声器上，控制其发声，作为机器的报警信号或伴音信号。门控 $GATE_2$ 接并行接口 PB_0 位，用它控制通道 2 的计数过程。PB_0 受 I/O 端口地址 61H 的 D_0 位控制，在 PC 机中是并行接口电路 8255 的 PB_0 位。输出 OUT_2 经过一个与门，这个与门受 PB_1 位控制。PB_1 受 I/O 端口地址 61H 的 D_1 位控制，在 PC 机中是 8255 的 PB_1 位。所以，扬声器可由 PB_0 或 PB_1 分别控制发声。如果由 PB_1 控制发声，此时计数器 2 不工作，因此 OUT_2 为高电平，将由 PB_1 产生一个振荡信号控制扬声器发声。但是，由于它会受系统中断的影响，使用不甚方便。

如果由 PB_0 控制发声，由 PB_0 通过 $GATE_2$ 控制计数器 2 的计数过程，输出 OUT_2 信号将产生扬声器的声音音调。

【例 6-9】 在 ROM-BIOS 中有一个声响子程序 BEEP，它将计数器 2 编程为方式 3 作为方波发生器，输出约 1 kHz 的方波，经滤波驱动后推动扬声器发声。其程序如下：

```
        BEEP    PROC
        MOV     AL, 0B6H        ;设计数器 2 为方式 3，采用二进制计数
        OUT     43H, AL         ;按先低后高顺序写入 16 位计数值
        MOV     AX, 0533H       ;初值为 0533H = 1331，1.19318 MHz ÷ 1331 = 896 Hz
        OUT     42H, AL         ;写入低 8 位
        MOV     AL, AH
        OUT     42H, AL         ;写入高 8 位
        IN      AL, 61H         ;读 8255 的 B 口原输出值
        MOV     AH, AL          ;存于 AH 寄存器
        OR      AL, 03H         ;使 PB1 和 PB0 位均为 1
        OUT     61H, AL         ;输出使扬声器能发声
        SUB     CX, CX
G7:     LOOP    G7              ;延时
        DEC     DEC             ;B1 为发声长短的入口条件
        JNZ     G7              ;B1 = 6 为长声，B1 = 1 为短声
        MOV     AL, AH
        OUT     61H, AL         ;恢复 8255 的 B 口值，停止发声
        RET
        BEEP    ENDP            ;返回
```

6.7 显示接口

6.7.1 CRT 显示系统

阴极射线管 CRT(Cathode Ray Tube)显示器是微型计算机系统中常用的外部设备，是人机交互最重要的工具。CRT 采用光栅扫描、随机扫描、矢量扫描等三种扫描工作方式。

1. CRT 显示系统工作原理

阴极射线管主要由电子枪(Electron Gun)、偏转线圈(Deflection Coils)、荫罩(Shadow Mask)、荧光粉层(Phosphor)及玻璃外壳五部分组成。其原理是利用显像管内的电子枪，将电子束射出，穿过荫罩上的小孔，打在一个内层玻璃涂满了无数三原色的荧光粉层上，电子束会使得这些荧光粉发光，再通过调节电子束的功率，就会在显示器上显示出由明暗不同的光点形成的各种图案和文字，即显示画面。

荫罩(Shadow Mask)是显像管的造色机构。荫罩孔的作用在于保证三个电子共同穿过同一个荫罩孔，准确地激发荧光粉，使之发出红、绿、蓝三色光。荫罩分为孔状荫罩和条栅状荫罩两种类型。

2. CRT 显示系统性能指标

以下通过光栅扫描 CRT 显示器说明显示器的主要性能指标。

(1) 像素(Pixel)：像素是使用 CRT 显示器显示图像的最小单位，由一个红、绿、蓝三种颜色的荧光点组成。

(2) 点距(Dot-Pitch)：对孔状荫罩来说，点距是荧光屏上两个同样颜色荧光点之间的距离。荫罩上的点距越小，影像也就越精细，其边和线也就越平顺。条栅状荫罩显示器使用线间距或是光栅间距计算其中荧光条之间的水平距离。由于点距和间距的计算方式完全不同，因此不能拿来比较；如果要比较点距和光栅间距，一般来说光栅间距或水平点距会较点距稍微大些。

(3) 场频(Vertical Scan Frequency)：又称为垂直扫描频率，是屏幕的刷新频率。行频和场频结合在一起就可以决定分辨率的高低。

(4) 行频(Horizontal Scan Frequency)：行频指电子枪每秒在荧光屏上扫描过的水平线数量，其值等于行数×场频。行频是一个综合分辨率和场频的参数，它越大就意味着显示器可以提供的分辨率越高，稳定性越好。以 800×600 的分辨率、85 Hz 的场频为例，显示器的行频至少应为 600×85 = 51 kHz。

(5) 视频带宽(Band Width)：视频带宽指每秒钟电子枪扫描过的总像素数，其理论值等于水平分辨率×垂直分辨率×场频。带宽较行频更具有综合性也更直接的反映显示器性能。实际应用视频带宽的计算公式为水平分辨率×125%×垂直分辨率×108%，即"行帧×135%"，如要显示 800×600 的画面，并达到 85 Hz 的刷新频率，则实际带宽为"800×600×85×135% = 55.1 MHz"。

(6) 分辨率(Resolution)：分辨率是屏幕图像的密度，表示每一条水平线上面的点的数目乘上水平线的数目。以分辨率为 640×480 的屏幕来说，就是扫描列数为 640 列，行数为 480 行。分辨率越高，屏幕上所能呈现的图像也就越精细。

(7) 最大可视区域：最大可视区域是显示器上可以显示画面的最大范围，是显示器的对角线长度。由于显像管是安装在塑胶外壳内，而且由于显示器的四个边都有边框无法显示，因此可视区域尺寸比显像管尺寸稍小。

(8) 隔行扫描模式：隔行扫描模式是一种扫描方式，当显示器上显示一幅画面时，电子枪先后扫描完奇数行、偶数行，通过两次扫描完成一幅图像的更新，这种扫描方式通常非常闪烁。

(9) 逐行扫描是当屏幕上显示一幅画面时，电子枪一次扫描完整幅图像，这种扫描方式产生的闪烁较前一种更小。

(10) 表面涂层：早期的显示器对荧光屏未作任何处理，显示器在使用过程中会因为电子撞击和外界光源的影响而产生静电和眩光等干扰。CRT 显示器现已采用防眩、防静电涂层，防反射和表面蚀刻等显示器表面处理方式。

3. CRT 显示系统接口方式

所有的显示器都提供了一个 15 针"D"型接口，用来连接显示卡，传送图像数字信号。随着 USB 设备的普及，也提供 2~5 个 USB 接口显示器，或者提供专用模块以便使无 USB 接口的显示器升级，但它不能传输数字信号。

显示器的 USB 接口只是充当了 USB HUB 的作用，可多连接两三个 USB 设备，如 USB 鼠标、USB MODEM 等。带有 USB 接口的显示器可用软件直接调节，操作更方便、更直观。

4. CRT 显示系统控制方式

显示器的控制对象分为基本控制、几何形状控制和彩色控制等三类，其中基本控制调整亮度、对比、水平宽度，以及垂直高度、垂直居中；几何形状控制则包括地磁倾斜、桶形失真调整等，可以使不同解析度和率下的影像达到最佳状态，还可以消除磁场所造成的影响；彩色控制可以让用户根据室内光线的情况以及显示器摆放的位置将彩色画面调整到最佳状态。

显示器的控制方式又分为模拟式与数字式两种。

(1) 模拟控制通过旋钮来进行各种设置，控制功能单一，故障率较高。模拟控制不具备储存功能，每次改变显示模式(分辨率、颜色数等)后，都要重新进行设置。

(2) 数字控制采用按钮或飞梭式设计，操作简单方便，故障率也较低。数控方式可以储存各种显示模式下的屏幕参数，在切换显示模式时无需重新进行设置。

5. CRT 的显示方式

已推出的显示系统标准有 MDA、CGA、EGA、VGA、SVGA 五种。

(1) MDA(Monoc Hrome Display Adapter，单色文本显示卡)支持 80 列、25 行字符显示，4 KB 的显示缓冲区用来显示字符及其属性。MDA 只支持字符显示功能，无彩色显示能力。

(2) CGA(Color Graphics Adapter，彩色图形接口卡)支持字符、图形两种方式，16 KB 的显示缓冲区用来显示字符及属性或图形方式下的图形数据。CGA 是最早出现的彩色图形显示卡。

(3) EGA(Enhanced Graphics Adapter，增强图形显示卡)是 CGA 之后的显示系统标准显示卡。字符显示能力和图形显示能力比 CGA 高，最高分辨率图形方式 16 色。

(4) VGA(Video Graphic Array，视频图形阵列)是 CAD 系统图形、图像处理系统和桌面印刷系统必备的显示系统。

(5) SVGA(Super Video Graphic Array，超级视频图形阵列)利用新的 BIOS 显示模式和扩充视频子功能。

6. 显示服务程序

屏幕控制主要包括：① 改变屏幕像素、字符数据和属性信息；② 设置视屏方式；选择适当字符模块和颜色寄存器等。

下面分别说明文本、图形方式的设置方法。

以 VGA 为例，其文本方式共三种。缺省字符框为 9×16，即当复位时系统自动将 9×16 点阵装入字符发生器。若想改变为 8×8，8×14 等字符框，可以调用 BIOS INT 10 的替换选择功能 AH = 12H；若想改变视屏方式，选择 AH = 0；若想装入点阵模块，选择 AH = 11。

另以典型的分辨率 640×480 为例，说明图形方式下的程序设计方法。程序应包括选择视频方式，计算像素在刷新缓冲区的位置和改写像素值。

【例 6-10】 设置彩色图形方式，在屏幕中央显示一个带条纹的矩形。背景颜色设置为黄色，矩形边框设置为红色，横条颜色设置为绿色。

程序序列如下：

```
CODE    SEGMENT
        ASSUME  CS：CODE
START： MOV     AH, 0
        MOV     AL, 4           ; 设置 320×200 彩色图形方式
        INT     10H
        MOV     AH, 0BH
        MOV     BH, 0           ; 设置背景颜色为黄色
        MOV     BL, 0EH
        INT     10H
        MOV     DX, 50
        MOV     CX, 80          ; 行号送 DX，列号送 CX
        CALL    LINE1           ; 调 LINE1，显示矩形左边框
        MOV     DX, 50
        MOV     CX, 240         ; 修改行号，列号
        CALL    LINE1           ; 调 LINE1，显示矩形右边框
        MOV     DX, 50
        MOV     CX, 81          ; 置行号、列号
        MOV     AL, 2           ; 选择颜色为红色
        CALL    LINE2           ; 调 LINE2，显示矩形上边框
        MOV     DX, 150
        MOV     CX, 81
        CALL    LINE2           ; 调 LINE2，显示矩形下边框
        MOV     DX, 60
LP3：   MOV     CX, 81          ; 置矩形内横线初始位置
        MOV     AL, 1           ; 选择横条颜色为绿色
        CALL    LINE2           ; 调 LINE2，显示绿色横线
        ADD     DX, 10
        CMP     DX, 150
        JB      LP3             ; 若行号小于 150，转 LP3 继续显示横线
        MOV     AH, 4CH
        INT     21H             ; 否则返回 DOS
LINE1   PROC    NEAR            ; 画竖线子程序
LP1：   MOV     AH, 0CH         ; 写点功能
        MOV     AL, 2           ; 选择颜色为红色
        INT     10H
        INC     DX              ; 下一点行号增 1
        CMP     DX, 150
```

```
            JBE    LP1              ;若行号小于等于150，则转LP1继续显示
            RET
LINE1       ENDP
LINE2       PROC   NEAR             ;画横线子程序
            MOV    AH, 0CH
LP2:        INT    10H
            INC    CX               ;下一点列号增1
            CMP    CX, 240
            JB     LP2              ;若列号小于等于240，则转LP2继续显示
            RET
LINE2       ENDP
CODE        ENDS
            END    START
```

【例 6-11】 在屏幕上以红底蓝字显示"WOLRD"，然后分别以红底绿字和红底蓝字相间地显示"SCENERY"。程序段如下：

```
            DATA   SEGMENT
            STR1   DB     'WORLD'
            STR2   DB     'S', 42H, 'C', 41H, 'E', 42H, 'N', 41H
                   DB     'E', 42H, 'R', 41H, 'Y', 42H
            LEN    EQU    $-STR2
            DATA   ENDS
            CODE   SEGMENT
            ASSUME CS :CODE, DS :DATA, ES :DATA
START:      MOV    AX, DATA
            MOV    DS, AX
            MOV    ES, AX           ;初始化
            MOV    AL, 3
            MOV    AH, 0            ;设置 80×25 彩色文本方式
            INT    10H
            MOV    BP, SEG STR1
            MOV    ES, BP
            MOV    BP, OFFSET STR1  ;ES:BP 指向字符串首地址
            MOV    CX, STR2-STR1    ;串长度送 CX
            MOV    DX, 0            ;设置显示的起始位置
            MOV    BL, 41H          ;设置显示属性
            MOV    AL, 1            ;设置显示方式
            MOV    AH, 13H          ;显示字符串
            INT    10H
            MOV    AH, 3            ;读当前光标位置
```

```
            INT     10H
            MOV     BP, OFFSET STR2      ；ES：BP 指向下个串首地址
            MOV     CX, LEN              ；长度送 CX
            MOV     AL, 3                ；设置显示方式
            MOV     AH, 13H              ；显示字符串
            INT     10H
            MOV     AH, 4CH
            INT     21H                  ；返回 DOS
    CODE    ENDS
            END     START                ；汇编结束
```

6.7.2 LCD 显示及其接口

液晶显示器 LCD(Liquid Crystal Display)已经成为现代仪器仪表和电子信息产品用户界面的主要发展方向。

1. LCD 的基本结构及工作原理

液晶是一种介于液体与固体之间的热力学中间稳定物质形态。液晶在一定温度范围内既有液体的流动性和连续性，又有晶体的各向异性，其分子呈长棒形，长宽之比较大，分子不能弯曲，是刚性体，中心有桥链，分子两头有极性。

LCD 器件结构如图 6-46 所示。由于液晶的四壁效应，在定向膜作用下，液晶分子在正、背玻璃电极上呈水平排列，排列方向为正交，玻璃间分子呈连续扭转状态，这样的构造液晶对光产生旋光作用，使光偏转方向旋转 90°。

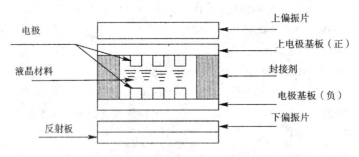

图 6-46　液晶显示器基本结构

图 6-47 是液晶显示器工作原理。当外部光线通过上偏振片后形成偏振光，偏振方向成垂直排列，此偏振光通过液晶材料之后，旋转 90°，偏振方向成水平方向，此方向与下偏振片的偏振方向一致，光线能完全穿过下偏振片而达到反射板，经反射后沿原路返回，从而呈现出透明状态。

当液晶盒上、下电极加上一定电压后，电极部分液晶分子转成垂直排列，从而失去旋光性，从上振片入射的偏振光不被旋转，偏转光到达下偏振片，偏振方向与下偏振片的偏振方向垂直，被下偏振片吸收。无法到达反射板形成反射，所以呈现出黑色。根据需要，将电极作成各种文字或点阵，就可获得所需的各种显示。

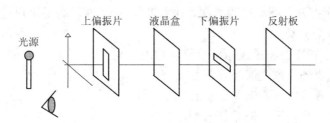

图 6-47 液晶显示器工作原理

2. LCD 的驱动方式

液晶显示器驱动方式由电极引线选择方向确定,当选择好液晶显示器后,用户无法改变驱动方式。液晶显示器驱动方式一般有静态驱动和动态驱动两种。由于直流电压驱动 LCD 使液晶体产生电解和电极老化,所以现在驱动方式多属交流电压驱动。

1) 静态驱动方式

液晶显示器驱动与 LED 驱动有很大区别,对 LED 而言,在 LED 两端加上恒定导通或截止电压可控制其亮或暗。而 LCD 两极不能加恒定直流电压,因而驱动设计较复杂。在 LCD 公共极加上恒定交变方式信号,通过控制两极电压变化在 LCD 两极之间产生零电压或二倍幅值的交变电压,调节 LCD 亮、灭。

静态驱动方式下,当字段上两个电极的电压极性相同时,两电极之间电位差为零,该字段不显示;当字段上两个电解相位相反时,两电极之间电位差不为零,为二倍幅值方波电压,该字段呈现出黑色显示。

2) 动态驱动方式

动态驱动方式由矩阵扫描驱动,用多位 8 段数码显示和点阵显示。点阵显示是液晶置于互相垂直的条状电极之间,用条状电极交点的组合来显示,可组成图形和各种字符显示。

这种显示形式在显示点有关的行列上加电压,非显示点也会因为有线电压而产生交叉效应,使对比度下降。矩阵各点驱动要采用分时方法,其背电极 BP 为行线,分时对各行线加上阈值电压。行线扫描周期内阈值电压占空比为 1/行数。

下面以点阵式 LCD 的驱动介绍时分割驱动方法。

在非选通点上加有选通电压的 1/2,电压值低于显示的截止电压,会减少交叉效应的影响,这是 1/2 偏压法。实际应用中用 1/3、1/4、1/7 等偏压法,使选通电压与非选通电压之间差距加大,以提高显示清晰度。

点阵式 LCD 控制一般采用行扫描方式,其原理如图 6-48 所示。各行所加电压脉冲占空比为 1/行数,占空比越小,清晰度就越差,甚至还会产生闪烁现象。

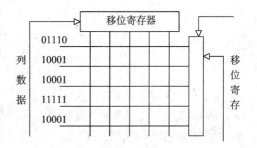

图 6-48 液晶行扫描原理统示意图

3. LCD 显示控制和驱动接口电路

笔记本电脑显示屏是 LCD 显示屏的主要应用领域,各种专用控制和驱动大规模集成电路 LSI 使液晶显示控制和驱动极为方便,由 CPU 直接控制,满足用户对液晶显示的要求。

LSI 可大致分为五类:

(1) 自带 4 位 CPU 的段式液晶显示驱动 LSI;

(2) 控制驱动点阵位图式液晶显示 LSI;

(3) 控制驱动点阵字符式液晶显示 LSI;

(4) 控制驱动点阵图形式液晶显示 LSI;

(5) 视频 LCD 接口控制和驱动 LSI。

LCD 显示屏的发展方向是高亮度、逼真色彩、宽视角、低功耗、小体积、轻重量和宽温度及低成本。

6.7.3 LED 显示器及其接口

发光二极管 LED(Light Emitting Diodes)是微型计算机系统中重要的外部设备,由于 LED 显示器驱动电路简单,易于实现,并且价格低廉,因此 LED 是最常用、简便的显示器。

LED 组成的显示屏是公共场所常用显示媒体,机场、火车站、商业中心和证券交易所等场合信息、广告显示。如今,与多媒体计算机相结合的 LED 显示技术已得到快速发展。

1. LED 状态显示器

发光二极管是一种半导体 PN 结构的固态发光器件,在正向导电时能发出可见光,常用的有红、绿、蓝三色,其发光颜色与发光效率取决于制造的材料与工艺,发光强度与其工作电流有关。发光时间常数约为 10~200 μs,工作寿命可长达十万小时,LED 静态显示连接图见图 6-49。

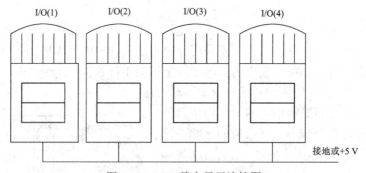

图 6-49 LED 静态显示连接图

发光二极管具有类似于普通半导体二极管的伏-安特性。在正向导电时其端电压近于恒定,通常约为 1.6~2.4 V,其工作电流一般约为 10~200 mA 左右。它适合与低电压下工作的数字集成电路器件相匹配。

微机系统经数据总线输出到段选 I/O 口显示字段信息。以共阴极数码管为例,当其位选 I/O 口为低电平时,对应 LED 上显示导通并发光;若位选 I/O 口为高电平,则 LED 上显示截止并熄灭。与它串联的电阻用于限制其工作电流。该位选 I/O 接口能同时驱动 8 个 LED 显示器,分别显示 8 个状态信息,LED 动态显示连接示意图见图 6-50。

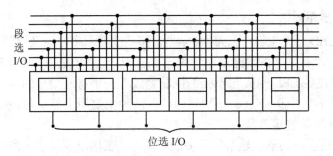

图 6-50 LED 动态显示连接示意图

2. LED 七段显示器接口

如图 6-51 所示，用七段 LED 适当地排列并封装在一起，便可构成数字或字符显示器。采用适当的段码经输出接口驱动它，可使其中某些段的 LED 导通并发光，并使另一些段的 LED 截止并熄灭。这样，它们便能方便地显示不同的数字或字符。前者较适合于显示数字信息，后者则经常用于显示常用的字符。

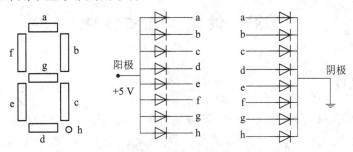

图 6-51 七段 LED 显示器统示意图

在常用的七段显示器内，各个 LED 可按共阳极或共阴极连接。它们应分别用不同的段码，经不同的驱动电路来驱动。对于共阳极显示器，其段驱动电路的输出为低电平时，该段的 LED 导通并点亮，段驱动电路应能吸收额定的段导通电流；在共阴极显示器的情况下，其段驱动电路的输出为高电平时，该段的 LED 导通并点亮，段驱动电路应能供给额定的段导通电流，LED 数码管及按钮的一种接口电路见图 6-52。

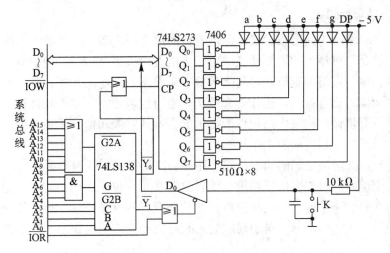

图 6-52 LED 数码管及按钮的一种接口电路

3. LED 点阵显示器

无论是单个 LED 还是 LED 七段码显示器，都不能显示字符以及更为复杂的图形信息，这主要是因为它们没有足够的信息显示单位。LED 点阵显示是把很多 LED 点阵按矩阵方式排列在一起，通过各 LED 点亮与不亮的控制完成各种字符或图形的显示。最常见的 LED 点阵显示块有 5×7、7×9、8×8 三种结构，前两种主要用于显示各种字符，而后一种可用于大型电子显示屏的组建单元。

字符型 LED 显示器仍不能显示任意曲线、图形、表格以及汉字信息。要完成这些显示功能必须将更多 LED 点阵块组合起来，形成一个更大的完整显示体。

现在的 LED 点阵显示屏技术已有飞速的发展。蓝光 LED 发光管的出现，使 LED 可以显示真彩色图形图像。由于各种专用集成电路的出现和相关元器件性能的提高，现在已经可以制作类视频速度的全彩色显示大屏幕，尺寸达十米以上，显示点阵上百万。在高亮度、大幅面等效果方面是其他所有显示技术无可比拟的。

6.8 键盘、鼠标接口

6.8.1 键盘接口

键盘由一组规则排列的按键构成，按键是一个开关元件，按其构造原理可以分为触点式开关按键(如机械式开关、导电橡胶式开关等)、无触点开关按键(如电气式按键、磁感应按键等)两类。微型计算机系统中最常见的键盘是触点式开关键盘。

常用的键盘从接口原理上可分为编码键盘与非编码键盘，通用微型计算机系统中使用编码键盘，单片机及专用微型计算机系统中使用非编码键盘。这两种键盘的主要区别是识别键符及给出相应键码方法。编码键盘是用硬件实现对键的识别，非编码键盘由用户软件实现键盘的定义与识别。

下面将介绍按键的构成原理和非编码键盘接口，以及编码键盘原理。

1. 按键的结构与特点

在微型计算机系统中使用按键仅需提供逻辑的接通与阻断，其机械结构较为简单。

按键的功能是把机械上的通断转换成电气上的逻辑关系。按键的定位方式有无锁、自锁和互锁三种类型，按键的定位在逻辑上等效于单稳态、双稳态和多稳态。常用的机械结构是最简单的无锁单稳态按键，工作寿命长达一百万次以上。借助于软件设置特定的标志位，无锁按键具有机械结构或电路硬件所提供的自锁或互锁功能。无锁按键上的指示灯，用于向操作人员反馈它们当前的工作状态。

设计键盘时，要解决键码的识别问题，还要解决键抖动和重键问题。

当按下一个键时，可能会出现按键在闭合位置和断开位置之间跳几下才稳定到闭合状态的情况；而在释放一个键时，也会出现类似的情况，这就是抖动。抖动的持续时间随操作员而异，通常不大于 10 ms。抖动问题会引起对闭合键的错误识别，键盘去抖动电路图见图 6-53。

·第6章 输入/输出接口技术·

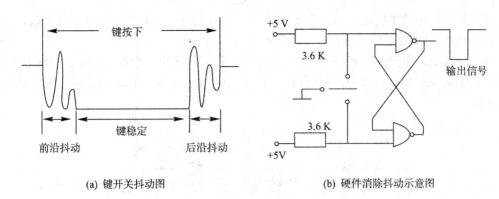

(a) 键开关抖动图   (b) 硬件消除抖动示意图

图 6-53 键盘去抖动电路图

另外，当检测到按键被按下或释放时，可以利用软件延时避开触点机械抖动的影响，通常只要延时大于 10 ms 都能避开抖动持续时间，然后确认按键的通或断状态。

2. PC机键盘工作原理

PC 机键盘电路见图 6-54，键盘电路控制核心是 MCS-8048 单片机，单片机通过键盘扫描监视按键的按下或放开，并将监视结果送往 PC 机。具体扫描过程是：每隔 3～5 ms，单片机通过其引脚 P2.0～P2.2 输出编码信息，经过译码使键盘矩阵的某一列为低电平，同时读入所有行线信号，如果该列上某一个键按下则会使该键所在的行与列短路，此行状态就会变为低电平，否则为高电平。单片机扫描键盘的速度比人按键的速度快很多，单片机可以在某按键被按下之后迅速将编码送往主机。

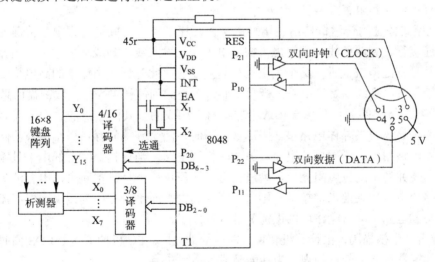

图 6-54 PC 键盘的电路原理图

当确定键盘上某一个键被按下后，键盘将它的扫描码送到主机，等到该键被放开后，它将扫描码加上 80H 后再送到主机。键盘一按一放会产生两个字节的数据，如 "A" 键被按下后键盘会送出 1EH 扫描码，"A" 键被放开后键盘则送出 9EH(1EH+80H)。

如果按键压下时间超过 1.5 s，则单片机便会以每秒 10 个扫描码的速度将扫描码传到主机，此外，单片机还有开机自测、消除按键抖动、暂存按键的扫描码、维持与主机的双向串行通信，以及将扫描码按约定的通信规则转换为串行数据等功能。

- 231 -

键盘使用屏蔽的电缆连接到主机板上的一个 DIN 连接器。该电缆有 5 条信号线，包括电源线、地线、RESET 信号线、各一条与两条双向信号线。

每当单片机发现键盘上某个键被按下时，先由数据线送出一个高电位 1 并持续 0.2 ms，接着将扫描码以串行方式传出，每位的时间宽度是 0.1 ms。典型的矩阵式键盘及其接口见图 6-55。

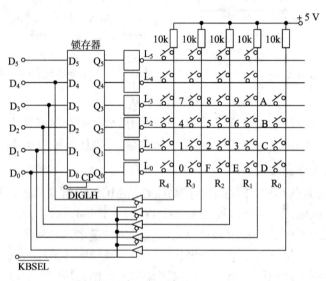

图 6-55　矩阵式键盘及其接口

按键有机械式和电容式两种。

(1) 机械式按键的传达机构由金属触点、弹簧片组成。机械簧片式键开关键的两个金属点分别连接行、列两条线。行线提供扫描电平，是输入线。列线输出电平。当扫描线在低电平，并且有键柄按下时，两个金属点行与列连通，此时列线由原来的高电平变为低电平；当键抬起时，列线恢复高电平。键盘是靠每个键的列信号电平来读取键盘信息的。

(2) 电容式按键的触点是由导体或半导体材料构成的。其两触点的表面覆盖有绝缘材料，形成两个导体或半导体电路垫。当键被按下时，两个导体间存在微小电容，两个导体分别与识别电路相连，一端接行电路，另一端接列电路。当行扫描线有低电平且键被按下时，电容出现并经由上拉电阻充电，列线上有电流流过；一旦键抬起来，电容消失并向列线读出回路放电。如果键未被按下，则电容因距离太大而不存在，列线上无电流流过。通过检测电平或电流，读出电路可以识别键是否被按下。

PC 键产生扫描码，由计算机转换成对应的键盘码。PC 机的 ROM BIOS 同时检查是否有特殊的键被按下，若有则视之为功能键或大小写转换。

3. 扫描原理

扫描用于按键的识别。扫描过程通过改变电平的方法检测按键是否被按下，能将列信号的变化通过电路传递给主机，完成这个功能的电路称为键盘控制电路，具体包括键盘硬件和软件。

1) 键盘的电路组成

键盘由微控制器、译码器、键盘矩阵和键盘串行插座组成。

2) 键盘中断

计算机系统通过硬件中断 09H、软中断 16H 实施对键盘的控制。

(1) 硬件中断 09H： 硬件中断 09H 是由按键动作引发的硬件中断，对键盘上所有的键都给予定义。它对键盘上 8 个功能键建立标志状态，能将其他键的扫描码转换为对应键的 ASCII 码或扩展码，并传送到内存的键盘缓冲区。

(2) 软中断 16H：软中断 16H 用于检查是否有键输入，并完成从键盘缓冲区取出键值的操作。

3) 键盘中断调用

常用的键盘中断调用有 0～2 号功能，分别完成从键盘读入一个字符、读键盘缓冲区的字符、读键盘状态字节等操作。

【例 6-12】 下面给出一个利用键盘 I/O 功能对键盘进行操作的示例。

用 INT 16H(AH = 0)调用实现键盘输入字符。

```
        DATA    SEGMENT
        BUFF    DB 100 DUP(?)
        MESS    DB 'NO CHARACTER!', 0DH, 0AH, '$'
        DATA    ENDS
        CODE    SEGMENT
        ASSUME  CS:CODE, DS:DATA
START:  MOV     AX, DATA
        MOV     DS, AX
        MOV     CX, 100
        MOV     BX, OFFSET BUFF    ; 设内存缓冲区首址
LOP1:   MOV     AH, 1
        PUSH    CX
        MOV     CX, 0
        MOV     DX, 0
        INT     1AH                ; 设置时间计数器值为 0
LOP2:   MOV     AH, 0
        INT     1AH;               ; 读时间计数值
        CMP     DL, 100
        JNZ     LOP2               ; 定时时间未到，等待
        MOV     AH, 1
        INT     16H                ; 判有无键入字符
        JZ      DONE               ; 无键输入，则结束
        MOV     AH, 0
        INT     16H                ; 有键输入，读键 ASCII 码
        MOV     [BX], AL           ; 存入内存缓冲区
        INC     BX
        POP     CX
```

```
        LOOP   LOP1              ;100 个未输完，转 LOP1
        JMP    EN
DONE:   MOV    DX, OFFSET MESS
        MOV    AH, 09H
        INT    21H               ;显示提示信息
EN:     MOV    AH, 4CH
        INT    21H
        CODE ENDS
        END    START
```

4. 智能键盘

智能键盘是随着微处理器发展而出现的一种多功能键盘，键盘扫描由微处理器控制，全部键盘控制程序放在键盘盒内 ROM 中。智能键盘可以完成多种功能，如在系统加电后的自检测，可以检查出是否有按键被卡住，ROM 是否有效。一旦发生故障，便由扬声器报警，并在屏幕上显示错误的代码。在正常工作时，微处理器完成键盘的扫描、去抖、生成扫描码等任务，并对扫描码进行并/串转换，将串行的时钟脉冲和数据送往主机。由于在主机内部的 RAM 开辟有缓冲区，因而具有键盘缓冲的能力，实现多键滚按。

6.8.2 鼠标接口

鼠标器是连到计算机的串口的一种计算机辅助输入设备。它能增强或代替键盘的光标移动键，可在屏幕上快速精确地定位光标。

鼠标器有 IBM 公司的二按键三字节鼠标、Microsoft 公司的三按键五字节鼠标。两类鼠标在向主机传送数据时均采用同一通讯协议。

鼠标器应用在绘图软件、操作屏幕菜单中。

1. 鼠标器的结构

鼠标是将平面上游标运动的轨迹转化为相应的纵横坐标值输入计算机，从而控制屏幕上光标的运动的设备。

根据检测移动的方法，鼠标器可以分为机械式鼠标和光电式鼠标两种。前者实现简单、价格便宜，而后者精度高、可靠性高并且使用寿命较长。

机械式鼠标的水平位移和垂直位移检测系统如图 6-56 所示。其位移检测元件是一个滚球，当滚球滚动时会带动两个多孔圆盘转动以便指出鼠标滚球在水平和垂直方向上的位移。在多孔圆盘的两侧分别放置一个发光二极管和光电二极管。当圆盘转动时，可以由通电的光电二极管上检测出脉冲信号，对脉冲计数就可以得到鼠标的移动距离。

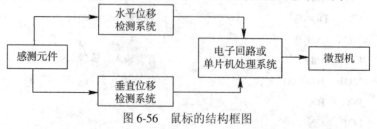

图 6-56　鼠标的结构框图

光电式鼠标的检测系统，其位移的测量元件是一块印有均匀方格的金属板，而在鼠标内部有两个电源，当鼠标放在金属板上时，照射在金属板上的光会反射回鼠标下的两个球形透镜上，再由这两个镜片把这两道光线折射进入接受光的感测器中。

当鼠标在金属板上移动时，由于金属板上印有黑色方格，所以反射回的光线就有强弱变化，鼠标内的受光元件检测到这个变化，然后输出和光线强弱相对应的脉冲进行记数就可以得到鼠标移动的距离。

光学鼠标与机械鼠标相比，光学鼠标由于没有活动部件，而且不像机械鼠标那样需要维护，因此可靠性较高。另外，光学鼠标的精度也较高，而机械鼠标则容易因轻微的振动，包括小球的跳动及滚动球与编码轴之间的相对位置的变换等因素而影响其精度。

2. 鼠标器的工作原理

利用发光二极管发出来的光投射到鼠标板上，反射光经过光学透镜聚焦投射到光敏三极管上。由于鼠标板在 X 轴和 Y 轴两个方向均印有间隔相同的网格，当鼠标器在该板上移动时，反射的光有强弱之分，在光敏三极管中则变成强弱不同的电流，经放大、整形变成表示位移的脉冲序列。鼠标的运动方向是由相位相差 90°的两组脉冲序列决定的。

3. 鼠标器的类型

鼠标器从硬件接口上可分为串行通信口鼠标、总线鼠标和 PS/2 鼠标三类。

(1) 串行通信口鼠标。这种鼠标最常见，使用也较方便，只需直接插在 PC 机的串行端口上，串口鼠标当一个鼠标事件发生，它就向串行口发送有关数据，相当于一个串行通信设备。

(2) 总线鼠标。总线鼠标需要一块专用接口卡配合使用，接口卡用 9 针接口将鼠标连起来。接口卡电路检查鼠标事件的发生，并向 CPU 发出中断信号以激活内存中的驱动程序来读取卡上寄存器的数据。总线鼠标比较昂贵，而且占用扩展槽，但其反应速度和可靠性快于其他类型的鼠标。

(3) PS/2 鼠标。PS/2 鼠标随 PS/2 计算机一起推出，它通过 PS/2 鼠标接口直接连接到键盘控制器上。PS/2 鼠标有一个内部微处理器，在事件发生时，微处理器向键盘控制器发送串行信号，PS/2 的 ROM BIOS 中配有专门程序对此进行处理，PS/2 鼠标驱动程序与 BIOS 密切配合，通过 BIOS 来掌握鼠标的状态。

Microsoft 的标准串口鼠标也适用于 PS/2 鼠标接口，Microsoft 鼠标具有自动识别接口类型的能力，并根据不同的接口类型发送不同的数据。

鼠标器的技术指标主要有：分辨率、灵敏度、按键点击次数和取样频率。

(1) 分辨率：以 DPI 为单位，即每英寸有多少个点。分辨率越高越便于控制。大部分鼠标器提供 200～400 DPI 的标准分辨率。

(2) 灵敏度：灵敏度用鼠标移动单位英寸距离所产生的脉冲数表示，鼠标的灵敏度是度量鼠标控制精度的指标。

(3) 按键点击次数：鼠标按键的点击次数正常寿命在 10 万次左右。

(4) 取样频率：取样频率是指每秒钟屏幕上鼠标指针位置变化的次数。取样频率越高，指针在屏幕上移动的间隔时间就越短，定位就更准确。

6.9 并行打印机接口

6.9.1 常用打印机及工作原理

目前与 PC 机相匹配的打印机接口大部分以 Centronics 接口为基础。Centronics 打印机接口是一种三线信号交互的 8 位并行接口，由于这种接口不支持外围设备选址，因此在输出端只能接一个设备。

Centronics 并行接口使用 36 引脚的 Amphenol 57 系列接头，最大接线距离一般不大于 5 m，而且数据只能单向传送，打印头的工作原理见图 6-57 所示。

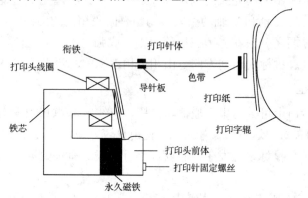

图 6-57 打印头的工作原理

24 针打印头有一个环形铁芯。在四周排列着 24 个消磁线圈及对应的 24 个衔铁弹簧片和 24 根打印针。当不需要打印机出针时，打印头线圈内无电流流通，于是永久磁铁吸引打印针，衔铁带着针体靠向打印头铁芯，使打印针缩在打印头内，并利用弹簧板的弹性作用，产生反抗永久磁铁的弹力，而产生使打印针出针的趋向。当需要打印针出针时，打印头线圈有电流通过，而产生和永久磁铁方向相反的磁场，抵消了永久磁铁对衔铁弹簧片的吸引力，由于弹簧板的作用，使打印针弹出。借助打印针与打印字辊之间的冲击力，把色带上的颜料印在打印纸上，从而完成一次出针工作。

出针完毕，打印头线圈电流撤销，磁场消失，于是打印针被永久磁铁产生的磁场吸回打印头内。若数据 1 是打开电流驱动电路，使线圈有电流通过，则数据 0 是关闭电流驱动电路，使线圈无电流通过。这样打印针是否出针，便取决于送入的数据是 1 或 0。当打印头小车带着打印头一列接着一列移动时，不断送入相应列位置的点阵数据。经过若干列打印针的动作后，一个完整的点阵字符或图形便显示在打印纸上。

6.9.2 主机与打印机接口

1. 接口线的定义

为使并行接口与 RS232C 使用同一种接头 DB-25，将 PC 机的 36 脚 Centronics 接头改成只有 25 脚的接头。因此，PC 机与打印机的连接是由一根 25 芯到 36 芯转换电缆完成的。

表 6-11 中列出了 PC 机打印机接口 25 脚的定义以及与打印机 36 脚并行接口的连接关系。表中列出的信号定义如下：

$\overline{STB}$——低电平有效，用于主机对打印机的数据选通。

$\overline{AUTO\ LF}$——低电平有效，打印完后自动走纸换行，有些打印机通过开关设置。

$\overline{INIT}$——低电平有效，使打印机的控制器初始化信号，并同时清除打印缓冲区。

$\overline{SLCT\ IN}$——低电平有效，使打印机处于联机状态。

$\overline{ACK}$——低电平有效，表示打印机准备好可以接收数据。

BUSY——高电平有效，表示打印机处于忙状态，包括正在输入数据，正在打印，脱机状态，打印机就绪状态。

PE——高电平有效，表示打印机缺纸。

SLCT——高电平有效，表示打印机为联机状态。

$\overline{ERROR}$——低电平有效，表示打印机出错，包括无纸、脱机以及错误状态。

表 6-11　PC 机并行接口与打印机信号连接

PC25 芯并行接口	信号线定义	打印机 36 芯定义
2～9	数据 D_0～D_7	2～9
1	选通($\overline{STB}$)	1
14	自动走纸($\overline{AUTO\ LF}$)	14*
16	初始化($\overline{INIT}$)	31
17	选择输入($\overline{SLCT\ IN}$)	36*
10	应答信号($\overline{ACK}$)	10
11	忙信号(BUSY)	11
12	无纸信号(PE)	12
13	联机信号(SLCT)	12
14	错误信号($\overline{ERROR}$)	32
18～25	地(GND)	14，16

*注：随打印机不同

2. 基本操作

典型的操作过程是，当打印机就绪时，BUSY 信号保持低电平，此后计算机把数据放在数据线上，并把选通脉冲送到 $\overline{STB}$ 线上。这时打印机将 BUSY 忙信号变为高电平，并读出锁存的数据，把数据放到打印队列上，同时输出一个 $\overline{ACK}$ 响应脉冲。在 $\overline{ACK}$ 脉冲之后，BUSY 信号变为低电平。如果打印机发现有错误，并处于检查状态，打印机启动 $\overline{ERROR}$ 提示。

1) 正常信号交互

在正常信号交互时，计算机向打印机指出数据线上存在有效信息。在选通脉冲变为音频逻辑负值之前，至少 1 μs 时间选通数据必需是有效的，并且在选通脉冲变为低电平后，数据必须至少保持是有效的。选通脉冲为低电平的时间大约为 1～500 μs。

选通信号的下降沿使得打印机送出 ACK 响应信号。选通脉冲变为低电平到 ACK 信号之间的延迟时间大约在 2~10 μs 的范围内。

2) 忙状态信号交互

当打印机的打印缓冲器中有打印命令时，或者当垂直进纸、走纸、换行、删除、报警，打印机就处于忙状态。当打印机收到这些控制某种机械操作的特殊字符时，它需要有几微秒以上的时间进行操作，这时信号交互的时序变为 BUSY 状态来对此做出反映。

BUSY 状态的信号交互机制在以下几方面不同。在选通脉冲变为低电平之后，BUSY 信号代替了响应脉冲，BUSY 信号表示打印机被某种操作占用，在操作完成之前才能完成信号交互。打印机可能有 2~300 μs 忙持续状态。当 BUSY 为低电平之后，打印机通过在响应上发负脉冲表示结束，这点与正常信号交互相同。

有些打印机根本不使用 BUSY 线，因为不论是正常的还是较忙的信号交互，他们的结束都是一样的，这样就可以用两线信号交互代替三线。另外一些打印机用一个开关来补充 BUSY 线，不论是两线还是三线都可以使用这种开关。

还有些使用 Centronics 接口的打印机不采用原先的 Centronics 延迟时间，例如，也许在选通脉冲接通前要求数据有 0.5 μs 的有效时间，并且在选通脉冲断开之后保持 0.5 μs 有效，选通脉冲只有 0.5 μs 的时间接通。这些时间只是原先 Centronics 规定时间的一半。

3. PC 机并行打印接口寄存器

PC 系列微机可配有两个并行端口，即 LPT1 和 LPT2 二者结构相同，都可以作为打印机接口使用，由于有的机器不配置 LPT2，因此常将 LPT1 作为打印机接口。并行接口有数据端口、状态端口、控制端口分别与数据寄存器、状态寄存器、控制寄存器相对应，表 6-12 所示为两个并行接口的端口地址。

表 6-12 并行接口的端口地址

并行接口	数据端口	状态端口	控制端口
LPT1	378H	379H	37AH
LPT2	278H	279H	27AH

CPU 向打印机传送打印数据或控制命令时，分别通过数据端口和控制端口，对数据寄存器和控制寄存器进行写操作，而 CPU 要获得打印机状态时，则通过状态端口对状态寄存器进行读操作。

4. 并行端口及其寄存器

1) 并行端口说明

打印机端口寄存器地址分配见表 6-13。

表 6-13 打印机端口寄存器地址

名 称	端口 1	端口 2	端口 3
数据寄存器(读)	3BC	378	278
数据寄存器(写)	3BC	378	278
状态寄存器	3BD	379	279
控制寄存器(读)	3BE	37A	27A
控制寄存器(写)	3BE	37A	27A

2) 寄存器的说明

每个端口具有数据、状态和控制三个寄存器。在打印端口工作时，数据寄存器用来将字符的 ASCII 码输出到打印机；状态寄存器返回打印机的工作状态或出错情况；控制寄存器用来转达主机的各种命令。详细说明如下：

数据寄存器

D_7	D_6	D_5	D_4	D_3	D_2	D_1	D_0

状态寄存器

BUSY	ACK	PE	SLCT	ERROR	(IRQ)		

控制寄存器

		MFD	IRQ EN	SLCT	INIT	AUTO FD	STB

一般来说，端口寄存器的每一位连接接口线缆的一个引脚。因此，访问端口寄存器将会改变或记录接口信号的电平。下面是状态寄存器和控制寄存器各个位的说明：

(1) 状态位说明：

    BUSY   打印机正在打印
    ACK   请求发送(打印空闲)
    PE   纸尽
    SLCT   打印机现役(命令或状态)
    ERROR   出错
    RQ   请求状态(用于 PS/2 及以上机)

(2) 控制位说明：

    MFD   双向打印方式
    RQ EN   中断请求允许
    AUTO FD   自动进纸(换行)命令
    INIT   初始化命令
    STB   选通命令

6.9.3 打印机编程应用

打印屏幕终端 INT 5H 既可由硬件产生，也可由程序调用。用户只需按下 Print-Screen 键，中断信号会自动发出，INT 5H 就立即打印显示的当前页。程序中的 INT 5H 指令也执行打印屏幕功能。

INT 5H 的服务程序是利用键盘服务功能 INT 9H 和显示服务功能 INT10H 实现的。在读取显示缓存区的当前页后，调用 INT 17H 将数据送往打印机。打印屏幕终端 INT 5H 的进展情况还可由程序监视。在调用屏幕中断时，打印机状态信息存放在地址为 50: 00H 的位置。可使用三种数据分别表示：0 为数据准备就绪；1 表示打印机忙；FF 表示打印机出错。

除非系统在引导时接受了用户所配置的地址，否则打印机的端口号 DX = 0 为缺省值。程序首先检测显示/键盘板安装与否。一般适配器设置安装标志，并将 ON/OFF 信息存储在指定标志位中。如果显示允许，则屏幕打印过程正常进行，否则便退出 INT 5H 中断。然后程序检测打印机是否忙。状态寄存器地址要给予说明，当程序检测时该寄存器的内容就被调出。若未置标志，说明打印机已准备好。

屏幕打印工作，如利用 INT 10H 的 03 号取光标位置、用 0F 号取当前显示页和每行字符数、让光标位于起始列等。首先开始打印的是回车换行，然后调用 INT 17H 依次打印 AL 中的字符。在打印每个字符时还要调用 INT 10H 的 02 号和 08 号功能，指定光标位置，取屏幕显示字符到 AL。另外每打印一字符行和回车换行后都检测是否出错，直到整屏全部打印完。最后以原状态字节以及出错与否作为出口条件。中断返回时若未出错 AH 应为 0。

【例 6-13】打印机初始化读状态操作。

```
         PRINT-INT   PROC FAR
         IODATA    SEGMENT                ;段指向
         PRINT-BASE   DW 4 DUP(?)         ;设置打印机基地址
         PRINT-TIMEOUT   DB 4 DUP(?)      ;设置打印机超时值
         ASSUME CS:CODE, DS: NOTHING，ES: NOTHING
         STI                              ;开中断
         PUSH    DS                       ;保存寄存器内容
         PUSH    SI
         PUSH    DX
         PUSH    CX
         PUSH    BX
         PUSH    AX
         MOV     AX, IODATA
         MOV     DS, AX                   ;DS 指向 IODATA 段
         MOV     SI, DX                   ;SI = 打印机端口号
         MOV     BL, PRINT-TIMEOUT[SI]    ;BL = 超时值
         SHL     SI, 1                    ;调整 SI 作为打印机基地址
         MOV     DX, PRINT-BASE[SI]
         CMP     DX, 0
         JE      WRPRINTER                ;若为 0，设错标志，退出
         POP     AX
         OR      AH, AH                   ;判断功能号
         JZ      PRINTOUT                 ;AH = 00 转去打印字符
         DEC     AH
         JZ      PRINTINIT                ;AH = 01 转去初始化
         DEC     AH
         JZ      PRINTSTAT                ;AH = 02 转去读状态
XITPRINTINT:     POP     BX               ;恢复寄存器内容
         POP     CX
         POP     DX
```

	POP	SI	
	POP	DS	
	IRET		; 中断返回
WRPRINTER:	MOV	AH, 1	
	JMP	SHORT XITPRINTINT	; 设置 AH = 1 超时
PRINTOUT:	MOV	SH, AL	; 字符暂存
	OUT	DX, AL	; 字符输出
	INC	DX	; 加 1 位状态端口
OUTSIDE:	XOR	CX, CX	; 设置内循环超时计数
INSIDE:	IN AL,	DX	; 读入状态
	MOV	AH, AL	; AH=状态信息
	TEST	AL, 80H	; 判断 BUSY
	JNZ	STROB	; 不忙，转打印
	LOOP	INSIDE	; 内层延时循环
	DEC	BL	
	JNZ	OUTSIDE	; 外层延时循环
	OR	AH, 1	; 否则设置超时标志位
	AND	AH, 0F9H	; 屏蔽无用位
SETFLGXIT:	MOV	AL, BH	; 保存字符
	XOR	AH, 48H	
	JMP	SHORT XITPRINTINT	; 超时退出
STROB:	MOV	AL, 0DH	; 使选通位 STB 为高
	INC	DX	; DX 为控制器地址
	OUT	DX, AL	; 使选通线低电平
STROBEFINI:	MOV	AL, 0CH	; 使选通位 STB 为低
	OUT	DX, AL	; 使选通线恢复高电平
	MOV	AL, BH	; 字符恢复
	DEC	DX	
	DEC	DX	; 指向基地址
PRINTSTAT:	MOV	BH, AL	; 字符暂存
	INC	DX	; 指向状态地址
	IN	AL, DX	
	MOV	AH, AL	; 读状态到 AH
	JND	AH, 0F8H	; 屏蔽无用和超时位
	JMP	SHORT SETFLGXIT	; 完成字符打印退出
PRINTINIT:	MOV	BH, AL	; 保存字符
	INC	DX	
	INC	DX	
	MOV	AL, 8	; 允许初始化

	OUT	DX, AL	；从控制器端口输出命令
	MOV	AX, 1000	
WAITINIT:	DEC	AX	
	JNZ	WAITINIT	；延时等待初始化
	JMP	SHORT STROBEFINI	；读状态结束
PRINT-INT	ENDP		

【例6-14】打印机屏幕打印程序。

PRINT-SCREEN	PROC	FAR	
RES-BIOS-FLAG	ON		；EGA 显示板开关
STATUS-BYTE	EQU	0279H	；打印机状态寄存器地址
	ASSUME CS: CODE, DS:NOTHING, ES:NOTHING		
	STI		；开中断
	PUSH	DS	；保存寄存器内容
	PUSH	DX	
	PUSH	CX	
	PUSH	BX	
	PUSH	AX	
	MOV	AX, IODATA	
	MOV	DS, AX	；DS 指向 IODATA 段
	MOV	AX, RES-BIOS-FLAG	
	AND	AX, 1	
	JZ	EXIT-PRTSCR	；若未安装 EGA/键盘板，退出
	CMP	STATUS-BYTE，0	
	JNE	EXIT-PRTSCR	；若打印机忙，退出
	MOV	STATUS-BYTE，1	
	MOV	AH, 03H	；取当前光标位置
	INT	10H	
	PUSH	DX	；保存光标位置
	MOV	AH, 0FH	；调用当前显示方式
	INT	10H	；AH = 字符数/行
	MOV	CL, AH	；设置 CL = 行字符计数
	MOV	CH, 25	；设置 CH = 25 行
	MOV	DX, 0	；设置打印起始光标 0000
	CALL	PRINT-CRLF	；送回车换行给打印机
	JNZ	PRINT-ERROR	；错误标志置位退出
PRN-NXT-CHR:	CALL	PRINT-CHAR	；从 DX 光标位置打印字符
	JNZ	PRINT-ERROR	；错误标志置位退出
	INC	DL	；列号加 1
	CMP	DL, CL	

	JNE	PRN-NXT-CHR	; 未打印到字符数末，继续
	MOV	DL, 0	; 下一行
	INC	DH	
	CALL	PRINT-CRLF	; 送回车换行给打印机
	JNZ	PRINT-NXT-CHR	; 错误标志置位退出
	CMP	DH, CH	
	JNE	PRINT-NXT-CHR	; 未打印到最后一行，继续
	MOV	STATUS-BYTE, 0	; 清除状态标志
XIT-PRTSCR:	POP	DX	; 恢复光标位置
	MOV	AH, 02H	
	INT	10H	; 设置到原光标位置
EXIT-PRTSCR:	POP	AX	
	POP	BX	
	POP	CX	
	POP	DX	
	POP	DS	
	IRET		; 恢复寄存器并退出
PRINT-ERROR:	MOV	STATUS-BYTE, 0FFH	; 出错退出前设置错误状态
	JMP	SHORT XIT-PRTSCR	
PRINT-ECREEN	ENDP		

; 从 DX 所指光标位置开始打印，若成功 AH = 0

PRINT-CHAR	PROC	NEAR	
	MOV	AH, 02H	
	INT	10H	; 设置光标对应于 DX 中的位置
	MOV	AH, 08H	
	INT	10H	; 读显示字符到 AL
	CMP	AL, 0	
	JNE	PRNT-CHAR	; 是 ASCII 转
	MOV	AL, 20H	; 否则送空格
PRNT-CHAR:	CALL	PRINT-AL	; 送 AL 内容到打印机
	RET		
PRINT-CHAR	ENDP		

; 发送回车换行到打印机，若成功 AH=0

PRINT-CRLF	PROC NEAR		
	MOV	AL, CR	
	CALL	PRINT-AL	
	JNZ	XIT-PRN-CRLF	; AH 不为 0，出错退出
	MOV	AL, LF	
	CALL	PRINT-AL	

XIT-PRN-CRLF:	RET	
PRINT-CRLF	ENDP	
	;发送 AL 中的字符到打印机,若成功 AH 内容为 0	
PRINT-AL	PROC NEAR	
	PUSH DX	
	MOV DX, 0	;默认的端口号 0 给 DX
	MOV AH, 0	;状态初始值 0
	INT 17H	;字符打印
	TEST AH, 25H	;检测错误标志
	POP DX	
	RET	
PRINT-AL	ENDP	

6.10 A/D 及 D/A 接口

随着计算机技术的飞速发展,计算机已经不再是简单的计算工具,它的应用已渗透到各行各业,其中包括以计算机为核心的微机控制系统。在微机控制系统中不仅仅有数字量,还有模拟量、开关量。人们用微机可实现有效的自动控制。

模拟量是指一些连续变化的物理量,所谓的连续变化是指从时间上说,它随时间连续变化;从数值上说,它的数值也是连续变化的。如温度、压力、流量、时间、位移和速度等等。模拟量的数值和极性可通过传感器或变换器来测量。微机参与控制时,它所能接受和处理的数据都是"数字量",数字量是间断、不连续的,并且它能表示的数值范围也受微机的限制。因此,不能直接把模拟量送到数字计算机进行处理。必须先把它们转换为数字量,才能被计算机接受。完成这种模拟量向数字量转换的器件称为模拟/数字转换器,简称为 ADC 或 A/D。计算机经运算处理得到的结果是数字量,不能直接用于控制执行部件,必须先将其转换为模拟量。这种能将数字量转换成模拟量的器件称为数字/模拟转换器,简称 DAC 或 D/A。

A/D 及 D/A 转换技术广泛应用于计算机控制系统及数字测试仪表中。典型的计算机控制系统如图 6-58 所示。另外,A/D,D/A 还可用于遥测、遥控、数字通信、混合计算等系统中。

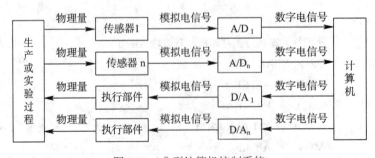

图 6-58 典型计算机控制系统

6.10.1 D/A 转换器及其与 CPU 的接口

D/A 转换器是指将数字量转换成模拟量的集成电路,它的模拟量输出(电流或电压)与参考量(电流或电压)以及二进制数成比例。一般来说,可用下面的式子表示模拟量输出和参考量及二进制数的关系:

$$X = K \times V_{REF} \times B$$

其中 X 为模拟量输出,K 为比例常数,V_{REF} 为参考量(电压或电流),B 为待转换的二进制数,通常 B 的位数为 8 位、12 位等。

D/A 转换器由于实现的原理各不相同,而且实现的工艺技术也不尽相同,因而有多种 D/A 芯片。作为微机应用系统的设计者,应特别关心的是微机与 DAC 的接口、DAC 的模拟输出特性,以及使它们正常工作需要外加的电路。

1. D/A 转换器的主要性能指标

D/A 转换器的主要性能指标包括以下几个方面。

(1) 分辨率:是当输入数字量发生单位数码变化(即 1 LSB)时所对应的输出模拟量的变化量,即等于模拟量输出的满量程值的 $1/(2^N - 1)$,N 为数字量位数。在实际使用中,表示分辨率大小的方法也可用输入数字量的位数来表示。

(2) 转换精度:指一个实际的 D/A 转换器与理想的 D/A 转换器相比较的转换误差。精度反映 D/A 转换的总误差。其主要误差有失调误差、增益误差、非线性误差和微分非线性误差。非线性误差是实际转换特性曲线与理想转换特性曲线之间的最大偏差,一般要求此误差不大于±LSB。D/A 转换器的失调和增益调整一般不能完全消除非线性误差,但可以使之显著减小。微分非线性误差是指任意两个相邻数码所对应的模拟量间隔与理想值之间的偏差。

(3) 建立时间:当 D/A 转换器的输入数据发生变化后,输出模拟量达到稳定数值,即进入规定的精度范围内所需要的时间。

(4) 温度系数:D/A 转换器的各项性能指标一般在环境温度为 25℃下测定。环境温度的变化会对 D/A 转换精度产生影响,这一影响分别用失调温度系数、增益温度系数和微分非线性温度系数来表示。这些系数的含义是当环境温度变化 1℃时该项误差的相对变化率,单位是 $\times 10^{-6}$/℃。

D/A 转换器的类型很多。从输入电路来说,一般的 D/A 转换器都带有输入寄存器,能与微机直接连接;有的具有两极锁存器,使工作方式更加灵活。输入数据一般为并行数据,也有串行数据。并行输入的数据有 8 位、10 位、12 位等。从输出信号来说,D/A 转换器的直接输出是电流量,若片内有输出放大器,则能输出电压量,并能实现单极性或双极性电压输出。

D/A 转换器的转换速度较快,一般其电流建立时间为 1 μs。有些 D/A 转换器具有其他功能,如能输出多路模拟量、输出工业控制用的标准电流信号。

典型的 D/A 转换器如 8 位通用型 DAC0832、12 位的 DAC1208、电压输出型的 AD558 和多路输出型 AD7528。

2. DAC0832 D/A 转换器

DAC0832 是美国数据公司的 8 位双缓冲 D/A 转换器,片内带有数据锁存器,它具有与微机连接简单、转换控制方便、价格低廉等特点,在微机系统中得到广泛的应用。

DAC0832 的逻辑结构如图 6-59 所示。引脚信号见图 6-60,各引脚功能见表 6-14。

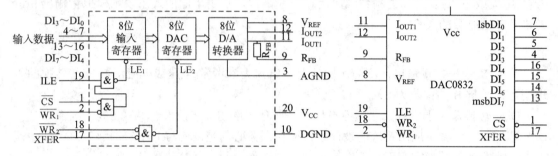

图 6-59 DAC0832 的逻辑结构   图 6-60 DAC0832 的引脚信号

表 6-14 DAC0832 引脚功能

符号	功　能	符号	功　能
$D_0 \sim D_7$	数据输入线	V_{CC}	电源输入线
ILE	数据允许信号,高电平有效	I_{OUT1}, I_{OUT2}	电流输出线
$\overline{CS}$	输入寄存器选择信号,低电平有效	AGND	模拟信号地
$\overline{WR}_1$	输入寄存器写选通信号,低电平有效	DGND	数字地
$\overline{WR}_2$	DAC 寄存器写选通信号,低电平有效	R_{FB}	反馈信号输入线
$\overline{XFER}$	数据传送信号,低电平有效	V_{REF}	基准电源输入线

DAC0832 由 8 位输入锁存器、8 位 DAC 寄存器、8 位 D/A 转换电路组成。

当 ILE 为高电平,$\overline{CS}$ 为低电平,$\overline{WR}_1$ 为负脉冲时,在 $\overline{LE}_1$ 产生正脉冲;$\overline{LE}_1$ 为高电平时,输入寄存器的状态随数据输入线状态变化,$\overline{LE}_1$ 的负跳变将输入数据线上的信息存入输入寄存器。

当 $\overline{XFER}$ 为低电平,$\overline{WR}_2$ 输入负脉冲时,则在 $\overline{LE}_2$ 产生正脉冲;$\overline{LE}_2$ 为高电平时,DAC 寄存器的输入与输出寄存器的状态一致,$\overline{LE}_2$ 的负跳变,输入寄存器的内容存入 DAC 寄存器。

DAC0832 的主要技术指标如下:

(1) 电流建立时间为 1 μs;

(2) 单电源为 +5～+15 V;

(3) V_{REF} 输入端电压为 ±25 V;

(4) 功率耗能为 200 mW;

(5) 最大电源电压 V_{DD} 为 17 V。

DAC0832 的输出是电流型的。在微机系统中,通常需要电压信号。要将 DAC0832 产生的电流信号转换成电压信号可用运算放大器实现。

3. DAC0832 工作方式

根据对 DAC0832 的输入锁存器和 DAC 寄存器的不同的控制方法,DAC0832 有如下三种方式。

(1) 单缓冲方式：适用于只有一路模拟量输出或几路模拟量非同步输出的情形。方法是控制输入寄存器和 DAC 寄存器同时接收数据，或者只用输入寄存器而把 DAC 寄存器接成直通方式。

(2) 双缓冲方式：适用于多个 DAC0832 同时输出的情形。方法是先分别使这些 0832 的输入寄存器接收数据，再控制这些 0832 同时传送数据到 DAC 寄存器以实现多个 D/A 转换同步输出。

(3) 直通方式：适用于连续反馈控制线路中。方法是数据不通过缓冲器，即 $\overline{WR_1}$、$\overline{WR_2}$、$\overline{XFER}$、$\overline{CS}$ 均接地，ILE 接高电平。此时必须通过 I/O 接口与 CPU 连接，以匹配 CPU 与 D/A 的转换。由于 0832 内部已有数据锁存器，所以在控制信号的作用下，可以对总线上的数据直接进行锁存。在 CPU 执行输出指令时，$\overline{WR_1}$ 和 $\overline{CS}$ 信号处于有效电平。

要使 DAC0832 实现一次 D/A 转换，可采用以下程序，程序中假设要转换的数据放在 4000H 单元中。

```
MOV    BX, 4000H
MOV    AL, [BX]        ; 数据送 AL 中
MOV    DX, PORTA       ; PORTA 为 D/A 转换器端口号
OUT    DX, AL
```

在实际上，经常需要用到一个线性增长的电压去控制某一个检测过程或者作为扫描电压去控制一个电子束的移动。

【例6-15】 利用 D/A 转换器产生一个锯齿电压。对于图 6-61 的电路，为产生一个锯齿电压，可采用以下程序：

```
         MOV    DX, PORTA       ; PORTA 为 D/A 转换器端口号
         MOV    AL, 0FFH        ; 初值为 0FFH
PORTATE: INC    AL
         OUT    DX, AL          ; 往 D/A 转换器输出数据
         JMP    PORTATE
```

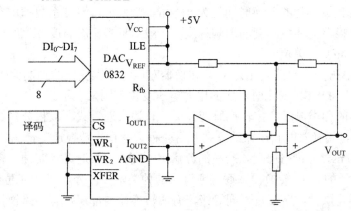

图 6-61 0832 的硬件连接图

实际上，上面程序在执行时得到的输出电压有 256 个小台阶，不过，从宏观看，仍为连续上升的锯齿波。对于锯齿波的周期，可以利用延迟进行调整。延迟的时间如果比较短，

那么，就可以用几条指令来实现；如果比较长，则可以用延迟子程序。

【例 6-16】 利用延迟子程序来控制锯齿波的周期。

```
            MOV     DX, PORTA      ; PORTA 为 D/A 转换器端口号
            MOV     AL, 0FFH       ; 初值
  ROTATE:   INC     AL
            OUT     DX, AL         ; 往 D/A 转换器输出数据
            MOV     CX, DATA
            CALL    DELAY          ; 调用延迟子程序
            JMP     ROTATE
            MOV     CX, DATA       ; 往 CX 中送延迟常数
  DELAY:    LOOP    DELAY
            RET
```

6.10.2 A/D 转换器及其与 CPU 的接口

1. A/D 转换器主要性能指标

A/D 转换器是将模拟量转换成数字量的器件，模拟量可以是电压、电流等信号，也可以是声、光、压力、温度、湿度等随时间连续变化的非电的物理量。非电量的模拟量可通过适当的传感器(如光电传感器、压力传感器、温度传感器)转换成电信号。

A/D 转换器主要性能指标有以下几个方面。

(1) 分辨率：表示转换器对微小输入量变化的敏感程度，通常用转换器输出数字量的位数来表示。目前常用的 A/D 转换集成芯片的转换位数有 8 位、10 位、12 位等。

(2) 精度：是指与数字输出量所对应的模拟输入量的实际值与理论值之间的差值。A/D 转换电路中与每个数字量对应的模拟输入量并非是单一的数值，而是一个范围。目前常用的 A/D 转换集成芯片的精度为 1/4～1/2LSB。

(3) 转换时间：完成一次 A/D 转换所需的时间，称为 A/D 转换电路的转换时间。目前常用的 A/D 转换集成芯片的转换时间约为几个 μs～200 μs。温度系数和增益系数这两项指标都表示 A/D 转换器受环境温度的影响程度。一般用每摄氏度温度变化所产生的相对误差作为指标，以 ppm/℃为单位表示。

(4) 对电源电压变化的抑制比：A/D 转换器对电源电压变化的抑制比(PSRR)用改变电源电压时数据发生 ±1LSB 变化时对应的电源电压变化范围来表示。

A/D 转换器的种类很多。按转换原理分类，有逐次逼近式、双积分式、并行式等。双积分转换精度高，转换时间长，大约需要几百毫秒。并行式转换速度最高，能达到 2G 次，即转换时间仅 50 ns，但价格昂贵，产品的分辨率不高。逐次逼近式兼顾了转换速度和转换精度，是应用广泛的 A/D 转换器。逐次逼近式的种类很多，分辨率从 8 位到 16 位，转换时间从 100 μs 到几微秒，精度有不同等级，有的转换器内部还常有多路模拟开关。

在选用 A/D 转换集成芯片时，应综合考虑分辨率、精度、转换时间、使用环境温度以及经济性等诸因素。一般情况下 A/D 转换器的选择原则如下：

(1) 根据检测通道的总误差和分辩率要求，选取 A/D 转换精度和分辨率。

(2) 根据被测对象的变化率及转换精度要求确定 A/D 转换器的转换速率。

(3) 根据环境条件选择 A/D 芯片的环境参数。

(4) 根据接口设计是否简便及价格等选取 A/D 芯片。

常用的几种 A/D 转换器有 8 位通用型 ADC0808/0809、12 位的 AD574A 和双积分型 5G14433 等。ADC0808/0809 是 8 通道、8 位逐次逼近式 A/D 转换器，为美国 NS 公司产品。其性能指标一般，价格低廉，便于与微机连接，因而应用十分广泛。

2. 典型 A/D 转换器件 ADC0809

1) ADC0809 结构

ADC0809 是 National 半导体公司生产 CMOS 材料的 A/D 转换器，它具有八个通道的模拟量输入线，可在程序控制下对任意通道进行 A/D 转换，得到 8 位二进制数字量。

图 6-62 为 ADC 0809 内部原理框图，ADC0808/0809 允许 8 路模拟信号输入，由 8 路模拟开关选通其中一路信号，模拟开关受通道地址锁存和译码电路的控制。当地址锁存信号 ALE 有效时，3 位地址 CBA 进入地址锁存器，经译码后使 8 路模拟开关选通某一路信号。

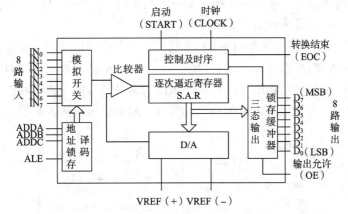

图 6-62　ADC 0809 内部原理框图

8 位 A/D 转换器为逐次逼近式，由 256R 电阻分压器、树状模拟开关(这两部分组成一个 D/A 变换器)、电压比较器、逐次逼近寄存器、逻辑控制和定时电路组成。其基本工作原理是采用对分搜索方法逐次比较，找出最逼近于输入模拟量的数字量。电阻分压器需外接正负基准电源 VREF(+)和 VREF(−)。CLOCK 端外接时钟信号。A/D 转换器的启动由 START 信号控制。转换结束时控制电路将数字量送入三态输出锁存器锁存，并产生转换结束信号 EOC。

三态门输出锁存器用来保存 A/D 转换结果，当输出允许信号 OE 有效时，打开三态门，输出 A/D 转换结果。因输出有三态门，便于与微机总线连接。

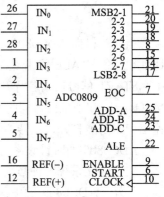

图 6-63　ADC0809 的引脚图

图 6-63 为 ADC0809 的引脚图。各引脚功能说明如下：

$IN_0 \sim IN_7$：8 路模拟输入端。

ALE：地址锁存器允许信号输入端。当它为高电平时，地址信号进入地址锁存器中。

CLOCK：外部时钟输入端。时钟频率典型值为 640 kHz，允许范围为 10～1280 kHz。时钟频率降低时，A/D 转换速度也降低。

START：A/D 转换信号输入端。有效信号为一正脉冲。在脉冲上升沿，A/D 转换器内部寄存器均被清零，在其下降沿开始 A/D 转换。

EOC：A/D 转换结束信号。在 START 信号上升沿之后 0 到(2 μs + 8 个时钟周期)时间内，EOC 变为低电平。当 A/D 转换结束后，EOC 立即输出一正阶跃信号，可用来作为 A/D 转换结束的查询信号或中断请求信号。

OE：输出允许信号。当 OE 输入高电平信号时，三态输出锁存器将 A/D 转换结果输出。

$D_0 \sim D_7$：数字量输出端。D_0 为最低有效位(LSB)，D_7 为最高有效位(MSB)。

REF(+)、REF(-)：正负基准电压输入端。

2) ADC 0809 与系统总线的连接

由于 ADC 0809 芯片输出端具有可控的三态输出门，因此与系统总线连接非常简单，即直接和系统总线连接，由读信号控制三态门，在转换结束后，CPU 通过执行一条输入指令而产生读信号，将数据从 A/D 转换器取出。

ADC0809 与系统总线连接如图 6-64 所示。在图中用微机系统的地址线通过译码器输出端作为 ADC0809 的片选信号。以 M/$\overline{IO}$、$\overline{WR}$ 和地址译码输出信号的组合作为启动信号 START 和地址锁存信号 ALE。以 M/$\overline{IO}$、$\overline{RD}$ 和地址信号的组合信号作为输出允许信号 OUTPUT ENABLE。通道地址线 ADDA、ADDB、ADDC 分别接到数据总线的低三位上。

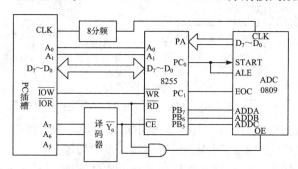

图 6-64 ADC0809 与系统总线连接

当计算机向 ADC0809 芯片执行一条输出指令时，M/$\overline{IO}$、$\overline{WR}$ 和地址信号同时有效，地址锁存信号 ALE 将出现在数据总线上的模拟通道地址锁入 ADC0809 的地址信号锁存器中，START 信号启动芯片开始 A/D 转换。当计算机按上述芯片地址执行一条输入指令时，M/$\overline{IO}$、$\overline{RD}$ 和地址信号同时有效，这时输出允许端 OUTPUT ENABLE 有效，ADC0809 的输出三态门被打开，已转换好的数据就出现在数据总线上。

ADC0809 的时钟频率为 640 kHz，转换时间为 100 μs，微机的时钟频率为 5 MHz 或更高一些，因此系统时钟必须经过分频器分频后接到 ADC0809 芯片的 CLOCK 引脚上。

另外，ADC0809 的 EOC 端可在转换结束时发出中断请求脉冲，若用中断输入数据的方式则可利用 EOC 引线。

例如假设 ADC 0809 端口地址为 PORTA，要把 3 通道的模拟量转换成数字量送到 AL

寄存器中，则只需执行下列程序即可。

```
START:  MOV   AL, 03H
        OUT   PORTA, AL    ; 送通道地址
        CALL  DELAY        ; 调延时子程序
        IN    AL, PORTA    ; 读取转换数字量
```

6.11 Proteus ISIS 下输入/输出接口技术应用示例

6.11.1 8255 并行接口应用举例

【例 6-17】要求 8255 端口 A 工作在方式 0 并作为输入口，端口 B 工作在方式 0 并作为输出口。用一组开关信号接入端口 A，端口 B 输出线接至一组发光二极管上，然后通过对 8255 芯片编程来实现输入/输出功能。程序流程图如图 6-65 所示。

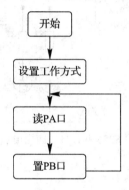

图 6-65 8255 接口应用程序流程图

(1) Proteus 电路设计。

该电路中用到的仿真元件信息见表 6-15，仿真电路图如图 6-66 所示。

表 6-15 8255 并行接口应用电路元件清单

元件名称	所属类别	所属子类别	描述
8086	Microprocessor ICs	i86 Family	8086 微处理器
74LS138	TTL 74LS series	Decoders	3 线-8 线译码器
74HC373	TTL 74HC series	Flip-Flops & Latches	三态输出的八 D 透明锁存器
8255A	Microprocessor ICs	Peripherals	可编程 24 位接口
DIPSW_8	Switches & Relays	Switchs	8 位 dip 拨码开关
LED-YELLOW	Optoelectronics	LEDs	黄色 LED 发光管
RES	Resistors	Generic	电阻
RESPACK-8	Resistors	Resistor Packs	8 电阻排阻

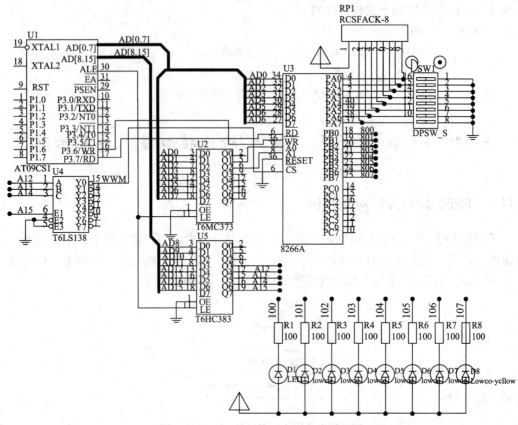

图 6-66 8255 并行接口应用电路原理图

(2) 汇编程序代码。

```
CODE    SEGMENT ;
        ASSUME CS: CODE
        IOCON   EQU 8006H
        IOA     EQU 8000H
        IOB     EQU 8002H
        IOC     EQU 8004H
START:
        MOV     AL, 90H
        MOV     DX, IOCON
        OUT     DX, AL
        NOP
START1: NOP
        NOP
        MOV     AL, 0
        MOV     DX, IOA
        IN      AL, DX
        NOP
```

```
            NOP
            MOV    DX, IOB
            OUT    DX, AL
    JMP     START1
    CODE    ENDS
            END    START
```

6.11.2　8253 定时/计数器应用举例

【例 6-18】 利用 8086 外接 8253 可编程定时/计数器，可以实现方波的产生。使用 8253 计数器 0 产生频率为 50 kHz 的方波，已知时钟端 CLK0 输入信号的频率为 1 MHz，编写产生方波的程序，并在虚拟示波器上观察输出波形的特征。

其中，振荡源直接采用 Proteus 提供的数字频率发生器(单击 选取，如图 6-67(a)所示)和 Proteus 自带的示波器(单击 选取，如图 6-67(b)所示)观察输出波形的特征。

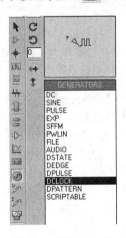

(a)　数字频率发生器选择界面　　　　(b)　示波器选择界面

图 6-67　Proteus ISIS 频率发生器和示波器选择界面

(1) Proteus 电路设计。

仿真电路图如图 6-68 所示，该电路中用到的仿真元件信息见表 6-16。

表 6-16　8253 定时/计数器应用电路元件清单

元件名称	所属类别	所属子类别	描　　述
8086	Microprocessor ICs	i86 Family	8086 微处理器
74LS138	TTL 74LS series	Decoders	3 线-8 线译码器
74HC373	TTL 74HC series	Flip-Flops & Latches	三态输出的八 D 透明锁存器
8253A	Microprocessor ICs		可编程定时/计数器
OSCILLOSCOPE			虚拟示波器
DCLOCK			数字频率发生源

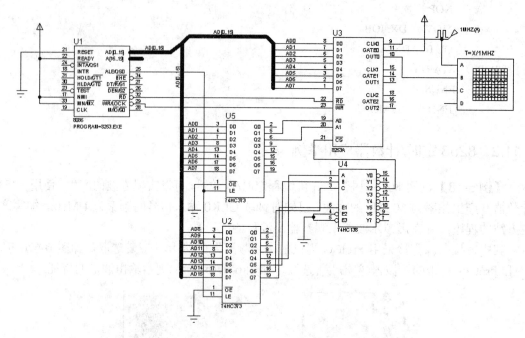

图 6-68 8253 定时/计数器应用电路原理图

(2) 汇编程序代码。

```
CODE    SEGMENT              ; H8253.ASM
        ASSUME CS: CODE
START:  JMP     TCONT
        TCONTRO EQU 0A06H
        TCON0   EQU 0A00H
        TCON1   EQU 0A02H
        TCON2   EQU 0A04H
TCONT:  MOV     DX, TCONTRO
        MOV     AL, 16H  ;计数器0,只写计算值低8位,方式3,二进制计数
        OUT     DX, AL
        MOV     DX, TCON0
        MOV     AX, 20
        OUT     DX, AL
        JMP     $
CODE    ENDS
        END     START
```

6.11.3 8259 应用编程举例

【例 6-19】利用 8086 控制 8259 可编程中断控制器,实现对外部中断的响应和处理。要求程序中对每次中断进行计数,并将计数结果用 8255 的 PA 口输出到发光二极管显示。本例响应 IR_0 和 IR_7 两个中断,在中断处理函数中,分别对计数器进行自增 1 和自减 1 运算。

在电路图中,分别由两个不同的按键连接到 8259 的 IR_0 和 IR_7 脚,每次中断时,可以看到 LED 显示加 1 或减 1 后的结果。

在编程时应注意:必须正确地设置可编程中断控制器的工作方式;必须正确地设置中断向量表和中断服务程序的入口地址。程序流程图如图 6-69 所示。

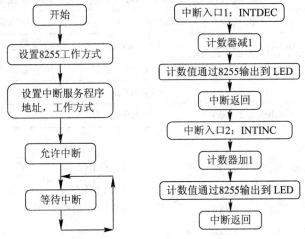

图 6-69 8259A 外部中断程序流程图

(1) Proteus 电路设计。

该电路中用到的仿真元件信息见表 6-17,仿真图如图 6-70 所示。

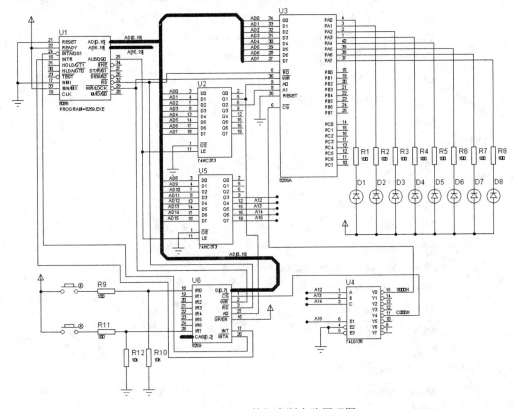

图 6-70 8259A 外部中断电路原理图

表 6-17 8259A 外部中断仿真电路元件清单

元件名称	所属类别	所属子类别	描述
8086	Microprocessor ICs	i86 Family	8086 微处理器
74LS138	TTL 74LS series	Decoders	3 线–8 线译码器
74HC373	TTL 74HC series	Flip-Flops & Latches	三态输出的八 D 透明锁存器
8255A	Microprocessor ICs	Peripherals	可编程 24 位接口
LED-YELLOW	Optoelectronics	LEDs	黄色 LED 发光管
RES	Resistors	Generic	电阻
Button	Switches & Relays	Switchs	按钮

(2) 汇编程序代码。

```
        MODE    EQU     80H             ;8255 工作方式
        MODE    EQU     80H             ;8255 工作方式
        PA8255  EQU     8000H           ;8255 PA 口输出地址
        CTL8255 EQU     8006H
        ICW1    EQU     00010011B       ;单片 8259,上升沿中断,要写 ICW4
        ICW2    EQU     00100000B       ;中断号为 20H
        ICW4    EQU     00000001B       ;工作在 8086/8088 方式
        OCW1    EQU     00000000B       ;只响应 INT0 中断
        CS8259A EQU     0C000H          ;8259 地址
        CS8259B EQU     0C002H
        CODE    SEGMENT
                ASSUME CS: CODE, DS: DATA, SS: STACK
        ORG     800H
START:
        MOV     AX, DATA
        MOV     DS, AX
        MOV     AX, STACK
        MOV     SS, AX
        MOV     AX, TOP
        MOV     SP, AX
        MOV     DX, CTL8255
        MOV     AL, MODE
        OUT     DX, AL
        CLI
        PUSH    DS
        MOV     AX, 0
        MOV     DS, AX
```

第6章 输入/输出接口技术

```
        MOV    BX, 128              ; 0X20 * 4  中断号
        MOV    AX, CODE
        MOV    CL, 4
        SHL    AX, CL               ; X 16
        ADD    AX, OFFSET INTDEC    ; 中断入口地址(段地址为0)
        MOV    [BX], AX
        MOV    AX, 0
        INC    BX
        INC    BX
        MOV    [BX], AX             ; 代码段地址为0
        MOV    AX, 0
        MOV    DS, AX
        MOV    BX, 156              ; 0X27 * 4  中断号
        MOV    AX, CODE
        MOV    CL, 4
        SHL    AX, CL               ; X 16
        ADD    AX, OFFSET INTINC    ; 中断入口地址(段地址为0)
        MOV    [BX], AX
        MOV    AX, 0
        INC    BX
        INC    BX
        MOV    [BX], AX             ; 代码段地址为0
        POP    DS
        CALL   IINIT
        MOV    AL, CNT              ; 计数值初始为0xFF, 全灭
        MOV    DX, PA8255
        OUT    DX, AL
        STI
LP:                                 ; 等待中断, 并计数
        NOP
        JMP    LP
IINIT:
        MOV    DX, CS8259A
        MOV    AL, ICW1
        OUT    DX, AL
        MOV    DX, CS8259B
        MOV    AL, ICW2
        OUT    DX, AL
        MOV    AL, ICW4
```

```
            OUT     DX, AL
            MOV     AL, OCW1
            OUT     DX, AL
            RET
    INTDEC:
            CLI
            MOV     DX, PA8255
            DEC     CNT
            MOV     AL, CNT
            OUT     DX, AL           ;输出计数值
            MOV     DX, CS8259A
            MOV     AL, 20H          ;中断服务程序结束指令
            OUT     DX, AL
            STI
            IRET
    INTINC:
            CLI
            MOV     DX, PA8255
            INC     CNT
            MOV     AL, CNT
            OUT     DX, AL           ;输出计数值
            MOV     DX, CS8259A
            MOV     AL, 20H          ;中断服务程序结束指令
            OUT     DX, AL
            STI
            IRET
            CODE    ENDS
            DATA    SEGMENT
            CNT     DB      0FFH
            DATA    ENDS
            STACK   SEGMENT 'STACK'
            STA     DB      100 DUP(?)
            TOP     EQU LENGTH STA
            STACK   ENDS
            END     START
```

6.11.4 8251 串行接口应用举例

【例 6-20】 利用 8086 控制 8251A 可编程串行通信控制器，实现向 PC 机发送字符串

"Hello world!"。其中,8253 和 8251 的振荡源均使用 Proteus 提供的 DCLOCK 实现,使用 Proteus 自带的示波器观察输出波形的特征,使用 Proteus 自带的"VIRTUAL TERMINAL"查看通信结果内容。

(1) Proteus 电路设计。

该电路用到的仿真元件信息见表 6-18,设计的仿真电路图如图 6-71 所示。

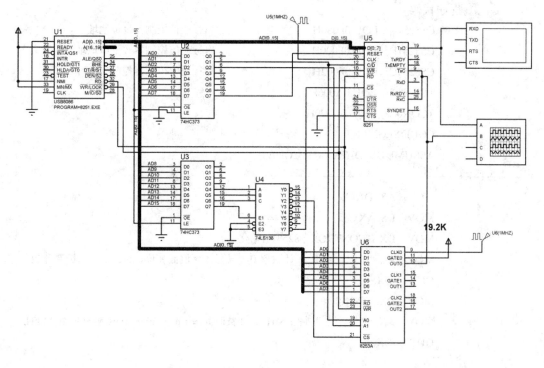

图 6-71 8251 串口通信电路图

表 6-18 8251 串口通信电路元件清单

元件名称	所属类别	所属子类别	描述
8086	Microprocessor ICs	i86 Family	8086 微处理器
74LS138	TTL 74LS series	Decoders	3 线-8 线译码器
74HC373	TTL 74HC series	Flip-Flops & Latches	三态输出的八 D 透明锁存器
8253A	Microprocessor ICs		可编程定时/计数器
8251A			可编程串行通信控制器
OSCILLOSCOPE			虚拟示波器
VIRTUAL TERMINAL			虚拟串行终端
DCLOCK			数字频率发生源

编程提示如下:

① 8251 状态口地址:F002H;8251 数据口地址:F000H。

② 8253 命令口地址:0A006H;8253 计数器 0 口地址:0A000H。

③ 通信约定：异步方式，字符 8 位，一个起始位，一个停止位，波特率因子为 1，波特率为 19 200。

④ 计算 T/RXC，收发时钟 f_c，$f_c = 1 \times 19\,200 = 19.2\,K$。

⑤ 8253 分频系数：计数时间 = 1 μs × 50 = 50 μs 输出频率 20 kHz，当分频系数为 52 时，约为 19.2 kHz。

(2) 汇编程序代码。

```
           CS8251R   EQU 0F080H        ;串行通信控制器复位地址
           CS8251D   EQU 0F000H        ;串行通信控制器数据口地址
           CS8251C   EQU 0F002H        ;串行通信控制器控制口地址
           TCONTRO   EQU 0A006H
           TCON0     EQU 0A000H
           CODE SEGMENT
           ASSUME DS: DATA，CS: CODE
START:
           MOV   AX, DATA
           MOV   DS, AX
           MOV   DX, TCONTRO    ;8253 初始化
           MOV   AL, 16H        ;计数器 0，只写计算值低 8 位，方式 3，二进制计数
           OUT   DX, AL
           MOV   DX, TCON0
           MOV   AX, 52         ;时钟 1 MHz，计数时间 = 1 μs × 50 = 50 μs 输出频率 20 kHz
           OUT   DX, AL
           NOP
           NOP
           NOP
;8251 初始化
           MOV   DX, CS8251R
           IN    AL, DX
           NOP
           MOV   DX, CS8251R
           IN    AL, DX
           NOP
           MOV   DX, CS8251C
           MOV   AL, 01001101b  ;1 停止位，无校验，8 数据位，x1
           OUT   DX, AL
           MOV   AL, 00010101b  ;清出错标志，允许发送接收
           OUT   DX, AL
START4:    MOV   CX, 19
           LEA   DI, STR1
```

```
        SEND:                               ;串口发送' Hello world! '
                MOV     DX, CS8251C
                MOV     AL, 00010101b       ;清出错,允许发送接收
                OUT     DX, AL
        WaitTXD:
                NOP
                NOP
                IN      AL, DX
                TEST    AL, 1               ;发送缓冲是否为空
                JZ      WaitTXD
                MOV     AL, [DI]            ;取要发送的字
                MOV     DX, CS8251D
                OUT     DX, AL              ;发送
                PUSH    CX
                MOV     DX, 8FH
                LOOP    $
                POP     CX
                INC DI
                LOOP SEND
                JMP START4
        Receive:                            ;串口接收
                MOV     DX, CS8251C
        WaitRXD:
                IN      AL, DX
                TEST    AL, 2               ;是否已收到一个字
                JE      WaitRXD
                MOV     DX, CS8251D
                IN      AL, DX              ;读入
                MOV     BH, AL
                JMP START
        CODE ENDS
        DATA SEGMENT
        STR1 db ' Hello world!'
        DATA ENDS
        END START
```

6.11.5 8237应用举例

【例 6-21】 要求 8237 控制器完成存储器到存储器的数据传输。首先将存储器

8000H-80FFH 初始化；然后设置 8237 可编程 DMA 控制器，其中，设定源地址为 8000H，目标地址为 8800H，块长度为 100H；最后启动 8237DMA，8237DMA 工作后，8286 暂停工作，总线由 8237DMA 控制，在 DMA 传输完 100H 个单元后，8237 将控制权还给 8286，CPU 执行 RET 指令。

(1) Proteus 电路设计。

仿真电路图如图 6-72 所示，该电路用到的仿真元件信息见表 6-19。

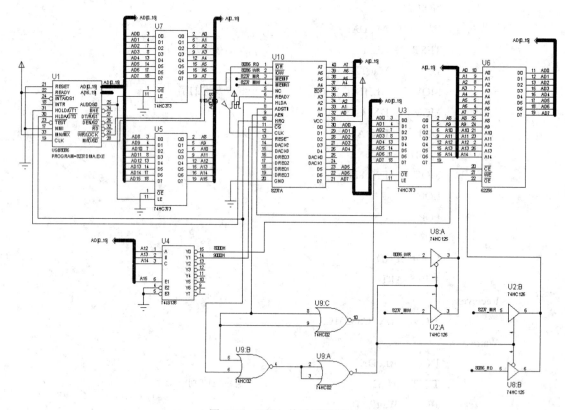

图 6-72　DMA 传送原理图

表 6-19　DMA 传送电路元件清单

元件名称	所属类别	所属子类别	描述
8086	Microprocessor ICs	i86 Family	8086 微处理器
74LS138	TTL 74LS series	Decoders	3 线-8 线译码器
74HC373	TTL 74HC series	Flip-Flops & Latches	三态输出的八 D 透明锁存器
8237A			DMA 控制器
62256	Memory ICs	Static RAM	CMOS RAM(32 k × 8)
74HC02	TTL 74HC series	Gates & inverters	四路 2 输入或非门
74HC125	TTL 74HC series	Buffers & Drivers	三态输出的四总线缓冲门
74HC126	TTL 74HC series	Buffers & Drivers	三态输入的四总线缓冲门

(2) 汇编程序代码。

```
BLOCKFROM EQU 08000H        ; 块开始地址
BLOCKTO   EQU 08800H        ; 块结束地址
BLOCKSIZE EQU 100H          ; 块大小
LATCHB    EQU 9000H         ; LATCH B
CLEAR_F   EQU 900CH         ; F/L 触发器
CH0_A     EQU 9000H         ; 通道 0 地址
CH0_C     EQU 9001H         ; 通道 0 记数
CH1_A     EQU 9002H         ; 通道 1 地址
CH1_C     EQU 9003H         ; 通道 1 记数
MODE      EQU 900BH         ; 模式 写工作方式
C MMD     EQU 9008H         ; 写命令
STATUS    EQU 9008H         ; 读状态
MASKS     EQU 900FH         ; 屏蔽 四个通道
REQ       EQU 9009H         ; 请求
CODE      SEGMENT
          ASSUME CS:CODE, DS: DATA, SS:STACK
START     MOV AX, DATA
          MOV DS, AX
          MOV AX, STACK
          MOV SS, AX
          MOV AX, TOP
          MOV SP, AX
          CALL   FILLRAM
          CALL   TRANRAM
          JMP    $                      ; 打开数据窗口，检查传输结果
FILLRAM:  MOV   BX, BLOCKFROM
          MOV   AX, 10H
          MOV   CX, BLOCKSIZE
FILLLOOP: MOV   [BX], AL
          INC   AL
          INC   BX
          LOOP  FILLLOOP
          RET
TRANRAM:
          MOV   SI, BLOCKFROM
          MOV   DI, BLOCKTO
          MOV   CX, BLOCKSIZE
          MOV   AL, 0
```

```
            MOV     DX, LATCHB
            OUT     DX, AL
            MOV     DX, CLEAR_F
            OUT     DX, AL
            MOV     AX, SI              ; 编程开始地址
            MOV     DX, CH0_A
            OUT     DX, AL
            MOV     AL, AH
            OUT     DX, AL
            MOV     AX, DI              ; 编程结束地址
            MOV     DX, CH1_A
            OUT     DX, AL
            MOV     AL, AH
            OUT     DX, AL
            MOV     AX, CX              ; 编程块长度
            DEC     AX                  ; 调整长度
            MOV     DX, CH0_C
            OUT     DX, AL
            MOV     AL, AH
            OUT     DX, AL
            MOV     AL, 88H             ; 编程 DMA 模式
            MOV     DX, MODE
            OUT     DX, AL
            MOV     AL, 85H
            OUT     DX, AL
            MOV     AL, 1               ; 块传输
            MOV     DX, C MMD
            OUT     DX, AL
            MOV     AL, 0EH             ; 通道 0
            MOV     DX, MASKS
            OUT     DX, AL
            MOV     AL, 4
            MOV     DX, REQ
            OUT     DX, AL              ; 开始 DMA 传输
            RET
DELAY:      PUSH    AX
            PUSH    CX
            MOV     AX, 100
DELAYLOOP:
```

```
            MOV     CX, 100
            LOOP    $
            DEC     AX
            JNZ     DELAYLOOP
            POP     CX
            POP     AX
            RET
    CODE    ENDS
    DATA    SEGMENT
    DMA     EQU   00H
    DATA    ENDS
    STACK   SEGMENT 'STACK'
    STA     DB    100 DUP(?)
    TOP     EQU LENGTH STA
    STACK   ENDS
            END START
```

6.11.6 A/D 转换举例

【例 6-22】 本例采用延时方式或查询方式读入 A/D 转换结果,也可以采用中断方式读入结果。在中断方式下,A/D 转换结束后会自动产生 EOC 信号,将其与 CPU 的外部中断相接。调整电位计,得到不同的电压值,转换后的数据通过发光二级管输出。

(1) Proteus 电路设计。

仿真电路图如图 6-73 所示,图中使用了数字频率发生器 AC VOLTMETER 进行仿真观察。该电路用到的仿真元件信息见表 6-20。

表 6-20 A/D 转换电路元件清单

元件名称	所属类别	所属子类别	描　述
8086	Microprocessor ICs	i86 Family	8086 微处理器
74LS138	TTL 74LS series	Decoders	3 线-8 线译码器
74HC373	TTL 74HC series	Flip-Flops & Latches	三态输出的八 D 透明锁存器
74HC02	TTL 74HC series	Gates & inverters	四路 2 输入或非门
ADC0809	Data Converters	A/D Converters	8 位逐次逼近式 A/D 模数转换器
POT-GH	Resistors	Variable	可调电阻
LED-GREEN	Optoelectronics	LEDs	绿色 LED 发光管
RES	Resistors	Generic	电阻
AC VOLTMETER			数字频率发生源

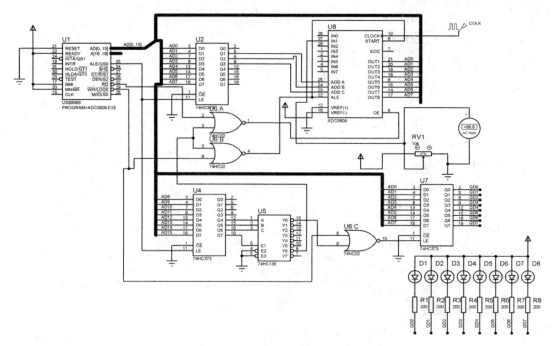

图 6-73 A/D 转换电路图

(2) 汇编程序代码。

```
        CODE SEGMENT
        ASSUME CS: CODE
        AD0809 EQU 0E002H
        OUT373 EQU 8000H
START:
        MOV DX, 8006H
        MOV AL, 80H
        OUT DX, AL
START1:
        MOV AL, 00H
        MOV DX, AD0809
        OUT DX, AL
        NOP
        IN   AL, DX
        MOV CX, 10H
        LOOP  $
        MOV DX, OUT373
        OUT DX, AL
        JMP START1
        CODE ENDS
        END START
```

6.11.7 D/A 转换举例

【例 6-23】 本例实现数模转换,并产生锯齿波、三角波、正弦波,并用示波器和电压表观察输出电压特性。

(1) Proteus 电路设计。

仿真电路图如图 6-74 所示,图中使用了数字频率发生器 AC VOLTMETER 和示波器进行仿真观察。该电路用到的仿真元件信息见表 6-21。

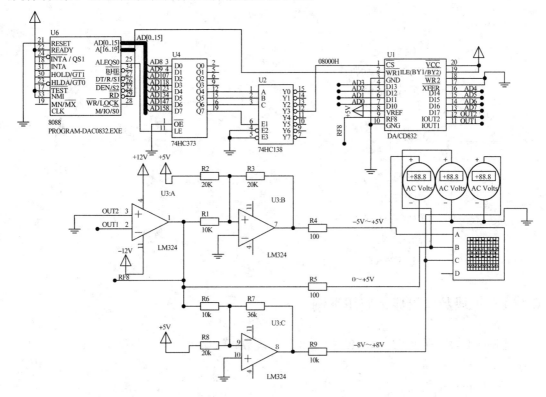

图 6-74 D/A 转换电路图

表 6-21 A/D 转换电路元件清单

元件名称	所属类别	所属子类别	描 述
8086	Microprocessor ICs	i86 Family	8086 微处理器
74LS138	TTL 74LS series	Decoders	3 线-8 线译码器
74HC373	TTL 74HC series	Flip-Flops & Latches	三态输出的八 D 透明锁存器
LM324	Operational Amplifiers	Quad	运放
DAC0832	Data Converters	D/A Converters	D/A 数模转换器
RES	Resistors	Generic	电阻
OSCILLOSCOPE			虚拟示波器
AC VOLTMETER			数字频率发生源

(2) 汇编程序代码。

```
        CODE SEGMENT
        ASSUME CS: CODE
        IOCON EQU 0B000H
START:
        MOV AL, 00H
        MOV DX, IOCON
OUTUP:  OUT DX, AL
        INC AL
        CMP AL, 0FFH
        JE OUTDOWN
        JMP OUTUP
OUTDOWN:
        DEC AL
        OUT DX, AL
        CMP AL, 00H
        JE OUTUP
        MP OUTDOWN
        CODE ENDS
        END START
```

6.11.8 七段数码管显示应用举例

【例6-24】 利用8255的IO控制8位七段数码管显示,实现循环显示0～9这10个数字。

(1) Proteus 电路设计。

仿真电路图如图6-75所示。该电路用到的仿真元件信息见表6-22。

表6-22 七段数码管显示电路元件清单

元件名称	所属类别	所属子类别	描 述
8086	Microprocessor ICs	i86 Family	8086 微处理器
8255A	Microprocessor ICs	Peripherals	可编程24位接口
74HC373	TTL 74HC series	Flip-Flops & Latches	三态输出的八D透明锁存器
7SEG-MPX8-CA-BLUE	Optoelectronics	7-Segment Displays	8位7段共阳极数码管显示器
NPN	Modelling Primitives	Analog(SPICE)	双极结型晶体管

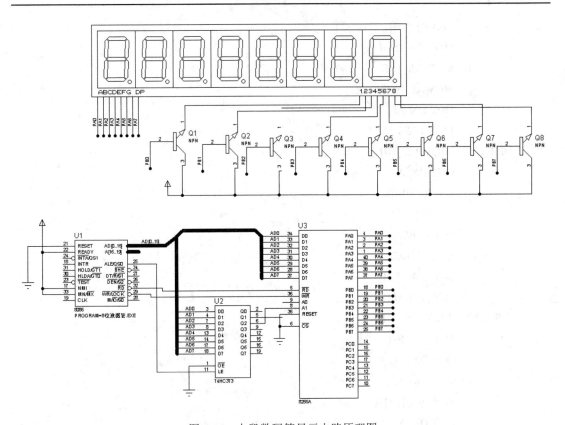

图 6-75 七段数码管显示电路原理图

(2) 汇编程序代码。

```
        CODE    SEGMENT 'CODE'
        ASSUME CS: CODE, SS: STACK, DS:DATA
        IOCON   EQU 8006H
        IOA     EQU 8000H
        IOB     EQU 8002H
        IOC     EQU 8004H
START:
        MOV AX, DATA
        MOV DS, AX
        MOV AX, STACK
        MOV SS, AX
        MOV AX, TOP
        MOV SP, AX
TEST_BU:   MOV AL, 80H
        MOV DX, IOCON
        OUT DX, AL
        NOP
```

- 269 -

```
            LEA DI, TABLE
            MOV CX, 0AH
            MOV DX, IOB
            MOV AL, 0FFH
            OUT DX, AL
            MOV DX, IOA
DISPLA1:    MOV AL, [DI]
            OUT DX, AL
            CALL DELAY
            INC DI
            LOOP DISPLA1
            LEA DI, TABLE
            MOV CX, 08H
            MOV BH, 80H
DISPLA2:    MOV DX, IOB
            MOV AL, BH
            OUT DX, AL
            MOV DX, IOA
            MOV AL, [DI]
            OUT DX, AL
            CALL DELAY
            INC DI
            MOV AL, BH
            SHR AL, 1
            MOV BH, AL
            LOOP DISPLA2
            LEA DI, TABLE
            MOV CX, 08H
            MOV BH, 80H
DISPLA3:    MOV DX, IOB
            MOV AL, BH
            OUT DX, AL
            MOV DX, IOA
            MOV AL, [DI]
            OUT DX, AL
            CALL DELAY
            INC DI
            MOV AL, BH
            SAR AL, 1
```

```
                MOV BH, AL
                LOOP DISPLA3
                JMP TEST_BU
DELAY:          PUSH CX
                MOV CX, 3FFH
DELAY1:         NOP
                NOP
                NOP
                NOP
                LOOP DELAY1
                POP CX
                RET
                CODE ENDS
STACK           SEGMENT 'STACK'
STA             DB    100 DUP(?)
TOP             EQU LENGTH STA
STACK           ENDS
DATA            SEGMENT 'DATA'
TABLE           DB 0C0H, 0F9H, 0A4H, 0B0H, 99H, 92H, 82H, 0F8H, 80H, 90H
DATA            ENDS
                END START
```

6.11.9 4×4 矩阵键盘应用举例

【例 6-25】利用 4×4 16 位键盘和一个 7 段 LED 构成简单的输入显示系统，实现键盘输入和 LED 数码管显示。

(1) Proteus 电路设计。

仿真电路图如图 6-76 所示。该电路用到的仿真元件信息见表 6-23。

表 6-23 4×4 矩阵键盘应用电路元件清单

元件名称	所属类别	所属子类别	描述
8086	Microprocessor ICs	i86 Family	8086 微处理器
74LS138	TTL 74LS series	Decoders	3 线-8 线译码器
74HC373	TTL 74HC series	Flip-Flops & Latches	三态输出的八 D 透明锁存器
8255A	Microprocessor ICs	Peripherals	可编程 24 位接口
7SEG-MPX8-CA-BLUE	Optoelectronics	7-Segment Displays	8 位 7 段共阳极数码管显示器
RES	Resistors	Generic	电阻
Button	Switches & Relays	Switchs	按钮

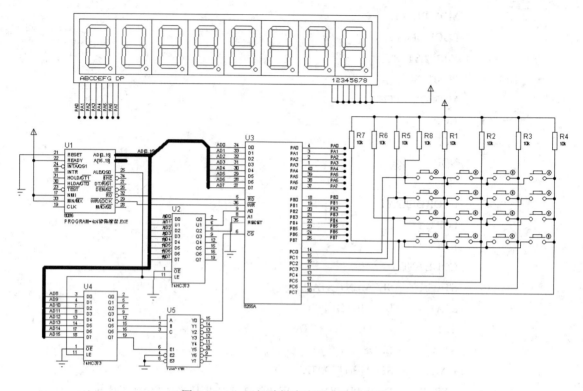

图 6-76 4×4 矩阵键盘应用电路原理图

(2) 汇编程序代码。

```
        CODE    SEGMENT 'CODE'
        ASSUME CS: CODE, DS:DATA
        IOCON   EQU 8006H
        IOA     EQU 8000H
        IOB     EQU 8002H
        IOC     EQU 8004H
START:  MOV AX, DATA
        MOV DS, AX
        LEA DI, TABLE
        MOV AL, 88H
        MOV DX, IOCON
        OUT DX, AL
KEY4X4:
        MOV BX, 0
        MOV DX, IOC
        MOV AL, 0EH
        OUT DX, AL
        IN  AL, DX
```

```
        MOV DX, IOC
        IN   AL, DX
        MOV DX, IOC
        IN   AL, DX
        OR   AL, 0FH
        CMP AL, 0FFH    ; 0EFH, 0DFH, 0BFH, 7FH
        JNE K_N_1 ;不等于转移
        INC BX
        MOV DX, IOC
        MOV AL, 0DH
        OUT DX, AL
        IN   AL, DX
        MOV DX, IOC
        IN   AL, DX
        MOV DX, IOC
        IN   AL, DX
        OR   AL, 0FH
        CMP AL, 0FFH    ; 0EFH, 0DFH, 0BFH, 7FH
        JNE K_N_1       ; 不等于转移
        INC BX
        MOV DX, IOC
        MOV AL, 0BH
        OUT DX, AL
        IN   AL, DX
        MOV DX, IOC
        IN   AL, DX
        MOV DX, IOC
        IN   AL, DX
        OR   AL, 0FH
        CMP AL, 0FFH    ; 0EFH, 0DFH, 0BFH, 7FH
        JNE K_N_1       ; 不等于转移
        INC BX
        MOV DX, IOC
        MOV AL, 07H
        OUT DX, AL
        IN   AL, DX
        MOV DX, IOC
        IN   AL, DX
        MOV DX, IOC
```

```
            IN   AL, DX
            OR   AL, 0FH
            CMP AL, 0FFH ; 0EFH, 0DFH, 0BFH, 7FH
            JNE K_N_1 ;不等于转移
            JMP KEY4×4
    K_N_1:  CMP AL, 0EFH
            JNE K_N_2
            MOV AL, 0
            JMP K_N
    K_N_2:  CMP AL, 0DFH
            JNE K_N_3
            MOV AL, 1
            JMP K_N
    K_N_3:  CMP AL, 0BFH
            JNE K_N_4
            MOV AL, 2
            JMP K_N
    K_N_4:  CMP AL, 7FH
            JNE K_N
            MOV AL, 3
    K_N:    MOV CL, 2
            SHL BL, CL      ; BH X 2
            ADD AL, BL
            MOV BL, 0
            MOV BL, AL
            MOV AL, [DI+BX]
            MOV DX, IOA
            OUT DX, AL
            JMP KEY4×4
            CODE ENDS
            DATA    SEGMENT 'DATA'
            TABLE   DB 0C0H, 0F9H, 0A4H, 0B0H, 99H, 92H, 82H, 0F8H, 80H, 90H, 88H, 83H, 0C6H,
                       0A1H, 86H, 8EH
            DATA    ENDS
            END START
```

6.11.10 16×16 点阵显示举例

【例 6-26】利用 8086 及 74HC574、74HC373、74HC138、16×16LED 屏实现汉字的

显示。

(1) Proteus 电路设计。

仿真电路图如图 6-77 所示。该电路用到的仿真元件信息见表 6-24。

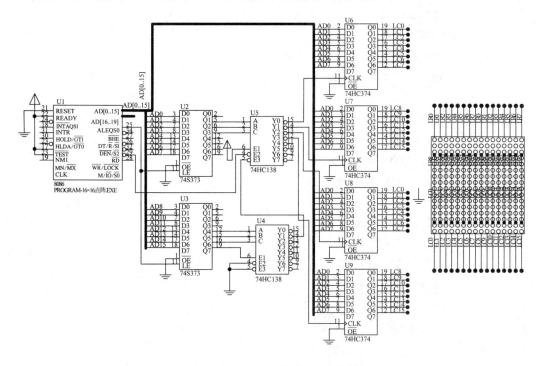

图 6-77 16×16 点阵显示电路原理图

表 6-24 16×16 点阵显示电路元件清单

元件名称	所属类别	所属子类别	描述
8086	Microprocessor ICs	i86 Family	8086 微处理器
74S373	TTL 74S series	Flip-Flops & Latches	373 为三态输出的八路 D 透明锁存器
74HC138	TTL 74HC series	Decoders	3-8 译码器
74HC574	TTL 74HC series	Flip-Flops & Latches	八路 D 型触发器
MATRIX-8×8-GREEN			8×8 点阵

(2) 汇编程序代码。

LED16×16 的片选信号接主板 CS3，其他数据信号、地址信号、写信号接主板的相应信号。

```
RowLow    EQU  9004H;      行低八位地址
RowHigh   EQU  9006H;      行高八位地址
ColLow    EQU  9000H;      列低八位地址
ColHigh   EQU  9002H;      列高八位地址
CODE      SEGMENT
          ASSUME CS: CODE, DS: DATA, SS:STACK
```

```
START:      MOV     AX, DATA
            MOV     DS, AX
            MOV AX, STACK
            MOV SS, AX
            MOV AX, TOP
            MOV SP, AX
            MOV     SI, oFFset Font
main:
            MOV     AL, 0
            MOV     DX, RowLow
            OUT     DX, AL
            MOV     DX, RowHigh
            OUT     DX, AL
            MOV     AL, 0FFh
            MOV     DX, ColLow
            OUT     DX, AL
            MOV     DX, ColHigh
            OUT     DX, AL
n123:       MOV     CharIndex, 0
nextchar:
            MOV     DelayCNT, 10
LOOP1:      MOV     BitMask, 1
            MOV     ColCNT, 16
            MOV     BX, CharIndex
            MOV     AX, 32
            mul     BX
            MOV     BX, AX
nextrow:    MOV     AL, 0FFH
            MOV     DX, RowLow
            OUT     DX, AL
            MOV     DX, RowHigh
            OUT     DX, AL
            MOV     AX, [SI+BX]
            MOV     DX, ColLow
            OUT     DX, AL
            MOV     DX, ColHigh
            MOV     AL, ah
            OUT     DX, AL
            INC     BX
```

```
            INC     BX
            MOV     AX, BitMask
            MOV     DX, RowLow
            NOT     AL
            OUT     DX, AL
            MOV     DX, RowHigh
            MOV     AL, ah
            NOT     AL
            OUT     DX, AL
            MOV     AX, BitMask
            ROL     AX, 1
            MOV     BitMask, AX
            NOP
            DEC     ColCNT
            JNZ     nextrow
            DEC     DelayCNT
            JNZ     LOOP1
            INC     CharIndex           ;指向下个汉字
            MOV     AX, CharIndex
            CMP     AX, 10
            JNZ     nextchar
            JMP     n123
delay:      PUSH    CX
            MOV     CX, 1
delay1:     LOOP    delay1
            POP     CX
            RET
            CODE    ENDS
DATA SEGMENT
Font:
;微
DB 48h, 08h, 48h, 08h, 54h, 09h, 52h, 25h
DB 51h, 7Dh, 0F8h, 23h, 04h, 24h, 0FEh, 15h
DB 05h, 14h, 0F4h, 14h, 94h, 08h, 94h, 0Ah
DB 94h, 15h, 94h, 14h, 0Ch, 62h, 04h, 21h
;机
DB 08h, 00h, 08h, 08h, 88h, 1Fh, 88h, 08h
DB 0BFh, 08h, 88h, 08h, 8Ch, 08h, 9Ch, 08h
DB 0AAh, 08h, 8Ah, 08h, 89h, 08h, 88h, 08h
```

DB 88h, 48h, 48h, 48h, 28h, 70h, 18h, 00h
; 原
DB 00h, 10h, 0FCh, 3Fh, 84h, 00h, 84h, 00h
DB 44h, 10h, 0F4h, 3Fh, 14h, 10h, 0F4h, 1Fh
DB 14h, 10h, 0F4h, 1Fh, 04h, 01h, 24h, 09h
DB 22h, 11h, 12h, 21h, 49h, 21h, 80h, 00h
; 理
DB 00h, 10h, 0C8h, 3Fh, 5Fh, 12h, 44h, 12h
DB 0C4h, 1Fh, 44h, 12h, 5Fh, 12h, 0C4h, 1Fh
DB 04h, 02h, 04h, 0Ah, 0C4h, 1Fh, 3Ch, 02h
DB 07h, 02h, 02h, 22h, 0F0h, 7Fh, 00h, 00h
; 与
DB 08h, 00h, 08h, 00h, 08h, 10h, 0F8h, 3Fh
DB 08h, 00h, 08h, 00h, 08h, 10h, 0F8h, 3Fh
DB 00h, 10h, 00h, 10h, 00h, 12h, 0FFh, 17h
DB 00h, 10h, 00h, 10h, 00h, 0Ah, 00h, 04h
; 接
DB 08h, 01h, 08h, 12h, 0E8h, 3Fh, 08h, 00h
DB 0BFh, 08h, 08h, 05h, 0E8h, 3Fh, 18h, 01h
DB 0Ch, 21h, 0FBh, 7Fh, 08h, 09h, 88h, 08h
DB 08h, 05h, 08h, 06h, 0Ah, 19h, 0C4h, 10h
; 口
DB 00h, 00h, 00h, 10h, 0FCh, 3Fh, 04h, 10h
DB 04h, 10h, 04h, 10h, 04h, 10h, 04h, 10h
DB 04h, 10h, 04h, 10h, 04h, 10h, 04h, 10h
DB 0FCh, 1Fh, 04h, 10h, 00h, 00h, 00h, 00h
; 技
DB 08h, 02h, 08h, 02h, 08h, 12h, 0C8h, 3Fh
DB 3Fh, 02h, 08h, 02h, 08h, 02h, 0C8h, 1Fh
DB 58h, 10h, 8Ch, 08h, 8Bh, 08h, 08h, 05h
DB 08h, 02h, 08h, 0Dh, 8Ah, 70h, 64h, 20h
; 术
DB 80h, 00h, 80h, 02h, 80h, 0Ch, 80h, 08h
DB 80h, 20h, 0FFh, 7Fh, 80h, 00h, 0C0h, 01h
DB 0A0h, 02h, 90h, 04h, 88h, 08h, 84h, 70h
DB 83h, 20h, 80h, 00h, 80h, 00h, 80h, 00h
; !
DB 00h, 00h, 80h, 01h, 0C0h, 03h, 0C0h, 03h
DB 0C0h, 03h, 0C0h, 03h, 0C0h, 03h, 80h, 01h

```
        DB    80h, 01h, 80h, 01h, 00h, 00h, 80h, 01h
        DB    0C0h, 03h, 80h, 01h, 00h, 00h, 00h, 00h
        BitMask    DW    1
        CharIndex  DW    1
        DelayCNT   DW    1
        ColCNT     DW    1
        DATA    ENDS
        STACK   SEGMENT
        STA     DB   100 DUP(?)
        TOP     EQU LENGTH STA
        STACK   ENDS
        END START
```

本 章 小 结

本章首先介绍输入/输出接口的概念、功能和 I/O 接口编址方式，微处理器与 I/O 设备之间 CPU 数据传送方式主要有程序查询、中断与直接存储器存取三种方式。

其次讲述中断是控制异步数据传送的一种关键技术，可看成是由硬件随机触发或软件触发的一次过程调用。硬件中断包括 INTR 和 NMI。中断控制器 8259A 可以实现中断源扩充和管理，通过编程可以选择不同的中断优先级裁决、中断嵌套的方法和中断源的触发方式等。

第三，讲解了 DMA 是控制数据传送的另一种关键技术。在 DMA 方式下由 DMA 控制器(DMAC)用硬件完成对传送过程的控制，接管地址总线、数据总线和相应控制信号线的控制权。DMA 传送包括 DMA 读写和存储器到存储器的数据传送。8237A 是一种可编程的 4 通道 DMA 控制器，能够进行多种方式的数据传送控制。

第四，讲解了并行接口是微型计算机中最常用的接口之一，通过分析可编程并行接口 8255A 的原理、工作方式、时序与编程，阐述了异步并行接口的操作过程及其与外设的握手方式和接口的设计方法。介绍了串行通信的基本概念，以串行接口 8251A 为例，分析了串行通信接口的结构、工作原理和编程方法。

第五，通过分析可编程定时器 8253 的工作原理、工作方式和编程方法，介绍定时器/计数器在微机系统中的应用。

第六，介绍微型计算机系统中常用的人机交互设备的基本工作原理，其中包括 CRT 显示器工作原理及显示器的分类，中断调用的编程方法；键盘工作原理、识别方法以及中断调用编程方法；简单介绍鼠标的基本工作原理、分类和与 CPU 的连接方法；打印机的基本结构、工作原理，与 CPU 的连接方法。其中 CRT 显示器、键盘、打印机的基本工作原理及编程方法是需要重点掌握的。

最后说明了模拟输入输出接口是计算机系统的重要组成部分。在明确 A/D、D/A 转换有关术语的基础上，讨论了 DAC0832 和 ADC0809 的基本原理，CPU 的接口方法以及接口的编程方法。

习 题

6-1 什么是接口？为什么计算机内一定要配置接口？

6-2 接口电路有哪些功能？接口与外设之间设置联络线的目的是什么？

6-3 I/O 接口有几种编址方式？各有何特点？8088 CPU 采用何种？

6-4 CPU 与外设数据传送的方式有哪几种？

6-5 什么是中断？什么是中断源？8086 系统中有哪些中断源？

6-6 什么是中断向量？请叙述中断向量号(中断类型)、中断向量表和中断服务程序入口地址三者的关系？

6-7 简述 8086 CPU 对中断的响应和处理过程。

6-8 8259A 对中断优先权的管理方式有哪几种？各是什么含义？

6-9 某系统中设置三片 8259A 级联使用，一片为主 8259A，两片为从 8259A，它们分别接入主 8259A 的 IR_2 和 IR_6 端。若已知当前主 8259A 和从 8259A 的 IR_3 上各接有一个外部中断源，它们的中断类型码分别为 A3H、B3H 和 C3H。已知它们的中断入口均在同一段中，其段基址为 2050H，偏移地址分别为 11A0H、22B0H 和 33C0H，所有中断都采用电平触发方式、完全嵌套、普通 EOI 结束，请(1) 画出它们的硬件连接图；(2) 编写全部初始化程序。

6-10 规定 8255 并行口的地址为 FFE0H～FFE3H，试画出其与 8088 最小系统的硬件连线图。(1) 若希望 8255 三个口均为输出，且输出幅度和频率为任意的方波，试编制程序；(2) 试将 8255 与 ADC0809 相连接，同时编写出包括初始化程序在内的、变换一次数据并将数据放在 DATA 中的程序。

6-11 现有两种简单外设：一组 8 位开关，一组 8 位 LED 灯。试用 8255 作为接口芯片，读取 8 位开关的状态去驱动 LED 灯，画出硬件连线图并编制程序。

6-12 串行通信有哪几种连接方式？什么是异步通信？什么是同步通信？何谓波特率？

6-13 假定 8251 的地址为 03E0H～03E7H，试画出其与 8086 最小系统的硬件连线图。若利用查询方式由此 8251 发送当前数据段、偏移地址为 BUFFER 的顺序 50 个字节，试编制此程序。

6-14 某 8086 系统中使用 8237 完成从存储器到存储器的数据传送，已知源数据块首地址的偏移地址值为 1000H，目标数据块首地址的偏移地址值为 1050H，数据块长度为 100 字节。请编写初始化程序，并画出硬件连接图。

6-15 某系统中 8253 芯片的通道 0～通道 2 和控制字端口号分别为 FFF0H～FFF3H，定义通道 0 工作在方式 3，$CLK_0 = 5$ MHz，要求输出 $OUT_0 = 1$ kHz 方波；定义通道 1 工作在方式 4，用 OUT_0 作计数脉冲，计数值为 1000，计数器计到 0，向 CPU 发中断请求，CPU 响应这一中断后继续写入计数值 1000，重新开始计数，保持每 1 秒钟向 CPU 发出一次中断请求，请编写初始化程序，并画出硬件连接图。

6-16 什么是 A/D、D/A 转换器？ADC 与微处理器接口的基本任务是什么？

6-17 DAC0832 有哪几种工作方式？每种工作方式适用于什么场合？每种方式是用什么方法产生的？

6-18 根据用户要求,需要在 PC 机的扩展槽上扩展一块 8 位 8 路的 A/D 采集卡,A/D 转换芯片采用 ADC0809。试设计此采集卡的硬件电路,并编制 8 路数据采集的采集子程序,采集的数据应送到以 BUFFER 为首地址的 8 个内存单元中。

6-19 键盘控制电路包括哪几部分?各起何作用?

6-20 试述键盘接口电路的工作原理。

6-21 INT 9H 键盘中断主要作用是什么?

6-22 试说明 CRT 工作原理。

6-23 简述显示器技术性能指标和显卡的种类。

6-24 LCD 显示器有何特点?

6-25 说明 LED 基本结构和显示原理。

第 7 章　微型计算机总线技术

学习目标

总线在微型计算机系统中负责 CPU 和其他部件之间信息的传递，是系统中传递各类信息的通道，也是微型计算机系统中各模块间的物理接口。通过本章学习，应熟悉总线的一般概念和微机系统总线的组成，理解 PCI 总线、RS-232-C 总线和 USB 总线的性能特点、连接方法及应用场合，学会根据总线的规范设计简单的扩展接口，并且了解近几年在工业控制中被广泛使用的现场总线技术的特点和工作原理。

学习重点

(1) 总线的基本概念，包括总线的定义、描述总线的特征要素以及总线的电气特性。
(2) 微机总线的组成结构，片内总线、内总线、外总线的含义及其应用特点。
(3) PCI 总线的工作原理、连接方式，以及 PCI 配置的方法。
(4) RS-232-C 总线的接口特点、电气特性和使用方法。
(5) USB 总线的拓扑结构、功能特点和连接使用方法。
(6) IEEE 1394 总线的性能特点和应用场合。
(7) 现场总线的定义、性能和几种常见的现场总线的特点及基本工作原理。

7.1　总线基本知识

7.1.1　微型计算机总线概述

在微型计算机系统中，利用总线实现芯片内部、印刷电路板部件之间、机箱内插件板之间、主机与外部设备之间或系统与系统之间的连接与通信。因此总线是将计算机微处理器与内存芯片以及与之通信的设备连接起来的硬件通道。

总线结构对计算机的功能及其数据传播速度具有决定性的意义，总线设计直接影响计算机系统的性能、可靠性、可扩展性和可升级性。目前已将总线作为一个独立的功能部件来看待。

通常是由发送数据的部件分时地将数据发往总线，再由总线将该数据同时发往各接收数据部件；而接收数据的部件由 CPU 给出的设备地址译码选中。总线仲裁电路对众多的设备数据传输请求进行优先级别排队，以使设备相应按策略依次使用总线，避免总线冲突。

计算机通信方式有并行通信和串行通信之分，相应的总线称为并行总线和串行总线。并行通信速度快、实时性好，占用线路多，不适于小型化产品；串行通信速率虽低，在数据通信吞吐量不是很大的微处理电路中显得更加方便、灵活。

总线的主要参数有带宽、位宽和时钟频率三个指标。

总线的带宽是指总线在单位时间内可以传输的数据总量，它等于总线位宽与工作频率的乘积。

系统总线频率是由主板晶振提供时钟，CPU 的实际运行频率是通过内部倍频技术提供，所以要比系统总线频率(又称外频)高 2 的整数倍。

总线的位宽是指总线能同时传送的数据位数，即常说的 32 位、64 位等总线宽度的概念。对于目前的 PC 机而言，基本上使用的都是 32 位的总线位宽；总线的工作时钟频率以 MHz 为单位，工作频率越高则带宽越宽。

微型计算机中的总线一般分为内部总线、系统总线和外部总线。如图 7-1 所示为微型计算机的总线结构图。

总线技术随着微电子技术和计算机技术的发展而不断完善，计算机总线技术种类繁多，各具特色。

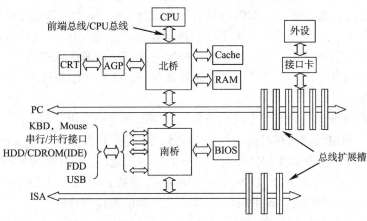

图 7-1 微型计算机的总线结构图

7.1.2 微型计算机总线技术的现状

总线是微型计算机系统中影响系统性能的主要瓶颈之一。

自 IBM PC 机问世以来，随着微处理器技术的飞速发展，相应的总线技术也不断创新，由 ISA、MCA、EISA、VESA 发展到 PCI、AGP、IEEE 1394、USB，现在又出现了 EV6、PCI-X、NGIO 等总线结构。究其原因，是由于 CPU 的处理性能迅速提升，致使与外设的数据传输速率不匹配，于是不断地进行总线改造，尤其是局部总线。

目前，AGP 局部总线数据传输率可达 528 MB/s，PCI-X 可达 1 GB/s，系统总线传输率也由 100 MB/s 升至 200 MB/s。总线的发展创新，促进了 PC 系统性能的日益提高。

(1) ISA 总线(Industry Standard Architecture BUS，工业标准结构总线)：该总线是美国 IBM 公司制定的工业标准总线，其宽度 16 位，总线频率为 8 MHz。

(2) EISA 总线(Extended Industry Standard Architecture BUS，扩展工业标准结构总线)：该总线是 32 位总线扩展工业标准，它在 ISA 总线的基础上，将总线宽度扩展到 32 位，总线频率提高到 16 MHz。

(3) MCA 总线(Micro Channel Architecture BUS，微通道结构总线)：该总线是适合 PS/2 系统的总线结构，其宽度 32 位，总线频率 10 MHz。

(4) VESA 总线(Video Electronics Standards Association BUS，视频电子标准协会总线)：该总线是一种开放性总线，其宽度 32 位，总线频率 33 MHz。

(5) PCI 总线(Peripheral Component Interconnect BUS，外部设备连接总线)：该总线是 64 位总线，其频率 33 MHz，数据传输率 80 Mb/s。

(6) AGP 总线(Accelerated Graphics Por BUS，加速图形接口总线)：该总线是专用于连接主板上的控制芯片和 AGP 显示适配卡，为提高视频带宽而设计的总线规范，其频率 133 MHz，数据传输率 533 Mb/s。

(7) USB 总线(Universal Serial Bus，通用串行总线)：该总线具有足够带宽以适应多媒体应用的要求。其具有高可靠性、设备与系统相互独立性，为用户提供一种可共享、可扩充、使用方便的串行总线。数据传输率有 12 Mb/s 以及 480 Mb/s。

(8) I^2C(Intel-Integrated Circuit bus)总线：该总线是由数据线 SDA 和时钟 SCL 构成的串行总线，可发送和接收数据。在 CPU 与被控 IC 之间、IC 与 IC 之间进行双向传送，最高传送速率 100 Kb/s。是近年来在微电子通信控制领域广泛采用的一种新型总线标准。它是同步通信的一种特殊形式，具有接口线少，控制方式简化，器件封装形式小，通信速率高等优点。在主从通信中，可以有多个 I^2C 总线器件同时接到 I^2C 总线上，通过地址来识别通信对象。

(9) PC104 总线：该总线是专门为嵌入式控制而定义的工业控制总线，其信号定义和 ISA 总线一致，但电气规范和机械规范却完全不同，是一种优化的小型、堆栈式结构的嵌入式总线标准。PC104 与 ISA 相比具有的一些独特的功能：小尺寸结构标准 PC104 模块的机械尺寸是 3.6 英寸 × 3.8 英寸，即 96 mm × 90 mm，堆栈式连接去掉总线底板和插板滑道，总线以针和孔形式层叠连接，即 PC104 总线模块之间的连接是通过上层的针和下层的孔相互咬合相连，这种层叠封装有极好的抗震性，并降低总线驱动电流减少元件数量和电源消耗，4 mA 总线驱动即可使模块正常工作，每个模块的功耗大约 1～2 W。

(10) SPI(Serial Peripheral Interface，串行外围设备接口)总线：该总线技术是 Motorola 公司推出的一种同步串行接口。Motorola 公司生产的绝大多数 MCU(微控制器)都配有 SPI 硬件接口，如 68 系列 MCU。SPI 总线是一种三线同步总线，因其硬件功能很强，所以与 SPI 有关的软件就相当简单，使 CPU 有更多的时间处理其他事务。

(11) CAN(Controller Area Net，控制器局域网)总线：该总线是一种现场总线，主要用于各种过程检测及控制。CAN 最初是由德国 BOSCH 公司为汽车监测和控制而设计的，目前 CAN 已逐步应用到其他工业控制中，现已成为 ISO-11898 国际标准。

CAN 总线有以下特点：CAN 可以是对等结构，即多主机工作方式，网络上任意一个节点可以在任意时刻主动地向网络上其他节点发送信息，不分主从，通讯方式灵活；CAN 网络上的节点可以分为不同的优先级，满足不同的实时需要；CAN 采用非破坏性仲裁技术，当两个节点同时向网络上传送信息时，优先级低的节点自动停止发送，在网络负载很重的情况下不会出现网络瘫痪；CAN 可以点对点、点对多点、点对网络的方式发送和接收数据，通讯距离最远 10 km (5 kb/s)，节点数目可达 110 个；CAN 采用的是短帧结构，每一帧的有效字节数为 8 个，具有 CRC 校验和其他检测措施，数据出错几率小。CAN 节点在严重错误的情况下，具有自动关闭功能，不会影响总线上其他节点操作；通讯介质采用廉价的双绞线，无特殊要求，用户接口简单，容易构成用户系统。

(12) Alpha EV6 总线(Peripheral Component Interconnect BUS，外部设备连接总线)：该总线是 64 位总线，其频率 33 MHz，数据传输率 480 Mb/s。

AMD 公司在 Athlon 处理器上使用了一个 200 Mb/s 的系统总线，即 Alpha EV6 总线。AMD Athlon 总线采用信息包传输协议，允许单个处理器容纳 24 项预处理任务，是 PCI 总线结构预处理任务的 6 倍，支持 64 B 突发式传输，支持 CPU 8TB 以上物理地址寻址。

(13) PCI-X 局部总线：该总线是 Compaq 等公司利用对等 PCI 技术和 Intel 公司的快速芯片作为智能 I/O 电路的协处理器来构建的。PCI-X 技术通过增加计算机中央处理器与网卡、打印机、硬盘存储器等各种外围设备之间的数据流量来提高服务器的性能。

(14) NGIO 总线(Next Generation Input/Output BUS，下一代 I/O 总线结构)：该总线是交换机制和系统主芯片连接的对等 PCI 总线。NGIO 总线将数据打包在源通道与目标通道适配器间发送，将 CPU 从慢速外设数据处理等待中解脱出来；NGIO 内含多级交换器，能够创建多 I/O 通道。

(15) Future I/O 总线(Future I/O BUS，将来的输入输出总线)：该总线是与 NGIO 相竞争的一种总线，目前在研制中，据称数据传输率可达 10 GB/s。

7.1.3 计算机总线技术的未来发展趋势

目前，在计算机系统总线中，PCI/PCI-X 和 Compact-PCI 总线仍占据优势，HyperTransport、InfiniBand、RapidIO、3GIO 和 StarFabric 等总线标准将陆续融入计算机系统中。

HyperTransport 发布于 2001 年，是一种高速、低待时、支持点到点以及可扩充的新型并行总线结构。HyperTransport 具有较高的吞吐量。它允许外设私有的 I/O 连接，能选择总线的宽度和速度，提升了总线传输性能，可满足众多设备在功率、空间和成本等方面的需求。这些设备包括工作站、服务器、Internet 路由器、光交换机、企业网、中心局设备、蜂窝基站等。

HyperTransport 总线宽度有 2/4/8/16/32 等选择，采用菊花链结构多组件连接；采用积木块结构，可组合实现多功能的高速系统。基于这种体系结构的系统可用交换机进行扩充，能处理多 I/O 数据流，支持多级复杂系统。

HyperTransport 器件的互连采用对称/非对称形式。非对称总线能同时支持上下行不同带宽，不需专用 I/O 驱动，其协议层能够保证数据在交换结构内的合理流动。

RapidIO 是在与 HyperTransport 的竞争中产生的。最新的 HyperTransport 协议能够兼容 RapidIO 的多主操作，但 RapidIO 的处理更为简便，它所采用的标准低压差分信号技术和基于包的并行操作，使得各种标准库可融入到 RapidIO 设计中，这一优点适合嵌入式 SOC 设计，RapidIO 的多 IP 核捆绑还为特殊通信应用提供了高性能支持。

InfiniBand 将 I/O 控制集成到具有交换结构的点到点全双工互连设备上，提升了数据在服务器、存储设备和外设间的传输速率。占用较小的空间但具有较强的计算能力，可以和 PCI、Fibre channel 等专用标准共存。

InfiniBand 是一种高性能、通道基 I/O 协议，用来提高服务器和其他网络设备的性能、可扩充性和可靠性；InfiniBand 采用数据包方式工作，进入 InfiniBand 结构就可以路由至任何应用；InfiniBand 采用热连接技术，热连接使 InfiniBand 系统的增添、拆除和维护比目前的共享总线 I/O 系统更加方便。

InfiniBand 的可扩充性通过统一结构和物理模块化两个途径实现。InfiniBand 采用通道适配器 I/O 引擎，将系列化互连通道构成一个结构，在物理上可将多个主通道适配器将连接器和交换机组成整体。其次，InfiniBand 交换技术链接源、目标通道适配器，利用通道基点到点连接，不采用共享总线。存取操作配置将 I/O 从存储器子系统中分离开来，使得连接至结构的设备无需考虑共享总线带宽，从而可按照最高速率进行通信。InfiniBand 这种 I/O 结构使之能够应付工作负荷的增加。

HyperTransport 技术是在机箱内提供高速数据途径，InfiniBand 则是将高级网络体系结构用于系统间通信，HyperTransport 与 InfiniBand 之间是相辅相成的。

7.1.4 总线分类和总线标准

1. 总线分类

根据连接部件的不同，总线可以分为内部总线、系统总线和外部总线。

内部总线的一般设计通过芯片生产厂家完成，随着微电子技术的发展，借助于 EDA(Electronic Design Automation，电子设计自动化)软件，系统设计者可方便地设计符合需求的专用集成电路，片内总线设计是必须的。

系统总线用于连接计算机系统板内各元件以及系统板与插件板之间的通信总线。外部总线中的数据传输一般采用并行或串行方式，其定时方式采用同步或异步方式，数据传输率较低。系统总线通常采用同步、并行方式，数据传输速率较高，以提高系统的性能。三总线的总线结构见图 7-2。

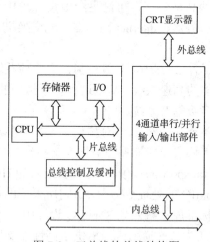

图 7-2　三总线的总线结构图

2. 总线标准

总线标准是计算机各个部件之间的互联规范，由国际标准化组织制定。总线标准规范计算机系统总线的设计，提高可互换性和可维护性，增强计算机系统的性能和可靠性。

总线标准必须有详细和明确的规范说明，其主要内容包括：

(1) 物理特性：定义总线物理形态和结构布局，规定总线的形式(电缆、印制线或接插件)以及具体位置等。

(2) 机械特性：定义总线机械连接特性，机械性能包括接插件的类型、形状、尺寸、牢靠等级、数量和次序等。

(3) 功能特性：定义总线各信号线功能，不同信号实现不同功能。

(4) 电气特性：定义信号的传递方向、工作电平、负载能力的最大额定值等。

常见的 ISA、EISA、PCI 是微型计算机中采用的系统总线标准，RS-232C、RS-422、RS-485 和 USB 则是微型计算机外部总线标准。

3. 总线规范

总线规范有机械结构规范、功能结构规范、电气规范三种。其中机械结构规范规定模块尺寸、总线插头、边沿连接器等的规格；功能结构规范确定引脚名称与功能，以及其相互作用的协议；电气规范规定信号逻辑电平、负载能力、最大额定值及动态转换时间等。

4. 总线控制方式

总线完成一次数据传输要经历以下 4 个阶段：

(1) 申请总线阶段。申请使用总线的访问模块向总线仲裁机构提出使用总线的申请。

(2) 寻址阶段。获得总线控制权的访问模块，通过地址总线发出被访问模块地址，选中被访问模块。

(3) 数据传输阶段。访问模块和被访问模块间进行数据传输。数据由被访问模块发出经数据总线流入访问模块。

(4) 传输结束阶段。访问模块和被访问模块相关信息先后从总线上撤除，交出总线使用权，以便其他模块能继续使用总线。

多 CPU 或含有 DMA 控制器的系统，必须由总线仲裁机构授理申请和分配总线控制权。总线上的访问模块和被访问模块之间采用握手信号指明数据传输的起止，采用同步总线、异步总线或半同步总线这 3 种方式实施数据传输控制。

1) 同步总线

同步总线采用时钟振荡器的时钟信号作为控制信号，时钟的上升沿和下降沿分别表示一个总线周期的开始和结束。采用总线时钟信号同步所有模块的时钟基准。

同步总线系统的主要优点是数据传送由单一信号控制。对于总线上的快慢设备，采用降低时钟信号的频率的方法，满足总线上最慢速响应的设备需要，完成数据传输。

2) 异步总线

异步总线采用可延时控制信号实施高、低速设备的数据传输操作。

在进行写操作时，总线访问设备把地址和数据先后放到相应总线上，在允许的时间延迟之后，总线访问设备发出的访问控制信号上升沿触发被访问设备的数据输入缓冲寄存器的门控开启，开始一个写周期，并把数据锁写入该寄存器中。

在进行读操作时，总线访问设备把地址放到总线上之后，总线访问设备发出的访问控制信号上升沿触发被访问设备启动数据读出操作。在总线被访问设备取出所访问数据并将其放到总线之后，被访问控制信号变为高电平，表示本次读操作完成，同时触发访问设备接收把总线数据写入其数据缓冲器，在此期间被访问控制信号必须保持高电平，使数据稳定在数据总线上；当访问设备已完成数据接收，就使访问控制信号变为低电平，表示已接收数据，而后被访问控制信号降低，表示被访问设备已知道访问设备得到数据，整个读操作结束，随后可以开始新的总线操作。

这种全互锁异步总线的优点是可靠性高，效率也较高。

3) 半同步总线

由于异步总线的传输延迟限制了数据带宽，所以结合同步总线和异步总线的优点设计了半同步总线。半同步总线设有访问设备的时钟信号和被访问设备的等待信号，这两个控制信号起着异步总线访问控制信号和被访问控制信号的作用，但传输延迟仅是异步总线的一半，因为成功的握手只需一个来回。对于快速设备，这种总线本质上是由时钟信号单独控制的同步总线。

如果被访问设备不能在一个周期内作出响应，则它促使被访问设备的等待信号变高，而被访问设备暂停。只要被访问设备的等待信号高电平有效，其后的时钟周期就会知道访问设备处于空闲状态，当被访问设备受控设备能响应时，它使被访问设备的等待信号变低，而访问设备使用标准同步协定的定时信号接收被访问设备的应答。这样，半同步总线就具有同步总线的速度和异步总线的适应性。

7.2 系统总线

7.2.1 PCI 总线

PCI 总线是 32/64 位标准总线。PCI 总线采用与 CPU 隔离的总线结构，能与 CPU 并行工作。具有适应性强、速度快的特点，适用于 Pentium 以上的微型计算机。PCI 总线时钟频率 66 MHz，数据传输速率 533 MB/s。

1. 概述

图形处理、多媒体应用要求微型计算机应具有快速的大容量存储和高总线带宽。由于微型计算机中 CPU、内存、显示卡、硬盘等关键部件在性能上已有了很大的提高，原有的 ISA、EISA 总线已成为微型计算机系统的瓶颈，因此研制了 PCI 总线。

PCI 总线不依附具体处理器，PCI 是存在于 CPU 和原来的 ISA 系统总线之间的另一级总线，由一个桥接电路实现这个中间层的管理及数据接口。桥接电路能够提供信号缓冲，能够支持 10 种类型的外设接口，能在较高时钟频率下保持高性能。

PCI 总线支持总线主控技术，允许智能设备按需取得总线控制权，以加速数据传送。

PCI 接口内的系列寄存器位于其中的小容量存储器中，系列寄存器依据内置参数将 PCI 配置到计算机系统中，由此产生即插即用功能。

PCI 总线的主要特点是：

(1) 独立于处理器，支持 80 多个总线功能，总线频率 33/66 MHz，低功耗。

(2) 并行总线操作可以在所有读写交易中实现猝发传送，实行隐式总线仲裁。

(3) 地址、命令、数据奇偶校验。
(4) 存储器、I/O、配置地址空间，自动配置寄存器，全面支持 PCI 总线主设备。
(5) 电平中断，支持多源共享中断。
(6) 规范的 PCI 连接器和插卡定义。

PCI 的地址总线和数据总线采用多路复用方式，包含 32/64 位数据(地址)总线。

2. PCI 总线结构连接方式

PCI 总线的连接方式如图 7-3 所示。由图可知，CPU 总线(前端总线)和 PCI 总线由桥接电路(北桥芯片)相连，微处理器的总线独立于 PCI 总线。北桥芯片中除了含有桥接电路外，还有 Cache 控制器和 DRAM 控制器等其他控制电路。PCI 总线上外接图形控制器、IDE 设备(或 SCSI 设备)、网络控制器等高速设备。PCI 总线和 ISA/EISA 总线之间也通过桥接电路(南桥芯片)相连，ISA/EISA 上外接传统的慢速设备，用以外接原有资源。

PCI 能够支持处理器快速访问存储器并支持适配器的互访。图 7-4 是一个典型的 PCI 系统，指出了 PCI 总线、扩展总线、CPU 以及存储器总线之间的连接关系。PCI 总线可连接多个 PCI 设备，有双 PCI 总线方式、PCI to PCI 方式、多处理器服务器方式等连接方式。

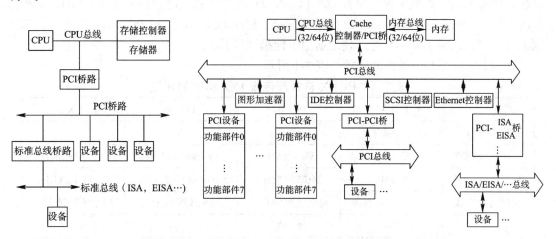

图 7-3 PCI 总线的基本连接方式　　　　图 7-4 典型的 PCI 总线系统

3. PCI 总线的中断和仲裁

在多主设备的 PCI 系统中，总线主设备使用总线，必须向总线仲裁器申请总线权。

PCI 总线支持 #INTA～#INTD 四种中断。PCI 设备接口可以使用#INTA，只有多功能接口可以使用其他三种中断。依据 BIOS 的设置，这些中断可以被 PCI 桥接器导入 IRQx 中断中的一个，可以将 100 MB/s 以太网卡触发中断#INTA，该中断被导入 IRQ_{10}。

PCI 总线上的总线主控器可以接管总线的控制权。为了避免总线冲突，PCI 使用#REQ 请求信号和 #GNT 授权信号来对总线的申请进行仲裁。当某一总线主控设备申请使用控制总线时，激活 #REQ 信号，表示请求控制 PCI 总线，若请求被接受，仲裁逻辑电路就激活 #GNT 信号，于是发出请求信号的总线主控设备就可以获得总线控制权。

总线仲裁器的裁决过程和总线操作过程同时进行，裁决采用隐式 PCI 总线仲裁方式而且不占用 PCI 总线的时钟周期。

4. PCI 接口的配置寄存器

每个 PCI 接口都有 256 B 的配置存储器，每 4 B 构成寄存器。配置存储器的前 64 B 的预定义信息区数据信息由 PCI-SIG 组织进行预定义；后 192 B 特殊配置数据区数据信息由生产厂家定义。主机系统通过配置存储器信息来配置操作系统，实现 PCI 接口的即插即用特性。

5. I/O 寻址

标准 IBM PC 机的 I/O 寻址范围是 0000H～0FFFFH，需要 16 位地址线，PCI 总线支持 32/64 位寻址。PCI 设备可以按以下两种方式进行配置：

(1) 通过标准地址 0CF8H 和 0CFCH 配置 PCI 设备。其中地址为 0CF8H 的 4B 称为配置地址寄存器，用于访问配置地址区域；0CFCH 的 4B 称为配置数据寄存器，用于从 PCI 设备的配置存储器中读/写 32 位数。

(2) 映射设备。将 PCI 设备映射到 0C000H～0CFFFH 的 4 KB I/O 空间。

6. PCI 总线的发展

为了满足系统对总线带宽的需求，新的 PCI 总线规范称为 PCI-X，主要适用 133 MHz 总线时钟频率的台式机主板。更新型的 PCI-X 2.0 适用于总线时钟频率为 533 MHz 的新型主板。此外，Intel 还推出 Mini PCI 的总线标准。Mini PCI 对原来的 PCI 总线控制线路和功能上进行改进，减小外形尺寸，使之适用于便携式计算机。

PCI-X 与传统 PCI 总线的比较如表 7-1 所示。

表 7-1 PCI-X 总线与传统 PCI 总线的比较

	PCI-32	PCI-64	PCI-X	PCI-X 2.0
支持外设数量	6(共享)	6(共享)	4	
总线时钟频率	33 MHz	33/66 MHz	66/100/133 MHz	266/533 MHz
数据传输速率	133 MB/s	266/533 MB/s	533/800/1066 MB/s	2.1 G/4.2 GB/s
时钟同步方式	与系统时钟有关	与系统时钟有关	与系统时钟无关	与系统时钟无关
总线位宽	32 位	64 位	64 位	64 位
工作电压	3.3 V/5 V	3.3 V/5 V	3.3 V	3.3 V

7.2.2 AGP 总线

1. 概述

AGP 是为提高视频带宽而设计的总线规范。AGP 插槽可插入规范的 AGP 特殊显示插卡。其视频信号的传输速率可以从 PCI 的 133 MB/s 提高到 266 MB/s(1×模式)、533 MB/s(2×模式)、1066 MB/s(4×模式)或 2133 MB/s(8×模式)。严格说来，AGP 并不能称为总线，因为它仅在 AGP 控制芯片和 AGP 显示卡之间提供点到点的连接。AGP 总线的系统结构如图 7-5 所示。

AGP 出现以前，在 3D 图形描绘中，储存在 PCI 显示卡显存中的不仅有影像数据，还有纹理数据、Z 轴距离数据及 Alpha 变换数据等，纹理数据的信息量相当大。为此，把纹理数据储存在主存储器比储存在显示存储器能更加有效地利用内存。存储纹理数据所需的内存空间根据应用程序而定,纹理数据不会永远占用主内存的空间。纹理数据从显示内存移到主内存,由于纹理数据传输量很大,数据传输的瓶颈就从显示卡上的内存总线转移到了 PCI 总线上。例如,显示 1024×768×16 位真彩色的 3D 图形时,纹理数据的传输速度需要 200 Mb/s 以上,但目前 PCI 总线最高数据传输速度仅为 133 Mb/s,因而成为系统的瓶颈。3D 绘图时所需数据传输带宽如表 7-2 所示。

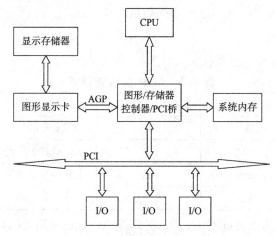

图 7-5 AGP 接口的系统结构图

表 7-2 3D 绘图时所需数据传输带宽

分 辨 率	640×480	800×600	1024×768
显示器输出	50	100	150
显示内存刷新	100	150	200
Z 缓冲存取	100	150	200
纹理存取	100	150	200
其 他	20	30	40
合 计	370 Mb/s	580 Mb/s	840 Mb/s

为解决 3D 图形数据的传输问题,生产厂商推出了 AGP 图形接口。AGP 能够在主内存与显示卡之间提供一条直接通道,可使 3D 图形数据不经 PCI 总线,直接送入显示子系统,由此突破 PCI 总线形成的系统瓶颈,提高微型计算机的 3D 图形的处理能力。AGP 是用于加速图形显示的一个专用总线接口。

2. AGP 的性能特点

AGP 以 66 MHz PCI Rev2.1 规范为基础。在此基础上扩充了以下主要功能:

(1) 数据读写操作的流水线操作。流水线操作是 AGP 提供的针对主存的增强协议。

(2) 具有 2×、4×、8× 数据传输频率。AGP 使用了 32 位数据总线和多时钟技术的 66 MHz 时钟。多时钟技术允许 AGP 在一个时钟周期内传输 2 次、4 次甚至 8 次数据,从而使 AGP 总线传输带宽达到了 533 Mb/s、1066 Mb/s 和 2133 Mb/s。

(3) 直接内存执行 DIME。存入系统内存,让出帧缓冲区和带宽供其他功能使用。这种允许显示卡直接操作主存的技术称为 DIME(Direct Memory Execute，直接内存执行)。虽然 AGP 把纹理数据存入主存，也可以称为 UMA(Unified Memory Architecture，统一内存体系结构)技术。

(4) 地址信号与数据信号分离。采用多路信号分离技术，并通过使用边带寻址 SBA(Side Band Address)总线来提高随机内存访问的速度。

(5) 并行操作。在 CPU 访问系统 RAM 的同时允许 AGP 显示卡访问 AGP 内存，显示卡可以独享 AGP 总线带宽，从而进一步提高系统性能。

3. AGP 的工作模式

AGP 的工作模式如表 7-3 所示。

表 7-3 AGP 的工作模式

版本	模式	工作频率/MHz	数据传输率/Mb/s	传输方式	额定工作电压/V
1.0，2.0	1×	66	266	上升沿	3.3
1.0，2.0	2×	133	533	上升沿和下降沿	3.3
2.0，3.0	4×	266	1066	上升沿和下降沿	1.5
3.0	8×	533	2133	上升沿和下降沿	1.5

由表中可看出，要达到良好的 3D 图形处理能力，应该采用 2× 以上的工作模式。在 1× 模式下，由于带宽不足，并不能适合 DIME 的速度，3D 图形处理能力仍不理想。较新的 AGP 8× 模式在目前的大多数显卡上并不能显著提高性能，因为显卡的数据处理能力小于 AGP 8× 模式能够提供的能力。只有在显卡性能进一步提升后，AGP 8× 模式才能表现出它的能力。

AGP 1× 和 AGP 2× 的工作电压为 3.3 V，AGP 4× 和 AGP 8× 的工作电压仅为 1.5 V，使用时一定不能把 AGP 1× 和 AGP 2× 的显卡混插。

4. PCI 和 AGP 的比较

表 7-4 列出了台式机中 PCI 和 AGP 的性能比较。AGP 总线是对 PCI 总线的扩展和增强，不具有一般总线的共享特性；采用地址和数据多路复用，把整个 32 位的数据总线留出来给图形加速器。

表 7-4 PCI 和 AGP 的性能比较

性　能	PCI-32	AGP
传输方式	同步	同步
内存优先存取	不支持	不支持
数据线位宽	32 位	32 位
总线时钟/MHz	33	66
传输带宽/(Mb/s)	133	2166(8×)
支持的插槽个数	≤5	1

AGP 系统由于显示卡通过 AGP、芯片组与主内存相连，提高显示芯片与主内存间的数据传输速度；让原需存入显示内存的纹理数据直接存入主内存，提高了主内存的内存总线使用效率与数据的传输速率，减轻了 PCI 总线的负载，有利于其他 PCI 设备充分发挥性能。

在 PC98 规格中，ISA 总线已被取消，ISA 设备终将被淘汰，所以，把占用了 PCI 总线大量带宽的显示卡移到 AGP 上是非常必要的。

7.2.3 新型总线 PCI Express

1. I/O 总线的瓶颈

随着大规模集成电路技术的进步以及微处理器性能的提高，计算机的整体性能并没有随着微处理器性能的提高而同步增长。

多媒体技术的应用使得 PCI 的局限性逐渐显现出来。用户要求微型机能够提供更强大的多媒体能力，台式微型机中 PCI 总线所能提供的最大带宽为：

$$33 \text{ MHz}(额定工作频率) \times 32 \text{ bit}(总线位宽) = 1066 \text{ Mb/s}$$

这使 PCI 总线面临的处境——3D 图形加速卡、千兆位以太网卡、IEEE 1394、移动对接设备及其他附件的发展以及它们所需要的更大带宽现在已经使 PCI 总线不堪重负，再也无法及时处理这些设备所发送的并发/多路数据流，它已逐渐成为当前微机性能的瓶颈。

为此，把一些数据流量非常大的 I/O 工作从 PCI 中剥离出来由一个专用接口来负责，例如前面介绍过的用于 3D 图形加速卡的 AGP 接口就是一个典型的例子。此外，芯片组的 HUB Link、V-Link 等技术也使得南北桥芯片之间的连接脱离了 PCI 总线规范的控制。而这些改变都只是局部的，真正要彻底解决 PCI 的瓶颈效应，必须从根本上改变总线设计，采用一种新的总线来彻底取代 PCI。

由 Intel 等开发的 PCI Express(原名 3GIO，第 3 代 I/O 总线)就是为满足这一需求而推出的一种新型高速串行 I/O 互连接口。

2. PCI Express 概述

PCI Express 是一种串行总线。与 PCI 相比较，PCI Express 的导线数量减少了将近 75%，但速度却达到 PCI-X 2.0 的两倍，而且容易扩充。PCI Express 采用点对点技术，能够为每一个设备分配独享通道，彻底消除设备间由于共享资源带来的总线竞争现象。每个设备至多通过 64 根 PCI Express 连接线和其他设备建立连接，而且每根线传输速率约为 26 Mb/s。

PCI Express 在点对点架构基础上为高速接入设备提供了交换器控制单元，其主要作用是对高速 PCI Express 设备之间的点对点通信进行管理和控制。

PCI Express 的主要技术指标见表 7-5。

表 7-5　PCI Express 的主要技术指标以及与 PCI 的比较

	PCI-32	PCI-X 1.0	PCI Express
支持外设数量	6	4	64(单线)
总线时钟频率	33 MHz	66 MHz/100 MHz/133 MHz	2.5 GHz
最大数据传输速率	133 Mb/s	1066 Mb/s	8.2 GB/s
时钟同步方式	与 CPU 及时钟频率有关	与 CPU 及时钟频率无关	内建时钟
总线位宽	32 位并行	64 位并行	串行
工作电压	3.3 V/5 V	3.3 V	?
引线脚数	84	150	40

3. PCI Express 的系统结构

PCI Express 的系统结构采用和 OSI 网络模型相类似的分层模型，不过 PCI Express 只有 5 层，而不是 OSI 的 7 层。PCI Express 兼容 PCI 寻址模型，确保了它能够在无需做任何改动的前提下继续支持现有的应用程序和驱动程序。图 7-6 给出 PCI Express 的分层结构模型。

软件层	PCI PnP 模型(中断、枚举、设置)
会话层	PCI 软件/驱动模型
事务处理层	数据包封装
数据链路层	数据完整性
物理层	点对点、串行化、异步、热插拔、可控带宽、编 / 解码

图 7-6 PCI Express 的分层结构模型

PCI Express 的分层结构模型自上而下由软件层、会话层、事务处理层、链路层和物理层组成，采用即插即用规范中定义的标准机制。软件层产生的读写请求被事务处理层采用数据包封装协议传送给各种 I/O 设备。链路层为这些数据包增加顺序号和 CRC 校验码以实现高可靠性的数据传输机制，为高层提供一个无差错的数据传输链路。物理层实现数据编/解码和多个通道数据拆分/解拆分操作，每个通道都是全双工的，可提供 2.5 GB/s 的传输速率。

1) 物理层

PCI Express 的物理连接由一对分离驱动收发器组成，分别负责发送和接收数据，物理层内置有嵌入式的数据时钟信号。物理层提供 2.5 GB/s 通道的通信速率，随着微电子技术的发展将达到 10 GB/s。物理层为链路层提供了透明的传输数据包的服务。

在初始化过程中，两个 PCI Express 连接的设备通过协商来确定实际通道宽度和工作频率，建立一个 PCI Express 连接，这个过程不需要任何软件的介入，完全由硬件实现。

PCI Express 分层结构使得未来在速度、编码技术、传输介质等方面的改进都将只影响到物理层，而与上层无关。

2) 数据链路层

链路层的首要任务就是确保通过 PCI Express 连接传输的数据包的高度可靠性。链路层为每一个来自事务处理层的数据包增加顺序号和 CRC 校验码，通过对顺序号和 CRC 校验码的检测，链路层将自动请求重发以实现数据的完整性。

大多数数据包是由事务处理层递交给链路层的。一个可靠的传输控制协议确保了数据包只能在接收设备的缓冲区可用的情况下才被发送。

3) 事务处理层

事务处理层接收来自软件层的读写请求并构造发送到链路层的请求数据包。所有的请求都被分离处理成若干个数据包，其中一部分数据包需要目的设备回送响应数据包。事务处理层接受来自链路层的响应数据包并把它们与原有的读写请求数据包相匹配。每个数据包都会有一个唯一标识符以保证响应数据包能够和原始请求数据包有序对应。

事务处理层支持四个寻址空间，其中包括三个传统的 PCI 寻址空间(存储器、I/O 和配置地址空间)和一个新增加的通信地址空间。

4) 软件层

软件层主要包括初始化和运行时两个方面。PCI Express 体系结构完全兼容 PCI 的 I/O 设备配置空间和可编程性，所有支持 PCI 的操作系统无需作修改就能支持基于 PCI Express 的平台。PCI Express 兼容 PCI 所支持的运行时软件模型。而 PCI Express 所提供的新特性只在一些新型设备中才会得到应用。

4. PCI Express 的前景

PCI Express 主要应用于台式机、服务器、通信和嵌入式系统中。按照 PCI-SIG 的计划，PCI Express 将全面取代 PCI 而成为下一代 I/O 总线标准。

7.3 外 总 线

外部设备总线用于实现计算机主机和外部设备之间的连接，外部设备总线是通用的，可连接不同的外部设备，并且允许在一个总线上连接很多设备。

7.3.1 RS232C 总线

RS-232C 是美国电子工业协会 EIA(Electronic Industry Association)制定的一种串行物理接口标准。总线标准设有 25 条信号线，包括一个主通道和一个辅助通道，在多数情况下主要使用主通道。一般的双工通信，仅需一条发送线、一条接收线及一条地线就可实现。

RS-232C 标准规定的数据传输速率为每秒 50 到 19 200 波特不等。RS-232-C 标准规定，驱动器允许有 2500 pF 的电容负载，通信距离将受此电容限制。

RS-232C 的特点：信号线少，传送速率有多种；抗干扰能力强，传送距离较远。

1. RS-232C 的连接

RS-232C 广泛用于数字终端设备如计算机与调制解调器之间的接口，以实现通过电话线路进行远距离通信，如图 7-7 所示。

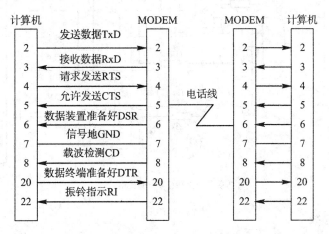

图 7-7　Modem 与 RS-232C 接口电路

尽管 232C 使用 20 个信号线，但在绝大多数情况下，微型计算机、计算机终端和一些外部设备都配有 232C 串行接口，在它们之间进行短距离通信时，无需电话线和调制解调器可以直接相连。如图 7-8 所示分别是：(a) 不使用联络信号的 3 线相连方式、(b) "伪"使用联络信号的 3 线相连方式、(c) 使用联络信号的多线相连方式。

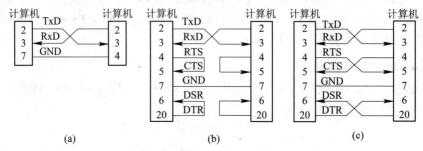

图 7-8　计算机直接连接的 RS-232C 接口

2. RS-232C 接口

RS232C 总线的接口信号可以用多种方法形成，特别是各微机芯片生产厂家提供了多种芯片，使实现该总线变得非常容易，如图 7-9 所示。

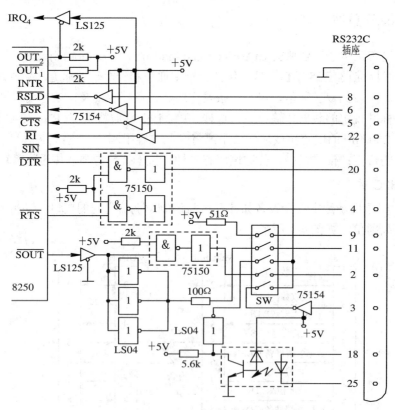

图 7-9　RS232C 接口电路

3. RS-485 总线

RS-485 是串行总线标准之一。RS-485 采用平衡发送和差分接收，具有抑制共模干扰能力。总线收发器具有高灵敏度,能检测低至 200 mV 的电压,传输信号能在千米以外得到恢复。RS-485 采用半双工工作方式,因此,发送电路须由使能信号加以控制。RS-485 用于多点互连时非常方便,可以省掉部分信号线。

7.3.2 IEEE-488 总线

IEEE-488 总线是并行总线接口标准。IEEE-488 总线用来连接微型计算机、数字电压表、数码显示器等设备及其他仪器仪表。IEEE-488 总线按双向异步方式传输信号,采用总线方式,总线上最多可连接 15 台设备。最大传输距离为 20 m,信号传输速度一般为 500 Kb/s,最大传输速度为 1 Mb/s。

7.3.3 SCSI 总线

1. SCSI 概述

SCSI(Small Computer System Interface,小型计算机接口)是一种连结主机和外围设备的接口,SCSI 接口的速度、性能和稳定性强于 IDE,主要面向服务器和工作站市场。

SCSI 支持磁盘驱动器、磁带机、光驱、扫描仪等多种设备。由 SCSI 控制器进行数据操作,SCSI 控制器相当于一块小型 CPU,有自己的命令集和缓存。

2. SCSI 的未来

SCSI 是一种不断完善的技术,新加入的规格有 Fibre Channel SCSI、IEEE 1394(Firewire,火线)、SCSI 3(160 MB/s)、SCSI 4(320 MB/s)和 SCSI 5(640 MB/s)。

从 SCSI 3 开始,SCSI 能按照需要快速地提高性能,并拥有向后兼容性。随着速度的提升之外,SCSI 的易用性有了改善,采用 CAM(Common Access Model,公共存取模型)使 SCSI 的编程更为方便。

7.3.4 USB 总线

传统的计算机仅有少量 SIO 和 PIO 接口,通常设置在主机箱的后面板上用于连接多种常用外设。随着计算机的应用日益广泛,需要连接的外设数目不断,外设接口和中断地址短缺的矛盾日趋尖锐,因此 USB 接口和 USB 总线应运而生。

1. 概述

USB 是多家公司共同开发的一种外设连接技术,旨在促进 PC 总线的标准化,加速新标准的制订和产品开发。其开发目标是发展一种兼容低速和高速的技术,可以为广大用户提供一种可共享、可扩充、使用方便的串行总线。

该总线应独立于主计算机系统,并在整个计算机系统结构中保持一致。由于微软从 Windows 98 开始加入了对 USB 的支持,使 USB 技术得到了飞速发展和极为广泛的普及。现在,USB 已成为微机上普遍认同的接口标准,支持这一标准的各种新产品正在大量涌现。

2. USB 的特点

USB 的显著特点是易于使用,可对用户隐藏技术实现细节,应用于不同领域,有足够带宽以适应多媒体应用的要求，且可靠性高，设备与系统相互独立。

(1) 易于使用。易于使用是 USB 的主要设计目标，USB 接口受到用户欢迎的主要原因是：

① 适合多种通用设备，自动配置，即插即用。

② 不需要用户设定，节省硬件资源。

③ 易于连接、简易电缆连接。一个普通的 PC 机有 2~6 个 USB 端口，还可以通过连接 USB 集线器来扩展端口的数量。USB 电缆只有 4 根芯线。

④ 热插拔，不需另备电源。可以在任何时候连接和断开外设，不管系统和外设是否开机，不会损坏 PC 或外设。当外设连接到 PC 上时，操作系统自动检测到并准备使用。

⑤ USB 接口自带电源线和地线，可以提供 +5 V 的电源供应。

(2) 速度较快。全速 USB 接口以 12 Mb/s 的速度通信，而实际数据传输速率比这个数值要低一些，这是因为所有外设都共用总线，导致总线除传输数据外，还须携带状态、控制和错误检测信号。当只有一个设备通信时，最大理论数据传输数据速率可达 9.6 Mb/s。USB 2.0 规范将允许 480 Mb/s 的传输数率。

(3) 可靠性高。USB 的可靠性来自于硬件设计和数据传输协议两方面。USB 驱动器、接收器和电缆的硬件规范消除了大多数可能引起数据错误的噪声。

USB 协议采用差错控制和缺陷发现机制，当检测到错误时能通知发送方重新发送前面的数据。检测、通知和重发都由硬件来完成，不需要任何软件的介入。

(4) 低成本、低功耗。USB 接口的设备与带有相同功能的老式接口的设备所需的费用近似。对低成本外设来说，选择低速传输以降低对硬件的要求，使成本控制在合理的范围内。

当不使用 USB 外设时省电电路和代码会自动关闭它的电源，但仍然能够在需要的时候做出反应。降低电源消耗除了可带来保护环境的好处之外，这个特征对于对电源供应非常敏感的笔记本电脑尤其有用。

3. USB 的技术指标

到目前为止，USB 已有 USB 1.1 和 USB 2.0 两种版本。这两种版本的 USB 均采用一条 4 芯的电缆连接主机和 USB 设备。连接电缆除提供信号线外，还向 USB 设备提供了电源。USB 的主要技术指标如表 7-6 所示。

表 7-6 USB 的主要技术指标

指标项	USB 1.1	USB 2.0
连接的设备数	127	127
传输速率	慢速：1.5 Mb/s；全速：12 Mb/s	慢速：1.5 Mb/s；全速：12 Mb/s；高速：480 Mb/s
连接电缆长度	慢速：3m；全速：5 m	慢速：3 m；全速：5 m
电源供应	电压：5 V 最大电流：100 mA/500 mA	电压：5 V 最大电流：100 mA/500 mA

注：每个单元负载为 100 mA，不同类型的设备可从 USB 获取 1 个单元负载到 5 个单元负载的电流。

4. USB 的总线拓扑结构和连接形式

由图 7-10 可见，USB 总线是多层星形拓扑结构。星形的中心是集线器，一个集线器可以有 2~6 个端口，每个端口可以连接一个功能设备或集线器，并且都是点对点的连接。

USB 设备划分成集线器和功能部件两类。只有集线器有能力提供附加的 USB 接入点，功能部件为主机提供附加功能。只有复合设备既是功能部件，同时提供集线器功能。

USB 采用主-从式总线协议，在 USB 总线上只有一个主设备和若干从设备，主设备称为主机，从设备称为 USB 设备。主机对 USB 总线拥有主控权，总线数据传输都由主机控制。

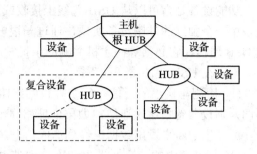

图 7-10 USB 总线逻辑拓扑图

1) USB 主机

主机中的 USB 接口称为 USB 主控制器。集线器集成在主机系统中。

主机对 USB 接口的责任如下：

(1) 检测 USB 设备的插入和移出。在上电时，主机必须识别所有已经连接的 USB 设备。在识别过程中，主机为每个设备分配一个地址，并从设备获取其他配置信息。在上电后，无论何时当一个设备被连接或断开时，主机都能察觉到该事件的发生，并向设备表中加入任何新连接的设备或删除任何断开的设备。

(2) 在主机与 USB 设备之间管理数据流。主机负责控制总线上的数据流。一般来说，USB 通信总由主机发起，并由主机管理整个数据传输过程。主机应该保证那些必须以固定速率进行的传输在每一帧中确实能得到它们所需要的时间量。在设备识别过程中，设备驱动将申请传输所需要的带宽。

(3) 进行错误检查。主机有错误检查的责任。它往发送的数据中加入错误校验码，当设备收到数据时，它按校验算法对数据执行计算，然后把结果与接收到的错误校验码进行比较。主机对从设备接收到的数据也采用相同的方法进行错误处理。

主机也可能收到其他错误指示符，指示设备现在不能发送/接收数据，这时主机就通知应用程序以采取合适的动作。

(4) 提供电源。USB 有 +5 V 的电源线和地线，大部分外设都可以从该线上得到所有所需的电源。在上电或连接时，主机给所有设备提供电源，可按需使这些设备在省电模式下工作。

每个满负荷供电的设备需要高达 500 mA 的电流。在一些电池供电的 PC 的端口和集线器上只支持低功耗的设备，工作电流被限制在 100 mA 以内。若设备拥有独立电源供应，则只在刚开始与主机通信时使用总线电源。

2) USB 设备

USB 设备分为集线器和功能设备。集线器具有一个上行端口和若干下行端口。上行端口用于连接主机或上级集线器，下行端口用于连接下级集线器或直接连接设备。通过集线器可实现 USB 总线的多级连接。在连接到 USB 总线的初期以及电源断开与重新接通时，除上行端口外的所有其他端口都不能使用。

集线器可以发现下行端口上设备的插入或移出操作，并为下行设备分配电源。每一个下行端口都可以分别配置为全速或低速，集线器可以把低速端口与全速率信号分离开来。

功能设备是指可以从 USB 总线上接收或发送数据或控制信息的 USB 设备。一个功能设备由一个独立的外围设备实现，通过一根电缆接到集线器的一个端口。设备不能主动发起 USB 通信，它必须等待主机并响应主机发起的通信。

设备在 USB 中的责任如下：

(1) 检测与自己的通信。每个外设始终监测着总线通信，若通信设备地址与设备地址不同，则设备忽略这次通信；如果地址相同，设备就把通信的数据保存在它的接收缓冲器中，并产生中断来发出数据已经到达的信号。

(2) 标准请求响应。在上电和连接到带电系统时，设备必须在识别过程中对主机发出的请求做出响应。当收到请求时，设备把要发送的响应信息放置在它的传输缓冲器中。在某些情况下，如设定一个地址和配置，设备除了发出响应信息外还要采取其他动作。然而设备不必执行每一个请求，它只需要以一种可以理解的方式对请求做出响应。

(3) 错误检查。设备要在发送数据后加入错误校验码，当接收到数据时，设备先进行错误校验计算，如果检测到错误就请求重新传输。

(4) 管理电源。如果设备不从总线获得电源供应，它就必须自己供电。当没有总线活动时，设备必须进入低功耗挂起状态继续监视总线，当总线活动恢复时退出挂起状态。

当主机进入低功耗状态时，所有与总线的通信都将停止，主机请求挂起与一个特定设备的通信。当总线活动恢复后，设备必须退出挂起状态。

不支持远程唤醒特征的设备在挂起状态下从总线取出的电流不会超过 500 mA。有远程唤醒特征的设备并且该特征被主机使能后，这个极限是 2.5 mA。

3) USB 的设备类型

USB 的设备可以分成多个不同类型，同类设备可以拥有共同的工作协议，从而简化设备的驱动，表 7-7 中给出了基本的 USB 设备类型分类。

表 7-7　基本的 USB 的设备类型

设备类型	设备举例	类型常量(Class constant)
音频(audio)	扬声器	USB_DEVICE_CLASS_AUDIO
通信	MODEM	USB_DECICE_CLASS_CO MMUNICATIONS
HID	键盘 鼠标	USB_DEVICE_CLASS_HUMAN INTERFACE
显示	监视器	USB_DEVICE_CLASS_MONITOR
物理回应设备	动力回馈式游戏操纵杆	USB_DEVICE_CLASS_PHYSICAL_INTERFACE
电源	不间断电源供应	USB_DEVICE_CLASS_POWER
打印机		USB_DEVICE_CLASS_PRINTER
大量的存储器	硬盘	USB_DEVICE_CLASS_STORAGE
Bulk	存储器硬盘	USB_DEVICE_CLASS_STORAGE
HUB		USB_DEVICE_CLASS_HUB

5. USB 的连接器

USB 规定了 A 系列和 B 系列两种连接器，计算机主机板上的连接器属 A 系列，B 系列的连接器常见于设备端上。

USB 连接器有四个引脚，各引脚信号的定义和用途见表 7-8。

表 7-8 USB 的引脚配置

引脚号	信号名称
1	+5 V
2	信号 负数据
3	信号 正数据
4	地线

6. USB 通信流

USB 接口是基于令牌包的总线协议，USB 规范引入管道的概念。USB 通信包含了一个大管道，一个大管道可以分为 127 个小管道，每个小管道连接一个 USB 的设备。

USB 令牌包中使用 7 个位寻址，可寻址 128 个设备，00H 默认地址用来指定给所有刚连上的设备。令牌包还包含 4 位的端点地址以及 1 个输入/输出寻址位，所以在单独的小管道内可再分割成出 16 组微管道，实现 16 个输入/输出的端点寻址。

1) 设备端点

端点是 USB 设备唯一可以确认的部分，它是主机和设备之间的通信流终点。USB 为主机上的客户软件与 USB 功能模块之间的通信提供服务，端点决定端点和客户软件之间通信所需要的传输服务类型。一个端点具有以下属性：

(1) 端点号、总线频率/延时要求、带宽要求。

(2) 差错控制要求、端点可接收/传递的最大分组。

(3) 端点传送类型、端点主机之间的数据传送方向。

(4) 端点 0 是 USB 设备的缺省端点，所有 USB 设备都必须拥有端点 0，端点 0 用于对 USB 设备进行配置。

(5) 除端点 0 外，功能设备还具有其他的端点。低速功能设备有两个端点选择；对于全速率设备来说，它的附加端点数仅受协议的限制，最多可有 16 个输入/输出端点。

在对端点进行配置之前，端点处于不确定的状态，一个端点只在对其进行配置后，主机才能访问。包括端点 0 在内的所有端点都作为设备配置过程中的普通对象来进行配置。

2) 管道

USB 管道是设备上的一个端点和主机的软件联合体。管道表示经过一个存储器缓冲区和一个设备上的端点，可以在主机上的软件之间传送数据的能力。

USB 不对管道中传递的数据内容进行翻译，即使是消息管道要求根据 USB 的规定对数据进行打包，USB 也不会翻译这些数据的内容。

对一个 USB 设备进行配置之后，就会形成管道。由于一个 USB 设备上电后总要对端点 0 进行配置，所以端点 0 总是拥有一个管道。

7. USB 的传输类型

USB 定义了以下四种传输类型：

(1) 控制传输：主要用于命令/状态操作。它是由主机软件发起的请求/响应通信过程，具有突发性与非周期的特点。

(2) 同步传输：主要用于主机和设备与时间有关的信息传输，具有周期性、连续性的特点。这种传输类型保留了数据中时间压缩的概念，但并不意味着这一类数据传送都是实时的。

(3) 中断传输：主要用于向主机通知设备的服务请求。它是由设备发起的通信，具有数据量小、非周期、低频率、延时固定等特点。

(4) 批量传输：主要用于利用可用带宽进行传送，或延迟到有可以利用的带宽时再进行传送的数据。它具有非周期和突发性强的特点。

8. 总线枚举

总线枚举是指对总线上接入的 USB 设备进行识别和寻址操作。由于 USB 支持热插拔和即插即用，所以当一个 USB 设备接入或从 USB 接口上拆除时，主机必须使用总线枚举的过程来识别和管理必要的设备状态变化，并动态地对它进行配置。当一个 USB 设备接入后，将会发生下列事件：

(1) USB 设备所接入的集线器通过一个其状态变化管道上的响应向主机报告该事件。

(2) 主机通过询问集线器来确定变化的真实性质。

(3) 主机已经知道新的设备所接入的端口，向该端口发送一个端口激活和复位信号。

(4) 集线器把发往该端口的复位信号保持 10 ms。当复位信号释放后，被激活的端口和集线器将向 USB 设备提供 100 mA 电流。此时 USB 设备就处于加电状态。

(5) 为该 USB 设备分配地址之前，利用缺省地址仍可以访问其缺省管道。主机通过读取该设备的描述符，来确定该设备的缺省管道实际可以使用的最大数据负载尺寸。

(6) 主机为 USB 设备分配一个唯一的 USB 地址，然后用这个地址和端点 0 来建立该 USB 设备的控制管道。

(7) 主机读取设备的每一项配置信息。这个过程可能需要传输若干个帧的数据。

(8) 根据配置信息，主机明确如何来使用该设备，主机向设备分配一个配置值，这时设备就处于配置完成状态，并且在这一配置中的所有端点都具有其描述的特征。

当 USB 设备被拆除时，集线器将会通知主机。拆除一个设备会使该设备所接入的端口被禁用。一旦收到拆除指示，主机将立即更新它的本地拓扑结构信息。

9. USB 传输与数据包格式

USB 传输数据的格式与计算机网络传输数据的格式相似，所有的数据都必须封装成帧才能递交给总线接口送到总线传输。任何数据包发送前，都要先发送一个同步字节(80H)，然后紧接着发送数据包，数据包的第一个字节是数据包识别字节(PID)。表 7-9 给出了 PID 的定义。

表 7-9 PID 代码

PID 字节	名称	类型	描述
E1H	OUT	标记	主机到设备事务的端点地址
69H	IN	标记	设备到主机事务的端点地址
A5H	SOF	标记	帧起始标记和帧编号
2DH	Setup	标记	主机到设备的 Setup 事务的端点地址

续表

PID 字节	名称	类型	描述
D2H	ACK	信号交换	接收器接收到无错误的数据包
5AH	NAK	信号交换	接收器不能接收/发送数据或没有数据要发送
1EH	Stall	信号交换	一个控制请求不支持或端点被禁止
C3H	Data0	数据	有偶同步位的数据包
4BH	Data1	数据	有奇同步位的数据包
3CH	PRE	特殊	主机发送的前同步信号,允许到低速设备的下行通信

图 7-11 列出了 USB 传输中出现的数据、标记、信号交换以及帧起始数据包的格式。其中,地址字段包含了 USB 设备的 7 位地址,端点号字段用于指示通信流的端点。CRC 字段是数据校验字段,USB 使用了两种:CRC5 和 CRC16。CRC5 的生成多项式为 $X^5 + X^2 + 1$(对应的二进制数为 100101),CRC16 的生成多项式为 $X^{16} + X^{15} + X^2 + 1$(对应的二进制数为 11000000000000101)。

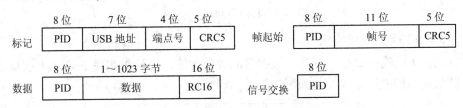

图 7-11 USB 数据包的格式

USB 使用 ACK 和 NAK 来协调数据包在主机系统和 USB 设备之间的传输。USB 设备一旦收到从主机发来的数据包,就应发回一个 ACK(Acknowledgment,确认)或 NAK(Negative Acknowlegment,否认)给主机。如果数据被正确地接收,则发送 ACK;如果接收不正确,则发送 NAK。如果主机接收到 NAK,则它重新发送该数据包,直到接收器正确地接收到此数据包为止。这种数据传输的方法常被称为停等式数据流控制。

10. USB 的现状与发展

在系统软件方面,Microsoft 公司在 Windows 98 和 Windows NT/2000/XP 操作系统中全都内置了支持 USB 标准的功能,并且为 USB 开发了相应的驱动程序和支持软件。计算机厂商生产的新主板几乎都带有 2~6 个 USB 端口,不少外部设备厂商纷纷推出了带有 USB 端口的键盘、鼠标、活动硬盘、扫描仪、MODEM 和游戏操纵杆等。

USB 2.0 标准的最高传输速率能达到 480 Mb/s,基本能够满足目前绝大多数外设的要求。采用 USB 2.0 接口的数码相机、外置硬盘等产品也已推向市场。

7.3.5 IEEE 1394 总线

1. IEEE 1394 概述

IEEE 1394 是一种高性能的串行总线,IEEE 1394 系统结构如图 7-12 所示。IEEE 1394 作为一种数据传输的开放式技术标准,能够以 100 Mb/s、200 Mb/s 和 400 Mb/s 的高速率进行声音、图像信息的实时传送,还可以传送数字数据以及设备控制指令。IEEE 1394 的传输速率可以提升到 800 Mb/s、1.6 GB/s 甚至 3.2 GB/s。利用同样的四条信号线，IEEE 1394 即可以同步传输，也可以支持异步传输。这四根信号线分为差模时钟信号线对和差模数据线对。IEEE 1394 规范得到了很好的定义，而且基于 IEEE 规范的产品也出现在市场上。目前，IEEE 1394 解决方案的价位被认为可以同 SCSI 磁盘接口相竞争，但它不适合于一般的桌面连接。

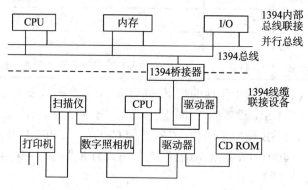

图 7-12　IEEE 1394 系统结构

2. IEEE 1394 的接口协议

IEEE 1394 总线接口是一种基于数据包的数据传输，协议中实现了 OSI 七层协议的物理层、链路层和传输层，其结构如图 7-13 所示。

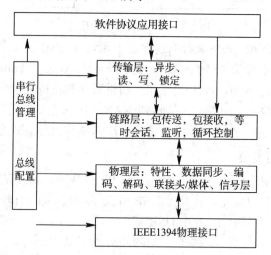

图 7-13　IEEE 1394 总线接口协议结构

3. IEEE 1394 的性能特点

（1）占用空间小，价格廉价：IEEE 1394 串行总线共有六条信号线，其中两条用于设备供电，四条用于数据信号传输；相对于并行总线和串行总线节省资源。IEEE 1394 串行总线的控制软件和连接导线的实现成本都比并行总线要低，不需要解决信号干扰问题，价格低廉。

（2）速度快并具有可扩展的数据传输速率：能够以 100 Mb/s、200 Mb/s 和 400 Mb/s 的速率来传送动画、视频、音频信息等大容量数据，并且同一网络中的数据可以用不同的速度进行传输。

(3) 同时支持同步和异步两种数据传输模式，支持点对点传输。在同步数据传输的同时可进行异步数据传输，可进行等时传送，在一定的时间内能够进行数据的顺序传送，从而将数字声音、图像信息实时准确地传送至接收设备。不需要个人电脑等核心设备，用电缆把需要使用的设备连接起来即可进行数据的交换。

(4) 拓扑结构灵活多样，并且具有可扩展性。在同一个网络中可同时进行菊链式和树状连接。并可以将新的串行设备接入串行总线节点所提供的端口，从而扩展串行总线，可将拥有两个或更多的端口的节点以菊花状连接入总线。

另外，IEEE 1394 还支持即插即用、热插拔、公平仲裁，以及具有设备供电方式灵活，标准开放等特点。

4. IEEE 1394 技术在视、音频设备中的应用

安装符合 IEEE 1394 标准的数字 AV 接口的产品有数字摄像机、数字录像机、静画俘获板、打印机和 PC 等。AV 设备的数字化，音频音乐领域的数字化以及广播系统的数字化使得每个相关的设备都需要进行数字信号的输入和输出。

5. 利用 IEEE 1394 组建高速局域网

网络技术日益发达，常见的 100 Mb/s 以太网，对外部数据传输要求而言，这个速度已经足够；但对于经常传送视音频资料的专业应用而言，100 Mb/s 的速度就显得不太够用。而 IEEE 1394 能够以 100~400 Mb/s 的速率进行声音、图像信息的实时传送，还可以传送数字数据以及设备控制指令，因此通过 IEEE 1394 创建高速的内部局域网络来传送视音频资料。

一些需要高流量传送资料的计算机产品，如外置式硬盘、扫描仪、数码摄像机等，都需要 IEEE 1394 接口，因为它的最高速度可达 400 Mb/s。个人电脑已经内置 IEEE 1394 适配卡，通过 IEEE 1394 创建高速的内部局域网络。

IEEE 1394 网络采用两种结构，在同一个 IEEE 1394 网络中可同时进行菊链式和树状连接。以树状连接为例，IEEE 1394 网络只需在其中一部计算机上安装 IEEE 1394 适配卡。

由于一块 IEEE 1394 适配卡通常提供三个或更多的 IEEE 1394 接口，可将多台计算机接到该电脑的 IEEE 1394 适配卡，并将余下的计算机分别连接这多台计算机的 IEEE 1394 接口；整个网络便形成了一个树状结构。用户只要不关闭第一台计算机的 IEEE 1394 总线，整个网络都会以最理想的 400 Mb/s 速度运行。

IEEE 1394 网络的主要特点和局限性如下：

(1) 节点间的最大距离不超过 4.5 m。使用 IEEE 1394 中继放大器可以将节点之间的距离延长 4.5 m。IEEE 1394 最多只能支持 16 层树形网段，所以两个端点之间的最大距离为 72 m(16 × 4.5 m)。

(2) 每个网段最多连接 63 台设备，IEEE 1394 可以实现各种复杂的网络结构。

(3) IEEE 1394 设备支持热插拔。

(4) IEEE 1394 网络使用对等结构。

(5) 同一网络中的数据可以以不同的速度进行传输。

IEEE 1394 标准的扩展工作正在进行。扩展工作的第一阶段是高速化和长途化，第二阶段则对应无线方式。IEEE 1394 扩展的第一阶段工作已定义为 IEEE 1394.b。

传输电缆线使用屏蔽双绞线电缆或光缆。使用 1.6 GB/s 时的传输距离与过去相同，仍为 4.5 m，但如果降低传输速率就可以相应延长传输距离。使用非屏蔽双绞线电缆以 100 Mb/s 传输时，可传输 100 m；使用光缆以 200 Mb/s 传输时还可以延长 50 m。频率为 5 GHz 和 60 GHz 的 IEEE 1394 已经能够进行实际应用。

IEEE 1394 现在正处于发展阶段，随着配有 IEEE 1394 接口的设备的增多，有望建立易于使用的系统环境，由此可开发出新的应用项目，IEEE 1394 也将会成为新的总线标准。

7.4 现场总线

现场总线(Fieldbus)是 20 世纪 90 年代发展形成的，用于过程自动化、制造自动化、楼宇自动化、家庭自动化等领域的现场设备互连的通信网络，是现场通信网络与控制系统的集成，并由此产生了新一代的现场总线控制系统 FCS(Fieldbus Control System)。

7.4.1 现场总线的产生

从 20 世纪 50 年代以来自动控制领域经历了一个从简单到复杂，从局部自动化到全局自动化，从非智能、低智能到高智能的发展过程。而处于生产过程底层的测控自动化系统，仍然用一对一连线，用电压、电流的模拟信号进行测量控制，这难以实现设备之间及系统与外界之间的信息交换，使自动化系统成为"信息孤岛"，严重制约其本身的发展。要实现整个企业的信息集成，要实施综合自动化，就必须设计出一种能在工业现场环境运行，并且性能可靠、实时性强、造价低廉的通信系统，形成工厂底层网络，完成现场自动化设备之间的多点数字通信，实现底层现场设备之间，以及自动化设备与外界的信息交换。现场总线就是在这种实际需求的驱动下应运而生的，它作为过程自动化、制造自动化、楼宇、交通等领域现场设备之间的互联网络，沟通了生产过程现场控制设备之间及其与更高监控管理层网络之间的联系，为彻底打破自动化系统的信息孤岛创造了条件。

现场总线是综合运用微处理器技术、网络技术、通信技术和自动控制技术的产物。它把微处理器置入现场自控设备，使设备具有数字计算和数字通信能力。这一方面提高了信号的测量、控制和传输精度，为实现基本控制、补偿计算、参数修改、报警、显示、监控、优化及控管一体化的综合自动化提供可能；同时丰富控制信息的内容，提供传统仪表所不能提供的信息，如阀门开关动作次数，故障诊断等。现场总线被定义为应用在生产现场、在微机化测量控制设备之间实现双向串行数字通信的系统，也被称为开放式、数字化、多点通信的底层控制网络。

由于现场总线适应了工业控制系统向分散化、网络化、智能化发展的方向，它一经产生便成为全球工业自动化技术的热点，受到全世界的普遍关注。现场总线的出现，导致了目前生产的自动化仪表、DCS、PLC 在产品的体系结构、功能结构方面的较大变革，自动化设备面临更新换代的挑战。

7.4.2 现场总线控制系统的技术特点

现场总线系统在技术上具有以下特点：

(1) 系统的开放性：开放系统是指通信协议公开，各不同厂商的设备之间可实现信息交换。这里的开放是指相关标准的一致性、公开性，强调对标准的共识与遵从。一个开放系统是指它可以与世界上任何地方遵守相同标准的其他设备或系统连接。一个具有总线功能的现场总线网络，系统必须是开放的。开放系统把系统集成的权力交给用户，用户可按自己的需要和考虑把来自不同供应商的产品组成大小随意的系统。

(2) 互可操作性与互用性：互可操作性是指实现互连设备间、系统间的信息传送与沟通；而互用性则意味着不同制造商性能类似的设备可进行互换，实现相互替换。

(3) 现场设备的智能化与功能自治性：它将传感测量、补偿计算、工程量处理与控制等功能分散到现场总线设备中完成，仅靠现场总线设备即可完成自动控制的基本功能，并可随时诊断设备的运行状态。

(4) 系统结构的高度分散性：现场总线已构成一种新的全分散性控制系统的体系结构。从根本上改变了现有 DCS 集中与分散相结合的集散控制系统体系，简化了系统结构，提高了可靠性。

(5) 对现场环境的适应性：作为工厂网络底层的现场总线，是专为在现场环境工作而设计的，可支持双绞线、同轴电缆、光缆、射频、红外线、电力线等多种传输介质；具有较强的抗干扰能力，采用两线制实现供电与通信，并可满足本质安全防爆要求。

7.4.3 现场总线技术的现状及发展前景

1. 现场总线技术的现状

1984 年美国仪表学会 ISA 开始制定 ISA/SP50 现场总线标准；1986 年德国开始制定过程现场总线 Profibus；1990 年完成了 Profibus 的制定；1994 年又推出了用于过程自动化的现场总线 Profibus-PA。1986 年由 Rosemount 提出 HART 通信协议，它是在 DC 4～20 mA 模拟信号上叠加 FSK(Bell202)数字信号，因此模拟与数字信号可以同时进行通信。这是现场总线的过渡型协议。1992 年由 Siemens、Foxboro、Yokogawa、ABB 等公司成立 ISP(Interoperable System Protocol)，即互可操作规划组织，以 Profibus 为基础制定现场总线标准，1993 年成立了 ISP 基金会(ISPF)。1993 年由 Honeywell、Bailey 等公司成立了 World Factory Instrumentation Protocol，即工厂仪表世界协议组织，约 120 多个公司加盟，以法国 FIP 为基础制定现场总线标准。由于标准众多，又代表各大公司利益，致使现场总线标准化工作进展缓慢。1994 年，世界两大现场总线组织 ISPF 和 WorldFIP 合并，成立了现场总线基金会(FF，Fieldbus Foundation)。

FF 聚集了世界著名的仪表、DCS(Distributed Control System)和自动化设备的制造厂商、研究机构和最终用户。目前各大公司都已按照 FF 协议开发产品，FF 的成立，给现场总线的发展注入了新的活力。与此同时，在不同行业还派生出一些有影响的总线标准。它们大都在公司标准的基础上逐渐形成，并得到其他公司、厂商、用户以及国际组织的支持。如德国 Bosch 公司推出的 CAN、美国 Echelon 公司推出的 LonWorks 等。

随着现场总线技术及产品、系统的迅速发展，现场总线系统占整个自动化系统市场份额逐年上升。目前国际著名自动化、仪表及电器的制造商均有现场总线产品及系统。

2. 现场总线技术发展前景

现场总线控制系统 FCS 采用了现代计算机技术中的网络技术、微处理器技术及软件技术，实现了现场仪表之间的数字连接及现场仪表的数字化，给工业生产带来了巨大效益。降低了现场仪表的初始安装费用；节省了电缆、施工费，增强了现场控制的灵活性；提高了信号传递精度；减少了系统运行维护的工作量。现场总线技术的发展，促使工厂底层自动化系统及信息集成技术产生变革，新一代基于现场总线的自动化监控系统已初露端倪。

从自动控制系统发展史来看，曾经历过两次大的革新，一次是 20 世纪 50 年代末，由基地式仪表向电动或气动单元组合仪表的转变；另一次是 20 世纪 80 年代，从电子模拟仪表到 DCS 的转变。这两次大的转变，远远不及现场总线对控制系统发展的影响那样深刻。现场总线使控制系统发生了概念上的全新变化，它使传统的控制系统结构发生了根本的变换。可以预言，尽管目前是 FCS 与 DCS 并存，最终 FCS 将逐步替代 DCS 和 PLC。

3. 国内外现场总线市场分析预测及发展趋势

目前，在国际市场上，各类现场总线并存。据 VDC(Venture Development Corp)的最新调查结果显示，各类总线的世界市场占有额如表 7-10 所示。

表 7-10 各类总线的世界市场占有情况

序号	产品名称	1998 年	2003 年
1	Profibus-DP Profibus-FMS Profibus-PA, AS-i	21.5%	24.5%
2	A-B Remote I/O DeviceNet ControlNet	20.4%	21.1%
3	Ethernet	8.4%	22.0%
4	Foundation Fieldbus	2.4%	8.3%
5	其他	47.3%	24.1%

国外现场总线的发展趋势有以下几个方面：基于现场总线的开放和分布控制是自动化系统发展方向；软件技术的作用愈显重要；FF 和 Profibus-PA 是过程控制总线的主流；基于通过 PC 平台的软 PLC 和软 DCS 逐步兴起。

国内现场总线发展趋势和现状有如下几个特点：引入国外多种总线并投入运行；我国的自动化科研单位在跟踪现场总线技术发展的同时，也先后开始了现场总线的研制工作；没有自己的现场总线标准，面临着多种总线应用的挑战，在相当长的一段时间内只能采用国外的标准协议；控制软件，尤其是分布控制软件的开发重视不够。

7.4.4 现场总线

目前国际上存在着几十种现场总线标准，比较流行的有基金会现场总线 FF(Fieldbus Foundation)、CAN 总线、Profibus、LonWorks、Devicenet 等。

1. 基金会现场总线

基金会现场总线 FF 是为适应自动化系统，特别是过程自动化系统在功能、环境与技术上的需要而专门设计的。它可以工作在生产现场，并能适应本质安全防爆的要求，还可以通过传输数据的总线为现场设备提供工作电源。该总线标准是由现场总线基金会(Fieldbus Foundation)组织开发的，现已成为 IEC61158 标准。

基金会现场总线的最大特色就在于它不仅仅是一种总线技术，而且是一个自动化系统。它作为新型自动化系统，区别于传统的自动化系统的特征就在于它所具有开放型数字通信能力，使自动化系统具备网络化特征。而它作为一种通信网络，有别于其他网络系统的特征则在于它位于生产现场，其网络通信是围绕完成各种自动化任务进行的。基金会现场总线作为自动化系统则把控制功能完全下放到现场，仅由现场仪表即可构成完整的控制功能。由于基金会现场总线的现场变送、执行仪表内部都具有微处理器，现场设备内部可以装入控制计算模块，只需通过都处于现场的变送、执行器连接，便可组成控制系统。这个意义上的全分布无疑将增强系统的可靠性和系统组织的灵活性。当然，这种控制系统还可以与别的系统或控制室的计算机进行信息交换，构成各种高性能的控制系统。

基金会现场总线作为工厂的底层网络，相对一般的广域网、局域网而言，它是低速网段，其传输速率的典型值为 31.25 kb/s。它可以由单一总线段或多总线段构成，也可以由网桥把不同传输速率、不同传输介质的总线段互连而成；网桥在不同总线段之间透明地转换传送信息。还可以通过网关或计算机接口板将其与工厂管理层的网段挂接，彻底打破了多年来未曾解决的自动化信息孤岛格局，形成了完整的工厂信息网络。基金会现场总线围绕工厂底层网络和全分布自动化系统这两个方面形成了它的技术特色。其主要内容如下：

1) FF 总线的通信技术

FF 总线的通信技术包括 FF 总线的通信模型、通信协议、通信控制芯片、通信网络与系统管理等内容。它涉及一系列与网络有关的软硬件，如通信栈软件、仪表用通信接口卡，FF 与计算机的接口卡，各种网关、网桥、中继器等。它是现场总线的核心技术之一。

2) 标准化功能块(FB Function Block)与功能块应用进程(FBAP Function Block Application Process)

它提供一个通用结构，把实现控制系统所需的各种功能划分为功能模块，使其公共特征标准化，规定它们各自的输入、输出、算法、参数与控制图，并把它们组成为可在某个现场设备中执行的应用进程，便于实现不同制造商产品的混合组态与调用。功能块的通用结构是实现开放系统构架的基础，也是实现各种网络功能与自动化功能的基础。

3) 设备描述(DD Device Description)与设备描述语言(DDL Device Description Language)

为实现现场总线设备的互操作性，支持标准的块功能操作，FF 总线采样了设备描述技术。设备描述为控制系统理解来自现场设备的数据意义提供必须的信息，因而也可以看作控制系统或主机对某个设备的驱动程序，即设备描述是设备驱动的基础。设备描述语言是一种用以进行设备描述的标准编程语言。采用设备描述编译器，把用 DDL 编写的设备描述源程序转化为机器可读的输出文件。控制系统正是凭借这些机器可读的输出文件来理解各制造商的设备的数据意义。现场总线基金会把基金会的标准 DD 和经基金会注册过的制造商附加 DD 写成 CD-ROM，提供给用户。

4) 现场总线通信控制器与仪表或工业控制计算机之间的接口技术

在现场总线的产品开发中，常采用 OEM 集成方法构成新产品。已有多家供应商向市场提供 FF 集成通信控制芯片、通信栈软件、仪表用通信接口卡(又被称之为圆卡)等。把这些部件与其他供应商开发的或自行开发的完成测量控制功能的部件集成起来，组成现场智能设备的新产品。要将总线通信圆卡与实现变送、执行功能的部件构成一个有机的整体，要通过 FF 的 PC 接口卡将总线上的数据信息与上位的各种人机接口(MMI, Man-Machine Interface)软件、高级控制算法融为一体，尚有许多智能仪表本身及其与通信软硬件接口的开发工作要做。

5) 系统集成技术

包括通信系统与控制系统的集成，如网络通信系统组态、网络拓扑、配线、网络系统管理、控制系统组态、人机接口、系统管理维护等。

6) 系统测试技术

包括通信系统的一致性与可互操作技术；总线监听分析技术；系统的功能、性能测试技术。

为了实现系统的开放性，其通信模型参考了 ISO/OSI 参考模型，并在此基础上根据自动化系统的最大特点进行了演变。基金会现场总线的参考模型只具备了 ISO/OSI 参考模型七层中的三层，即物理层、数据链路层和应用层，并按照现场总线的实际要求，把应用层划分为两个子层——总线访问子层与报文规范子层。省去了中间的 3~6 层，即不具备网络层、传输层、会话层与表示层。不过它又在原有 ISO/OSI 参考模型第七层应用层之上增加了新的一层——用户层。这样可以将通信模型视为四层，其中物理层规定了信号如何发送；数据链路层规定如何在设备间共享网络和调度通信；应用层则规定了在设备间交换数据、命令、事件信息以及请求应答中的信息格式；用户层则用于组成用户所需要的应用程序，如规定标准的功能块、设备描述、实现网络管理、系统管理等。在相应软硬件开发的过程中，往往把除去最下端的物理层和最上端的用户层之后的中间部分作为一个整体，统称通信栈。这时现场总线的通信参考模型可简单地视为三层。

2. CAN 总线

CAN(Control Area Network)总线技术，由于其高性能、高可靠性以及独特的设计，越来越受到人们的重视。CAN 最初是由 BOSCH 公司为汽车检测、控制系统而设计的。由于 CAN 总线本身的特点，其应用范围已不再局限于汽车工业，而向过程工业、机械工业、纺织机械、农用机械、机器人、数控机床、医疗器械等领域发展。

CAN 总线的数据通信具有突出的可靠性、实时性和灵活性。其主要特点如下：CAN 为多主方式工作，网络上任一节点均可在任意时刻主动地向网络上其他节点发送信息，而不分主从，通信方式灵活，且无须站地址等节点信息；CAN 网络上的节点信息分成不同的优先级，可满足不同的实时要求，高优先级的数据最多可在 134 μs 内得到传输；CAN 采用非破坏性总线仲裁技术，当多个节点同时向总线发送信息时，优先级较低的节点会主动地退出发送，而最高优先级的节点可不受影响地继续传输数据，从而大大节省了总线冲突仲裁时间；CAN 只需通过报文滤波即可实现点对点、一点对多点及全局广播等几种方式传送接收数据，无须专门地"调度"；CAN 上的节点数主要取决于总线驱动电路，目前可达 110

个；报文标识符可达 2032 种(CAN2.0A)，而扩展标准(CAN2.0B)的报文标识符几乎不受限制，采用短帧结构，传输时间短，受干扰概率低，具有极好的检错效果；CAN 的每帧信息都有 CRC 校验及其他检错效果；CAN 的每帧信息都有 CRC 校验及其他检错措施，保证了极低的数据出错率。

CAN 技术规范(Version 2.0)包括 A 和 B 两部分。其中 2.0A 给出了 CAN 报文标准格式，而 2.0B 给出了标准的和扩展的两种格式。为使设计透明和执行灵活，CAN 只采用了 ISO/OSI 模型中的物理层和数据链路层。物理层又包括物理信令(PLS Physical Signalling)、物理媒体附件(PMA Phsical Medium Attachment)与媒体接口(MDI Medium Dependent Interface)三部分；数据链路层包括逻辑链路控制子层(LLC)和媒体访问控制子层(MAC)两部分。

CAN 技术规范的物理层定义信号怎样进行发送，涉及电气连接、驱动器/接收器的特性、位编码/解码、位定时及同步等内容。但对总线媒体装置，诸如驱动器/接收器特性未作规定，以便在具体应用中进行优化设计。CAN 物理层选择灵活，没有特殊的要求，可以采用共地的单线制、双线制、同轴电缆、双绞线、光缆等。网上节点数理论上不受限制，取决于物理层的承受能力，实际可达 110 个。当总线长为 49 m 时，最大通信速率为 1 MB/s；而当通信速率为 5 kb/s 时，直接通信距离最大可达 10 km。

在 CAN 技术规范 2.0A 版本中，数据链路层的逻辑链路控制子层(LLC)和媒体访问控制子层(MAC)的服务和功能分别被描述为"目标层"和"传送层"。LLC 子层的主要功能是：为数据传送和远程数据请求提供服务，确认要发送的信息，确认接收到的信息，并为恢复管理和通知超载提供信息，为应用层提供接口。在定义目标处理时，存在许多灵活性。MAC 子层的功能主要是传送规则，亦即控制帧结构、执行总线仲裁、错误检测、出错标定和故障界定。MAC 子层也要确定，为开始一次新的发送，总线是否开放或者是否马上接收。

CAN 数据链路层由一个 CAN 控制器实现，采用 CSMA/CD 方式，但不同于普通的 Ethernet，它采用非破坏性总线仲裁技术，网络上节点(信息)有高低优先级之分以满足不同的实时需要。当总线上有两个节点同时向网上输送信息时，优先级高的节点继续传输数据，而优先级低的节点主动停止发送，有效地避免了总线冲突以及负载过重导致网络瘫痪的情况。CAN 可以实现点对点、一点对多点(成组)以及全局广播等几种方式传送和接收数据。CAN 采用短帧结构，每帧有效字节数为 0~8 个，因此传输时间短，受干扰概率低，重新发送时间短。数据帧的 CRC 校验域以及其他检查措施保证了极低的数据出错率。CAN 节点在严重错误的情况下具有自动关闭总线的功能，切断它与总线的联系，从而使总线上其他操作不受影响。

3. PROFIBUS 总线

PROFIBUS(Process Field Bus)是德国标准 DIN19245 和欧洲标准 EN50170，也是 IEC 标准 IEC61158。PROFIBUS 可以用于制造自动化、过程自动化以及交通、电力等领域的自动化，实现现场级的分散控制和车间级或厂级的集中监控。

PROFIBUS 含有三个兼容的协议：PROFIBUS-DP(Decentralized Periphery，分散外围设备)，PROFIBUS-PA(Process Automation，过程自动化)，PROFIBUS-FMS(Field Message Specification，现场总线报文规范)。PROFIBUS-DP 传输速率最高为 12 MB/s，主要用于现场级和装置级的自动化。PROFIBUS-PA 传输速率最高为 31.25 MB/s，主要用+于现场级过

程自动化，具有本质安全和总线供电特性。PROFIBUS-FMS 主要用于车间级或厂级监控，构成控制和管理一体化系统，进行系统信息集成。

PROFIBUS 通信模型参照了 ISO/OSI 参考模型的第 1 层(物理层)和第 2 层(数据链路层)，其中 FMS 还采用了第 7 层(应用层)，另外增加了用户层。PROFIBUS-DP 通信协议定义了第 1 层、第 2 层和用户接口层，这种精简的结构确保了数据传输的高速有效。直接数据链路映象(DLLM, Direct Data Link Mapper)提供了访问第 2 层的用户接口，用户接口规定了用户和系统以及各类设备可以调用的应用功能，并描述了各种设备的设备行为。物理层采用 RS-485 传输技术或光纤传输技术。DP 协议的用户层包括 DP 基本功能、DP 扩展功能和 DP 行规。

PROFIBUS-PA 使用扩展的 PROFIBUS-DP 协议进行数据传输，另外还规定了现场设备的设备行规。根据 IEC61158 标准，这种传输技术可以确保其本质安全，并可以通过总线对现场设备供电。使用 DP/PA 段耦合器可将 PROFIBUS-PA 设备集成到 PROFIBUS-DP 网段中。

PROFIBUS-FMS 通信协议定义了第 1 层、第 2 层和第 7 层，第 7 层又分为现场总线报文规范(FMS, Fieldbus Message Specification)和低层接口(LLI, Lower Layer Interface)。FMS 包括了应用协议并向用户提供通信服务。LLI 协调不同的通信关系，并向 FMS 提供不依赖于设备的对第 2 层的访问接口。第 2 层现场总线数据链路(FDL, Fieldbus Data Link)用于完成总线访问控制及保证数据的可靠性。第 1 层采用 RS-485 传输技术或光纤传输技术。PROFIBUS-DP 和 PROFIBUS-FMS 使用相同的传输技术和总线存取协议，因此，它们可以同时在同一根电缆上运行。

为了满足本质安全的要求，PROFIBUS 物理层协议提供了三种数据传输标准：① 用于 DP 和 FMS 的 RS-485 传输；② 用于 PA 的 IEC61158-2 传输；③ 光纤传输。报文有效长度为 1～244 Byte。采用段耦合器，可适配 IEC61158-2 和 RS-485 信号(主要是传输速率和信号电压的匹配)，从而将采用 RS-485 传输技术的总线段和采用 IEC61158-2 传输技术的总线段连接在一起。也可以用专用的总线插头实现 RS-485 与光纤信号的相互转换，因此，也可以在同一套系统中使用 RS-485 传输技术和光纤传输技术。这样，这三种不同的传输技术可以通过一定的手段混合使用。

PROFIBUS-DP 用于现场层的高速数据传输，中央控制器(如 PLC/PC)通过总线同分散的现场设备(如驱动器和阀门等)进行通信，一般采用周期性的通信方式。这些数据交换所需的功能是由 PROFIBUS-DP 的基本功能所规定的。除了执行这些基本功能外，PROFIBUS-DP 扩展功能对现场总线设备的非周期性通信进行组态、诊断、和报警处理。PROFIBUS-DP 采用 RS-485 技术，传输速率为 9.6 kb/s～12 MB/s。PROFIBUS-DP 总线支持单主或多主系统，并有主从两种设备，总线上最多站数为 127，各主站之间传递令牌，主站与从站之间为主从传送方式。PROFIBUS-DP 通信方式采用点对点(用于传送用户数据)、广播(用于传送控制命令)、主从用户数据循环和主主数据循环传送。

PROFIBUS-PA 适用于过程自动化。PA 将自动化系统和过程控制系统中的压力、温度和液位变送器等现场设备连接起来，可以用来代替 DC4～20 mA 的模拟信号传输技术。PROFIBUS-PA 用一条双绞线既可传送信息也可向现场设备供电，即使在本质安全区也是如此。由于总线的操作电源来自单一的供电设备，因此不再需要绝缘装置和隔离装置。

PROFIBUS-PA 具有如下特性："本质安全"在危险区可使用；采用基于 IEC61158-2 技术的双绞线实现总线供电和数据传送；即使在本质安全区域，增加和去除总线站点也不会影响其他站；PROFIBUS-PA 总线段与 PROFIBUS-DP 总线段之间通过 DP/PA 耦合器连接，可以实现两总线段间的透明通信；适合过程自动化应用的行规使得不同厂家的现场设备具有互换性。

PROFIBUS-FMS 主要用于车间监控级通信。在车间监控层，可编程控制器(PLC 和 PC)之间需要比现场层更大量的数据传送，但对通信的实时性的要求低于现场层。

4. LonWorks 总线

LON(Local Operating Networks)是 Echelon 公司开发的现场总线，并在此基础上开发了配套的 LonWorks 总线技术。LonWorks 技术是一个开放的总线平台技术，该技术给各种控制网络应用提供端到端的解决方案。LonWorks 技术可以应用于工业控制、交通控制、楼宇自动化等领域。

LonWorks 具有如下技术特点：

(1) 具有支持 OSI 七层模型的 LonTalk 通信协议。LonTalk 通信协议支持 OSI/RM 的所有七层模型，是直接面向对象的网络协议，这也是一般现场总线所不具备的特点。LonTalk 为设备之间交换信息建立了一个通用的标准，使各台总线设备融为一体，形成一个网络控制系统。LonTalk 协议通过神经元芯片实现，不仅提供介质存取，事务确认和点对点通信服务，还提供一些如认证、优先级传输、广播/组播消息等高级服务。

(2) 神经元芯片。神经元芯片是 LonWorks 技术的核心，它不仅是 LON 总线的通信处理器，而且是具有 I/O 和控制的通用处理器。神经元芯片已提供了 LonTalk 协议的第 1~6 层，开发者只需用 Neuron C 语言开发。

(3) 基于 LNS(LonWorks Network Operating System)的软件工具。LonWorks 技术有多种基于 LNS 的工具，用于 LON 网络的维护和组态。其中 LonMaker 是图形化工具，用于图形绘制、系统调试和网络的维修保养；LonMaker 含有 LNS、画图工具 Visio 2000 技术版，还支持经由 LonWorks 网络或 TCP/IP 网络的远程操作，支持与 TCP/IP 网络及互联网的接口技术 i.LON。

(4) 开放性 LonWorks 技术提供了开放系统设计平台，使不同公司生产的同类 LonWorks 产品可以互操互换。LonWorks 产品的互操作标准由 LonMark 协会制定。

LonTalk 协议是 LON 总线的专用协议，是 LonWorks 技术的核心。它符合 ISO/OSI 参考模型的七层体系结构，即含有物理层、链路层、网络层、传输层、会话层、表示层和应用层。LonTalk 协议提供一系列通信服务，使一台设备的应用程序可以在不了解网络拓扑结构、名称、地址或其他设备功能的情况下发送和接收网络上其他设备的报文。还提供端到端的报文确认，报文认证、打包业务和优先传送服务，支持网络管理服务，允许远程网络管理工具与网络设备进行交互。采用神经元芯片的网络节点含有 LonTalk 协议固件，使网络节点可以可靠地通信。网络节点是相互独立的，任一节点发生故障时，不会影响整个网络工作，提高了系统的可靠性和可维护性。各节点具有本地存储和处理能力，系统的安全性很高，能在系统规模大时避免网络通信的冲突和网络速度的局限性。

LON 总线系统的开发有两种途径：一种是基于开发工具 LonBuilder 或 NodeBuilder，

使用 Neuron C 语言编程，即针对具体控制系统的要求编写应用代码，然后经过编译与通信协议代码连接生成总的目标代码，一起烧录到节点的存储器中；另一种是基于图形方式的软件开发工具 Visual Control，通过组态构成控制系统，自动编译生成总的目标代码，直接下载到节点的 Flash ROM 中。对复杂系统，需编制自定义模块。

本章小结

  总线是微型计算机系统的重要组成部分，它传递着 CPU 和其他部件之间的各类信息，以实现数据传输，使微型计算机系统具有组态灵活、易于扩展等优点。微型计算机的主板上通常配有 CPU 总线、内存总线、系统总线、局部总线、外设总线等。总线性能的好坏直接影响到微型计算机系统的整体工作性能。

  本章分析了常用的标准总线，阐述了 PCI 总线、RS-232C 总线和 USB 总线等常用总线的特点和功能。在学习过程中，要理解总线的基本概念，熟悉微型计算机总线的组成结构，注意常用系统总线和局部总线的内部结构及引脚特性，在各种不同的应用场合中合理地选择和使用总线。此外还介绍了现场总线技术的定义、性能要求和常见的几种现场总线控制系统的特点及工作原理。

习 题

  7-1 微型机系统中共有哪几类总线？各类总线的应用场合是什么？
  7-2 采用标准总线结构组成微机系统有何优点？
  7-3 目前推出哪几种典型的局部总线？为什么要推出局部总线？
  7-4 目前有哪几种典型的系统总线？各有何特点？
  7-5 简述 PCI 总线的系统结构，分析其引脚功能和特点。
  7-6 请简要说明 USB 总线的特点，USB 主机怎样了解 USB 设备的接入？
  7-7 IEEE 1394 总线还有哪些名称？使用时有哪些约定？
  7-8 试述 IEEE 1394 总线完成一次数据传输的 3 线挂钩联络过程。
  7-9 试述计算机总线技术的现状与未来发展趋势。
  7-10 简述现场总线的定义，国内外常使用的现场总线有哪几种？
  7-11 简述基金会现场总线、CAN 总线、Profibus 总线、LonWorks 总线的特点及工作原理。

第8章 微型计算机应用系统设计案例

学习目标

本章通过工程应用实例介绍几种典型微型计算机应用系统及其软硬件设计的一般方法。通过学习，要求读者了解常用的微型计算机应用系统，熟悉其硬件设计方法和软件编程思路。

学习重点

(1) 常用微型计算机应用系统的类型，典型系统的一般设计方法。
(2) USB 总线接口设计及驱动程序编制方法。

8.1 微型计算机应用系统设计

8.1.1 概述

在工业生产上用到的计算机应用系统，其具体组成、硬件部件和软件系统，都因使用的目的、对功能的要求和投资的多少而各不相同。现就系统功能、使用目的介绍几种常见的典型计算机应用系统。

1. 数据采集和数据处理系统

数据采集和数据处理系统结构如图 8-1 所示。严格地说，这种系统不由计算机控制，因为计算机并不直接参与控制。这种系统的主要作用如下：

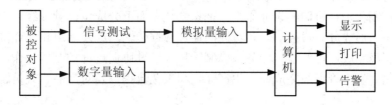

图 8-1 数据采集和数据处理系统结构

(1) 生产过程的集中监视。计算机对生产过程(被控对象)的不同变量参数进行巡回检测，并将采集到的数据以一定格式在监视器上显示或通过打印机打印出来，实现对生产过程的集中监视。

(2) 操作指导。计算机对采集到的数据进行分析处理，并给出对生产过程控制的建议，由过程的操纵者依给定的建议实现对过程的控制。

2. 直接数字控制系统

直接数字控制(DDC)系统结构如图 8-2 所示。计算机通过输入通道对被控对象进行实时数据采集，并按控制规律进行实时决策，产生控制指令，再通过输出通道，对被控对象实现直接控制。由于这种系统中的计算机直接参与生产过程的控制，所以要求实时性好、可靠性高并且环境适应性强。

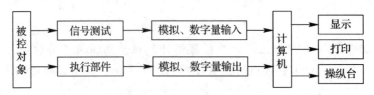

图 8-2 直接数字控制系统结构

3. 监督计算机控制系统

监督计算机控制(SCC)系统结构如图 8-3 所示。该系统是二级计算机控制系统。其中直接数字控制完成生产过程的直接控制；监督计算机根据生产过程工况和已知数学模型进行优化分析，将生产的最优设定值作为直接数字控制的指令信号，由直接数字控制系统执行。监督计算机由于承担上一级控制与管理任务，要求其数据处理功能要强，存储容量要大等。

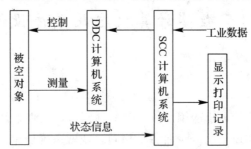

图 8-3 监督计算机控制系统结构

4. 分散型控制系统

随着工业生产过程规模的扩大和综合管理与控制要求的提高，人们开始应用以多台计算机为基础的分散型控制系统(DCS)，如图 8-4 所示。该系统采用分散控制原理、集中操作、分级管理与控制和综合协调的设计原则，把系统从上而下分成生产管理级、控制管理级和过程控制级等，形成分布式控制。各级之间通过数据传输总线及网络相互连接起来。系统中的过程控制级完成过程的检测任务。控制管理级通过协调过程控制器工作，实现生产过程的动态优化。生产管理级完成制定生产计划和工艺流程以及对产品、人员、财务管理实现静态优化。

随着企业生产规模的逐步扩大，对生产过程自动化各项指标的要求越来越高，系统向着更加复杂、更加高级的方向发展，但同时对其工作可靠性的保证有着更高的要求。

自微型计算机出现后，因其体积减小、成本大幅度下降、可靠性不断提高而改变了以往只使用由一个 CPU 组成的装置实现对多个回路自动控制的概念。人们通过实践发现，生产过程中的每一个局部使用各自独立的带 CPU 的控制单元来完成其自动控制作用，其控制功能会得到加强，工作更加可靠，维修更加方便，性能价格比会显著提高，这就是分散型控制系统的设计思想。这一设计思想已被越来越多的人所接受。

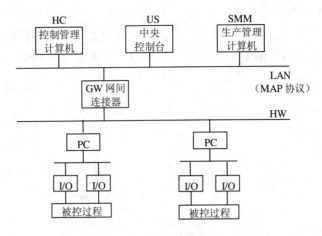

图 8-4 分散型控制系统

分散型控制系统虽然能完成生产过程中各个局部的控制作用，但是各单元之间并无直接的联系，于是人们又使用一台档次较高的上位计算机对各分散的下位控制单元进行统一的管理。上位机根据接收到各下位控制单元送来的数据，经过分析和处理后对下位控制单元进行监督控制，实现对整个生产过程控制的协调和优化。上位机必要时还可以对生产过程进行编制计划，对原材料及能源的调度、成本核算、库存管理、打印统计报表等进行管理。

由于微机控制系统的集散化，解决上、下位机之间的数据通信就自然成为当前课题。计算机的数据高速传送技术、计算机局部网络技术、光纤通信技术将逐步进入微机控制的应用领域。这样，就能进一步促进生产管理的微机化、规范化和科学化，使各生产职能管理部门能够利用计算机终端通过电话线或光纤通信线路与微机控制系统联网，随时从公用数据库中了解、分析生产情况，便于对下一步的生产和技术改造进行决策，有利于提高生产率和产品质量，降低原材料和能量消耗，减小环境污染。

微型计算机应用系统的设计是一个从理论到实践的质的飞跃过程，同时也是一个综合性很强的工作。它需要掌握微机原理、计算机控制理论、计算机网络以及电子电路等方面的知识，是各个专业知识的综合运用过程。

8.1.2 微型计算机应用系统设计举例

1. 企业数据采集与网络管理系统

现在中小型企业的生产设备中，多数设备的电气控制和监控繁琐，不能有效地对工作现场的控制设备进行精确的操作，而且大多数设备之间独立工作，不能形成一个完整、有效的管理体系。各设备的操作结果必须由操作人员单独向有关负责人汇报或集中汇总后再上交给企业决策管理部门，其手续繁杂、效率低下，不能及时准确地将生产情况反馈到管理部门，这是一种陈旧的管理模式。采用"企业数据采集与网络管理系统"可以彻底改变这种效率低下的生产方式，提升和促进企业生产效率及竞争力水平，这也是现代企业管理的发展方向。这个系统对目前使用的各种生产设备进行信息化改造，对所有生产数据进行处理并发送到网上，做到了无纸化作业，保证了生产数据的科学性和可靠性，并实现了数据共享。

1) 生产设备的分布情况

假设该企业所管理的设备分布在五个车间，系统对五个车间的重要加工设备和试验台加装了下述数据采集与通信装置，其生产设备分布示意图如图8-5所示。

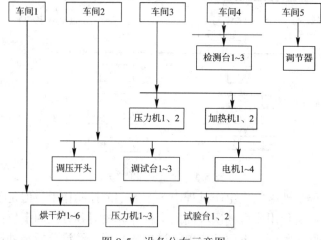

图8-5 设备分布示意图

系统需要掌握每个车间生产现场设备的生产参数，各设备工作时还需要记录设备编号、操作员工号、数据检测工作开始时间、数据检测工作结束时间和数据上网时间等参数。

2) 数据采集与网络管理系统设计

(1) 系统总体构成。本系统是一个基于网络通信(包括以太网络通信和RS-485总线网络通信)的设备数据采集和监控系统，主要由服务器、以太网络、上位机监控系统、RS-485总线网络、设备数据采集及通信系统和系统管理对象组成。该系统是集网络通信技术、单片机技术、数据库技术和高级编程语言程序设计于一体的综合工程，这些技术相互联系，相互交叉。整个系统的结构见图8-6。

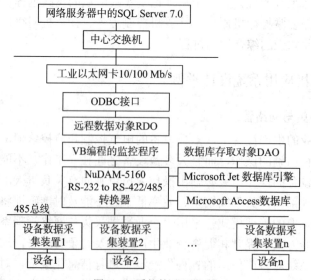

图8-6 系统构成网络图

(2) 车间级网络。每个车间设一台设备监控计算机，用于管理本车间各台设备。每台设备配置一台数据采集装置。图 8-7 是一个车间内的设备通信总线连接及设备数据采集装置图。

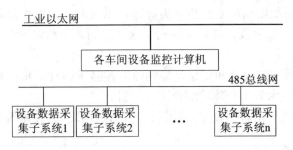

图 8-7　车间一级设备网的组成

(3) 设备数据采集系统。每台设备数据采集子系统包括 CPU 控制电路、薄膜键盘控制、隔离数据采集电路(根据信号类型和路数设计，有隔离模拟量、开关量、脉冲量、数字量、单总线数字网络等各种形式)、隔离开关电源、LCD 汉字图形显示器、通信网络接口等，如图 8-8 所示。

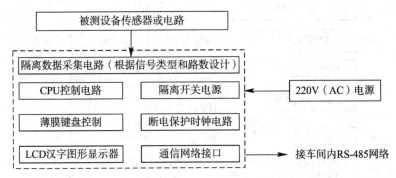

图 8-8　设备数据处理子系统

每个数据采集子系统管理一个生产设备或试验台。在运行过程中，该子系统采集各种生产试验数据，经优化整理后，把数据通过车间内的 RS-485 网络传送到车间设备监控计算机，并保存在本地数据库内。操作员可以在车间监控机上显示或打印来自各试验台的试验数据，分析试验结果，建立被测试设备的技术档案；同时，可以把结论性数据通过工业以太网送上一级管理服务器进行分析，决策。

3) 系统的优点

本系统能够继续利用企业各种现有设备，通过加装数据采集接口、汉字图形显示器和网络通信接口，改造传统设备，实现车间生产设备数字化；可以对生产工作进行准确的检测和数据处理，并把检测数据及时送监控计算机，存入数据库，进行统计、打印和归档；可以为保证生产质量提供可靠依据，为企业加强科学管理、提高经济效益、减少物料和工时浪费、提高检修效率提供科学手段和工具。

2. 自动化仓储系统

自动化仓储系统(Automated Storage and Retrieval System，AS/RS)是指不直接进行人工

处理，运输设备能够自动地存入和取出货物的多层仓库存储系统。

自动化仓储系统包含了以下几个方面的含义：

(1) 自动化仓储系统包括多层货架、运输设备以及计算机控制和通信系统。

(2) 自动化仓储系统以高层立体货架为标志，以成套先进的搬运设备为基础，以先进的计算机控制技术为主要手段，高效率地利用仓储空间，节约时间和人力进行货物出入库作业。

(3) 自动化仓储系统的设计和规划是集物流监控技术、计算机应用技术、通信技术、设备及货位优化管理技术等于一体的综合工程项目。

自动化仓储系统主要由机械设施、计算机控制设施和土建设施等三类设施组成。计算机控制部分介绍如下。

自动化仓储系统管理中的计算机控制设备主要指检测装置、现场控制装置、通信设备、监控及调度设备、信息管理设备以及屏幕显示图像监视设备等。

按照分层管理、管控分开的原则进行设计，图 8-9 所示系统是一个集中控制方式控制的自动化仓储系统的网络构成图。

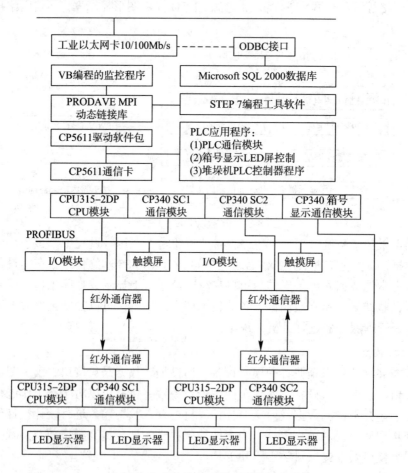

图 8-9 自动化仓储系统的网络构成图

该系统将网络监控系统按功能与结构分为现场级、管理监控级。它是上位监控机借助

CP5611 通信卡，实现与 PROFIBUS 现场总线的连接，从而通过对下位机系统的控制来完成各种控制功能。上位机使用 SIMATIC STEP7 编程工具软件完成主站和从站的网络配置、硬件组态和程序编制。PLC 程序在上位机的编程工具 STEP7 中编译完成后下载到 CPU315，并存储在 CPU315 中。CPU315 可自动运行该程序，根据程序内容读取总线上的所有 I/O 模块的状态字，控制硬件设备。I/O 模块下的执行器和传感器连接到现场设备，I/O 模块按主/从模式向现场设备提供输出数据并向 CPU31-2DP 或上位机输入数据。I/O 模块属于 DP 从站，DP 从站的主要功能是对现场各种输入信号进行分析处理，完成伺服定位功能，通过变频器实现异步电机的调速等。现场操作人员可以利用触摸屏设备方便地进行参数设置和在线修改，实现演示和管理功能。

(1) 检测装置。为了实现对自动化仓储系统中各种作业设备的控制，并保证系统安全可靠地运行，自动仓储系统必须具有多种检测装置。检测装置连接到 I/O 模块，通过对检测数据的判断、处理，为系统决策提供最佳依据，使系统处于理想的工作状态。

(2) 信息识别。信息识别的作用在于完成对货物名称、类别、货号、数量、等级、目的地、生产厂的识别。在自动化仓储系统中，通常采用条形码、磁条、光学字符和射频等识别技术。其中条形码识别技术应用最为普遍。本系统中计算机管理信息系统通过对货物在进出仓库时的信息识别对货物进行管理。

(3) 控制装置。控制装置是自动化仓储系统运行成功的关键。为了实现自动运转，自动化仓储系统中所有的存取设备和输送设备本身必须配备各种控制装置。这些控制装置种类较多，从普通开关、继电器，到微处理器、单片机和可编程控制器(PLC)，根据各自的设定功能完成一定的控制任务。

(4) 监控及调度。监控系统是自动化仓储系统的信息枢纽。自动化仓储系统许多设备的运行都需要由监控系统统一调度，通过监控系统的监视画面可以直观地看到各设备的运行情况。本系统中管理级上位机配置 PROFIBUS 通信卡 CP5611，PROFIBUS-DP 网络。应用 Visual Basic 高级语言编制监控程序，将现场情况以形象直观的图形界面显示给控制室操作人员，完成实时管理控制功能。

(5) 计算机管理。计算机管理系统完成对整个仓储系统的账目管理和作业管理，并负责与上级系统的通信和企业信息管理系统的部分任务。本系统利用 Microsoft SQL 2000 对仓储系统的数据进行账目管理。

(6) 数据通信。自动化仓储系统是一个复杂的自动化系统，它是由众多的子系统组成的。为了完成规定的任务，各系统之间、各设备之间要进行大量的信息交换。本系统中采用 PROFIBUS 现场总线、红外光传输等方式。

(7) 大屏幕显示。在操作现场，操作人员可以通过显示设备的指示进行各种搬运、拣选和添加操作；在控制室，人们通过屏幕观察现场的操作以及设备的运行情况。

自动化仓库的信息系统可以与企业的生产信息系统集成，实现企业信息管理的自动化。仓储管理及时准确，便于企业决策者及时掌握库存情况，根据生产以及市场情况及时对企业业规划做出调整，大大提高了生产的应变能力和决策能力。

同时使用自动化仓储系统，不仅能提高企业其他部门人员的素质，还有间接效益，如提高装卸速度等。

8.2 PCI 总线、USB 总线接口设计

在计算机应用系统中，经常使用 PC 作为上位机。这样可以利用 PC 强大的数据处理和运算能力、友好的界面、各种程序设计软件来实现更方便的管理和数据处理。利用 PC 作为上位机，需要 PC 与下位机之间进行通信。上位机和下位机之间通信的接口通常有串行口、并行口、ISA 总线、PCI 总线以及 USB 总线。通过串行口和并行口进行通信虽然简单，但已不能满足计算机控制的发展要求，而且越来越多的计算机不再提供 ISA 扩展槽，因此通过 PCI 总线和 USB 总线与 PC 通信已成为发展趋势。本节简要介绍基于 PCI 总线接口和 USB 总线接口的电路设计实例。

8.2.1 PCI 总线与 DSP 通信接口电路设计

1. PCI 总线接口电路的实现方法

PCI 总线接口电路有两种实现方法：一种是采用可编程逻辑器件 CPLD 或 FPGA 实现通用 PCI 接口；另一种是采用类似于 Quick Logic 公司的一次性可编程芯片来处理，每片可编程芯片内都内嵌 PCI 接口电路，也可根据应用的需要来裁剪烧写，但只能烧写一次。

采用专用芯片实现 PCI 总线接口时，专用芯片可以实现完整的 PCI 主控模块和目标模块的接口功能，将复杂 PCI 总线接口转换为相对简单的用户接口。厂商对 PCI 总线接口进行了严格的测试，用户只要设计转换后的总线接口即可。这样，用户可以集中精力于应用设计，而不是调试 PCI 总线接口，明显地缩短了开发周期。这里采用专用 PCI 总线接口芯片来设计 PCI 总线接口电路。

2. PCI 总线接口芯片选择

目前市场上提供的专用芯片主要有 AMCC、PLX 和 Cypress 等公司的系列产品。从市场情况来看，PLX 是 PCI 接口芯片的行业巨头，该公司提供多个系列的产品，例如主设备接口芯片 9060、9080、9054 等，从设备接口芯片 9030、9050、9052 等，分别支持"主控"和"从控"两种模式。所谓"主控"，就是 PCI 接口芯片可以让用户电路控制 PC 资源，即主动对目标设备发读写信号；"从控"则只能让 PC 来控制用户电路工作，而用户电路只能被动接受，就像 ISA 总线一样。在支持该模式的芯片中，9030 专门为嵌入式设计，支持 Compact PCI；9050 专门为 ISA 设备转换 PCI 总线接口而设计；9052 是 9050 的升级版本。这些芯片价格低廉，不支持 DMA，适合于设计基于 PCI 总线的以中断、查询方式与主机交互的系统。

经过比较，PLX 公司的 9052 技术成熟，价格适中，能够满足系统要求，所以采用该芯片作为 PCI 总线接口芯片。

3. PCI 9052 的主要特点

PCI 9052 是 PLX 公司继 PCI 9050 之后推出的低成本 PCI 总线目标接口芯片，符合 PCI 2.1 规范，采用 CMOS 工艺，低功耗，PQFP 160 引脚封装。其主要特点如下：

(1) 包括一个 64 B 的写 FIFO 存储器和一个 32 B 的读 FIFO 存储器,可实现高性能的突发式数据传输。

(2) ISA 模式下支持 PCI 总线到 ISA 总线的单周期存储器(8 位或 16 位)读写和 I/O 访问,实现 ISA 总线到 PCI 总线的平滑过渡。

(3) 支持两个来自局部总线的中断,可生成一个 PCI 中断,利用软件写内部寄存器位也可以达到同样的目的。

(4) PCI 9052 的局部总线与 PCI 总线的时钟相互独立运行,局部总线的时钟频率范围为 0~40 MHz,TTL 电平,PCI 的时钟频率范围为 0~33 MHz,两种总线的异步运行方便了高低速设备的兼容。

(5) 可编程的局部总线配置,支持复用或非复用模式的 8、16 或 32 位的局部总线。

(6) 串行 E^2PROM 提供 PCI 总线和局部总线的部分重要配置信息。

(7) 4 个局部设备片选信号,各设备的基址和地址范围及其映射可由串行 E^2PROM 或主机编程实现。

(8) 5 个局部地址空间,基址和地址范围及其映射可由串行 E^2PROM 或主机编程实现。

(9) 可对局部总线的预取计数器编程为 0(非预取)、4、8、16 或连续(预取计数器关闭)预取模式。

(10) PCI 锁定机制,PCI 主控设备可以通过锁定信号独占对 PC 9052 的访问。

4. PCI 9052 的工作原理

PCI 9052 的总线结构如图 8-10 所示。

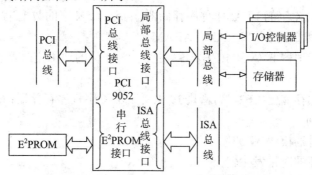

图 8-10 PCI 9052 的总线结构

PCI 9052 相当于一个桥,连接 PCI 控制的局部总线芯片到 PCI 总线上,将 PCI 指令(如读写某个寄存、内存、I/O)翻译到局部总线上。

PCI 9052 内部提供了 PCI 配置寄存器(PCI Configuration Registers)和局部配置寄存器(Local Configuration Registers)两种配置寄存器,为总线接口的实现提供了较大的灵活性。PCI 配置寄存器提供了 6 个基地址寄存器(BASE0~BASE5),这些基地址都是在系统中的物理地址。BASE1 和 BASE2 都是用来访问局部配置寄存器的基地址,BASE1 是映射到内存的基地址,BASE2 是映射到 I/O 的基地址,所以可以通过内存和 I/O 来访问局部配置寄存器。BASE2~BASE5 四个空间提供了访问局部端所接的 4 个芯片,它们将局部端的芯片通过局部端地址(在局部配置寄存器中设置)翻译成 PCI 总线的地址,也就是将本地的芯片影射到系统的内存或 I/O 口。这样使用程序操作这一段内存(或 I/O)实际上就是对本地的芯片进行操作。这些寄存器的内容必须在芯片复位时通过串行 E^2PROM 进行加载。正确配置 E^2PROM 的内容是使用 PCI 9052 的关键。

提供 PCI 总线到 ISA 总线之间的简单转换模式也是 PCI 9052 的特色之一，只要设置相应的使能位并进行必要的配置即可。虽然只能用于单次数据传输，却为基于 ISA 总线的产品向 PCI 总线转移提供了极大的方便。ISA 模式的配置既可以通过编程器对串行 E^2PROM 预先编程来实现，也可以通过 PCI 总线在线配置。

5. DSP 芯片 TMS 320LF2407 介绍

TMS 320LF2407 器件是美国 TI 公司开发的面向电机控制的低成本、高性能的 DSP 器件。TMS 320LF2407 的指令周期只有 33 ns，可以很好地满足系统的实时性要求，能够实现复杂的控制算法。

TMS 320LF2407 在单片处理器中集成了高性能的 TMS320CxLP DSP 内核(运算能力为 30 MIPS)，为电机控制而优化的事件管理器及 PWM 输出接口，可同时完成采样的双工 A/D 转换器，并行的电机电流读数转换与通信，Flash 存储器或 ROM 程序存储器，还包括同步、异步串行外设接口，比较单元，通用定时器及与光电编码器接口的编码单元等资源。

TMS 320LF2407 的主要特点如下：

(1) 采用高静态 CMOS 技术，使得供电电压降为 3.3 V，减小了控制器的功耗；30MIPS 的执行速度使得指令周期缩短到 33 ns(30 MHz)，提高了控制器的实时控制能力。

(2) 基于 TMS320C2xx DSP 的 CPU 核保证了 TMS320LF240X 系列 DSP 代码和 TMS320 系列 DSP 代码兼容。

(3) 片内高达 32K 字的 FLASH 程序存储器，高达 1.5K 字的数据/程序 RAM，544 字双口 RAM(DARAM)和 2K 的单口 RAM(SARAM)。

(4) 两个事件管理器 EVA 和 EVB，各包括两个 16 位的通用定时器和 8 个 16 位的脉冲调制(PWM)通道。

(5) 扩展的外部存储器(LF2407)总共 192K 字：64K 字程序存储器；64K 字数据存储器；64K 字 I/O 寻址空间。

(6) 看门狗定时器模块(WDT)。

(7) 基于锁相环的时钟发生器。

(8) 高达 40 个可单独编程或复用的通用输入/输出引脚(GPIO)。

(9) 5 个外部中断(两个驱动保护、复位和两个可屏蔽中断)。

6. PCI 与 DSP 通信电路

PC 通过 PCI 总线与 DSP 的通信电路如图 8-11 所示。这种应用接口可被应用于通信、多媒体、数控系统等设备。

由于 DSP 与 PC 之间需要高速地传送大量的数据，为了提高两者之间的通信速度，在 PCI 9052 与 DSP 之间加入了双口 RAM。双口 RAM 作为一种特殊的 RAM 芯片，在高速数据采集处理系统中得到了广泛应用。它具有两个独立的端口，两端口各自均有一套独立的数据总线、地址总线和控制总线，允许两个端口独立地对存储器中的任意单元进行存取操作。当两个端口同时对存储器中的同一单元进行存取操作时，可由其内部仲裁逻辑决定优先权。

·第8章 微型计算机应用系统设计实例·

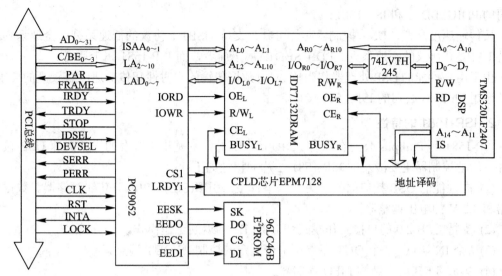

图 8-11　PCI 总线与 DSP 的通信电路

双口 RAM 芯片的型号为美国 IDT 公司生产的 IDT7132，它是 2 K × 8 高速静态双口 RAM，存取速度为 35 ns，在数字信号处理领域应用比较普遍。它的时序与 DSP 的时序相配合，特别适用于 DSP 与 PC 之间的大量数据高速双向传送。该芯片提供两个带有自身的控制、地址和 I/O 引脚的独立端口。IDT7132 带有片内硬件端口仲裁电路，可以允许双机同步地读或写存储器中的任何单元，同时保证数据的完整性。它的竞争原则是：左右两端口的地址信号同时到达，首先处理 CE 片选信号先到的一端，慢的一方 BUSY 线下拉，直到快的一方访问完毕；左右两端口的片选信号同时到达，首先处理访问地址信号先到的一端，慢的一方 BUSY 线下拉，直到快的一方访问完毕。

采用双口 RAM 作为 TMS320LF2407 与 PC 主机之间的通信接口不但可以简化通信接口电路的设计，而且提高了数据交换的速度，增强了控制的实时性。由于只用到了双口 RAM 的 16 个地址，DSP 的地址线 $A_4 \sim A_{10}$ 与 IS 信号进入 CPLD 进行译码对双口 RAM 片选。LRDYi 信号和两侧的 BUSY 信号也进入双口 CPLD 进行相应的逻辑判断。由于双口 RAM 的数据信号电平为 5 V，因此在与 3.3 V 的 DSP 之间进行数据传输时需要 74LVTH245 进行电平转换。

8.2.2　USB 总线与 DSP 通信接口电路设计

1. USB 接口芯片选择

按芯片的构架来划分，市面上的 USB 控制器芯片可以分为不需要外接微处理器的和需要外接微处理器的两类芯片。内嵌通用微控制器的 USB 控制芯片，一般是在通用微控制器的基础上扩展了 USB 功能，其优点是开发者熟悉这些通用微控制器的结构和指令集，相关资料丰富，易于开发，如 Cypress 基于 8051 的 EZ-USB 系列、Microchip 基于 PIC 的 16C7x5、Motorola 基于 68HC08 系列的 68HC08JB8、Atmel 基于 AVR 的 AT76C711 等 USB 控制芯片。对于是需要外接微控制器的芯片，只处理与 USB 相关的通信工作，而且必须由外部微控制器对其控制才能正常工作，这些芯片必须提供一个串行或并行的数据总线与微控制器进行连接。其优点是芯片价格便宜，而且便于用户使用自己熟悉的微控制器进行开发，如 Philiphs

公司的 PDIUSBD12 和 ISP-1581。

按传输速度高低，USB 控制器芯片可分为支持 USB1.1 协议的低速系列、全速系列和支持 USB 2.0 协议的高速系列。PDIUSBD12 属于前者，而 ISP-1581 属于后者。

由于用高性能的 DSP 处理器作为核心，对数据传输的实时性和传输速度有较高的要求，因此选用 Philiphs 公司的 ISP-1581 接口芯片。

2. ISP-1581 的特性

ISP-1581 是 Philiphs 公司在原有 PDIUSBD12 芯片的基础上开发的一款高速 USB 接口芯片。运动控制器主要涉及的 ISP-1581 芯片的特性如下：

(1) 高性能的 USB 接口器件，集成了串行接口引擎(SIE)、PIE、FIFO 存储器、数据收发器和 3.3 V 的电压调整器。

(2) 支持 USB 2.0 的自检工作模式和 USB 1.1 的返回工作模式。

(3) 7 个 IN 端点、7 个 OUT 端点和 1 个固定的控制 IN/OUT 端点。

(4) 集成 8 KB 的多结构 FIFO 存储器。

(5) 端点的双缓冲配置增加了数据吞吐量并可轻松实现实时数据传输。

(6) 同大部分的微控制器/微处理器有单独的总线接口。

(7) 集成了 PLL 的 12 MHz 晶体振荡器，有良好的 EMI 特性。

(8) 集成了 5 V 到 3 V 的内置电压调整器。

(9) 可通过软件控制与 USB 总线连接(Softconnect)。

(10) 符合 ACPI、OnNOW 和 USB 电源管理的要求。

(11) 可通过内部上电复位和低电压复位电路复位，也可通过软件复位。

3. ISP-1581 的工作原理

1) ISP-1581 的引脚介绍

ISP-1581 芯片的 64 个引脚按照功能分为电源供给引脚、扩展总线引脚、系统相关引脚、系统时钟引脚、外扩总线控制信号和外中断输入引脚等 6 类。图 8-12 给出了 ISP-1581 芯片的部分引脚。

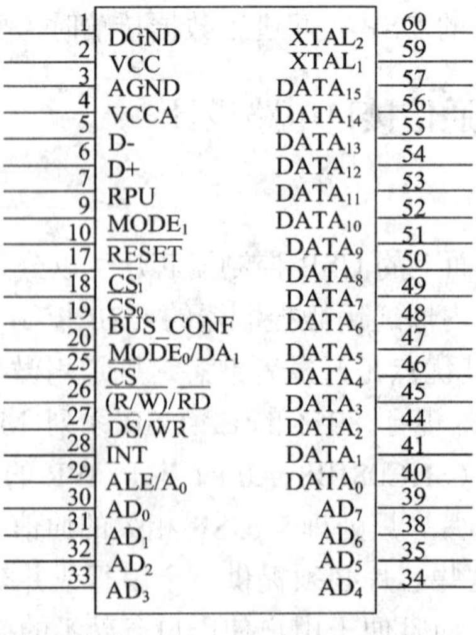

图 8-12 ISP-1581 部分引脚图

(1) 电源供给引脚：ISP-1581 电源共占用 13 个引脚。其中：VCC(5.0 V)为外部供电；VCCA 及 VCC(3.3 V)为内部供电，不能用来驱动外部器件；DGND 为数字地；AGND 为模拟地。在所有的供电引脚上增加一个去耦电容(0.1 μF)，同时并联一个 0.01 μF 的电容以得到良好的 EMI 性能。

(2) 扩展总线引脚：$AD_0 \sim AD_7$ 在通用处理器模式下用作地址总线，在断开总线模式下用作复用地址/数据总线，微控制器利用它来控制 ISP-1581。$DATA_0 \sim DATA_{15}$ 在通用处理器模式下用作 DMA 总线和系统总线，通过它来控制 ISP-1581。但是，在断开总线模式下 $DATA_0 \sim DATA_{15}$ 仅用作 DMA 总线。

(3) 系统相关引脚：这些是与系统配置和调试相关的其他引脚，包括系统复位引脚 RESET 和系统出厂时测试引脚 TEST。

(4) 系统时钟引脚：晶体振荡器输入 $XTAL_1$，连接一个基本的并联振荡电路或一个外部时钟源(此时 $XTAL_2$ 悬空)；晶体振荡器输出 $XTAL_2$，连接一个基本的并联振荡电路，当 $XTAL_1$ 连接一个外部时钟源时，该引脚悬空。

(5) 外扩总线控制信号和外中断输入引脚：包括选择总线结构引脚 BUS_CONF，ALE/A0，功能选择引脚 $MODE_1$，读/写功能选择引脚 $MODE_0/DA_1$，外部中断输入引脚 INT，读选通引脚($\overline{R/W}$)/RW，写选通引脚 $\overline{DS}/\overline{WR}$。

(6) 其他引脚：D−、D+ 数据线连接外部数据通信，$\overline{INT}$ 为 ATA/ATAPI 外设的中断请求；$\overline{CS_0}$、$\overline{CS_1}$ 为 ATA/ATAPI 设备的输出片选；$\overline{CS}$ 为片选输入，WAKEUP 为唤醒输入。

2) ISP-1581 的相关寄存器

ISP-1581 拥有地址寄存器、方式寄存器、中断配置寄存器等诸多寄存器，对这些寄存器的理解与操作对于软件开发中建立 USB 与 DSP 的通信具有重要的意义。下面对其中一些比较重要的寄存器进行简要介绍。

(1) 地址寄存器：该寄存器用来设置 USB 的分配地址并激活 USB 设备。它的各位分配如表 8-1 所示。只要出现总线复位、上电复位和软件复位三者之一，DEVEN 和 DEVADDR 清零。为响应标准 USB 的 SET_ADDRESS 请求，固件必须先将设备地址写入地址寄存器，再发送一个空包给主机。当主机识别空包后，这个新设备被激活。

表 8-1 地址寄存器的位分配

位	7	6 5 4 3 2 1 0
符号	DEVEN	$DEVADDR_0 \sim DEVADDR_6$
复位	0	00H

(2) 方式寄存器：该寄存器是一个单字节的寄存器。其位分配见表 8-2。在 16 位总线模式下对其进行访问时忽略高字节。方式寄存器控制着重新开始、挂起和唤醒行为、中断活动、软件复位、时钟信号和软件连接操作。

表 8-2 方式寄存器的位分配

位	7	6	5	4	3	2	1	0
符号	CLKON	SNDRSU	GOSUS	SFRST	GLNTN	WKPCS	RSRVD	SFTCT
复位	0	0	0	0	0	0	0	0

(3) 中断配置寄存器：该寄存器是单字节寄存器，它决定了 INT 输出的动作和极性。其位分配见表 8-3。当 USB 的 SIE 接收或产生一个 ACK、NAK 或 STALL 时，就根据以下三种位域调试方式来产生中断：

CDBGMOD：控制端点 0 中断。

DDBGMODIN：端点 1 到 7 的 DATA IN 中断。

DDBGMODOUT：端点 1 到 7 的 DATA OUT 中断。

用户分别对 CDBGMOD、DDBGMODIN 和 DDBGMODOUT 的调试方式进行设置，操作时 ISP-1581 将向外部微处理器发送一个中断请求。

表 8-3 中断配置寄存器的位分配

位	7	6	5	4	3	2	1	0
符号	CDBGMOD		DDBGMODIN		DDBGMODOOUT		INTLVL	INTPOL
复位	03H		03H		03H		0	0

寄存器的 INTPOL 位控制 INT 输出的信号极性(高/低电平有效，上升沿/下降沿)。若选择电平触发方式，INTLVL 必须为 0。若 INTLVL 设置为 1，将产生一个 60 ns 的脉冲(边沿触发)触发产生中断。

(4) 中断使能寄存器：该寄存器用来激活/禁止单个中断源。寄存器中的 IEPnRX 或 IEPnTX 位可以屏蔽所有的中断。当 USB 的 SIE 在 USB 总线上接收或产生一个 ACK 或 NAK 时，就产生一次中断。中断的产生还依赖于位域 CDBGMOD、DDBGMODIN 和 DDBGMODOUT 调试方式的设置。

所有数据的 IN 处理通过位 DDBGMODIN 控制的发送缓冲区(IX)来实现；所有数据的 OUT 处理则通过位 DDBGMODOUT 控制的接收缓冲区来实现。而位 CDBGMOD 用于控制端点 0 的传输(IN、OUT 和 SETUP)。

由 USB 总线上的事件(SOF、假 SOF、挂起、重新开始、总线复位、Setup 和高速状态)所产生的中断也能被分别控制。除位 IEBRST(总线复位)控制的中断之外，总线复位信号可以将所有激活的中断禁止。总线复位时，IEBRST 的值不变。中断使能寄存器包含 4 个字节。

(5) 端点索引寄存器：该寄存器是一个字节的寄存器，它为微控制器对寄存器的访问提供了目标端点。其位分配如表 8-4 所示。索引寄存器包括：端点 MaxPacketsize、端点类型、缓冲区长度、数据端口、短包、控制功能。

例如，向端点索引寄存器引入 02H，即可通过数据端口寄存器对端点 1 的 OUT 数据缓冲区进行访问。

表 8-4 端点索引寄存器的位分配

位	7	6	5	4	3	2	1	0
符号	保留		EPOSETUP	ENDPIDX				DIR
复位	—	—	0	00H				0

(6) 端点类型寄存器：该寄存器用于设置索引端点的端点类型——同步、批量或中断。它还可以使能端点和设置双缓冲区，并可通过位 NOEMPKT 使一个长度为 0 的 TX 缓冲器

空包自动禁止。该寄存器包含 2 个字节，其位分配如表 8-5 所示。

表 8-5 端点类型寄存器的位分配

位	15 14 13	12	11	10	9 8
符号	保留	保留	保留	保留	保留
复位	— — —	—	—	—	—
位	7 6 5	4	3	2	1 0
符号	保留	NOEMPKT	ENABLE	DBLBUF	ENDPTYP
复位	— — —	0	0	0	00H

4. USB 总线与 DSP 通信电路设计

USB 总线与 DSP 的通信电路示意图如图 8-13 所示。

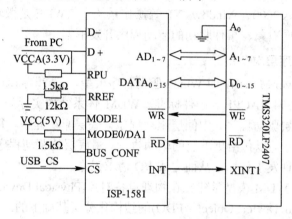

图 8-13 USB 总线与 DSP 的通信电路示意图

TMS320LF2407 DSP 具有单独的数据总线和地址总线，将 BUS_CONF 接高电平，可使 ISP-1581 工作于通用处理器模式，在该模式下，$AD_0 \sim AD_7$ 为单独的 8 位地址总线，$DATA_0 \sim DATA_{15}$ 为 16 位数据线。MODE0/DA1 和 MODE1 引脚也接高电平，此时 ISP-1581 工作于 8051 类型，其 $\overline{WR}$ 和 $\overline{RD}$ 信号分别为写有效和读有效。ISP-1581 的寄存器映射到 DSP 的外部数据存储器空间，地址为 8000H~80FFH，CPLD 器件 EPM7128 进行地址译码后通过 USB_CS 信号对其进行选通。将中断信号 INT 接到 DSP 的 XINT1 端可启动中断进行输入/输出操作。RREF 引脚通过 12.0 kΩ 的精密电阻接地，提供精确的镜电流。RPU 引脚与 D+ 相连，1.5 kΩ 的上拉电阻用于提高引脚的电平值。

8.3 Windows 驱动程序设计

设备驱动程序是连接计算机应用程序、硬件以及操作系统的桥梁，是硬件设备连接到计算机系统的软件接口。在 Windows 环境下开发应用系统经常遇到对特定功能的硬件设备进行访问和控制的问题。Windows 系统的 CPU 提供 4 种特权等级，通常称为 Ring0、Ring1、Ring2、Ring3，其中 Ring3 特权级别最低，Ring0 特权级别最高。操作系统和设备驱动程序运行在 Ring0 级别上，可以执行任何有效的 CPU 指令；普通应用程序(包 DLL)运行在 Ring3

级别上,硬件 I/O 指令不能被执行,所以必须开发设备驱动程序,以使应用程序有效地控制计算机硬件设备。

8.3.1 驱动程序概述

驱动程序主要有两个作用:
(1) 为应用程序提供一个软件接口,使其能够对设备进行打开、关闭、读写等操作。
(2) 实现与硬件之间的数据交换。

Windows 驱动程序有多种类型,包括 VXD 虚拟设备驱动程序、NT 式驱动程序、WDM 驱动程序、WDF 驱动程序等。VXD 虚拟设备驱动程序工作于 Windows 95 和 Windows 98 操作系统下;NT 式驱动程序工作于 Windows NT 操作系统下;WDM 驱动程序工作于 Windows 98、Windows 2000、Windows XP 等操作系统下。WDF 是微软提出的全新驱动程序模型,它提供了面向对象、事件驱动的驱动程序开发框架。

1. WDM 驱动程序层次

WDM(Win32 Driver Model),即 Win32 驱动程序模型,支持即插即用(PnP)和电源管理,支持 USB、IEEE 1394、ACPI 等硬件标准。WDM 体系结构实行分层处理,即设备驱动被分成若干层,如高层驱动程序、中间层驱动程序、底层驱动程序。每层驱动再把 I/O 请求划分成更简单的请求,以传给更下层的驱动执行。最底层的驱动程序在收到 I/O 请求后,通过硬件抽象层与硬件发生作用,从而完成 I/O 请求工作。

如图 8-14 所示,WDM 模型是建立在物理设备对象(Physical Device Object,PDO)和功能设备对象(Functional Device Object,FDO)的结构化分层基础上的。WDM 模型为了适应即插即用系统,重新定义了驱动程序分层,它至少存在总线驱动程序和功能驱动程序,根据需要还可选择过滤器驱动程序。一个硬件只允许有一个 PDO,但却可以拥有多个 FDO,在驱动程序中不是直接操作硬件而是操作相应的 PDO 与 FDO。在 Ring3 与 Ring0 通信方面,操作系统将每一个用户请求打包成一个 IRP(I/O Request Packet)结构,将其发送至驱动程序,并通过识别 IRP 中的 PDO 来识别是发送给哪一个设备的。另外,在驱动程序的加载方面,WDM 是依靠一个 128 位的 GUID(全球唯一标识)来识别驱动程序的。

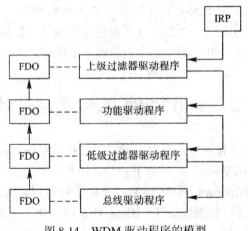

图 8-14 WDM 驱动程序的模型

2. 驱动程序开发工具

常用的 WDM 驱动程序开发工具有 WinDriver、DriverWorks 和 DDK 等。

WinDriver 是 Jungo 公司推出的驱动程序开发工具，适合于开发纯硬件驱动，能自动探测插在机器上的硬件参数。WinDriver 在 Windows 系统下开发的驱动程序不需要做任何修改，就可以用于 Windows 9x、Windows NT、Windows 2000 等系统。其优点是开发周期短；缺点是只能开发硬件相关的驱动程序，开发的驱动程序效率不高。

DriverWorks 是 Numage 公司出品的 DriverStudio 套件中的一个开发工具，主要用来开发 Windows NT 和 Windows 2000 系统驱动程序。DriverWroks 用于开发 KMD 和 WDM 驱动程序，并且对 DDK 函数进行了类的封装，从而为开发 Windows 9x、Windows NT 和 Windows 2000 WDM 设备驱动程序提供了一个自动化的方法。

DDK(Driver Development Kit)是 Microsoft 提供的驱动程序开发工具。利用 DDK 开发驱动程序需要对整个体系结构有很好的理解，这种方法开发驱动程序的难度和工作量较大，但更加灵活并且驱动程序的效率更高。

一般来说，驱动程序的开发可以采用如下方式：用 WinDriver 开发驱动程序的原型，用 DriverWorks 开发最终发行的驱动程序。如果驱动程序很复杂，则直接使用 DDK 开发。上述开发方式都需要 VC++作为辅助开发环境。前两种方式都需要 DDK。在开发时间上，第一种方式最短，第三种方式最长，第二种方式可以认为是第一种和第三种方案的折衷。下面简要介绍利用 DDK 开发驱动程序的过程。

3. 驱动程序设计步骤

在 WDM 驱动程序设计中首先写一个 DriverEntry 过程，这是每个设备驱动程序的入口，该程序启动时被系统自动调用。在 DriverEntry 中完成驱动程序的初始化工作。在一个 WDM 驱动程序中，初始化是唯一必不可少的。要使一个驱动程序能够实现对硬件设备的驱动，还应该有一些其他的回调例程和分发例程来处理各种 IRP，如：

DriverUnload

AddDevice

StartIo

MajorFunction[IRP_MJ_PnP]

MajorFunction[IRP_MJ_CREATE]

MajorFunction[IRP_MJ_CLOSE]

MajorFunction[IRP_MJ_READ]

MajorFunction[IRP_MJ_WRITE]

MajorFunction[IRP_MJ_DEVICE_CONTROL]

MajorFunction[IRP_MJ_POWER]

MajorFunction[IRP_MJ_SYSTEM_CONTROL]

在初始化过程中，所要做的工作就是设置各回调例程的入口指针，使这些回调例程能够响应相应的 IRP。这些回调例程中包括以下几种比较常用的例程：

(1) DriverUnload：系统在卸载设备时调用 DriverUnload。DriverUnload 例程负责在驱动程序被停止前做一些必要的处理，如释放资源、记录最终状态等。

(2) AddDevice：系统在发现新的硬件设备时调用 AddDevice。AddDevice 例程主要完成创建设备对象；注册一个或多个设备接口，以便应用程序能够发现设备的存在，把新设备对象放到设备栈上。

(3) StartIo：驱动程序的分发例程必须是可重入的，通常采用的方法是使用 I/O 管理器的服务创建一个 IRP 设备队列，分发例程把 IRP 放在设备队列中，由 I/O 管理器调用 StartI，一次处理一个 IRP。在 StartIo 中，一般是处理具体的输入/输出请求。当 StartIo 例程完成一个 IRP 时，它应调用内核，保证对下一个可用的 IRP 可再次调用。

(4) MajorFunction[IRP_MJ_PnP]：当发生设备到达、硬件配置文件改变、设备被删除等情况时，PnP 管理器发出 PnP IRP，调用 MajorFunction[IRP_MJ_PnP] 例程，MajorFunction[IRP_MJ_PnP] 例程对这些 PnP IRP 进行处理。对于驱动程序分配的资源，如 I/O 端口、存储器地址、中断和 DMA 端口等，WDM 驱动程序是在收到"启动设备"PnP IRP 时被告知这些设备资源的。

(5) MajorFunction[IRP_MJ_CREATE] 和 MajorFunction[IRP_MJ_CLOSE]：这两个例程在用户调用 CreateFile 和 CloseHandle 时被调用，为即将到来的读写操作做准备或做一些读写完成后的必要处理。

(6) MajorFunction[IRP_MJ_READ] 和 MajorFunction[IRP_MJ_WRITE]：当用户调用 ReadFile 从设备读取数据或 WriteFile 向设备写数据时，系统发出[IRP_MJ_READ]或[IRP_MJ_WRITE] IRP 调用这两个例程之一。在这两个例程中，或者将 IRP 挂接在相应的 IRP 队列上供 StartIo 处理，或者将这些 IRP 变成对硬件实际的输入/输出直接访问 I/O 端口、存储器地址、启动中断、DMA 等操作。

(7) MajorFunction[IRP_MJ_DEVICE_CONTROL]：对设备进行一些自定义的操作，如更改设置等，在用户调用 DeviceIoControl 时被调用。该例程通过 IRP 获得用户的请求号，以及一个指向用户缓冲区的指针与用户程序进行通信，完成一些特定的 I/O 操作，如设备的设置等。

(8) MajorFunction[IRP_MJ_POWER]：电源管理 IRP，可以对设备进行电源管理。如果不需要对设备进行电源管理，只需把"电源管理"IRP 简单地传递给设备栈中下一层驱动程序即可。

(9) MajorFunction[IRP_MJ_SYSTEM_CONTROL]：驱动程序通过处理"系统控制"IRP 来支持 WMI(Windows 管理诊断扩展)生成系统诊断和性能信息。与电源管理一样，可以简单地把这个 IRP 沿设备栈向下传递。

大多数 IRP 都不需要进行特别的处理，只需像电源管理一样，把这个 IRP 沿设备栈向下传递即可。

此外，还有以下几个回调例程：

(1) ISR：中断服务例程，当与设备连接的中断产生时，调用此例程。

(2) DpcForIsr：由于中断处理过程运行于较高的优先级上，它们能屏蔽许多级别低于或等于它们的过程的执行，如果它们占用 CPU 时间过长，很容易使系统性能下降，因此，中断服务例程应尽可能快地执行完。然而有的中断服务例程需要完成很多任务，因而为不影响系统性能，除最紧迫的任务外，其他的部分放在一个被称为延迟过程调用(DPC)的例程中来完成。

PCI 设备的驱动程序设计中应注意以下一些问题：

对于 PCI 设备来说，PCI 设备通常会占用一些硬件资源，如 I/O 端口、存储器地址、中断和 DMA 等。当驱动程序收到"启动设备"PnP IRP 时，告知这些设备资源。驱动程序必须在处理"启动设备"PnP IRP 时获得这些资源，供以后使用。一旦有了 I/O 端口或内存的地址，读写硬件寄存器等工作就变得非常直接，对硬件寄存器的读写就像访问普通内存一样容易。需要注意的是，对硬件寄存器的访问，占用处理器的时间不要超过 50 μs。

另外，必须使用某种机制保证驱动程序的不同部分不同时地访问相同的硬件。在一个多处理器系统中，"写"IRP 处理程序可以同时在两个不同的处理器上运行。如果它们两个都试图访问相同的硬件，则会出现不可预知的结果，即使是在单处理器系统中，也存在两个不同进程同时访问相同硬件的可能。有两个不同的机制可以排除这些冲突。第一个机制是临界段例程，使用这些临界段例程可以保证代码不会被中断处理程序中断。第二个机制是使用 StartIo 例程串行处理 IRP。每个设备对象有一个内部的 IRP 队列，驱动程序的分发例程把 IRP 插入这个设备队列中，内核 I/O 管理器从这个队列一个一个地取出 IRP，并把它们传递到驱动程序的 StartIo 例程。所以 StartIo 例程串行处理 IRP 可以保证不与其他 IRP 处理程序冲突，但 StartIo 例程仍然需要临界段例程以避免与硬件中断产生冲突。

利用 DDK 设计驱动程序一般来说是很复杂的。在 DDK 的 SRC 目录下有大量的驱动程序模板，这些模板提供了一个驱动程序框架，利用这些模板进行驱动程序的开发可以大大减少驱动程序设计的工作量。

8.3.2 USB 设备 WDM 驱动程序设计

USB 设备驱动程序遵循 WDM 驱动程序模型，USB 通信中采用分层驱动程序模型，每一层的驱动程序负责处理一部分的 USB 通信任务。图 8-15 对构成一个 USB 主机的不同软件部分进行了清楚的划分。

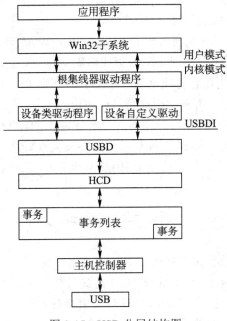

图 8-15　USB 分层结构图

(1) 主机控制器驱动程序(HCD)：启动主机控制器与 USB 系统软件之间的通信。它负责跟踪 IRP 的进程，确保不会超过 USB 带宽和微帧的最大值。当管道建立了 IRP 后，HCD 就将它们添加到事务列表中。事务列表描述了总线上需要处理的事务，它包含了事务的各项参数，如数据长度、设备地址、端点号，以及传送和接收数据的存储区域。当一个 IRP 完成后，HCD 会通知请求服务的驱动程序 IRP 已完成。如果 IRP 要从功能设备向设备驱动程序传输数据，数据将被存放在设备驱动程序指定的数据缓冲区中。

(2) USB 总线驱动程序(USBD)：管理总线的电源、USB 事务以及与根集线器驱动程序和 HCD 之间的通信。当设备连接上主机进行配置时，USBD 会判断设备的设置是否可以与总线兼容。USBD 接收来自设备驱动程序的配置请求，该请求描述了要进行的配置内容，包括端点、传输类型、数据大小等。USBD 可以根据带宽和总线对请求类型的容纳能力选择接受或拒绝该配置请求。如果 USBD 接受了请求，则为请求者建立其要求的传输类型管道。一旦设备配置完成且管道建立，设备驱动程序就可以发出 IRP，在它和功能设备之间传输数据。

(3) 根集线器驱动程序：负责处理根集线器端口的任何下行设备的初始化。

(4) 设备驱动程序：位于根集线器驱动程序之上，当应用程序调用 API 函数读/写一个 USB 设备时，Windows 会将此调用传递给适当的设备驱动程序，设备驱动程序将此要求转换成 USBD 可以理解的格式，即 URB(USB Request Block)，然后将其传递给 USBD。

(5) USBD 接口(USBDI)：在 Windows 中，系统定义了与 USB 设备驱动程序密切相关的 USB 驱动程序接口(USBDI)。USB 设备驱动程序通过 USBDI 访问其下层驱动程序——USBDI，处理了连接 USB 设备的大多数繁杂的工作。Windows USBDI 由一组接口函数和内部 IOCTL 构成。

(6) 数据传输管理：数据在 USB 总线上传输要靠设备驱动程序、USBD、HCD、主机控制器的协调工作。下面以 USB 设备枚举为例，描述数据在 USB 总线上的传输以及 USB 的各层驱动程序在总线枚举过程中执行的任务。

应用程序通过 Win32 子系统利用一个 Windows 2。Windows 2 定义的软件接口(API)来同根集线器驱动程序进行通信。而 USB 根集线器驱动程序则要通过 USBDI(通用串行总线驱动程序接口)来实现同通用串行总线驱动程序(USBD)的通信。然后，USBD 会选择两种主控制器驱动程序之一来同其下方的主控制器进行通信。最后，主控制器驱动程序会直接实现对 USB 物理总线的访问。在 USB 可用之前，必须对其进行配置和接口选择，这样选择接口的各个管道才是可用的。在 USBDI 上编程，用户不用关心 IRP 的类型，而只需要在相应的分发例程中通过构造 USB 块并将其通过 USBDI 发送下去，就可以实现对 USB 设备的控制。

本 章 小 结

本章介绍了微型计算机应用系统组成的基本形式和特点，并通过工程应用实例来介绍了微型计算机应用系统的设计方法。由于 USB 总线的独特优点在微型计算机应用系统中的应用越来越广泛，本章对 USB 总线的接口设计及驱动程序编制方法也作了介绍，以便读者对一般微型计算机系统的应用能有一个全面的了解。

习 题

8-1 请列举几种典型计算机应用系统。
8-2 试分析一般微型计算机应用系统硬件设计和软件编程的基本方法。
8-3 请列举几种常见的 USB 总线接口芯片。
8-4 简述常见的 Windows 驱动程序的种类。

参 考 文 献

[1] 顾晖. 微机原理与接口技术：基于 8086 和 Proteus 仿真[M]. 北京：电子工业出版社，2011.

[2] 胡建波. 微机原理与接口技术实验：基于 Proteus 仿真[M]. 北京：机械工业出版社，2011.

[3] 沈美明. IBM PC 汇编语言程序设计[M]. 北京：清华大学出版社，2012.

[4] 赵雁南. 微型计算机系统与接口[M]. 北京：清华大学出版社，2005.

[5] 马群生. 微计算机技术[M]. 北京：清华大学出版社，2006.

[6] 马义德，马宏锋. 微型计算机原理及其应用[M]. 兰州：兰州大学出版社，2003.

[7] 艾德才. 计算机硬件技术基础[M]. 北京：中国水利水电出版社，2000.

[8] 郑学坚. 微型计算机原理及应用[M]. 北京：清华大学出版社，2001.

[9] 周明德. 微机原理与接口技术[M]. 北京：人民邮电出版社，2002.

[10] 冯博琴. 微型计算机原理与接口技术[M]. 北京：清华大学出版社，2002.

[11] 王正智. 8086/8088 宏汇编语言程序设计教程[M]. 北京：电子工业出版社，2002.

[12] 潘峰. 微型计算机原理与汇编语言[M]. 北京：电子工业出版社，1997.

[13] 李伯成. 微型机应用系统设计[M]. 西安：西安电子科技大学出版社，2001.

[14] 姚放吾. Pentium 微机原理与接口技术[M]. 北京：清华大学出版社，2001.

[15] 张昆藏. 奔腾 II/III 处理器系统结构[M]. 北京：电子工业出版社，2000.

[16] 许永和. USB 外围设备设计与应用[M]. 北京：中国电力出版社，2002.

[17] 张惠娟. Windows 环境下的设备驱动程序设计[M]. 西安：西安电子科技大学出版社，2002.

[18] 孙立. Windows WDM 设备驱动程序开发指南[M]. 北京：机械工业出版社，2000.